Kosmos Himmelsjahr 2009

Sonne, Mond und Sterne im Jahreslauf

Herausgegeben von Hans-Ulrich Keller
unter Mitarbeit von Erich Karkoschka

KOSMOS

Fujinon FMT-SX
Hervorragende Optik, robuste Marinequalität. 10x50 FMT-SX: „Es besitz eine Sternabbildung, wie man sie sich besser nicht wünschen kann, und zwar über das gesamte Blickfeld!" SuW 7/2004
Takahashi
Bild: Eckhard Slawik
Erleben Sie das Weltall von seiner schönsten Seite. Gestochen scharfe Sterne in ihrer unverfälschten Farbenpracht machen den Blick durch Takahashi Refraktoren zum ästhetischen Genuß.
Fragen?
Wir beraten Sie gerne
Alle dargestellten Produkte und vieles mehr können Sie in unserer großen Ausstellung besichtigen.
Deneb
Ferngläser mit Schrägeinblick
Komfortable astronomische Beobachtungen auch im Zenit.
ICS Nebelfilter
machen Cirrus, Helix, Rosetta & Co. ein vielfaches heller.
TheSky
Ihr Sternhimmel für jeden Zeitpunkt und jeden Standort. Kinderleichte Bedienung, professionelle Leistung, komplett deutsche Benutzeroberfläche. Der Hintergrund dieser Anzeige ist ein unveränderter Ausdruck mit TheSky. Ab € 69,-*
Pentax
Teleskope und ergonomische Okulare
M71
TeleVue
Apochromaten und Okulare der Spitzenklasse
M15
Mondatlas
Computer-Teleskope
führen Sie automatisch zum Himmelsobjekt.
M2
Vixen Sphinx
Go-To Computermontierung mit kinderleichter, intuitiver Bedienung in deutscher Sprache.
STAR BOOK
Meade
GPS-Go-To
Advanced
Ritchey-Chretien

Bild: Gerald Rhemann
…urch Bildstabilisator
…eihändige Beobachtung
…ne Zittern.
INTERCON SPACETEC®
So habe ich die Sonne noch nie gesehen.
Coronado PST.
Schon ab € 599,-*
M92
Ferngläser
Leica, Zeiss, Swarovski, Docter, Steiner, Pentax, Canon, Miyauchi, Fuijnon u. v. m. stehen zum Test bereit.
Boo
Ich seh' da was . . .
Jetzt sehe ich all die Objekte, die ich früher nur erahnen konnte. Es macht Spass ohne Ende, mit dem Galaxy D8 zu beobachten.
Die Optik ist wirklich Spitzenklasse, und die Plössl-Okulare bringen eine Schärfe, dass man glaubt, da oben herumzuschweben!
Ich hätte nie gedacht, dass man für diesen Preis so viel Astro-Power bekommt!
Herkules
Zubehör
Wir führen ein umfassendes Programm an „Problemlösern", z. B. der ICS Universal Digitalkamera Adapter für afokale Fotografie, oder die ICS Kameraplatte (Bild) zur stabilen Montage einer Kamera auf der Gegengewichtsstange. Der ideale Einstieg in die Astrofotografie.
Galaxy D8
Spiegelteleskop,
Öffnung 200 mm,
ab € 299,-*
Auch mit
250 mm und
300 mm Öffnung.
Alles dabei: Plössl-Okulare 38x u. 133x Vergrößerung, Mondfilter, Justierokular und eine absolut perfekte deutschsprachige Anleitung, die keine Fragen offen lässt!
Giro & Manfrotto
Beobachten ohne Verrenkungen.
Azimutale Giro-Montierung: klein, leicht, unglaublich stabil.
Manfrotto-Stativ mit Kurbelsäule und Rücklaufsperre.
Schild
M16
Alles für die Astronomie
TELESKOPE · FERNGLÄSER · ZUBEHÖR
BÜCHER · STERNKARTEN · SOFTWARE
ICS · GALAXY · TAKAHASHI · TELE VUE · PENTAX
MEADE · VIXEN · CELESTRON · ZEISS · STEINER
DOCTER · CANON · FUJINON · LEICA · MIYAUCHI
Riesenauswahl · Große Ausstellung
Katalog ASTRONOMIE – 288 Seiten
kompetente Information – bitte 5,– €
* Alle Preise incl. 19 % MwSt., Stand Mai 2008
INTERCON SPACETEC · Gablinger Weg 9d
D-86154 Augsburg (Zufahrt nur über Talweg)
Fax 0821-414 085 · Telefon 0821-414 081
www.intercon-spacetec.de
ASTRONOMIE 2006
INTERCON SPACETEC

Inhalt

Abbildungen zu den Planeten

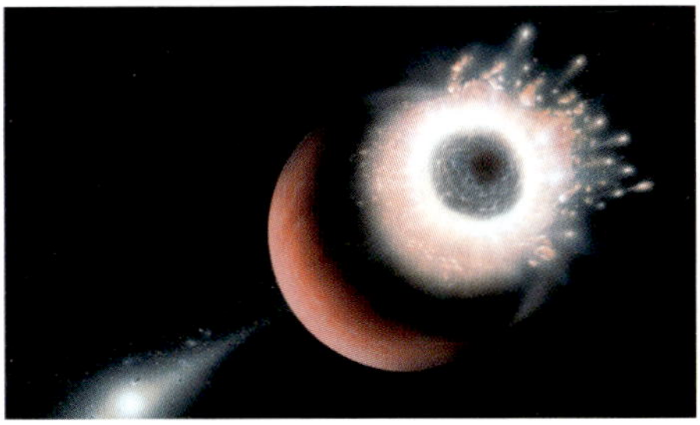

Wichtige Abbildungen und Tabellen

Astroshop.de
Ihr Partner für die Amateurastronomie.
Omegon Produkthighlights
Variabler Polfilter 1.25“
Der Lichtdurchlass der Polarisationsfilter beträgt etwa zwischen 1% und 40%.
Art.-Nr.: 7399
39 €
Farbfilter Set 1.25“ (6-teilig)
Farbfilterset aus 6 Filtern zur detailreichen Planetenbeobachtung.
Art.-Nr.: 11333
49 €
ED-Okulare
von 3,8 bis 25mm, 20mm Augenabstand, gute Schärfe und Kontrast, Gesichtsfeld 50°
Art.-Nr.: 1523-1529
59 €
Okular-Hüfttasche
Praktischer Schutz für Okulare oder anderes Zubehör.
Art.-Nr.: 12295
19,90 €
Omegon 20x80 Giant
Das 20x80 Giant ist ein lichtstarkes Fernglas für Astro- oder Naturbeobachtungen.
Art.-Nr.: 12461
129 €
Omegon 60/700 AZ-1
Kleines Teleskop für erste Gehversuche am Nachthimmel. 60mm Öffnung, Rotpunktsucher, 2 Okulare, Barlowlinse
49 €
Art.-Nr.: 11267
Omegon 114/900 EQ-1
Einsteiger-Teleskop auf parallaktischer Montierung mit 6x30 Sucherfernrohr und 2 Okularen.
Art.-Nr.: 11266
129 €
Omegon 127er ED Triplet Apochromat
inkl. 2" Zenitspiegel und Transportkoffer
omegon
Der neue ED Apochromat für hohe Ansprüche!
Mit dem Omegon 127er ED Apochromaten wurde ein Teleskop auf den Markt gebracht, dass man bis vor kurzem nur zu einem wesentlich höheren Preis erhalten konnte. In ersten Tests zeigte sich schnell, wie überlegen das dreilinsige System gegenüber den 2-linsigen ED's ist.
So wurden u.a. mit einer Canon EOS 400D Aufnahmen gewonnen, die anschaulich zeigen, wie gut die Optik ist: Das Bild Nr.1 (Vega-Umfeld) im Anhang zeigt deutlich, dass die Bildfeldwölbung auf dem 18x23mm Sensor kaum ins Gewicht fällt. Bei Vollformat Kameras mit einem 24x36mm Chip sollte man jedoch überlegen, einen Flattner ein zu setzen.
Fotografisch besticht der Omegon 127er ED durch seine kurze Brennweite und das - für Refraktoren - schnelle Öffnungsverhältnis von f/7,5, wobei die Schärfe und der Kontrast jedem Spiegelsystem weit überlegen ist. - Dies zeigt auch die Strukturwiedergabe der Galaxien in Bild 2 (Leo Triplet).
Auch visuell konnte der Omegon 127er ED überzeugen, so wurde z.B. Saturn und der Mond bei über 300facher Vergrößerung beobachtet. Es wurde dabei auf die Abbildung, Kontrast und evtl. Farbsäume geachtet. Die Optik zeigte dabei eine hervorragende Schärfe und einen Kontrast wie es nur ein Refraktor bieten kann. Auch bei der relativ hohen Vergrößerung konnte noch kein Farbsaum am Planetenrand, sowie an den Planetenringen oder an einem Mondkrater wahrgenommen werden.
Mit dem Omegon 127er ED steht nun ein Gerät zur Verfügung, dass vielen Einsteigern als auch bereits ambitionierten Hobby-Astronomen viel Freude bereiten und vom Preis-Leistungs-Verhälltnis kaum noch zu schlagen sein wird.
Lieferumfang: 127mm 3-linsiger ED Tubus mit Optik, 2" Crayfordauszug mit 1:10 Feingetriebe, beleuchteter 8x50 Sucher, Rohrschelle mit Handgriff, Montageschiene für die meisten gängigen Montierungen wie EQ, GP etc., voll einziehbare Taukappe
Artikel-Nr.: 12799
nur 1.489 €
1*
2*
*Diese Bilder können Sie detaillierter auf unserer Webseite unter http://www.astroshop.de/teleskope/omegon/apochromatischer-refraktor/127er-ed-triplet-apochromat betrachten.
Celestron CPC 800
Sensationelle Preissenkung um über 33%
Das CPC 800 Schmidt-Cassegrain Teleskop ist ein kinderleichter Weg Astronomie hautnah zu erleben. Sogar als Einsteiger kann man schon in der ersten Nacht zahlreiche Himmelskörper wie Planeten, Nebel und entfernte Galaxien beobachten.
Ermöglicht wird dies durch eine kompakte und hervorragend abbildende Optik und ein durchdachtes Computersystem, das einen automatisch zu tausenden von Objekten führt.
- SC Optik mit 200mm Öffnung und 2032mm Brennweite
- XLT Vergütung für hohen Lichtdurchlass
- GoTo-System mit 40.000 Objekten, 3°/Sek.
- Sky Align Verfahren. Sie fahren drei helle Sterne an, deren Namen Sie nicht kennen müssen und schon können Sie per Knopfdruck Himmelsobjekte anfahren
- PEC Kontrolle und Autoguiding möglich
Art.-Nr.: 7750
2.980 €
1.975 €
Astroshop.de ist ein Bereich der nimax GmbH. Mehr Informationen zu unserem Unternehmen finden Sie unter www.nimax-gmbh.de.
Alle angegebenen Preise in Euro inkl. 19% MwSt. Stand: Juli 2008. Preisänderungen und Irrtümer vorbehalten.

Das Kosmos Himmelsjahr – ein Führer durch die Welt der Sterne

Das internationale Jahr der Astronomie

Die Weltorganisation UNO hat auf Betreiben der Internationalen Astronomischen Union (IAU) das Jahr 2009 zum internationalen „Jahr der Astronomie“ deklariert. Vor vierhundert Jahren beobachteten Galileo Galilei und einige andere Astronomen erstmals die Gestirne mit dem soeben erfundenen Fernrohr. Sie entdeckten die Gebirge und Ringwälle auf dem Mond, die Phasen der Venus, die vier hellen Monde des Jupiter und Flecken auf der Sonne. Ferner erkannte man, dass das schimmernde Lichtband der Milchstraße sich aus Abertausenden Sternpünktchen zusammensetzt. Johannes Kepler veröffentlichte vor vierhundert Jahren in seinem Werk „Astronomia Nova“ die ersten beiden seiner drei berühmten Planetengesetze. Inzwischen hat die Astronomie einen wahrhaft kometenhaften Aufschwung erfahren. Nicht nur erdgebundene Riesenteleskope spähen in die Tiefen des Alls. Auch zahlreiche Satelliten und Raumsonden haben uns einen profunden Ein-

Die berühmte Strudelgalaxie
Die Galaxie M 51 im Sternbild Jagdhunde ist ein spiralförmiges Milchstraßensystem in 30 Millionen Lichtjahren Entfernung. Aufnahme von Martin Gertz, gewonnen auf der Sternwarte Welzheim des Planetariums Stuttgart.

blick in die Geheimnisse des Universums und seiner Gestirne ermöglicht. Man blickt zurück bis zu den Anfängen des Kosmos, kann das Leben der Sterne berechnen, hat Planeten um fremde Sonnen aufgespürt und unser Sonnensystem gründlich erforscht. Im internationalen Jahr der Astronomie soll die Weltbevölkerung teilhaben an den Erkenntnissen der Wissenschaftler. Die Menschen sollen sich ihrer Herkunft und Stellung im Kosmos bewusst werden. Das Motto lautet: „Das Weltall – du lebst darin, entdecke es!" Professionelle Astronomen, Amateure und Sternfreunde, vor allem aber die Medien und die Schulen, sind aufgerufen, unser Wissen über das Universum möglichst vielen Menschen zu vermitteln – bis in den letzten Winkel der Erde (siehe auch Monatsthema Januar auf Seite 37).

Das Internationale Jahr der Astronomie
Offizielles Logo zum Jahr der Astronomie 2009

Ein Jahrbuch mit langer Tradition

Auch vorliegendes Jahrbuch möchte dazu beitragen, dass möglichst viele Menschen die Gestirne mit eigenen Augen – sei es freiäugig, mit Ferngläsern oder Teleskopen – beobachten können. Auch das *Kosmos Himmelsjahr* feiert ein Jubiläum: Vorliegender Band für das Jahr 2009 ist der **100. Jahrgang**. Erstmals erschien im Jahre 1910 das *Sternbüchlein* in der Franckhschen Verlagshandlung Stuttgart. Herausgegeben wurde es von Robert Henseling, eine der profiliertesten Persönlichkeiten, die sich um die Verbreitung des astronomischen Weltbildes verdient gemacht haben. Anlass für die Herausgabe eines populären astronomischen Jahrbuches war wohl die Wiederkehr des berühmten Halleyschen Kometen im Jahre 1910, ein Ereignis, das in der Bevölkerung Angst hervorrief, nicht zuletzt deshalb, weil damals die Erde durch den Schweif des Kometen hindurchging und man mancherorts eine „Gasvergiftung" befürchtete – völlig unberechtigterweise. Als 1986 Komet Halley wieder an der Erde vorbeizog, flog eine ganze Armada von irdischen Raumschiffen an ihm vorbei. Die europäische Raumsonde Giotto pirschte sich damals bis auf 600 Kilometer Distanz an den Kern von Halley heran und sandte fantastische Aufnahmen zu den Bodenstationen auf der Erde. Wo wird wohl die astronomische Wissenschaft stehen, wenn Halley im Juli 2061 wieder an der Erde vorbeifliegt?

Der Lehrer, Schriftsteller und Astronom Robert Henseling wurde am 19. Oktober 1883 in Hameln (Westfalen) geboren. Nach der erstmaligen Herausgabe des „Sternbüchlein für 1910", das ab 1945 unter der Bezeichnung „Himmelsjahr" bis dato jährlich im Franckh-Kosmos-Verlag erscheint, gründete Henseling den Verein Schwäbische Sternwarte e. V., der schon 1921 die Sternwarte auf der Uhlandshöhe in Stuttgart in Betrieb nahm. Noch im gleichen Jahr hob er die Zeitschrift „Die Sterne" aus der Taufe. Ebenfalls 1921 gründete Henseling den Bund der Sternfreunde (BdS). Er war Initiator und erster Leiter des alten Stuttgarter Planetariums, das von 1928 bis 1943 den Sternenhimmel für seine Besucher erstrahlen ließ. Ab 1929 leitete er für einige Monate das Berliner Planetarium am Zoo und war anschließend viele Jahre als freischaffender Schriftsteller tätig, bis er am 1. April 1964 in Berlin einem tragischen Autounfall zum Opfer fiel. Alle seine Werke haben Robert Henseling überdauert. Die Stuttgarter Sternwarte erfreut sich nach wie vor großer Beliebtheit bei Jung und Alt. „Die Sterne" erschienen bis 1996 als selbstständige astronomische Zeitschrift, bis sie 1997 mit dem Astro-Journal „Sterne und Weltraum" verschmolz.

Den Bund der Sternfreunde gibt es heute noch unter der neuen Bezeichnung Vereinigung der Sternfreunde e. V. (VdS) als Dachorganisation der Amateurastronomen im deutschen Sprachraum. Das neue Stuttgarter Planetarium eröffnete am 22. April 1977 seine Pforten für das himmelskundlich interessierte Publikum. Und das Himmelsjahr wird heute noch von einer großen Lesergemeinde geschätzt.

Im Laufe von hundert Jahren hat sich Aussehen und Gestaltung des Sternenjahrbuches aus Stuttgart immer wieder gewandelt. In der ersten Ausgabe des *Sternenbüchleins 1910* schrieb Robert Henseling unter anderem: „Die vornehmste Forderung der Zeit ist, dass die jetzige und die kommende Generation mit einer besseren naturwissenschaftlichen Bildung gewappnet ist, als es im 19. Jahrhundert der Fall war!" Auch hundert Jahre nachdem dieser Satz geschrieben wurde, hat er nichts von seiner Gültigkeit verloren. Auch im 21. Jahrhundert muss die wissenschaftliche Bildung gestärkt werden.

Ganz sicher gehört zur Bildung auch die Fähigkeit, sich am gestirnten Himmel zurechtzufinden. Dem Laien mag das zunächst recht kompliziert erscheinen. Doch nach einiger Übung ist man schnell in der Lage, Sternbilder zu erkennen, Planeten aufzusuchen und interessante Himmelsereignisse zu beobachten. Damit dies gelingt, soll das *Kosmos Himmelsjahr* als Führer durch die Sternenwelt dienen. In ihm findet man alle nötigen Informationen über die wichtigsten Himmelsereignisse im Jahre 2009. Auch für den vorliegenden 100. Jahrgang gilt: Sowohl der interessierte Laie und Naturfreund als auch der ernsthaft beobachtende Amateurastronom wird dem *Himmelsjahr* die nötigen Informationen über die astronomischen Ereignisse des laufenden Jahres entnehmen können.

Ideal auch für Einsteiger

Jedes Jahr kommen stets neue Leserinnen und Leser hinzu, die sich erst in die astronomischen Fachbegriffe und in die spezifische Materie der Himmelskunde einarbeiten wollen. Sie schätzen eine möglichst einfache und doch vollständige Darstellungsweise auch komplizierter Sachverhalte. Für die Erstbenutzer ist das Einführungskapitel „Erläuterungen zum Gebrauch" ab Seite 281 in erster Linie gedacht. Nicht nur dem Neuling in der Himmelskunde will vorliegendes Jahrbuch dienen. Für fortgeschrittene Sternfreunde und systematisch arbeitende Amateurastronomen bringt es alle notwendigen Zahlenangaben (Ephemeriden) für eigene Beobachtungen. Um möglichst allen Benutzern – vom Einsteiger bis zum versierten Beobachter – zu dienen, wird in den Monatsübersichten eine einfache, beschreibende Darstellung aller interessanten Himmelsvorgänge gebracht, während im Tabellenteil am Schluss wichtige Beobachtungsdaten in Form von Zahlentafeln vermerkt sind.

Die Übersicht „Kurzhinweise zum Gebrauch" auf der vorderen Umschlagklappe wird Astronomiekundigen einen raschen Überblick über die in diesem Jahrbuch verwendeten Konventionen verschaffen, ohne dass sie lange das Einführungskapitel durcharbeiten müssen.

Dem Hauptteil ist eine Zusammenfassung der im Jahre 2009 stattfindenden Sonnen- und Mondfinsternisse vorangestellt. Auf Seite 12 findet man eine kalendarische Übersicht für das Jahr 2009 mit chronologischen Daten und Angaben der Festtage.

Der Anhang enthält ein Verzeichnis von Planetarien und Sternwarten sowie eine Liste von amateurastronomischen Einrichtungen, die den Kontakt zu Gleichgesinnten erleichtern soll.

Eine ausführliche Erläuterung zu den einzelnen Fachbegriffen findet man in dem kleinen *Wörterbuch der Astronomie*, in dem alle wichtigen Begriffe verständlich erklärt werden. Das *Wörterbuch der Astronomie* ist im Kosmos-Verlag erschienen (ISBN 978-3-440-09661-1).

Die Daten für das vorliegende Jahrbuch stammen, soweit nachstehend nicht besonders vermerkt, vom Planetarium Stuttgart. Das *Bureau des Longitudes*, Paris, lieferte die Daten für die Jupitermonderscheinungen, die Angaben für die Sternbedeckungen das *International Lunar Occultation Centre (ILOC)*, Tokio, die Sonnenfleckenrelativzahlen das *Observatoire Royal de Belgique*, Brüssel, und die Daten für die Sternschnuppenströme die *International Meteor Organization (IMO)*.

Mein besonderer Dank gilt meinem Mitarbeiter, Herrn Erich Karkoschka *(Lunar and Planetary Laboratory*, University of Arizona, Tucson), für seine Ephemeridenberechnungen und Anfertigung vieler Skizzen.

Dank schulde ich auch Herrn Gerhard Weiland, der mit großer Sorgfalt und Umsicht die Reinzeichnungen der Grafiken angefertigt hat, sowie Herrn Wil Tirion für die Herstellung der Monatssternkarten. Dankbar bin ich auch allen dienstbaren Geistern, die sorgfältig Korrektur gelesen haben.

Zu danken habe ich ferner den Mitgliedern der *Beobachtergruppe des Planetariums Stuttgart* für die hervorragenden Astroaufnahmen, die sie auf der Sternwarte Welzheim gewonnen haben. Für die „Fototipps" danke ich Herrn Stefan Seip. Dank gebührt auch Frau Claudia Dintner und Frau Sylvia Schmidhuber für die sorgfältige Reinschrift des Manuskripts sowie den Mitarbeiterinnen und Mitarbeitern des Verlages, insbesondere den Herren Siegfried Fischer und Sven Melchert, für die hervorragende Zusammenarbeit, ohne die dieses Jahrbuch nicht pünktlich erscheinen könnte.

Stuttgart, im März 2008
Hans-Ulrich Keller

Das Jahr 2009 auf einen Blick

Das Jahr 2009 ist nach dem Gregorianischen Kalender ein Gemeinjahr mit **365** Tagen.

Beginn der Jahreszeiten:

Frühling (Tagundnachtgleiche) 20. März, 12^h44^m MEZ

Sommer (Sonnenwende): 21. Juni, 6^h46^m MEZ

Herbst (Tagundnachtgleiche): 22. September, 22^h19^m MEZ

Winter (Sonnenwende): 21. Dezember, 18^h47^m MEZ

Sommerzeit: Die Mitteleuropäische Sommerzeit (MESZ) geht gegenüber der Mitteleuropäischen Zeit (MEZ) um eine Stunde vor. Sie soll vom **29. März** bis **25. Oktober 2009** gelten. Kurzfristige Änderungen sind möglich.

Fest- und Feiertage 2009

Neujahrstag:	**Donnerstag,**	1. Januar
Aschermittwoch:		25. Februar
Karfreitag:		10. April
Ostersonntag:		**12. April**
Ostermontag:		13. April
Christi Himmelfahrt:	Donnerstag,	21. Mai
Pfingstsonntag:		31. Mai
Pfingstmontag:		1. Juni
Fronleichnam:	Donnerstag,	11. Juni
Allerheiligen:	Sonntag,	1. November
Buß- und Bettag:	Mittwoch,	18. November
1. Advent:	Sonntag,	29. November
Heiliger Abend:	Donnerstag,	24. Dezember
1. Weihnachtstag:	**Freitag,**	25. Dezember
2. Weihnachtstag:	Samstag,	26. Dezember
Silvester:	**Donnerstag,**	31. Dezember

Staatsfeiertage 2009

Tag der deutschen Einheit:	Samstag,	3. Oktober
Österreich. Nationalfeiertag:	Montag,	26. Oktober
Schweizer Bundesfeier:	Samstag,	1. August
Liechtensteiner Staatsfeiertag:	Samstag,	15. August

Kalenderären 2009

Das **jüdische Jahr** 5770 beginnt am 18. September mit Sonnenuntergang. Der jüdische Neujahrstag fällt daher auf den 19. September 2009.

Das **islamische Jahr** 1431 beginnt am 17. Dezember mit Sonnenuntergang. Der erste Tag des islamischen Jahres 1431 korrespondiert mit dem 18. Dezember 2009.

Am 14. September beginnt in der **byzantinischen Ära** das Jahr 7518.

Am 1. Januar beginnt das **japanische Jahr** 2669.

Am 11. September beginnt das Jahr 1726 der **Ära Diokletians**.

Am 14. September beginnt das Jahr 2321 der **Seleukidenära**.

Am 14. Januar beginnt das Jahr 2762 der **römischen Ära a.u.c**.

Der 14. Januar 2009 des **Gregorianischen** Kalenders korrespondiert mit dem 1. Januar 2009 des **Julianischen** Kalenders.

Das Jahr 2009 entspricht dem Jahr 6722 der **Julianischen Periode**.

Der 1. Januar 2008 (0^h Weltzeit = 1^h Mitteleuropäische Zeit) hat die **Julianische Tagesnummer** 2454832,5.

Chronologie 2009

Sonnenzirkel: 2
Goldene Zahl (Mondzirkel): XV
Sonntagsbuchstabe: D
Indiktion (Römerzinszahl): 2
Epakte: 3
Jahresregent: Mars
(Nähere Erläuterungen siehe Seite 299).

Finsternisse 2009

Im Jahr 2009 ereignen sich eine ringförmige und eine totale Sonnenfinsternis sowie drei Halbschattenfinsternisse des Mondes und eine partielle Mondfinsternis. Von Mitteleuropa ist nur die partielle Mondfinsternis vom 31. Dezember beobachtbar sowie andeutungsweise die Halbschattenfinsternis des Mondes vom 5./6. August. Nähere Erläuterungen zu den Finsternissen findet man im Kapitel „Sonnen- und Mondfinsternisse 2009“ ab der nächsten Seite.

Planeten 2009

Merkur zeigt sich im ersten Januardrittel, im zweiten Aprildrittel bis Anfang Mai und in der dritten Dezemberwoche am Abendhimmel tief im Westen nach Sonnenuntergang. Am Morgenhimmel kann der flinke Planet Ende September bis Mitte Oktober knapp über dem Osthorizont in der Morgendämmerung gesehen werden.

Venus leuchtet von Jahresbeginn bis zweites Märzdrittel als Abendstern. Ende März beendet sie ihre Abendsternperiode. Am 27. März steht sie in unterer Konjunktion mit der Sonne. Ab April bis Ende November kann man unseren inneren Nachbarplaneten als Morgenstern vor Sonnenaufgang am Osthimmel sehen. Am 14. Januar erreicht Venus ihre größte östliche Elongation mit 47° von der Sonne. Am 19. Februar strahlt sie abends in größtem Glanz. Am 2. Mai leuchtet sie am Morgenhimmel in maximalem Glanz. Ihre größte westliche Elongation nimmt sie am 5. Juni ein.

Mars taucht im Sommer am Morgenhimmel auf. Bis Jahresende wird er zum Planeten fast der gesamten Nacht. Seine Opposition zur Sonne erreicht er am 29. Januar 2010 im Sternbild Krebs.

Jupiter kommt am 14. August im Sternbild Steinbock in Opposition zur Sonne. Ab Mitte März kann der Riesenplanet am Morgenhimmel gesehen werden. Bis zur Opposition dehnt er seine Sichtbarkeitszeit auf die ganze Nacht aus. Ende Januar 2010 zieht Jupiter sich vom Abendhimmel zurück und wird unsichtbar. Am 28. Februar 2010 steht er in Konjunktion mit der Sonne.

Saturn steht am 8. März im Sternbild Löwe in Opposition zur Sonne. Bis Ende Juli ist der Ringplanet am Abendhimmel vertreten. Am 17. September wird er von der Sonne überholt und steht in Konjunktion mit ihr. Mitte Oktober erscheint der Ringplanet wieder am Morgenhimmel. Bis Jahresende wird Saturn zum Planeten der zweiten Nachthälfte.

Uranus kommt am 17. September im Sternbild Fische in Opposition zur Sonne.

Neptun erreicht bereits am 17. August im Sternbild Steinbock seine Opposition.

Pluto, der prominenteste Zwergplanet unseres Sonnensystems, steht am 23. Juni im Sternbild Schütze in Opposition zur Sonne.

Ausführliche Angaben über die Sichtbarkeit der Planeten entnehme man jeweils der Rubrik „Planetenlauf“ in den Monatsübersichten.

Sonnen- und Mondfinsternisse 2009

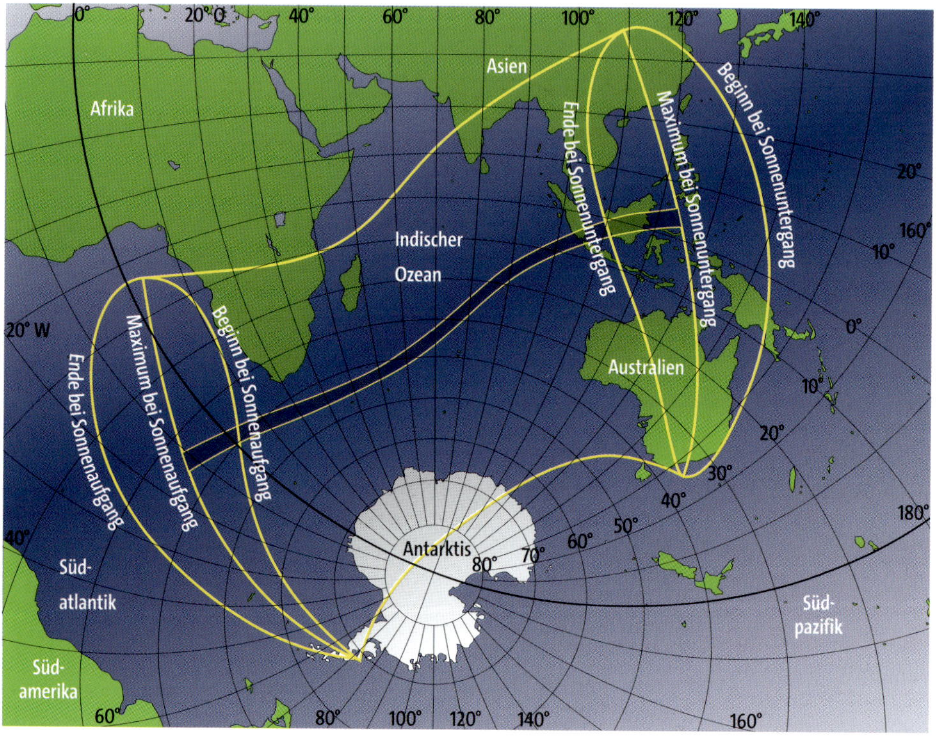

F.1 Sonnenfinsternis am 26.1.2009: **Globaler Verlauf der ringförmigen Sonnenfinsternis vom 26. Januar. Die Zone der ringförmigen Verfinsterung zieht sich vom Südatlantik beginnend durch den Indischen Ozean und endet in Indonesien.**

Das Jahr 2009 zeigt sich für uns Mitteleuropäer ausgesprochen finsternisarm. Lediglich die partielle Mondfinsternis vom 31. Dezember ist bei uns in den Abendstunden zu beobachten. Und diese Mondfinsternis ist auch nicht sehr spektakulär: Lediglich ein kleiner Teil (nur acht Prozent) der Südkalotte des Mondes wird vom Kernschatten der Erde getroffen. Erfahrene Mondbeobachter können noch die Halbschattenfinsternis des Mondes in der Nacht vom 5. auf 6. August andeutungsweise verfolgen. Lediglich eine geringe Helligkeitsabnahme des Südostquadranten der Mondscheibe lässt sich beobachten.

Insgesamt ereignen sich sechs Finsternisse im Jahre 2009, nämlich drei Halbschattenfinsternisse des Mondes, eine partielle Mondfinsternis sowie am 26. Januar eine ringförmige und am 22. Juli eine totale Sonnenfinsternis. Beide Sonnenfinsternisse bleiben von Mitteleuropa aus auch in ihren partiellen Phasen unbeobachtbar. Die totale Sonnenfinsternis vom 22. Juli 2009 ist im Übrigen die mit der längsten Totalitätsdauer im 21. Jahrhundert. Im Maximum bedeckt der Neumond die Sonne für $6^{m}39^{s}$ vollständig. Die Totalitätszone zieht sich über Indien, China und den Pazifischen Ozean.

Ringförmige Sonnenfinsternis am 26. Januar

Diese Sonnenfinsternis ereignet sich in den frühen Vormittagsstunden am Montag, 26. Januar 2009. Sie bleibt auch in ihren partiellen Phasen von ganz Europa aus unbeobachtbar. Die Zone der ringförmigen Phase beginnt im Südatlantik und zieht weit südlich von Afrika (Kap der Guten Hoffnung) vorbei durch den gesamten Indischen Ozean und endet zu Sonnenuntergang in Indonesien, nachdem die Zentrallinie über das südliche Sumatra gezogen ist. Der Höhepunkt der Finsternis wird mitten im Indischen Ozean am Ort 70°16′ östlicher Länge und 34°05′ südlicher Breite um 8^h59^m MEZ erreicht, wobei die ringförmige Phase hier 7^m54^s dauert und die Breite der Zone ringförmiger Verfinsterung 280 Kilometer misst. Die Sonne steht dabei fast 73° hoch ziemlich genau in Norden. Der scheinbare Durchmesser der Neumondscheibe entspricht dabei 92,8 % des Durchmessers der Sonnenscheibe.

Die Finsternis beginnt um 5^h57^m MEZ (1. Kontakt) am Ort 8°14′ östlicher Länge und 28°55′ südlicher Breite und endet um 12^h01^m am Ort 104°45′ östlicher Länge und 9°28′ nördlicher Breite.

Die partielle Phase kann von östlichen Teilen des Südatlantiks, Südafrika, von fast dem gesamten Indischen Ozean, Teilen der Antarktis, Australien und südöstlichen Gebieten Asiens sowie Indonesiens aus gesehen werden.

Die Finsternis gehört zum Saros-Zyklus Nr. 131.

Halbschattenfinsternis des Mondes am 9. Februar

In den frühen Nachmittagsstunden am Montag, 9. Februar, wandert der Mond durch den Halbschatten der Erde. Zum Höhepunkt der Finsternis kurz nach halb drei Uhr nachmittags stehen knapp 93 % des scheinbaren Monddurchmessers im Halbschatten der Erde.

Die Finsternis nimmt folgenden Verlauf:

	MEZ
Eintritt des Mondes in den Halbschatten	13^h37^m
Mitte der Finsternis	15^h38^m
Austritt des Mondes aus dem Halbschatten	17^h39^m

Da der Vollmond bei uns erst um 17^h33^m aufgeht (für 50° Nord und 10° Ost), entgeht uns diese Finsternis. Ein- und Austritt aus dem Halbschatten bleiben grundsätzlich unsichtbar. Auch zum Höhepunkt sind Halbschattenfinsternisse unauffällige Ereignisse. Erst ab einer Finsternisgröße von 0,7

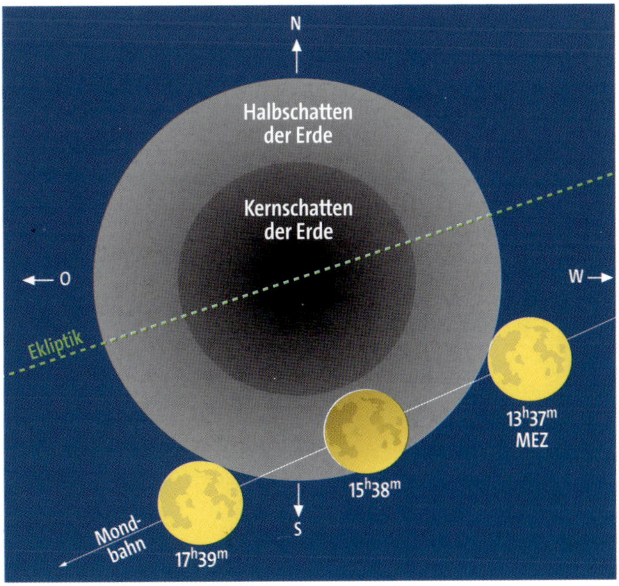

F.2 Mondfinsternis am 9. 2. 2009
Verlauf der Halbschattenfinsternis des Mondes vom 9. Februar 2009.

sind Halbschattenfinsternisse zur Zeit um das Maximum deutlich wahrnehmbar. Diesmal erreicht die Größe der Finsternis das 0,924-fache des Mondscheibendurchmessers.

Die Halbschattenfinsternis ist sichtbar von den östlichen Gebieten Asiens aus, von Ozeanien, Australien, Neuseeland und großen Teilen des Pazifischen Ozeans.

Die Finsternis gehört zum Saros-Zyklus Nr. 143.

Halbschattenfinsternis des Mondes am 7. Juli

Diese Finsternis ereignet sich in den Vormittagsstunden am Dienstag, 7. Juli, und bleibt daher von Mitteleuropa unbeobachtbar, da der Mond bei uns schon längst untergegangen ist.

Da die Größe der Halbschattenfinsternis lediglich das 0,182-fache des Mondscheibendurchmessers erreicht, bleibt die Finsternis auch in Gegenden, in denen der Mond zum Maximum über dem Horizont steht, praktisch unsichtbar. Der Vollständigkeit halber sei der Verlauf der Finsternis angegeben:

	MEZ
Eintritt des Mondes in den Halbschatten	9^h33^m
Mitte der Finsternis	10^h39^m
Austritt des Mondes aus dem Halbschatten	11^h44^m

Die Finsternis gehört zum Saros-Zyklus Nr. 110.

Totale Sonnenfinsternis am 22. Juli

Diese Finsternis ereignet sich am Mittwoch, 22. Juli, und bleibt auch in ihren partiellen

F.3 Sonnenfinsternis am 22. 7. 2009: Globaler Verlauf der totalen Sonnenfinsternis vom 22. Juli 2009.

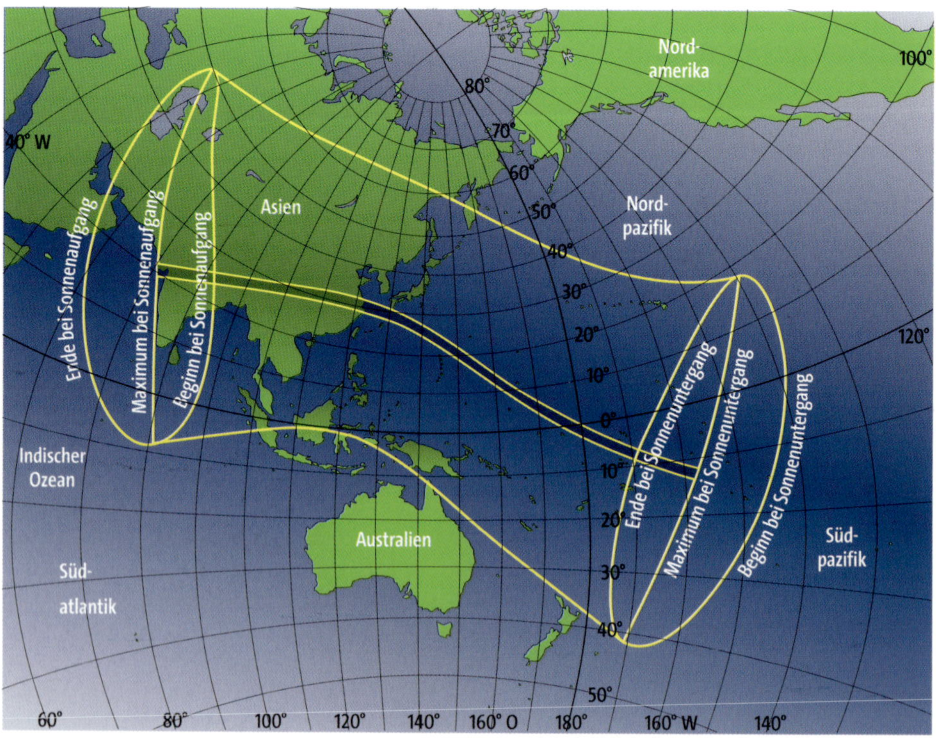

Phasen von ganz Europa aus unbeobachtbar.

Mit einer maximalen Totalitätsdauer von 6^m39^s ist sie die längste totale Sonnenfinsternis im 21. Jahrhundert. Erst am 25. Juni 2150 wird mit 7^m14^s Totalitätsdauer die Finsternis vom 22. Juli 2009 übertroffen.

Die Sonnenfinsternis beginnt (1. Kontakt) am 22. Juli um 0^h58^m MEZ am Ort 84°43′ östlicher Länge und 19°03′ nördlicher Breite und endet um 6^h12^m MEZ am Ort 171°51′ westlicher Länge und 14°14′ südlicher Breite.

Der Kernschatten des Mondes trifft erstmals die Erdoberfläche im Arabischen Meer kurz vor der westindischen Küste,

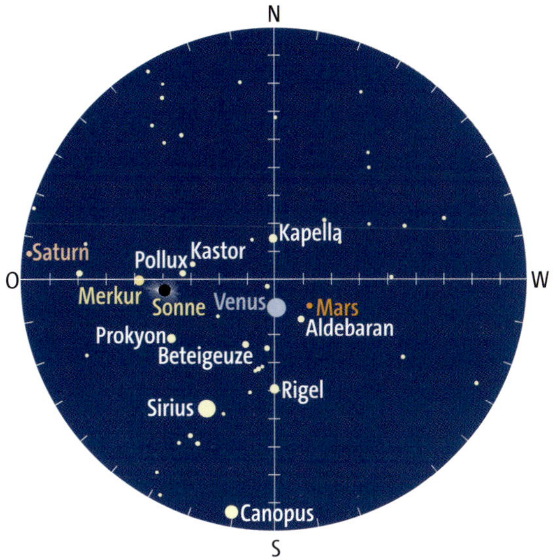

F.4 Sonnenfinsternis am 22. 7. 2009:
Verlauf der Totalitätszone der Sonnenfinsternis vom 22. Juli 2009 über Indien und China. Alle Zeiten in UT (Universal Time = Weltzeit).

F.5 Himmelsanblick während der Sonnenfinsternis am 22. 7. 2009:
Am Ort 30°49‘ nördlicher Breite und 116°16‘ östlicher Länge zur Totalität (1^h30^m UT = 9^h30^m Ortszeit). Knapp neben der Sonne steht Merkur, weiter westlich die helle Venus und Mars.

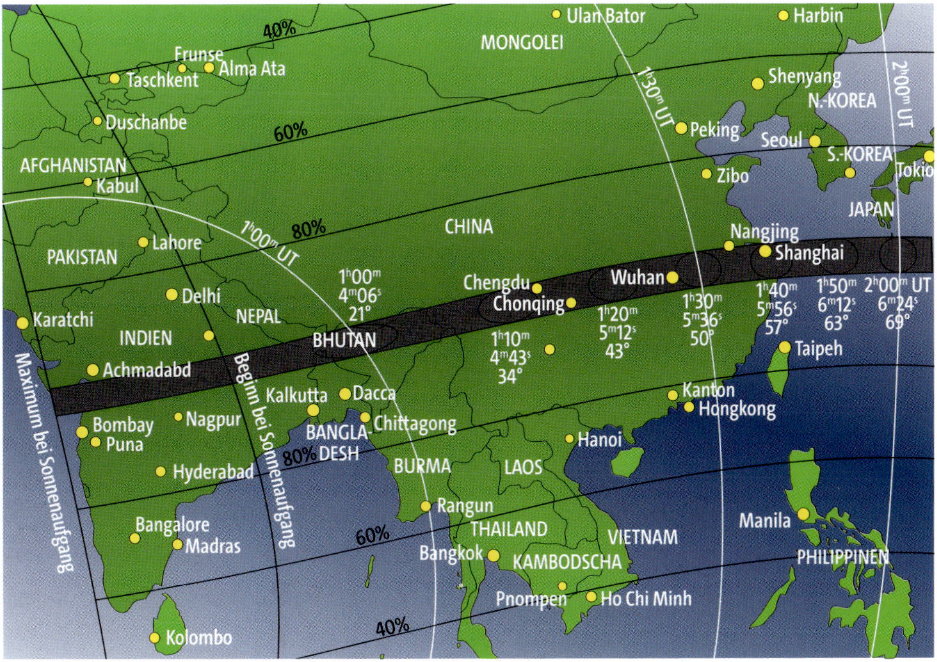

zieht knapp nördlich von Bombay (Mumbai) über den indischen Subkontinent, überquert Tibet und China, trifft Schanghai an der Ostküste Chinas und rast über das Gelbe und Südchinesische Meer knapp südlich an Japan vorbei in den Pazifik hinein. Der Kernschatten überstreicht dabei einige Marschall-Inseln wie das Eniwetok-Atoll. Hier wird auch um 3^h35^m MEZ am Ort 144°08′ östlicher Länge und 24°12′ nördlicher Breite die maximale Totalitätsdauer von 6^m39^s erreicht bei einer Breite der Totalitätszone von knapp 259 Kilometer. Die verfinsterte Sonne steht hier zum Maximum 86° hoch über dem Südhorizont. Der Kernschatten verlässt schließlich die Erdoberfläche mitten im Pazifischen Ozean.

Im Zentrum von Schanghai wird um 2^h39^m MEZ die Sonne für fünf Minuten total verfinstert, während sechzig Kilometer südlich von Schanghai auf der Zentrallinie die Totalitätsdauer fast sechs Minuten erreicht (siehe auch Tabelle auf Seite 20).

Die Größe der Finsternis beträgt das 1,080-fache des scheinbaren Sonnendurchmessers.

In ihren partiellen Phasen ist die Sonnenfinsternis von ganz Indien, Asien mit Ausnahme der nördlichen Küstengebiete, Japan, Indonesien, Hawaii und großen Gebieten des Pazifischen Raumes aus beobachtbar.

Diese Finsternis ist die Nummer 37 im Saros-Zyklus Nr. 136 und somit die direkte Nachfolgerin der Finsternis Nr. 36 dieses Zyklus vom 11. Juli 1991, die mit 6^m53^s Totalitätsdauer noch ein wenig länger war. Der Saros-Zyklus Nr. 136 umfasst 71 Sonnenfinsternisse in einem Zeitraum von 1262 Jahren. Er enthält 15 partielle, 6 ringförmige, 44 totale und 6 hybride (ringförmig-totale) Sonnenfinsternisse. Die erste Finsternis dieses Zyklus war die partielle vom 14. Juni 1360. Die letzte wird als partielle am 30. Juli 2622 zu beobachten sein. Auch die längste totale Sonnenfinsternis des 20. Jahrhunderts am 20. Juni 1955 (Dauer der Totalität: 7^m08^s) und die zweitlängste des vorigen Jahrhunderts am 30. Juni 1973 (Dauer: 7^m04^s) gehörten zum gleichen Saros-Zyklus Nr. 136.

Die nach der diesjährigen totalen Sonnenfinsternis nächstlängsten finden am 2. August 2027 (6^h23^s) und am 3. Juni 2114 (6^m32^s) statt.

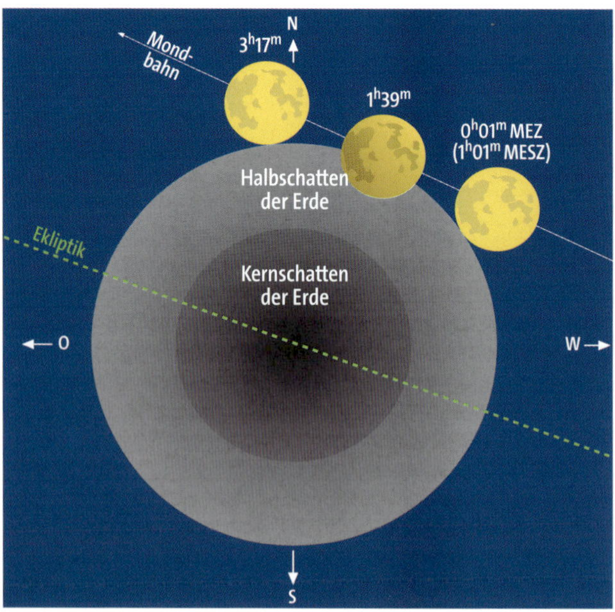

F.6 Mondfinsternis am 6. 8. 2009: Verlauf der Halbschattenfinsternis des Mondes vom 6. August 2009.

Halbschattenfinsternis des Mondes am 6. August

In der Nacht vom Mittwoch, 5., auf Donnerstag, 6. August, findet die dritte Halbschattenfinsternis des Mondes im Jahr 2009 statt. Sie beginnt eine Stunde nach Mitternacht und endet eine Viertelstunde nach 3^h Sommerzeit. Ein- und Austritt aus dem Halbschatten bleiben unbeobachtbar. Obwohl der Vollmond zum Höhepunkt hoch am Himmel steht, ist die Finsternis sehr unauffällig, denn der Mond dringt zur Mitte der Finsternis nur maximal das 0,428-fache seines scheinbaren Scheibendurchmessers in den Halbschatten der Erde ein. Mehr als eine leichte graue Verfärbung des Mondrandes wird man nicht bemerken.

Die Finsternis nimmt folgenden Verlauf:

	MEZ	MESZ
Eintritt des Mondes in den Halbschatten	0^h01^m	1^h01^m
Mitte der Finsternis	1^h39^m	2^h39^m
Austritt des Mondes aus dem Halbschatten	3^h17^m	4^h17^m

Prinzipiell ist diese Halbschattenfinsternis des Mondes von Europa, ganz Afrika, dem Atlantischen Ozean sowie Südamerika aus zu verfolgen.

Die Finsternis gehört zum Saros-Zyklus Nr. 148.

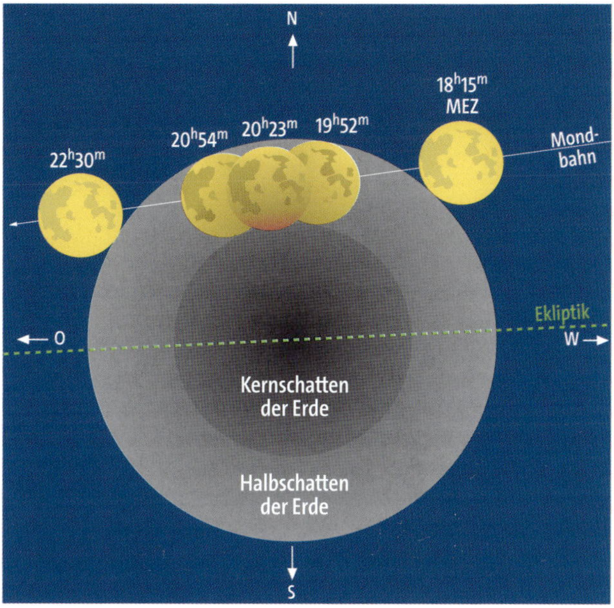

F.7 Mondfinsternis am 31. 12. 2009: Globaler Verlauf der partiellen Mondfinsternis vom 31. Dezember 2009.

Partielle Mondfinsternis am 31. Dezember

Am letzten Tag des Jahres bietet uns das Firmament für Mitteleuropa die einzige Finsternis des Jahres, sieht man von der kaum wahrnehmbaren Halbschattenfinsternis am 6. August ab. Am frühen Donnerstagabend, 31. Dezember, ereignet sich eine partielle Mondfinsternis. Sie ist allerdings nicht sehr auffällig, da nur 8 % des scheinbaren Vollmonddurchmessers in den Kernschatten der Erde eindringen.

Die Finsternis nimmt folgenden Verlauf:

	MEZ
Eintritt des Mondes in den Halbschatten	18^h15^m
Eintritt des Mondes in den Kernschatten	19^h52^m
Mitte der Finsternis	20^h23^m
Austritt des Mondes aus dem Kernschatten	20^h54^m
Austritt des Mondes aus dem Halbschatten	22^h30^m

Die Größe der Finsternis beträgt nur das 0,082-fache des scheinbaren Mondscheibendurchmessers; sie gehört zum Saros-Zyklus Nr. 115.

Die Finsternis ist beobachtbar von ganz Asien einschließlich Japan und Indonesien, westlichen Gebieten Australiens, dem Indischen Ozean sowie von ganz Europa und Afrika.

Verlauf der totalen Sonnenfinsternis vom 22. Juli 2009 für einige Orte in oder nahe der Totalitätszone

Ort	1. Kontakt (UT)	2. Kontakt oder Maximum (UT)	4. Kontakt (UT)	Sonnenhöhe	Größe	Bedeckungsgrad	Totalitätsdauer
BANGLADESCH							
Dacca	$23^h 59^m 19^s$	$00^h 57^m 59^s$	$2^h 03^m 51^s$	34°	0,930	92,7 %	–
Dinajpur	23 59 54	00 57 59	2 02 55	19	1,067	100	$2^m 34^s$
Rangpur	23 59 59	00 58 20	2 03 38	19	1,067	100	2 18
BHUTAN							
Thimbu	0 00 55	0 59 27	2 04 50	20	1,068	100	2 52
INDIEN							
Bhopal	–	0 53 49	1 52 52	7	1,063	100	3 09
Mumbai (Bombay)	–	0 52 08	1 48 56	2	0,961	96,3	–
Delhi	–	0 56 38	1 54 38	9	0,852	82,7	–
Indore	–	0 53 30	1 51 49	6	1,063	100	3 05
Jaipur	–	0 55 34	1 53 18	8	0,891	87,6	–
Kalkutta	23 58 49	0 56 24	2 00 58	17	0,911	90,2	–
Patna	23 59 58	0 56 32	1 59 30	15	1,066	100	3 44
Varanasi	0 00 04	0 55 45	1 57 35	13	1,065	100	3 01
MONGOLEI							
Ulan Bator	0 32 47	1 26 24	2 23 15	39	0,458	35,2	–
LAOS							
Vientiane	0 05 13	1 06 58	2 17 13	31	0,647	57,1	–
NORDKOREA							
Pjönjang	0 34 41	1 46 15	3 01 40	59	0,742	68,9	–
SÜDKOREA							
Seoul	0 34 56	1 48 28	3 05 50	61	0,785	74,5	–
NEPAL							
Kathmandu	0 01 11	0 57 44	2 00 32	16	0,962	96,5	–

Erläuterungen

Die Kontaktzeiten sind in Weltzeit (UT – Mittlere Sonnenzeit des Nullmeridians [Meridian von Greenwich]) angegeben. Die vollen Stunden sind gegebenenfalls entsprechend den in den jeweiligen Ländern gültigen Zonenzeiten zu korrigieren, wobei auch die in einzelnen Ländern eventuell geltende Sommerzeit (Daylight Saving Time) zu berücksichtigen ist. Nähere Auskünfte hierzu erteilen die Fluggesellschaften.

■ Verlauf der totalen Sonnenfinsternis vom 22. Juli 2009 für einige Orte in oder nahe der Totalitätszone

Ort	1. Kontakt (UT)	2. Kontakt oder Maximum (UT)	4. Kontakt (UT)	Sonnenhöhe	Größe	Bedeckungsgrad	Totalitätsdauer
CHINA							
Peking (Bejing)	$0^h25^m15^s$	$1^h32^m21^s$	$2^h44^m37^s$	49	0,730	67,4	–
Enshi	0 10 22	1 19 12	2 36 08	42	1,074	100	5^m05^s
Huzhou	0 21 33	1 36 47	2 58 52	55	1,077	100	5 47
Jiaxing	0 22 21	1 38 00	3 00 22	56	1,077	100	5 51
Leshan	0 06 16	1 11 57	2 25 41	36	1,072	100	4 43
Nanjing	0 20 29	1 34 26	2 55 15	53	0,995	99,8	–
Schanghai	0 23 26	1 39 18	3 01 38	57	1,077	100	5 00
Wuhan	0 14 55	1 26 42	2 46 17	48	1,075	100	5 25
Hongkong	0 14 31	1 25 48	2 46 01	47	0,749	69,8	–
JAPAN							
Kyoto	0 47 36	2 05 48	3 25 17	71	0,809	77,5	–
Nagoya	0 49 52	2 07 57	3 26 55	71	0,793	75,4	–
Tokio	0 55 39	2 13 00	3 30 19	73	0,747	69,6	–
Yokohama	0 55 19	2 12 59	3 30 38	73	0,756	70,8	–
Yaku-Shima (Insel)	0 37 07	1 58 09	3 22 39	68	1,079	100	3 57
GILBERT-INSELN KIRIBATI							
Butaritari	2 42 12	3 55 35	5 00 20	38	1,073	100	4 48
MARSCHALL-INSELN							
Eniwetok	2 09 29	3 31 16	4 43 31	57	1,077	100	5 38

1. Kontakt: Mond berührt Sonnenscheibe von außen, Finsternisbeginn.
2. Kontakt: Beginn der Totalität oder Maximum.
4. Kontakt: Mond gibt Sonnenscheibe frei, Finsternisende.
Sonnenhöhe: Vermerkt ist die Höhe der Sonne über dem Horizont zum Maximum (Totalität) der Finsternis in Winkelgraden.
Größe: Gibt die Eindringtiefe der Mondscheibe in die Sonnenscheibe in Einheiten des scheinbaren Sonnendurchmessers an.
Bedeckungsgrad: Gibt die vom Neumond bedeckte Fläche der Sonnenscheibe in Prozent an.
Totalitätsdauer: Zeitspanne zwischen 2. und 3. Kontakt, während der der Mond die Sonne vollständig (100 %) bedeckt.

Januar 2009

- Venus eröffnet den Jahresreigen als strahlender Abendstern
- Merkur bietet zu Jahresbeginn eine Abendsichtbarkeitschance
- Die Erde erreicht am 4. mit 147 Millionen Kilometer ihren geringsten Abstand von der Sonne

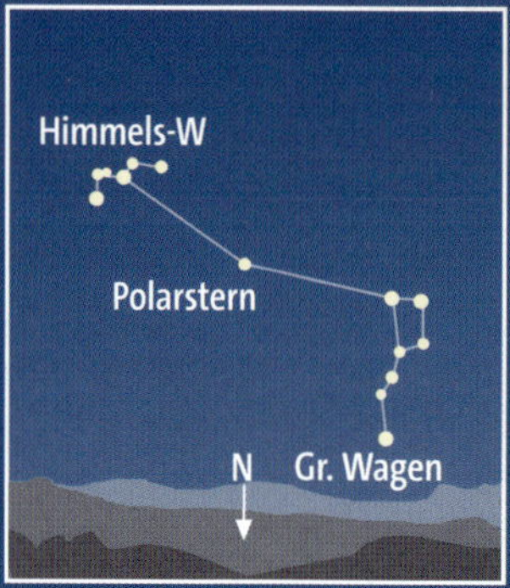

Großer Wagen und Himmels-W Anfang Januar um 22 Uhr

1.1 Anblick des Abendhimmels am 30. Januar gegen 19ʰ MEZ. Über dem Westhorizont strahlt Venus, oft als „Abendstern" bezeichnet. Zu ihr gesellt sich die Sichel des zunehmenden Mondes.

1 Do Neujahr
Saturn im Stillstand, dann rückläufig

2 Fr Mond bei Uranus, Abstand 4,°6 um 18^{h}

3 Sa Sternschnuppen Quadrantiden

4 So **Mond erstes Viertel;** Erde in Sonnennähe, 16^{h}
Merkur in größter östlicher Elongation (19°)

5 Mo

6 Di Heilige drei Könige

7 Mi

8 Do

9 Fr

10 Sa

11 So **Vollmond**
Merkur im Stillstand, dann rückläufig

12 Mo

13 Di Merkur im Perihel

14 Mi Venus in größter östlicher Elongation (47°)

15 Do Mond bei Saturn, Abstand 6,°4 um 13^{h}

16 Fr

17 Sa Sternschnuppen Delta-Cancriden

18 So **Mond letztes Viertel**
Merkur bei Jupiter; Abstand3,°2 um 7^{h}

19 Mo

20 Di Merkur in unterer Konjunktion mit der Sonne

21 Mi

22 Do Venus bei Uranus, Abstand 1,°2 um 19^{h}

23 Fr

24 Sa Jupiter in Konjunktion mit der Sonne

25 So Mond bei Mars, Abstand 0,°7 um 3^{h}
Mond bei Merkur, Abstand 5,°0 um 8^{h}

26 Mo **Neumond** – Sonnenfinsternis
Mond bei Jupiter, Abstand 0,°03 (!) um 6^{h}

27 Di Mond bei Neptun, Abstand 1,°8 um 19^{h}

28 Mi

29 Do

30 Fr Mond bei Uranus, Abstand 4,°8 um 2^{h}
Mond bei Venus, Abstand 3,6° um 17^{h}

31 Sa

Sonne – Sternbilder

19. 1. 20h:
Sonne tritt in das Sternbild Steinbock
20. 1. 1h:
Sonne tritt in das Tierkreiszeichen Wassermann
Julianisches Datum am
1. Januar, 1h MEZ: 2454832,5

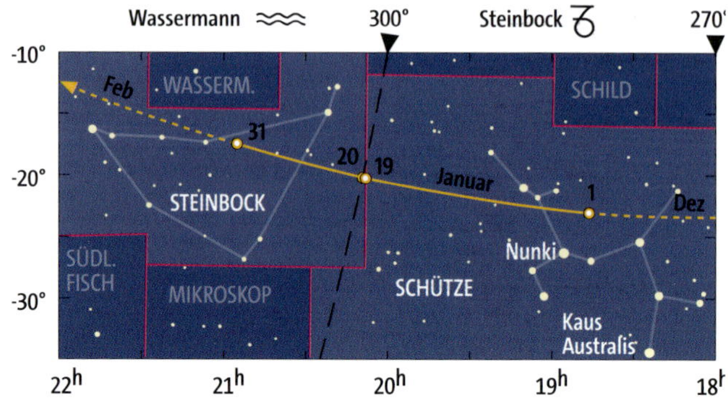

Tabelle Sonnenlauf

Tag	Dämmerg. Anfang	Aufgang MEZ	Kulmination	Untergang MEZ	Dämmerg. Ende	Mittagshöhe	Zeitgleichg.	Rektaszension	Deklination
	h m	h m	h m	h m	h m	o	m	h m	o
1.	6 59	8 18	12 24	16 29	17 48	17,0	– 4	18 46	–23,0
5.	6 59	8 18	12 25	16 33	17 52	17,4	– 5	19 03	–22,6
10.	6 58	8 16	12 27	16 39	17 58	18,1	– 7	19 25	–22,0
15.	6 55	8 13	12 29	16 47	18 04	18,9	– 9	19 47	–21,2
20.	6 52	8 08	12 31	16 54	18 11	20,0	–11	20 08	–20,2
25.	6 48	8 03	12 32	17 02	18 18	21,1	–12	20 29	–19,0
31.	6 41	7 55	12 33	17 12	18 26	22,7	–13	20 54	–17,4

Tages- und Nachtstunden

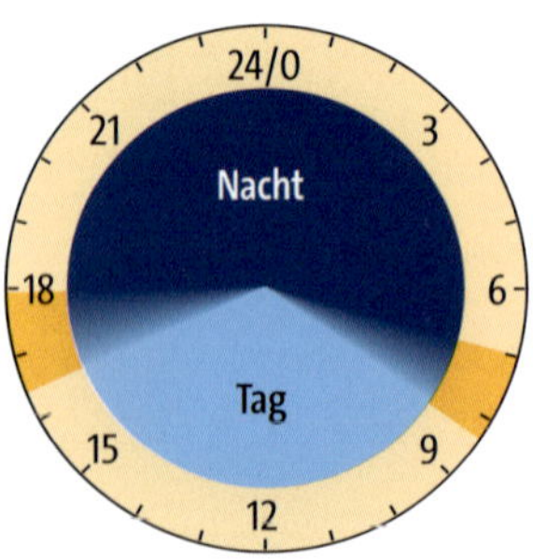

5. Januar

15. Januar

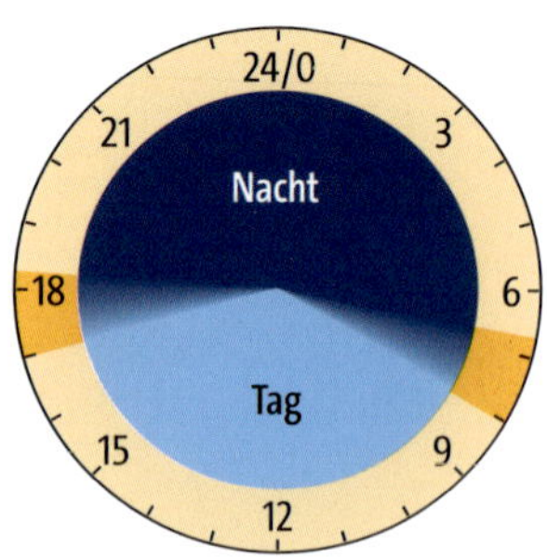

25. Januar

Tabelle Mondlauf

Datum	Aufg. MEZ	Kulmination	Unterg. MEZ	Rektaszension	Deklination	Sterne und Sternbilder	Phase	MEZ
	h m	h m	h m	h m	o			
Do 1.	10 36	16 08	21 52	22 04	– 9,9	Wassermann		
Fr 2.	10 50	16 50	23 04	22 49	– 4,4	Wassermann		
Sa 3.	11 04	17 33	–	23 34	+ 1,3	Fische		
So 4.	11 19	18 18	0 18	0 21	+ 7,1	Fische	**Erstes Viertel** Libration Ost	12^h 56^m
Mo 5.	11 38	19 07	1 35	1 10	+12,8	Fische		
Di 6.	12 01	20 02	2 56	2 02	+18,0	Widder, Hamal	Größte Nordbreite	
Mi 7.	12 33	21 01	4 21	2 59	+22,4	* Widder		
Do 8.	13 18	22 06	5 44	4 02	+25,5	Stier, Plejaden		
Fr 9.	14 22	23 13	6 58	5 08	+27,0	* Stier, Al Nath		
Sa 10.	15 42	–	7 56	6 16	+26,5	Zwillinge	Erdnähe 357/33',4	12^h
So 11.	17 11	0 18	8 38	7 22	+24,0	Pollux	**Vollmond**	4^h 27^m
Mo 12.	18 41	1 20	9 08	8 25	+19,8	Krebs, Krippe	Absteigender Knoten	
Di 13.	20 08	2 16	9 31	9 23	+14,4	Löwe		
Mi 14.	21 30	3 07	9 49	10 17	+ 8,4	Löwe, Regulus		
Do 15.	22 48	3 55	10 04	11 08	+ 2,1	Löwe		
Fr 16.	–	4 41	10 19	11 56	– 4,1	Jungfrau	Libration West	
Sa 17.	0 04	5 26	10 35	12 43	– 9,9	Jungfrau		
So 18.	1 18	6 11	10 53	13 31	–15,0	Spica	**Letzes Viertel**	3^h 46^m
Mo 19.	2 31	6 57	11 14	14 19	–19,5	Jungfrau	Größte Südbreite	
Di 20.	3 41	7 45	11 41	15 09	–23,0	Waage		
Mi 21.	4 48	8 34	12 16	16 00	–25,5	Antares		
Do 22.	5 47	9 24	13 01	16 53	–26,9	Antares		
Fr 23.	6 37	10 15	13 56	17 46	–27,0	Schütze	Erdferne 406/29',4	1^h
Sa 24.	7 16	11 05	15 00	18 38	–25,9	Schütze, Nunki		
So 25.	7 46	11 53	16 09	19 30	–23,6	Schütze		
Mo 26.	8 09	12 40	17 20	20 19	–20,2	Steinbock	**Neumond** Aufsteigender Knoten	8^h 55^m
Di 27.	8 28	13 24	18 31	21 07	–16,0	Steinbock		
Mi 28.	8 44	14 07	19 43	21 53	–11,1	Steinbock		
Do 29.	8 58	14 49	20 55	22 39	– 5,7	Wassermann		
Fr 30.	9 12	15 32	22 07	23 24	0,0	Fische		
Sa 31.	9 27	16 16	23 23	0 09	+ 5,8	* Fische	Libration Ost	

Der Mond passiert Regulus

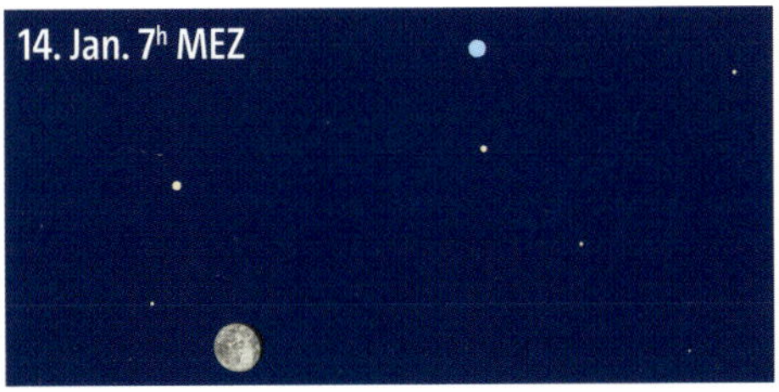

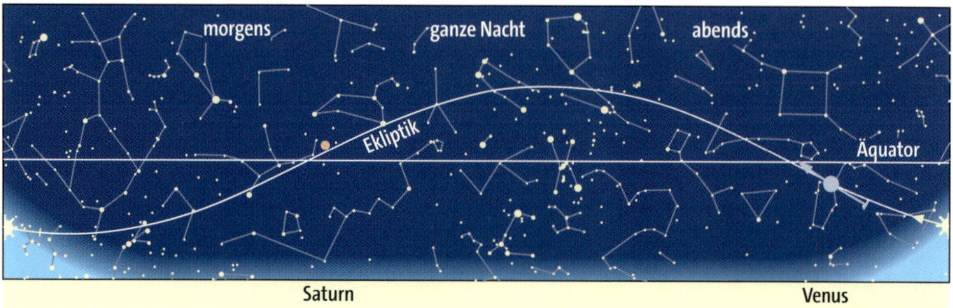

Merkur, der schwierig zu beobachtende Planet, bietet gleich zu Jahresbeginn eine Abendsichtbarkeitschance. Am 4. erreicht der flinke Planet seine größte östliche Elongation von der Sonne. Sie fällt mit 19°21′ Winkelabstand relativ bescheiden aus, da Merkur schon am 13. durch sein Perihel (sonnennächster Bahnpunkt) läuft. An diesem Tag trennen ihn 46 Millionen Kilometer (= 0,307 AE) vom Tagesgestirn.

Am 1. erfolgt der Untergang des $-0^{m}{,}7$ hellen Merkurs um $17^{h}58^{m}$. Kurz nach 17^{h} ist die Dämmerung soweit fortgeschritten, dass man Merkur knapp über dem Südwesthorizont erkennen kann (siehe auch Abb. 1.6 und 1.7 auf Seite 28). Bis 4. sinkt die Merkurhelligkeit leicht auf $-0^{m}{,}5$, die Untergangs-

1.2 Heliozentrischer Anblick **des Planetensystems im ersten Jahresviertel 2009. Eingetragen sind im linken Teil die Positionen der inneren Planeten für den 1. Januar (1), 1. Februar (2) sowie 1. März (3) und 1. April (4). Der rechte Teil zeigt das äußere Planetensystem samt einiger Planetoiden zu Anfang und Ende des ersten Jahresviertels. Die Pfeile deuten die Richtungen zu den ferneren Planeten sowie zum Frühlingspunkt an.**

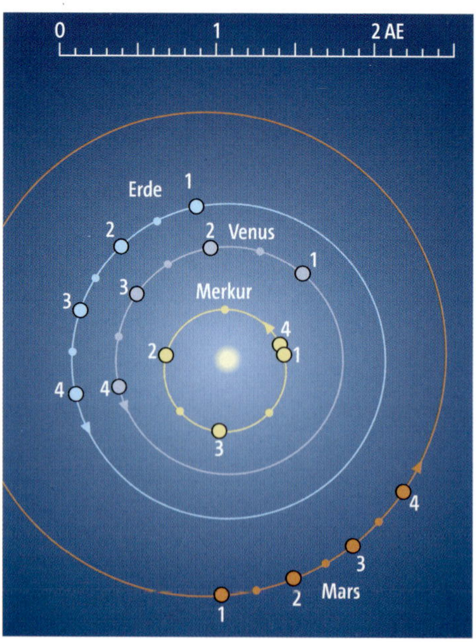

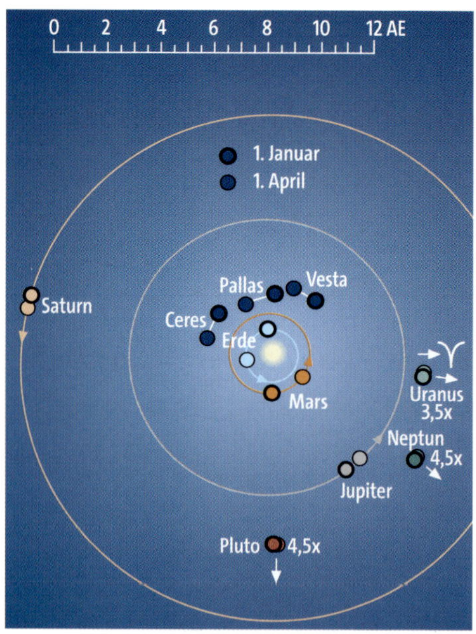

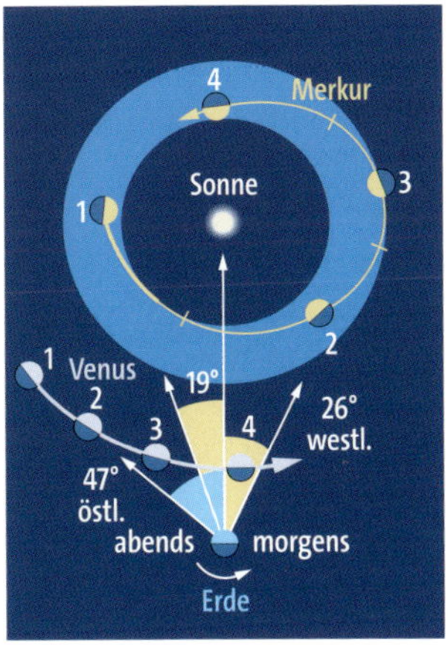

1.3 Bahnen von Merkur und Venus
Heliozentrische Bewegungen von Merkur und Venus relativ zur Erde. In den dicker ausgezogenen Bahnteilen sind die Planeten beobachtbar. Die Zahlen markieren die Positionen jeweils zum Monatsersten. Östlicher Winkelabstand bedeutet Abendsichtbarkeit, westliche Elongation: Planet steht am Morgenhimmel.

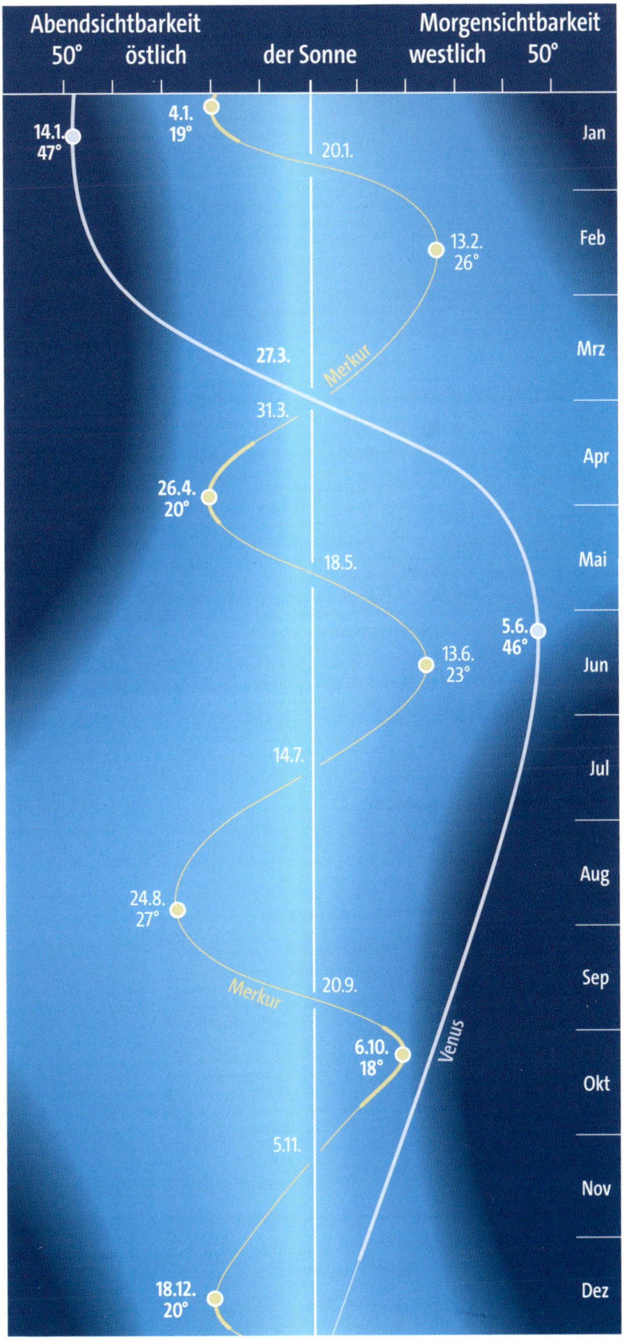

1.4 Winkelabstand zur Sonne von Merkur und Venus:
Elongationen und Konjunktionen der inneren Planeten Merkur und Venus von der Sonne im Jahre 2009. Die Datumsangaben beziehen sich jeweils auf die größten Elongationen sowie die Konjunktionen. Fettgedrucktes Datum bedeutet: in Mitteleuropa mit freiem Auge sichtbar. Unterbrochener Sonnenbalken weist auf eine untere Konjunktion hin, unterbrochene Planetenlinie auf eine obere Konjunktion.

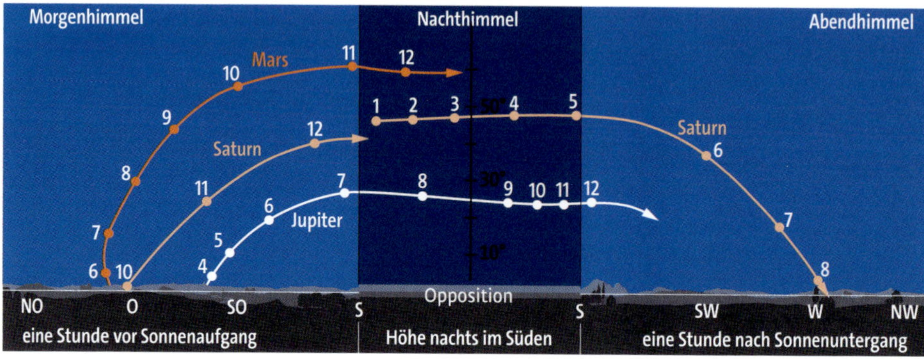

1.5 Mars, Jupiter und Saturn:
Stellungen der Planeten Mars, Jupiter und Saturn im Jahr 2009 jeweils zum Monatsersten. Im linken Teil sind die Positionen am Morgenhimmel jeweils eine Stunde vor Sonnenaufgang eingetragen, im rechten Teil die Positionen am Abendhimmel jeweils eine Stunde nach Sonnenuntergang. Im Mittelteil sind die Stellungen zur Kulminationszeit angegeben sowie die Kulminationshöhe.

zeit verspätet sich auf 18^h07^m. Bis 11. geht die Merkurhelligkeit um eine ganze Größenklasse auf $0\overset{m}{,}5$ zurück. Am 11. wird Merkur stationär und eilt anschließend rasch rückläufig auf die Sonne zu, die ihm im Tierkreis entgegenkommt. Bereits am 20. trifft er mit ihr zusammen. Merkur kommt in untere Konjunktion mit der Sonne. Letztmals ist Merkur am 10. zu erspähen. An diesem Tag sinkt der $0\overset{m}{,}2$ helle Planet um 18^h12^m unter die südwestliche Horizontlinie. Die Begegnungen mit Jupiter am 18. und mit Mars am 26. bleiben unbeobachtbar.

Für Fernrohrbeobachter sei angemerkt, dass sich das $7\overset{''}{,}2$ große Merkurscheibchen am 6. halb beleuchtet zeigt, der Fachmann spricht von Dichotomie (Halbphase). Nach dem 6. wächst der scheinbare Merkurdurchmesser auf $10\overset{''}{,}1$ bis zur

1.6 Merkur am Abendhimmel:
Stellung von Merkur über dem Westhorizont zu den angegebenen Daten jeweils eine Stunde nach Sonnenuntergang. Die Pfeile geben die Bewegung von Merkur und Sonne während der letzten halben Stunde an.

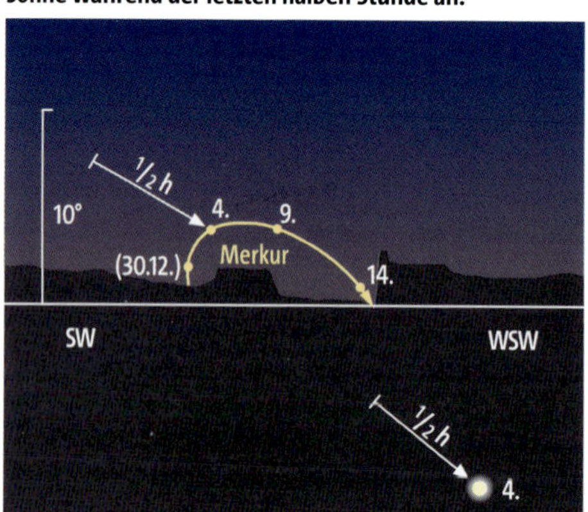

1.7 Sichtbarkeitsdiagramm für Merkur:
Es gilt genau für 50° nördlicher Breite und 10° östlicher Länge. Dunkelgelbe Fläche: Unter günstigen Sichtbedingungen kann man Merkur mit bloßen Augen erkennen.

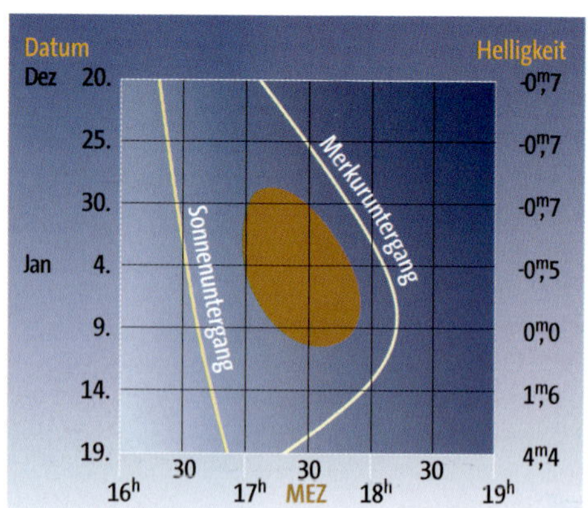

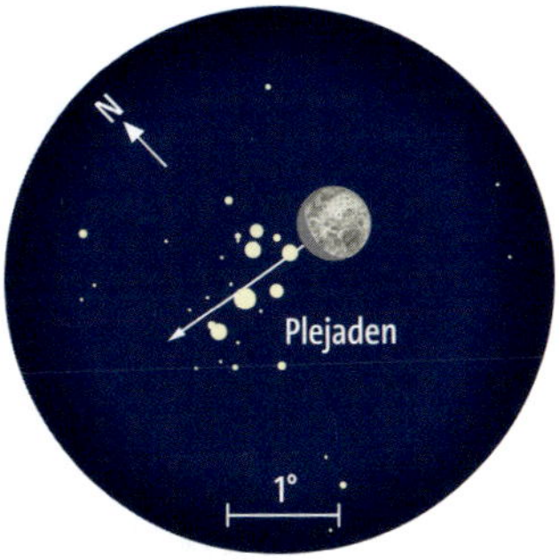

1.8 Mond bedeckt die Plejaden: **Am 7. Januar zieht der zunehmende Mond über die Plejaden hinweg und bedeckt mehrere Sterne. Anblick gegen 17^h im Fernglas bei 5° Gesichtsfelddurchmesser.**

unteren Konjunktion an; der Beleuchtungsgrad nimmt ab.

Venus eröffnet den Jahresreigen als strahlender Abendstern. Am 14. erreicht sie mit 47°07′ ihren größten östlichen Winkelabstand von der Sonne, man spricht von maximaler Elongation. Im Laufe des Monats nimmt ihre Helligkeit von $-4^{m}{,}3$ auf $-4^{m}{,}5$ leicht zu. Die Venusuntergänge verspäten sich von 20^h34^m am 1. auf 21^h06^m am 15. und auf 21^h32^m am Monatsletzten. Venus wandert durch das Sternbild Wassermann und strebt immer nördlichere Positionen an. Zu Monatsende überschreitet sie den Himmelsäquator und wechselt auf die Nordhalbkugel des Firmaments. Bereits am 23. überschreitet sie die Grenze zum Sternbild Fische.

Die Sichel des zunehmenden Mondes steht am Abend des 30. nahe der leuchtenden Venus – ein hübscher Himmelsanblick (siehe auch Abb. 1.1 auf Seite 22). Am 23. passiert unser innerer Nachbarplanet den fernen Uranus in 1°24′ nördlichem Abstand. Diese Konjunktion lässt sich mit lichtstarker Optik verfolgen (siehe Abb. 1.9 rechts).

Im Fernrohr zeigt sich das 25″ große Venusscheibchen am 16. abends halb beleuchtet, die Dichotomie tritt ein. Nach der Dichotomie (= Halbphase) wächst der scheinbare Venusdurchmesser weiter, der Beleuchtungsgrad geht zurück, Venus nimmt also ab und wird zu einer Sichel. Am Tag der größten östlichen Elongation ist Venus 102 Millionen Kilometer (= 0,682 AE) von der Erde entfernt.

DER FOTOTIPP

Mit Teleobjektiv und Kamerastativ können Sie die Begegnung von Mond und Plejaden dokumentieren. Mehrere Aufnahmen zeigen schön die Bewegung des Mondes relativ zu den Sternen.

Mars wandert rechtläufig durch das Sternbild Schütze. Anfang Dezember des Vorjahres stand er in Konjunktion mit der Sonne.

Bis Monatsende wächst sein westlicher Winkelabstand von der Sonne auf 15° an. Dies reicht noch nicht, um den $1^{m}{,}3$ hellen Mars am Morgenhimmel sichtbar werden zu lassen. Der rote Planet hält sich mit der Sonne am Taghimmel auf und bleibt nachts verborgen.

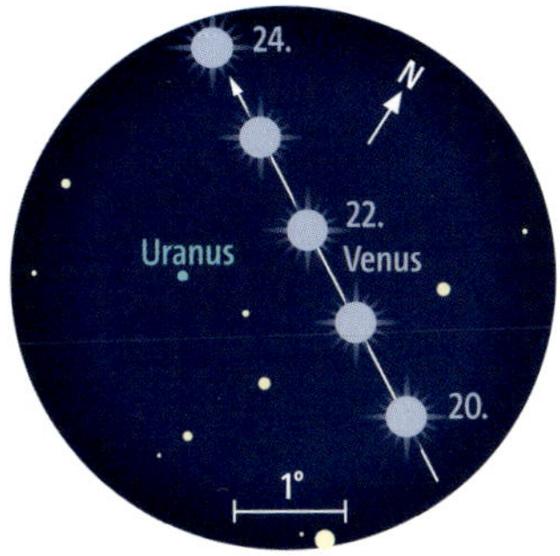

1.9 Venus begegnet Uranus: **Venus zieht am 22./23. Januar an Uranus vorbei. Abendlicher Anblick im Fernglas bei 5° Gesichtsfelddurchmesser.**

Jupiter zieht sich vom Abendhimmel zurück. Am 24. wird er von der Sonne eingeholt und steht in Konjunktion mit ihr. Er hält sich dann mit ihr am Taghimmel auf und bleibt nachts unbeobachtbar. Allenfalls zu Monatsanfang mögen erfahrene Beobachter den Riesenplaneten noch in der Abenddämmerung tief im Südwesten aufstöbern – möglichst mit Fernglas. Am 1. geht der $-1^{m}{,}9$ helle Jupiter um 17^h56^m unter. Am 10. erfolgt sein Untergang bereits um 17^h32^m. Die Begegnung mit Merkur am 18. bleibt unbeobachtbar.

Zur Konjunktion ist der Riesenplanet 911 Millionen Kilometer (= 6,09 AE) von der Erde entfernt. Bereits am 4. verlässt Jupiter das Sternbild Schütze und wechselt in den Steinbock.

Saturn wird gleich am ersten Tag des Jahres im Sternbild Löwe stationär und setzt zu sei-

Den Sternenhimmel live erleben: Der Besuch auf einer Sternwarte ist immer einer Reise wert. Besonders im Jahr der Astronomie 2009 wird es zahlreiche Veranstaltungen geben. (Foto: Steffen Brückner, Beobachtergruppe Planetarium Stuttgart/Sternwarte Welzheim)

ner Oppositionsschleife an. Danach wandert er gemächlich rückläufig durch den Ostteil des Löwen. Die bevorstehende Opposition macht sich auch durch eine leichte Helligkeitssteigerung des Ringplaneten von $0^{m}{,}9$ auf $0^{m}{,}7$ bemerkbar.

Zu Monatsanfang geht Saturn um $22^{h}38^{m}$ auf, zu Monatsende bereits um $20^{h}35^{m}$. Sieht man von den frühen Abendstunden ab, so wird er damit zum Planeten der ganzen Nacht.

Im Fernrohr zeigt sich der Saturnring als schmaler, leuchtender Strich, denn die Ringöffnung beträgt gerade mal ein Grad. Anfang September wird die Erde dann die Ringebene von Süd nach Nord passieren. Die scheinbare Längsausdehnung des Ringes misst knapp 44″, die Dicke des Striches nur 1″. Der scheinbare Äquatordurchmesser beträgt 19″, der scheinbare Poldurchmesser hingegen nur 17″. Deutlich kann man erkennen, dass der Ringplanet infolge seiner schnellen Rotation stark abgeplattet ist.

Uranus kann zu Jahresbeginn noch am Abendhimmel aufgesucht werden. Der nur $5^{m}{,}9$ helle, grünliche Planet wandert rechtläufig durch die östlichen Gefilde des Wassermanns, südlich der westlichen Fischellipse (siehe Aufsuchkärtchen Abb. 9.5 auf Seite 180).

Mit lichtstarker Optik – ein gutes Fernglas reicht aus – kann man Uranus bei guten Sichtbedingungen (möglichst Mondlicht vermeiden) am Westhimmel aufspüren. Gegen 18^{h} ist es dunkel genug, um erfolgreich nach Uranus zu suchen. Am 1. geht der grünliche Planet um $22^{h}35^{m}$ unter. Gegen $21^{h}50^{m}$ wird Uranus in den horizontnahen Dunstschichten unbeobachtbar. Die Untergänge von Uranus verfrühen sich deutlich, was seine Sichtbarkeit erheblich einschränkt. Uranus geht am 15. um $21^{h}43^{m}$ unter und am 31. bereits um $20^{h}44^{m}$. Bedenkt man, dass die Tage nun wieder länger werden und somit die Dunkel-

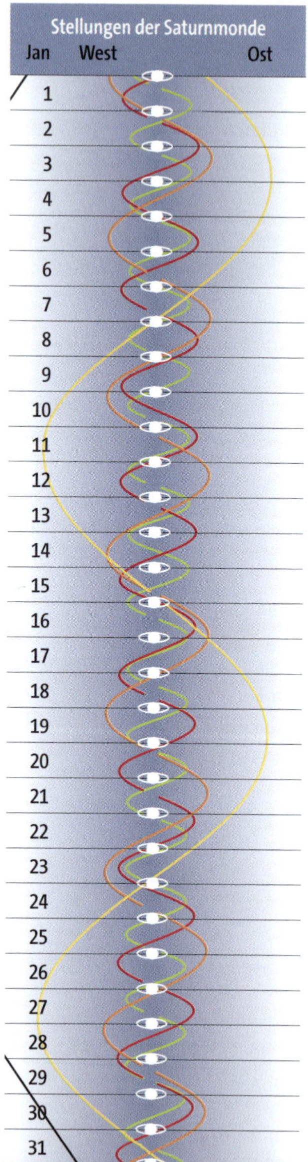

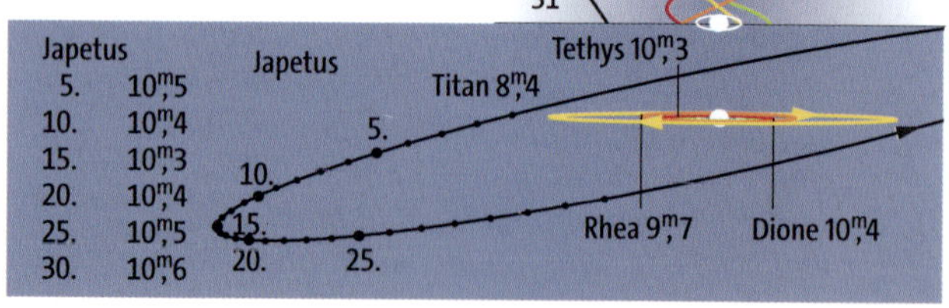

heit immer später einsetzt, so bleiben nur noch rund zwei Stunden, in denen sich der grünliche Planet aufspüren lässt.

Neptun, rechtläufig im Steinbock, wird von der Sonne verfolgt, die ihn im nächsten Monat einholt. Da der sonnenferne und mit $8^{\mathrm{m}}{,}0$ recht lichtschwache Planet somit kurz vor seiner Konjunktion mit der Sonne steht, kann er am Abendhimmel nicht mehr aufgefunden werden.

Pluto, ferner und lichtschwacher Zwergplanet, ist mit $13^{\mathrm{m}}{,}9$ nur gut ausgerüsteten Amateurastronomen zugänglich. In den Planetenläufen April, Juni, September und Dezember wird Pluto erwähnt. In Opposition zur Sonne steht Pluto am 23. Juni dieses Jahres (siehe auch Aufsuchkärtchen Abb. 6.3 auf Seite 122).

Planetoiden

Ceres – Planetoid Nr. 1 – wird am 17. im Sternbild Löwe stationär und eilt anschließend rückläufig in nordwestlicher Richtung durch den Löwen (siehe Abb. 3.2 auf Seite 67). Mit ihrer beginnenden Rückläufigkeit leitet Ceres ihre Oppositionsperiode ein, was auch an der kräftig zunehmenden Helligkeit bemerkbar wird. Sie nimmt im Laufe des Januar von $7^{\mathrm{m}}{,}9$ auf $7^{\mathrm{m}}{,}2$ zu, was Ceres zu einem leichten Fernglasobjekt werden lässt. Ihre Opposition zur Sonne erreicht Ceres im letzten Drittel des Folgemonats.

Ceres passiert den Meridian am 1. um $4^{\mathrm{h}}54^{\mathrm{m}}$, am 15. um $4^{\mathrm{h}}03^{\mathrm{m}}$ und am 31. bereits um $2^{\mathrm{h}}58^{\mathrm{m}}$.

Zu Jahresbeginn ist Ceres 292 Millionen Kilometer (= 1,95 AE) von der Erde entfernt. Von der Sonne trennen sie zum gleichen Zeitpunkt 381 Millionen Kilometer (= 2,55 AE).

Pallas – Planetoid Nr. 2 – wird am 21. im Sternbild Eridanus stationär. Das „stationär“ bezieht sich ausschließlich auf ihre Bewegung in Rektaszension, anschließend nehmen ihre Rektaszensionswerte wieder zu. In Deklination wandert sie rasch nordwärts. Die Pallas-Helligkeit sinkt merklich von $8^{\mathrm{m}}{,}0$ auf $8^{\mathrm{m}}{,}3$.

Am 1. kulminiert Pallas um $22^{\mathrm{h}}25^{\mathrm{m}}$ und am 31. schon um $20^{\mathrm{h}}23^{\mathrm{m}}$.

Wegen ihrer weit südlichen Position lohnt es sich erst im Februar, nach Pallas Ausschau zu halten.

Konstellationen und Ereignisse

Datum	MEZ	Ereignis
1.	21^{h}	Saturn im Stillstand, anschließend rückläufig
2.	18	Mond bei Uranus, Mond 4,6° nördlich
4.	15	Merkur in größter östlicher Elongation (19°)
4.	16	Erde im Perihel (Sonnennähe, Abstand Erde – Sonne 147,096 Millionen Kilometer)
11.	8	Merkur im Stillstand, anschließend rückläufig
13.	16	Merkur im Perihel
14.	22	Venus in größter östlicher Elongation (47°)
15.	13	Mond bei Saturn, Mond 6°,4 südlich
18.	7	Merkur bei Jupiter, Merkur 3°,2 nördlich
20.	17	Merkur in unterer Konjunktion mit der Sonne
23.	17	Venus bei Uranus, Venus 1°,4 nördlich, Abstand 1°,2 um 19^{h} am 22. (Fernglas!)
24.	7	Jupiter in Konjunktion mit der Sonne
25.	3	Mond bei Mars, Mond 0°,7 südlich
25.	8	Mond bei Merkur, Mond 5°,0 südlich
26.	6	Mond bei Jupiter, Mond 0°,03 (!) nördlich
26.	9	Ringförmige Sonnenfinsternis – von Mitteleuropa aus unbeobachtbar (siehe Seite 15)
26.	19	Merkur bei Mars, Merkur 4°,4 nördlich
27.	19	Mond bei Neptun, Mond 1°,8 nördlich
30.	2	Mond bei Uranus, Mond 4°,8 nördlich
30.	13	Mond bei Venus, Mond 3° nördlich, Abstand 3°,6 um 17^{h}, Abstand 1°,8 um 11^{h} (Fernglas!)

Vesta – Planetoid Nr. 4 – beschleunigt ihre rechtläufige Bewegung durch das Sternbild Walfisch (siehe Abb. 1.10 unten). Sie kann noch in der ersten Nachthälfte aufgesucht werden, wenn sie auch längst nicht mehr so hell ist wie zu günstigen Zeiten, wo sie in Opposition so hell werden kann, dass sie fast mit freien Augen zu sehen ist, jedenfalls im kleinen Fernglas oder Operngucker. Diesmal ist ein lichtstarkes Fernglas oder Teleskop angesagt, denn die Vesta-Helligkeit sinkt von $7^m\!,6$ auf $8^m\!,1$ deutlich.

Am 1. passiert Vesta um 19^h37^m den Meridian, am 15. um 18^h49^m und am 31. schon um 17^h59^m. Der Vesta-Untergang verlagert sich von 2^h07^m am Monatsbeginn auf 0^h46^m am Monatsende.

Periodische Sternschnuppenströme

Vom 1. bis 6. Januar sind die **Quadrantiden** (Ausstrahlungspunkt oder Radiant im Sternbild Bootes) in der zweiten Nachthälfte zu erwarten. In der Nacht vom 3. auf 4. Januar ist das spitze Maximum zu erwarten. Bis zu 130 Objekte pro Stunde tauchen im Maximum auf. In manchen Jahren wurden sogar über zweihundert pro Stunde beobachtet. Helle Sternschnuppen kommen dabei nur selten vor. Ein Erzeugerkomet ist nicht bekannt. Die einzelnen Meteorite haben mittlere Geschwindigkeiten um 40 Kilometer pro Sekunde. Da der Radiant im Sternbild Bootes liegt, wird dieser Strom auch **Bootiden** genannt. Die Position des Radianten liegt in der Ecke der Sternbilder Bootes, Herkules und Drache.

Die **Delta-Cancriden** tauchen zwischen dem 1. und 24. Januar auf. Das Maximum fällt auf den 17. Januar. Die Meteore entströmen dem Sternbild Krebs. Es handelt sich um langsame Sternschnuppen mit Geschwindigkeiten um 30 Kilometer pro Sekunde. Pro Stunde ist lediglich mit etwa vier bis sechs Meteoren zu rechnen.

1.10 Die Bahn von Vesta
Scheinbare Bahn des Kleinplaneten (4) Vesta im Sternbild Walfisch. Die Zahlen geben die Positionen von Vesta zum Monatsersten an.

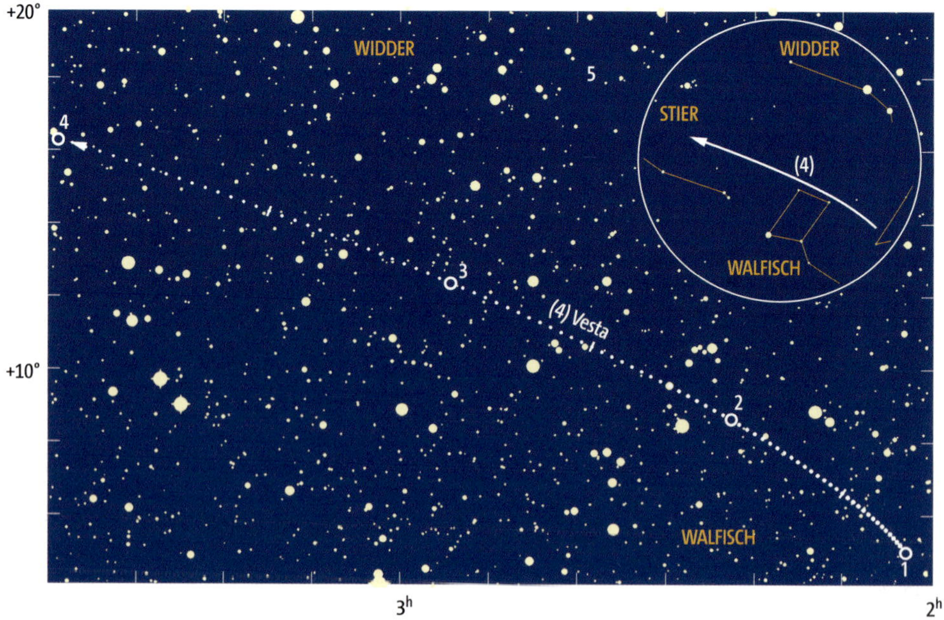

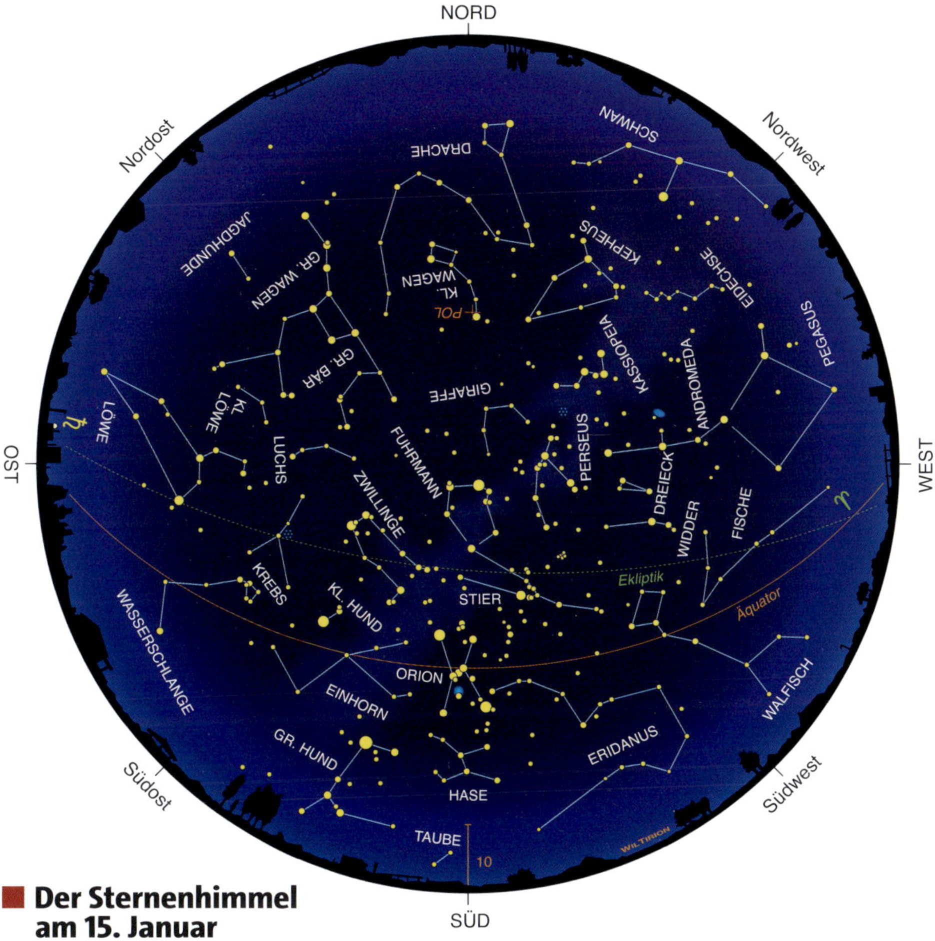

Der Sternenhimmel am 15. Januar um 22^h MEZ

Die Sternkarte ist auch gültig für:

	MEZ	MESZ
1.10.	5^h	6^h
15.10.	4	5
1.11.	3	
15.11.	2	
1.12.	1	
15.12.	0	
1. 1.	**23**	
15. 1.	**22**	
31. 1.	**21**	
15. 2.	20	

Im Laufe des Jahres wechselt der Anblick des abendlichen Sternenhimmels. Im Winter sehen wir zur gleichen Abendstunde andere Sterne und Sternbilder wie im Frühling, Sommer oder Herbst. Ein schneller Blick zum sternenübersäten Abendhimmel zeigt dem Naturfreund sofort die Jahreszeit an. Im Winter sieht man in Südrichtung den Himmelsjäger Orion, im Frühjahr den mächtigen Löwen, im Sommer das einprägsame Sommerdreieck und im Herbst das Pegasusquadrat, auch als Herbstviereck bekannt. Manchmal wird der Sternenhimmel mit der Drehbühne eines Theaters verglichen. Das Aussehen des Sternenhimmels wechselt wie die Kulissen in einem Theaterstück. Im Westen verschwinden Sternbilder unter dem Horizont, im Osten tauchen neue

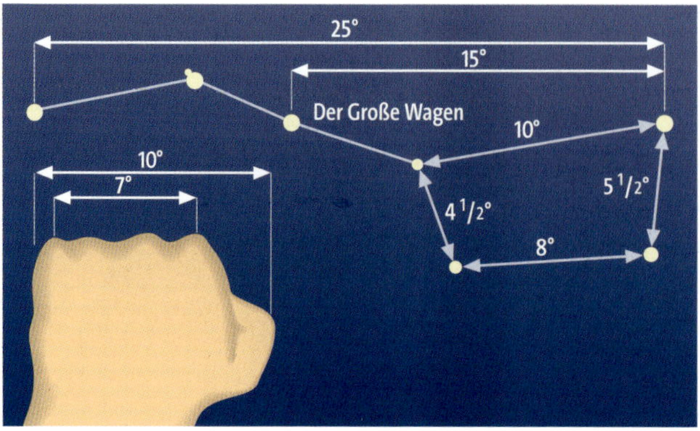

1.11 Den Himmel vermessen: **Der Große Wagen dient als universelle Himmelselle. Mit ihr lässt sich das Abschätzen von Sterndistanzen am Firmament leicht üben. Zum Vergleich ist eine ausgestreckte Durchschnittsfaust eingetragen.**

auf und steigen zum Meridian empor.

Im Laufe der Nacht ändert sich der Himmelsanblick, da die Erde rotiert. Morgens sind andere Sternbilder zu sehen als am vorhergehenden Abend. Die monatliche Sternkarte zeigt den sichtbaren Himmelsausschnitt um 23^h MEZ zu Monatsbeginn beziehungsweise um 22^h MEZ zur Monatsmitte. Gilt die Sommerzeit, so ist eine Stunde zu addieren. Der Himmelsanblick entspricht dann dem um 23^h MESZ zur Monatsmitte.

Glanzlichter am Wintersternhimmel

Der Winterhimmel weist abends die meisten hellen Sterne auf. In keiner anderen Jahreszeit ist das abendliche Sternenzelt so reich bestückt an Glanzlichtern. Blickt man fast senkrecht nach oben, so entdeckt man einen gelblichen Stern erster Größe. Er wird Kapella genannt und ist der hellste Stern im Fuhrmann. Der Fuhrmann ist leicht zu erkennen: Ein Fünfeck mit Kapella an der Spitze. Häufig sieht man jedoch ein Sechseck – so werden auch die Linien in vielen Sternkarten gezeichnet. Auch in unserer Monatssternkarte bilden die Skelettlinien ein Sechseck, das den Fuhrmann markiert. Der Stern gegenüber der Kapella gehört jedoch schon zum Stier und firmiert unter β Tauri. Mit Eigennamen heißt er Al Nath und deutet die eine Hornspitze des Stierkopfes an. Die scheinbare Sonnenbahn, die Ekliptik geht knapp südlich an Al Nath vorbei. Mond und Planeten sind daher gelegentlich in seiner Nachbarschaft zu finden. Al Nath steht jetzt ziemlich genau im Meridian, deutet also die Südrichtung an. Der Stier nimmt zu dieser Stunde hoch im Süden seinen Platz ein. Auffällig leuchtet sein hellster Stern, der rötliche Aldebaran.

Aldebaran selbst steht mitten im eindrucksvollen Sternhaufen der Hyaden. Allerdings ist er nicht Mitglied dieses Sternhaufens. Mit 65 Lichtjahren Entfernung ist er nur halb so weit weg wie die Hyadensterne. Er steht somit im Vordergrund der Hyaden.

Noch ein weiterer, sehr einprägsamer offener Sternhaufen ist im Stier zu sehen, nämlich die Plejaden oder das Siebengestirn. Besonders im Fernglas machen die blau-weißen Pleja-

Veränderliche Sterne im Januar

Algol-Minima	14. 4^h03^m	17. 0^h53^m	19. 21^h42^m	22. 18^h32^m		
β-Lyrae-Minima	1. 15^hN	8. 3^hH	14. 14^hN	21. 1^hH	27. 12^hN	
δ-Cephei-Maxima	4. 16^h	10. 1^h	15. 10^h	20. 18^h	26. 3^h	31. 12^h
Mira-Helligkeit	1. 3^m	10. 3^m	20. 3^m	31. 4^m		

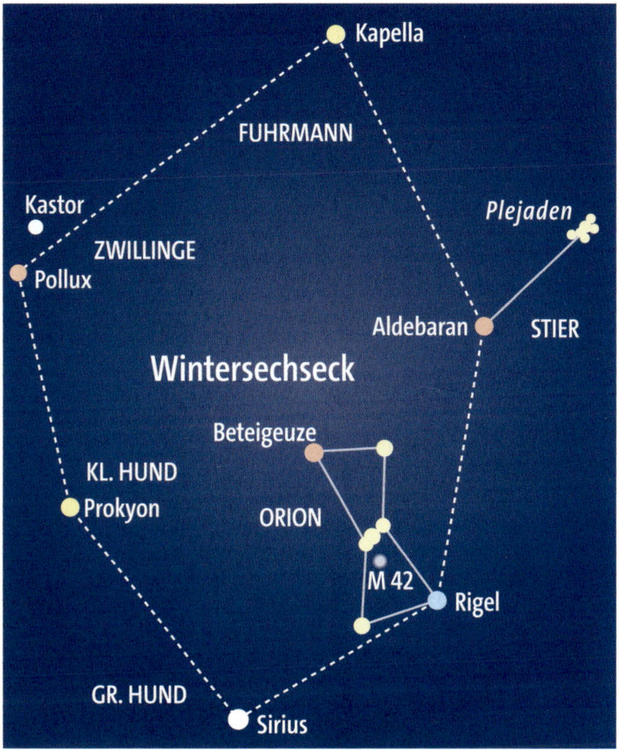

1.12 Das Wintersechseck:
Es setzt sich aus den Sternen Kapella im Fuhrmann, Aldebaran im Stier, Rigel im Orion, Sirius im Großen Hund, Prokyon im Kleinen Hund und Pollux in den Zwillingen zusammen.

densterne einen nachhaltigen Eindruck.

Das wohl prominenteste Wintersternbild, der Himmelsjäger Orion, fällt halbhoch im Süden jedem auf, der jetzt zum Sternenhimmel blickt. Manchmal spricht man von „Orion mit dem Jakobsstab". Der Jakobsstab ist allerdings kein Wanderstab, sondern ein historisches Winkelmessgerät. Die beiden hellsten Sterne im Orion, der rötliche Schulterstern Beteigeuze und der bläulich-weiße Fußstern Rigel, deuten den Längsbalken des Jakobsstabes an, der durch drei auffällig in einer Reihe stehende Sterne zweiter Größe in der Mitte geteilt wird. Diese drei Sterne bilden den Querbalken des Jakobsstabes, der beim realen Winkelmessgerät allerdings verschiebbar ist. In der Figur des Orion markieren diese drei Sterne den Gürtel; ganz allgemein spricht man daher von den drei Gürtelsternen des Orion. Sie haben die Fantasie der Menschen häufig angeregt, weshalb es viele Bezeichnungen für sie gibt. Die Landbevölkerung sah in ihnen die drei Mahder oder Schnitter, die die Ernte einbringen. Sie sind nämlich zur Erntezeit im August am Morgenhimmel im Südosten zu sehen, wenn die Feldarbeiter ihr Tagwerk beginnen. Manchmal werden die drei Gürtelsterne auch als Rechen oder Harke beschrieben.

In der Nähe des Himmelsjägers halten sich die beiden Himmelshunde auf: Im Südosten strahlt Sirius als hellster Stern des Himmels und Hauptstern im Großen Hund. Ein wenig höher leuchtet Prokyon im Kleinen Hund. Prokyon ist die griechische Bezeichnung für „Vorhund", denn er geht in unseren Breiten vor Sirius auf. Sirius und Prokyon sind relativ nahe Sterne, sie gehören zu den unmittelbaren Nachbarn unserer Sonne. Sirius ist knapp neun und Prokyon etwas mehr als elf Lichtjahre von unserem Sonnensystem entfernt. Beide Hundssterne besitzen je einen Weißen Zwerg als Begleiter.

Hoch im Osten haben sich schon die beiden Sternenketten der Zwillinge eingefunden. Ihre beiden hellsten Sterne heißen Kastor und Pollux. Das Sternenpolygon, das aus Kapella im Fuhrmann, Aldebaran im Stier, Rigel im Orion, Sirius im Großen Hund, Prokyon im Kleinen Hund und Pollux in den Zwillingen gebildet wird, nennt man Wintersechseck. Es ist gewissermaßen das Pendant zum

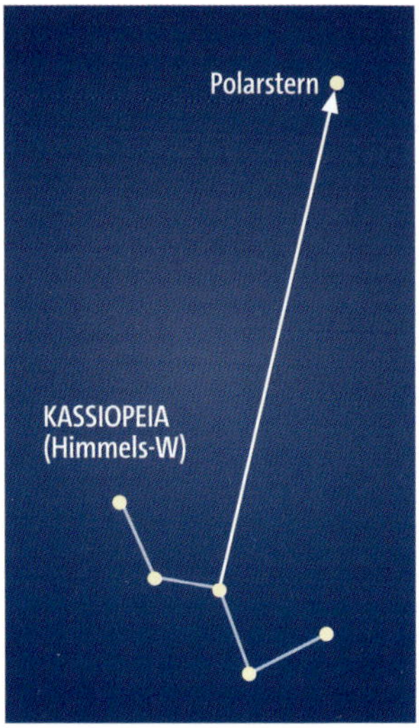

1.13 So findet man den Polarstern: Das Sternbild Kassiopeia, auch als Himmels-W bekannt, dient als Polweiser.

Sommerdreieck. Gelegentlich bezeichnet man das Wintersechseck auch als „Halskette".

Rundblick am Sternenzelt

Der Blick nach Osten lässt den kommenden Frühling erahnen. Knapp über dem Osthorizont ist der mächtige Löwe erschienen. Der Löwe ist das dominierende Frühlingssternbild. Im April geht der Löwe zu unserer Standardbeobachtungszeit gerade durch den Meridian. Der Löwe ist Mitglied im Tierkreis. Zu den Tierkreisbildern zählen jene dreizehn Sternbilder, durch die die scheinbare Sonnenbahn zieht. In den Tierkreisbildern findet man daher auch den Mond und die Planeten.

In der westlichen Himmelshälfte zeigt sich ziemlich hoch die Kassiopeia, ein Sternbild, das recht leicht zu erkennen ist. Es sieht aus wie ein großes W, weshalb man auch vom „Himmels-W" spricht. In der gegenwärtigen Position hat man eher den Eindruck eines großen Ms. Die mittlere Spitze des Himmels-Ws deutet in etwa auf den Polarstern, der am Deichselende des Kleinen Wagens steht. Der kleine Wagen ist nicht ganz einfach zu erkennen, denn außer drei Sternen sind die anderen recht lichtschwach. Es müssen schon gute Sichtbedingungen herrschen – keinesfalls dürfen irdische Lichter stören –, um den Kleinen Wagen zu finden. Viel leichter sieht man den Großen Wagen. Nimmt man den Polarstern als Zentrum, dann stehen Himmels-W und Großer Wagen einander diametral gegenüber. Da beide Sternbilder bei uns zirkumpolar sind, kann man sie in jeder klaren Nacht des Jahres sehen – nicht nur an Winterabenden. An ihnen kann man auch sehr schön die Drehung des himmlischen Uhrwerks im Laufe der Nacht verfolgen.

Von den Herbstbildern hält sich noch Perseus fast im Zenitbereich auf, während Andromeda und Pegasus sowie die Tierkreisbilder Widder und Fische den Westhimmel bevölkern.

Tief im Nordwesten ist noch Deneb im Schwan auszumachen. Im Südwesten findet man nur lichtschwache Sternbilder: den Walfisch und den Fluss Eridanus. Der zoologisch gebildete Leser weiß natürlich, dass der Wal zu den Säugetieren gehört und nicht zu den Fischen. Die lateinische Bezeichnung für dieses Sternbild lautet Cetus. Der Cetus ist weder ein Wal noch ein Fisch, sondern schlicht ein Fabelwesen.

In unseren Breiten sehen wir nur den nördlichen und lichtschwachen Abschnitt des langgestreckten Flusses Eridanus. Achernar, α Eridani, gehört mit $0\overset{m}{,}5$ zu den hellsten Fixsternen. Allerdings geht der Hauptstern des Eridanus bei uns nie auf, da er sich mit $-57°$ Deklination viel zu tief am Südhimmel befindet.

Fernab irdischer Lichtquellen kann man jetzt gut das schimmernde Band der winterlichen Milchstraße bewundern. Vom Südosten steigt es empor, zieht vorbei an Sirius durch die Zwillinge, Fuhrmann, Perseus und Kassiopeia und sinkt zum Nordwesthorizont hinab. Doch nur wenige Menschen finden heutzutage noch die Gelegenheit, einmal die Milchstraße mit eigenen Augen am Himmel zu sehen. Fast nirgendwo mehr in unseren Gegenden ist der Nachthimmel dunkel genug, um die Milchstraße wirklich beeindruckend zu erleben.

2009 – das Jahr der Astronomie

1.14 Im Jahr der Astronomie wird es viel am Nachthimmel zu entdecken geben (Foto: Stefan Seip/www.astromeeting.de).

Vor vierhundert Jahren richteten erstmals Astronomen das gerade erfundene Fernrohr zum Sternenhimmel. Der berühmte Physiker und Astronom Galileo Galilei entdeckte dabei die Gebirge und Ringwälle auf dem Mond, fand die vier hellen Jupitermonde, sah die Lichtgestalten der Venus, löste das Band der Milchstraße in zahllose Lichtpünktchen auf und bemerkte Flecken auf der Sonne. Galilei war nicht der einzige, der diese bahnbrechenden Entdeckungen machte. Zeitgleich sah auch Simon Marius aus Ansbach die Jupitermonde und die Sonnenflecken (siehe auch Monatsthema August „Simon Marius – der vergessene Astronom“ auf Seite 168). Giovanni Zupus aus Neapel bemerkte im Jahre 1639, dass auch Merkur Phasen wie die Venus zeigt, und der holländische Gelehrte Christian Huygens erkannte 1656 den frei schwebenden Saturnring, wo noch Galilei meinte, drei nebeneinander stehende Kugeln zu sehen.

Mit Erfindung des Teleskops nahm die Astronomie einen rasanten Aufschwung. Immer größere Fernrohre wurden auf die Wunder des Weltalls gerichtet. Doch nicht nur das. War man lange auf das schmale Frequenzband des sichtbaren Lichtes angewiesen, um Informationen über das Weltall zu erhalten, so wurde Mitte des zwanzigsten Jahrhunderts im Radiowellenlängenbereich ein neues Fenster ins Universum aufgestoßen.

Mit Hilfe von Satelliten und Raumsonden gelingt es auch, jene Wellenlängen des elektromagnetischen Spektrums zu erfassen, die von der irdischen Atmosphäre verschluckt werden und deshalb von bodengebundenen Observatorien nicht empfangen werden können. Den Astro-

1.15 Das offizielle Logo zum Internationalen Jahr der Astronomie

nomen stehen heute Detektoren und Beobachtungsgeräte zum Empfang für praktisch das gesamte elektromagnetische Spektrum zur Verfügung: von Gammastrahlen über Röntgenstrahlen, ultraviolettes und infrarotes Licht, Submillimeterwellen bis hin zu langwelliger Radiostrahlung. Raumsonden haben unser Sonnensystem bereist, sind an Planeten, deren Monden, Kleinplaneten und Kometenkernen vorbeigerast, sind teils zu künstlichen Satelliten von Planeten geworden oder auf ihren Oberflächen sanft gelandet. In den eisigen Marswüsten kurven irdische Rover herum und Mondgestein steht irdischen Labors zur Untersuchung zur Verfügung. Alle großen Planeten haben inzwischen Besuch von irdischen Spähern erhalten und zum Zwergplaneten Pluto ist die Raumsonde New Horizons unterwegs, mit etwas Asche des verstorbenen Plutoentdeckers Clyde W. Tombaugh.

Der bodengebundenen Astronomie stehen heute hervorragende Riesenteleskope zur Verfügung, neue sind im Bau oder in Planung. Die Astronomen blicken zurück bis zum Beginn des Universums aus einem heißen, überdichten Zustand. Kein Wunder, wenn der Spruch unter Astronomen die Runde macht: „We are living now in the golden age of astronomy – wir leben jetzt im goldenen Zeitalter der Astronomie".

Die Astronomie im Rampenlicht

Der Rückblick auf vierhundert Jahre Teleskopastronomie hat die Dachorganisation der professionellen Astronomen, die International Astronomical Union (IAU) veranlasst, der UNESCO (United Nations Educational, Scientific and Cultural Organization) den Vorschlag zu unterbreiten, das Jahr 2009 zum „Jahr der Astronomie" zu erklären. Die UNESCO hat diesen Vorschlag auf ihrer Generalversammlung im Jahr 2005 positiv aufgenommen. Formell hat dann die Vollversammlung der Vereinten Nationen (UNO) am 20. Dezember 2007 beschlossen, das Jahr 2009 zum „International Year of Astronomy (IYA)" zu deklarieren in Erinnerung an die ersten Fernrohrbeobachtungen vor vierhundert Jahren. Ziel ist es dabei, einem möglichst großen Teil der Bevölkerung zu vermitteln, wie die wissenschaftliche Beobachtung des Sternenhimmels unser Weltbild revolutioniert hat, den Menschen ihre Stellung im Kosmos vor Augen zu führen und zu demonstrieren, welche grundlegende Bedeutung die Astronomie und generell die Naturwissenschaften für das friedliche und gedeihliche Zusammenleben auf dem winzigen Planeten Erde haben. Möglichst viele

Menschen sollen angeregt werden, selbst den Sternenhimmel zu betrachten, mit Fernrohren die Himmelskörper zu beobachten und sich mit den Erkenntnissen der Astronomie vertraut zu machen. Das Motto des IYA 2009 lautet: „Das Weltall: du lebst darin – entdecke es!"

Diese Ziele sollen durch eine Reihe von Maßnahmen und Projekten verwirklicht werden. In Planetarien, Sternwarten und astronomischen Instituten soll die Bevölkerung über die Arbeit der Astronomen informiert werden und die wichtigsten Aufgaben und Forschungsziele der modernen Astronomie kennenlernen. Möglichst vielen Menschen soll ein Blick durch ein Teleskop auf die Wunder des Himmels ermöglicht werden. Dies soll nicht nur in großen und kleinen Observatorien geschehen. Es ist beabsichtigt, eine große Zahl kleiner, vor allem sehr billiger Teleskope zur Verfügung zu stellen, mit denen Laien am Sternenhimmel die Entdeckungen von Galileo Galilei und seinen zeitgenössischen Kollegen nachvollziehen können. Damit sollen möglichst viele Menschen mit eigenen Augen die Phasen der Venus, die Gebirge und Ringwälle auf dem Mond, die hellen Jupitermonde oder den Saturnring sehen können.

Regierungen, Kommunen und potente Unternehmen sollen astronomische Einrichtungen und Vereinigungen finanziell stärken, neue Planetarien und Sternwarten gründen, bereits bestehende ausbauen oder renovieren. Vor allem in den Entwicklungsländern soll verstärkt der wissenschaftliche Nachwuchs gefördert und das Weltbild der modernen Astronomie vermittelt werden. Insbesondere sollen Mädchen und Frauen sowie unterrepräsentierte Minderheiten für eine Karriere in der professionellen Astronomie gewonnen werden.

Sowohl der reguläre Schulunterricht als auch außerschulische Lehrprogramme sollen astronomische Tatsachen und Probleme wesentlich ausführlicher als bisher darstellen und vermitteln.

Die Kommunikation astronomischer Sachverhalte in den Medien wie Fernsehen, Radio, Zeitungen, Zeitschriften sowie im Internet soll weltweit verstärkt werden und die Menschen in

1.16 Auf der Homepage www.astronomiejahr2009.de erfährt man alles über Termine, Aktivitäten und Pressemitteilungen zum Jahr der Astronomie.

1.17 Johannes Kepler (1571 – 1630)

allen Erdteilen erreichen. Insbesondere Kinder und Jugendliche sollen dabei ein grundlegendes Verständnis über das Weltall und seine Gestirne gewinnen. Dafür soll auch astronomisches Lehr- und Unterrichtsmaterial in größerem Umfang bereitgestellt werden. Der Aufbau nationaler und internationaler Netzwerke ist zu fördern, bereits existierende sind zu stärken.

Die Bewahrung und der Schutz des Weltkulturerbes eines dunklen Nachthimmels sind zu sichern. Internationale Kampagnen und nationale Gesetze zur Eindämmung des immer stärker werdenden Lichtsmogs sollen angeregt werden. Städte sollen lichtfreie Zonen zur Beobachtung des Sternenhimmels bereitstellen, lichtgeschützte Beobachtungsplätze in der freien Natur und in Nationalparks sollen der Bevölkerung zur Verfügung gestellt werden. „Dark Sky"-Initiativen sind zu fördern oder neu zu initiieren.

Die Bedeutung der Astronomie für die Kultur der Menschheit ist explizit herauszustellen, insbesondere ihre Rolle in Literatur, Dichtkunst, Musik, Malerei und Darstellender Kunst. Wer kennt nicht die Symphonie „The Planets" von Gustav Holst? Spaceart, Weltraummalerei, ist eine anerkannte und gefragte Kunstrichtung. Im Laufe von dreißig Jahren gab es beispielsweise im Planetarium Stuttgart 86 Ausstellungen der Reihe „Kosmische Malerei".

Profis und Amateure können helfen

Astronomen – sowohl professionelle als auch Amateure – sollen in allgemeinverständlichen Vorträgen nicht nur unser Wissen vom Kosmos und seinen Gestirnen vorstellen, sondern auch die Völker verbindende Bedeutung der Astronomie vermitteln, indem sie auf die internationale Kooperation bei astronomischen Forschungsprojekten aufmerksam machen und auf die weltweite Zusammenarbeit der Astronomen unabhängig von Alter, Geschlecht und Herkunft hinweisen. Sie müssen ihre soziale Verantwortung als Wissenschaftler unter Beweis stellen und die Bedeutung des Planeten Erde als einzigen Lebensraum für die Menschheit deutlich herausstellen. Ein sparsamer Umgang mit den begrenzten Energieressourcen sowie der erforderliche Schutz der Umwelt müssen im Bewusstsein der Menschheit ihren Platz finden.

Ein Projekt, um die weltweite Bedeutung der internationalen Gemeinschaft der Astronomen ins Bewusstsein der Öffentlichkeit zu rücken, lautet „Astronomers Without Borders – Astronomen ohne Grenzen". Ziel ist es dabei, möglichst allen Schulen, vor allem in den Entwicklungsländern, kleine Teleskope zur Verfügung zu stellen, mit denen die Kinder und Jugendlichen ihre ersten Himmelsbeobachtungen durchführen können. Denn die Faszination der Astronomie steigert sich durch eigene Anschauung der Gestirne wesentlich gegenüber dem reinen Fernsehkonsum von schönen Bildern, die große Instrumente von Himmelsobjekten gewonnen haben. Die Menschen sollen unter dem

Sternenzelt zusammenkommen und gemeinsam die Wunder des Weltalls bestaunen und diskutieren. Es sollen Brücken geschlagen werden zwischen den Völkern aller Nationen, um damit Spannungen, Missverständnisse und Verdächtigungen abzubauen und das Bewusstsein zu fördern, Schicksalsgemeinschaft auf dem winzigen Heimatplaneten Erde in den grenzenlosen Weiten des Kosmos zu sein.

Schließlich ist die immer noch weltweit verbreitete Astrologie als das zu entlarven, was sie ist: schlichter Aberglaube. Die Sterndeuterei mag einigen Astrologen helfen, ihren Lebensunterhalt zu bestreiten. Den Mitmenschen muss aber klar vor Augen geführt werden, dass ihr Lebensschicksal nicht aus den Planetenkonstellationen abzulesen ist.

Im Jahr der Astronomie setzen verständlicherweise die einzelnen Länder unterschiedliche Schwerpunkte. Auch ausgefallene Projekte können das Interesse an der Himmelskunde hervorrufen. So wurde in Österreich ein Eisenbahnzug „Astronomie 2009" benannt.

Vor vierhundert Jahren richtete nicht nur Galileo Galilei sein Fernrohr zum Himmel, auch Johannes Kepler aus Weil der Stadt sorgte mit seiner 1609 publizierten Schrift *Astronomia Nova* für einen geistigen Umbruch, den bis heute noch nicht alle Menschen nachvollzogen haben. In seinem Buch führt Kepler sein erstes und zweites Gesetz der Planetenbewegung ein. Dabei kam es zu einem Paradigmenwechsel. Die Planeten laufen nicht, wie jahrtausendelang geglaubt, auf aristotelischen Kreisen, sondern auf Ellipsen, in deren einem Brennpunkt die Sonne steht. Auch sei erwähnt, dass Kepler das nach ihm benannte astronomische Fernrohr erfand.

Die Kepler-Gesellschaft mit Sitz in Weil der Stadt (bei Stuttgart) wird im Jahr der Astronomie in einem umfangreichen Veranstaltungsprogramm auf die Leistungen dieses großen

Astronomen hinweisen. Mit einem Festakt wird die Vortragsreihe „Meilensteine der Astronomie" eröffnet, ein historisch-wissenschaftliches Kolloquium soll die Entwicklung der Astronomie seit Kepler darstellen, eine Ausstellung wird die Erstdrucke von Keplers Werken sowie alte astronomische Instrumente präsentieren, ein Theaterstück widmet sich Keplers Leben und Werk, die Kinderuni führt einen Flug zum Mars mit dem Raumschiff „Somnium" durch, eine Kepler-Gedenkmünze und eine Kepler-Sonderbriefmarke werden erscheinen. Schließlich wird die fliegende Sternwarte Sofia auf dem Stuttgarter Flughafen landen, wobei die Öffentlichkeit den Jumbo samt dem Teleskop besichtigen kann (siehe auch Monatsthema „Sofia – Die Sternwarte über den Wolken" auf Seite 56).

Die Stellung des Menschen im All

Hauptanliegen ist es, im Jahr der Astronomie den Menschen ihre Stellung und ihre Rolle im Universum zu verdeutlichen. Noch immer beherrscht der Mittelpunktswahn – die Vorstellung, die Krone der Schöpfung zu sein – das Denken vieler Zeitgenossen. „Warum müssen wir zum Mond oder Mars *hinauf*fliegen?" wird oft gefragt. Über Sinn und Zweck bemannter Raumfahrt kann man mit Fug und Recht diskutieren. Aber wieso „hinauf"? Ist der Mond oder der Mars denn „oben"? Schon Nikolaus Kopernikus hat richtig darauf hingewiesen, dass „oben und unten" nur *auf* oder *in* unmittelbarer Nähe der Erdoberfläche durch die Schwerkraft festgelegt ist. Wer auf dem Mond steht, kann die Erde „oben" sehen. Für den Beobachter auf der Erde, der die Richtung zum Erdmittelpunkt als „unten" empfindet, ist der Mars einmal oben, dann aber wieder vorne oder hinten, je nach Position des Beobachters auf der rotierenden Erde. Korrekt gestellt müsste die Frage lauten: „Warum sollen wir zum Mond oder zum Mars *hinüber*fliegen?" Im Geiste haben viele die kopernikanische Revolution noch nicht vollzogen.

Unermesslich war die Kränkung der Menschheit, als die Astronomen nachwiesen, dass die Erde keineswegs im Mittelpunkt des Universums ruht, sondern um einen beliebigen Durchschnittsstern, unsere Sonne, taumelt. Und die Sonne ist wiederum einer unter mehreren hundert Milliarden Sternen am Rande unseres Milchstraßensystems, also in keiner hervorgehobenen Position. Und unsere Galaxis ist ein Milchstraßensystem unter Abermilliarden Galaxien alleine im überschaubaren Bereich des Kosmos. Erbittert wurden die Gelehrten bekämpft, die dieses Wissen verbreiteten, bis hin zu ihrer physischen Vernichtung auf dem Scheiterhaufen.

Wer meint, diese Zeiten seien ein für allemal vorbei, der irrt. Auch wenn die Heimat der Menschheit an einem x-beliebigen Ort im Universum liegt, so sieht man sich immer noch als Krone der Schöpfung an und meint, das gesamte Weltall mit all seinen Gestirnen sei eigens für uns geschaffen worden. Ein tragisches Vorurteil.

Das Weltall ist knapp vierzehn Milliarden Jahre alt, eine Zeitspanne, die sich völlig unserer höchst beschränkten Vorstellungskraft entzieht. Anschaulich wird diese Zeitspanne, wenn man sie auf ein irdisches Jahr komprimiert. Dann erfolgt der Urknall am 1. Januar. Unsere Sonne mit ihren Planeten taucht Anfang September auf. Die ersten Lebensformen (Prokaryoten) bilden sich auf der Erde im Oktober. Erst im November beginnt das Leben das Festland zu erobern. Die „Erfolgsmodelle der Evolution", die Dinosaurier, tauchen am 2. Weihnachtstag, dem 26. Dezember, auf der Weltbühne auf. Der sich seiner selbst bewusste Mensch, der homo sapiens, erscheint erst am letzten Tag dieses Weltenjahres, nämlich am 31. Dezember, wenige Sekunden vor Mitternacht. Noch bevor ein weiterer Tag in diesem kosmischen Jahr vergangen sein wird, wird es uns, nämlich die Menschheit, nicht mehr geben. Und bald werden auch alle Spuren unserer Existenz getilgt sein (siehe auch Monatsthema Juli „Der Hitzetod der Erde" auf Seite 148). Die Existenz der Menschheit ist ganz offenbar ein belangloses Ereignis in einem teilnahmslosen Universum.

Eine Geschichte berichtet: Als die Erde wieder einmal ihren äußeren Nachbarn, den rötlichen Mars, auf der Innenbahn überholt, erkundigt sich Mars nach dem Befinden seines Schwesterplaneten. Die Erde stöhnt: „Mir geht es gar nicht gut, ich fiebere, denn ich habe die Menschheit!" Teilnahmsvoll beruhigt Mars seine Schwester: „Liebe Erde, das ist nicht allzu schlimm. Das geht ganz schnell wieder vorüber..."

Die Welt ist begreifbar

Noch heute werden diejenigen verfolgt, die die Herkunft und das Schicksal unserer Rasse wissenschaftlich zu erklären versuchen. Die Kränkung der eitlen Menschheit, die nicht wahrhaben will, nur eine kurze und belanglose Episode in der Milliarden Jahre langen Geschichte des Universums zu sein, ist enorm. Fanatisierte Glaubensfundamentalisten bedrohen auch heute noch Mitmenschen mit Folter und Tod, zünden Bomben und werfen Sprengkörper, wenn sie nicht deren abstruse Gedankengebäude akzeptieren und ihre Regeln befolgen. Dabei sollten wir eine tiefe Genugtuung empfinden, dass wir in der Lage sind, unsere Herkunft und unsere Stellung in den grenzenlosen Tiefen des Universums zu erforschen. Albert Einstein hat es einmal so ausgedrückt: „Das ewig Unbegreifliche an der Welt ist ihre Begreiflichkeit." Einstein fand es erstaunlich, dass der menschliche Verstand in der Lage ist, den Aufbau und die Entwicklung des Kosmos und seiner Gestirne zu erforschen.

Die vornehmste Aufgabe, derer sich Erdbewohner widmen können, ist die Ergründung des Universums und seiner Gesetze. Die Astronomie ist wohl das faszinierendste Abenteuer, das die Pioniere der Menschheit je unternommen haben. Ein Abenteuer, das uns unsere Stellung und Rolle im Weltgetriebe erahnen lässt und zu Einsichten führt, die uns Bescheidenheit lehren.

Im Angesicht der Sternenwelt sollte uns klar werden, wie bedeutungslos unsere Existenz in den ungeheuren Dimensionen des Kosmos ist und wie töricht unsere täglichen, kleinlichen Streitereien sind.

Im Jahr der Astronomie soll möglichst vielen Menschen ihre Stellung im Universum bewusst werden, um einen Denkprozess anzuregen, der für ein friedvolles und vernünftiges Zusammenleben aller Menschen sorgen kann, Fanatismus und Aggressionen aber abbaut und uns Ehrfurcht vor der Schöpfung lehrt. Dazu wollen und sollen möglichst viele Astronomen beitragen.

Februar 2009

- Venus erstrahlt am 19. in größtem Glanz am Abendhimmel
- Saturn im Löwen wird zum Planeten der gesamten Nacht
- Die Halbschattenfinsternis des Mondes am 9. bleibt in Mitteleuropa unbeobachtbar

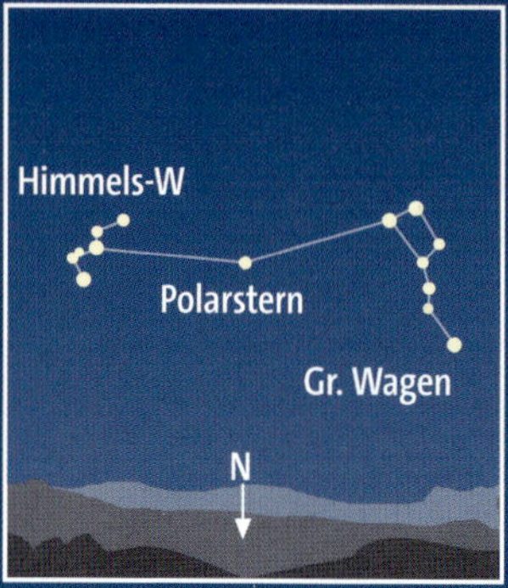

Großer Wagen und Himmels-W Anfang Februar um 22 Uhr

2.1 Himmelsanblick am 27. Februar gegen 20h MEZ. Knapp über dem Westhorizont leuchtet Venus, ein wenig tiefer steht die dünne Sichel des jungen Mondes.

1 So	Merkur im Stillstand, dann rechtläufig
2 Mo	
3 Di	**Mond im ersten Viertel**
4 Mi	
5 Do	
6 Fr	
7 Sa	
8 So	
9 Mo	**Vollmond**
10 Di	
11 Mi	Mond bei Saturn, Abstand 6,°3 um 21^{h}
12 Do	Neptun in Konjunktion mit der Sonne
13 Fr	Merkur in größter westlicher Elongation (26°)
14 Sa	
15 So	
16 Mo	**Mond im letzten Viertel**

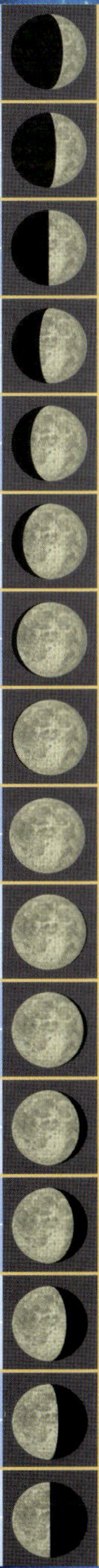

17 Di	Mars bei Jupiter, Abstand 0,°6 um 11^{h}
18 Mi	
19 Do	Venus in größtem Glanz
20 Fr	
21 Sa	Venus im Perihel
22 So	Mond bei Merkur, Abstand 1,°1 um 23^{h}
23 Mo	Mond bei Jupiter, Abstand 0,°7 um 2^{h} Mond bei Mars, Abstand 1,°7 um 9^{h}
24 Di	Merkur bei Jupiter, Abstand 0,°6 um 4^{h} Mond bei Neptun, Abstand 1,°9 um 4^{h}
25 Mi	**Neumond**; Aschermittwoch Sternschnuppen Delta-Leoniden
26 Do	Mond bei Uranus, Abstand 4,°8 um 11^{h} Merkur im Aphel
27 Fr	Uranus im Aphel Mond bei Venus, Abstand 3,°3 um 21^{h}
28 Sa	

Sonne – Sternbilder

16.2. 6h:
Sonne tritt in das Sternbild Wassermann
18.2. 15h:
Sonne tritt in das Tierkreiszeichen Fische
Julianisches Datum am
1. Februar, 1h MEZ: 2454863,5

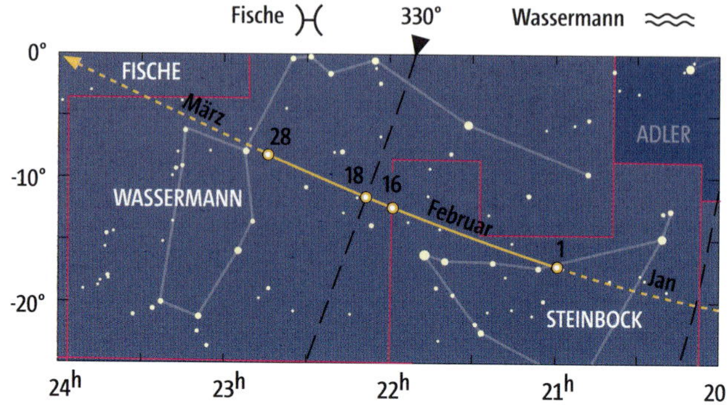

Tabelle Sonnenlauf

Tag	Dämmerg. Anfang	Aufgang MEZ	Kulmination	Untergang MEZ	Dämmerg. Ende	Mittagshöhe	Zeitgleichg.	Rektaszension	Deklination
	h m	h m	h m	h m	h m	°	m	h m	°
1.	6 40	7 53	12 33	17 14	18 28	23,0	–13	20 58	–17,2
5.	6 35	7 47	12 34	17 21	18 34	24,2	–14	21 14	–16,0
10.	6 27	7 39	12 34	17 30	18 42	25,8	–14	21 34	–14,4
15.	6 19	7 30	12 34	17 38	18 50	27,4	–14	21 54	–12,8
20.	6 11	7 21	12 34	17 47	18 57	29,2	–14	22 13	–11,0
25.	6 01	7 11	12 33	17 55	19 05	31,0	–13	22 32	– 9,2
28.	5 56	7 05	12 32	18 00	19 10	32,2	–12	22 44	– 8,1

Tages- und Nachtstunden

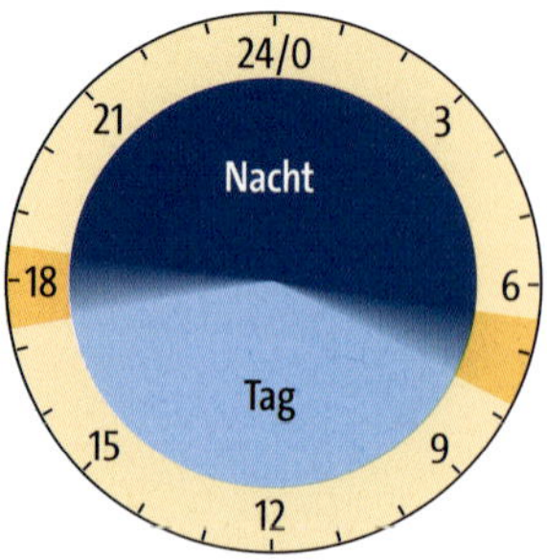

5. Februar

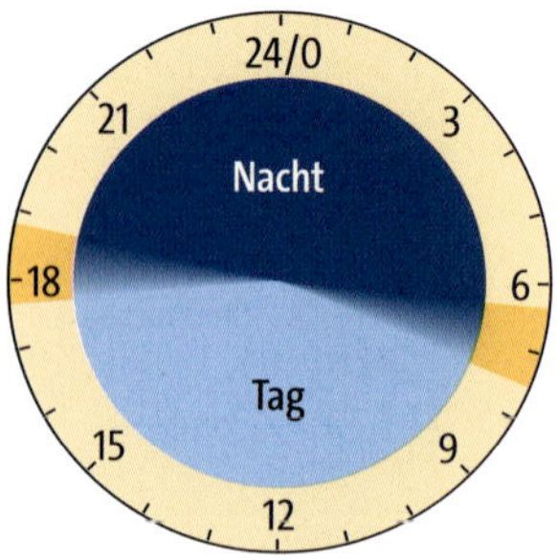

15. Februar

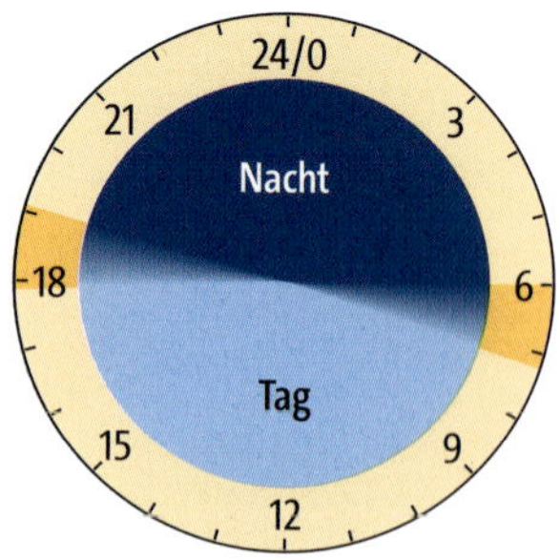

25. Februar

Tabelle Mondlauf

Datum		Aufg. MEZ	Kulmination	Unterg. MEZ	Rektaszension	Deklination	Sterne und Sternbilder	Phase	MEZ
		h m	h m	h m	h m	°			
So	1.	9 43	17 03	–	0 57	+11,4	Fische		
Mo	2.	10 04	17 54	0 41	1 47	+16,7	* Widder	Größte Nordbreite	
Di	3.	10 31	18 49	2 02	2 42	+21,2	Widder	**Erstes Viertel**	**0^h 13^m**
Mi	4.	11 09	19 50	3 23	3 40	+24,7	Stier, Plejaden		
Do	5.	12 02	20 53	4 39	4 43	+26,7	* Stier		
Fr	6.	13 12	21 57	5 42	5 48	+26,9	* Stier, Al Nath		
Sa	7.	14 35	23 00	6 30	6 54	+25,3	* Zwillinge	Erdnähe 361/33',1	21^h
So	8.	16 05	23 58	7 05	7 57	+21,9	Pollux	Absteigender Knoten	
Mo	9.	17 33	–	7 31	8 57	+17,0	Krebs, Krippe	**Vollmond**	**15^h 49^m**
Di	10.	18 59	0 52	7 51	9 53	+11,2	Löwe, Regulus		
Mi	11.	20 21	1 42	8 08	10 45	+ 4,9	Sextant		
Do	12.	21 40	2 30	8 24	11 35	– 1,5	Löwe		
Fr	13.	22 57	3 17	8 40	12 24	– 7,6	Jungfrau	Libration West	
Sa	14.	–	4 03	8 57	13 13	–13,2	Spica		
So	15.	0 12	4 50	9 17	14 02	–18,0	Jungfrau	Größte Südbreite	
Mo	16.	1 26	5 38	9 42	14 53	–22,0	Waage	**Letztes Viertel**	**22^h 37^m**
Di	17.	2 36	6 27	10 14	15 44	–24,8	* Waage		
Mi	18.	3 38	7 18	10 55	16 37	–26,6	Antares		
Do	19.	4 32	8 09	11 47	17 30	–27,0	Schlangenträger	Erdferne 405/29',5	18^h
Fr	20.	5 15	8 59	12 48	18 23	–26,3	Schütze, Nunki		
Sa	21.	5 48	9 48	13 55	19 14	–24,3	Schütze, Nunki		
So	22.	6 13	10 35	15 05	20 05	–21,3	Schütze	Aufsteigender Knoten	
Mo	23.	6 34	11 20	16 17	20 53	–17,3	Steinbock		
Di	24.	6 51	12 04	17 30	21 40	–12,6	Steinbock		
Mi	25.	7 06	12 47	18 42	22 26	– 7,3	Wassermann	**Neumond**	**2^h 35^m**
Do	26.	7 20	13 30	19 56	23 12	– 1,6	Fische		
Fr	27.	7 35	14 15	21 11	23 58	+ 4,3	Fische	Libration Ost	
Sa	28.	7 51	15 01	22 29	0 46	+10,1	Fische		

Der Mond begegnet dem Stern Regulus

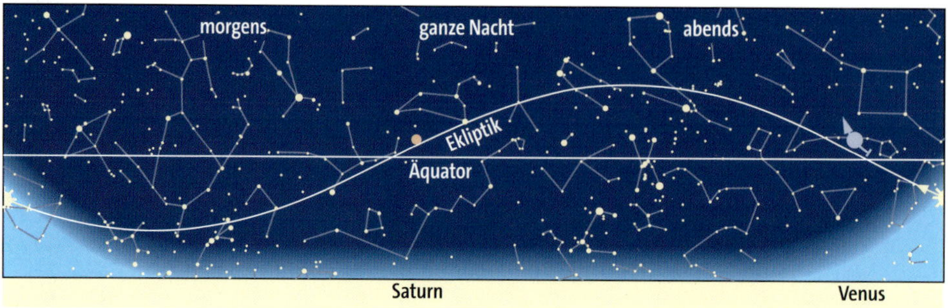

Merkur hat seine untere Konjunktion mit der Sonne hinter sich und gewinnt westlichen Winkelabstand. Am 1. beendet der kleinste der acht Planeten seine Rückläufigkeit und wird wieder rechtläufig (siehe Abb. 2.2 unten). Am 13. erreicht er mit 26°06′ Winkelabstand seine größte westliche Elongation von der Sonne. Wegen seiner südlichen Position im Tierkreis und der flachen Ekliptik morgens am östlichen Horizont bleibt Merkur am Morgenhimmel verborgen. Lediglich erfahrene Beobachter auf 48° Nord oder südlicher können den flinken Planeten zwischen 5. und 10. tief im Südosten aufstöbern.

Am 5. geht der $0^{\mathrm{m}}{,}3$ helle Merkur um $6^{\mathrm{h}}23^{\mathrm{m}}$ auf (für 48° Nord). Bis 10. verfrüht sich der Merkuraufgang nur unwesentlich auf $6^{\mathrm{h}}20^{\mathrm{m}}$, die Merkurhelligkeit steigt auf $0^{\mathrm{m}}{,}1$ leicht an. Die Begegnung mit Jupiter am 24. bleibt unbeobachtbar.

Sein Aphel (sonnenfernster Bahnpunkt) passiert Merkur am 26., wobei ihn von der Sonne 70 Millionen Kilometer (= 0,467 AE) trennen.

Venus spielt nach wie vor ihre Rolle als Abendstern. Sie nähert sich der Erde. Wer mit dem Fernrohr beobachtet, bemerkt, wie die Venussichel größer und schlanker wird. Am 22. zeigt sich das inzwischen 41″ große Planetenscheibchen zu 25 % beleuchtet.

Für den freiäugigen Beobachter sei angemerkt, dass unser innerer Nachbarplanet am 19. **in maximalem Glanz** strahlt, und zwar mit $-4^{\mathrm{m}}{,}6$. Die Venusuntergänge verschieben sich im Februar nur gering. Am 1. erfolgt der Venusuntergang um $21^{\mathrm{h}}33^{\mathrm{m}}$, am 15. um $21^{\mathrm{h}}42^{\mathrm{m}}$ und am Monatsletzten um $21^{\mathrm{h}}28^{\mathrm{m}}$. Da die Sonnenuntergänge jetzt immer später erfolgen, verkürzt sich die Sichtbarkeitszeit von Venus im Laufe des Monats um etwa eine dreiviertel Stunde. Am 4. zieht Venus $2{,}^{\circ}3$ nördlich am Frühlingspunkt vorbei.

Die schmale Sichel des Mondes wandert in der Nacht vom 27. auf 28. an Venus vorbei. Am Abend des 27. sieht man beide Gestirne tief am Westhorizont (siehe Abb. 2.1 auf Seite 44). Die Bedeckung von Venus durch den Mond bleibt von Mitteleuropa aus unbeobachtbar.

Am 21. läuft Venus durch das Perihel ihrer fast kreisförmigen Bahn, wobei sie 107 Millionen Kilometer (= 0,715 AE) von der Sonne trennen.

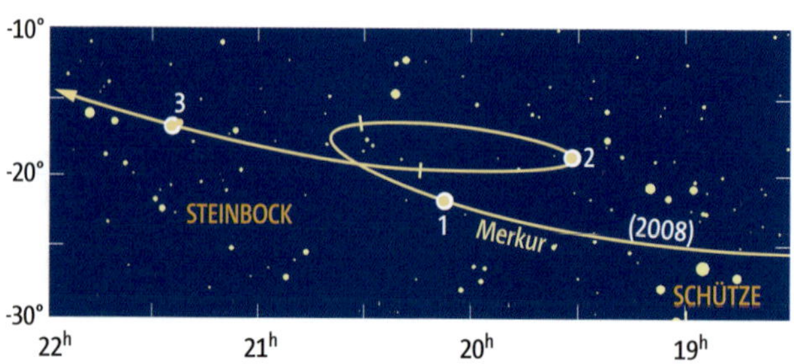

2.2 Die Bahn von Merkur: Scheinbare Schleifenbahn des Planeten Merkur im Gebiet der Sternbilder Schütze und Steinbock.

2.3 Die Bahn von Venus: Scheinbare Schleifenbahn des Planeten Venus im Gebiet der Sternbilder Wassermann und Fische. Die Zahlen geben die Position von Venus jeweils zum Monatsersten an (2 = 1. Februar 2009).

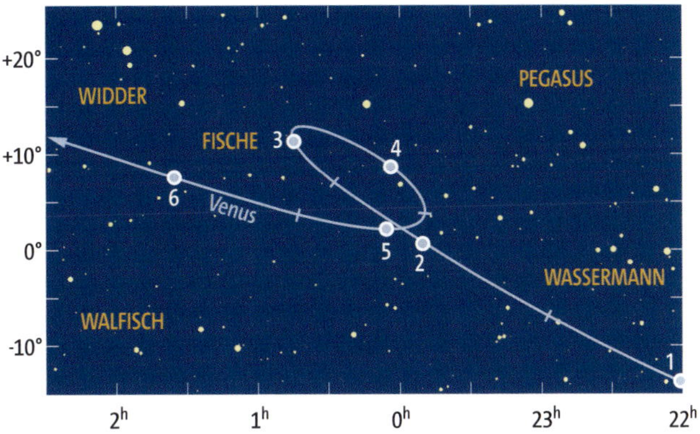

Mars verlässt am 4. das Sternbild Schütze und wechselt in den Steinbock. Noch kann sich der rote Planet nicht aus den Strahlen der Sonne befreien und bleibt unsichtbar. Auch die enge Begegnung mit Jupiter am 17. bleibt uns verborgen.

Jupiter, rechtläufig im Steinbock, stand im letzten Drittel des Vormonats in Konjunktion mit der Sonne. Noch kann sich der Riesenplanet nicht aus den Strahlen der Sonne befreien und bleibt unsichtbar.

Am 23. wandert der Mond an Jupiter vorbei, es kommt zu einer Bedeckung des Riesenplaneten, allerdings nicht für Beobachter in Mitteleuropa, sondern im asiatischen Raum (Philippinen, Malaysia, China, Japan). Auch die Begegnung mit Merkur am 24. entgeht uns.

2.3a Planet Venus im Fernrohr: Aufnahme vom 14. Juli 2007 von Mario Weigand (www.skytrip.de).

Saturn, rückläufig im Löwen, nähert sich seiner Oppositionsstellung zur Sonne, die er aber erst im ersten Märzdrittel erreicht. Die Helligkeit des Ringplaneten steigt abermals um $0\overset{m}{,}2$ auf $0\overset{m}{,}5$ während des Monats.

Am 1. erfolgt der Saturnaufgang um 20^h31^m und am 15. um 19^h31^m. Am Monatsletzten geht der Ringplanet bereits um 18^h34^m auf, also nur eine halbe Stunde nach Sonnenuntergang. Damit ist Saturn praktisch die gesamte Nacht über am Firmament vertreten.

Im Fernrohr sieht man nicht einen Ring um die Saturnkugel, sondern hat wegen der extrem geringen Ringöffnung den Eindruck, zu beiden Seiten der Saturnkugel zwei helle Striche zu sehen, deren Spitzen 45″ voneinander entfernt sind (Längsdurchmesser des Ringes).

Zu Monatsbeginn beträgt die Saturnentfernung von der Erde 1285 Millionen Kilometer (= 8,59 AE).

Uranus, rechtläufig im Wassermann, nähert sich seiner Konjunktionsstellung mit der Sonne, die er Mitte des nächsten Monats einnehmen wird. Vom Abendhimmel zieht sich der sonnenferne, grünliche Planet ganz zurück. Erfahrene Beobachter mögen Uranus noch zu Monatsbeginn mit lichtstarken Ferngläsern oder Teleskopen aufspüren. Der Uranusuntergang erfolgt am 1. um 20^h40^m, am 15. um 19^h49^m und am 28.

2.4 Planet Jupiter im Fernrohr: Aufnahme vom 22. Juni 2008 von Thomas und Claudia Winterer.

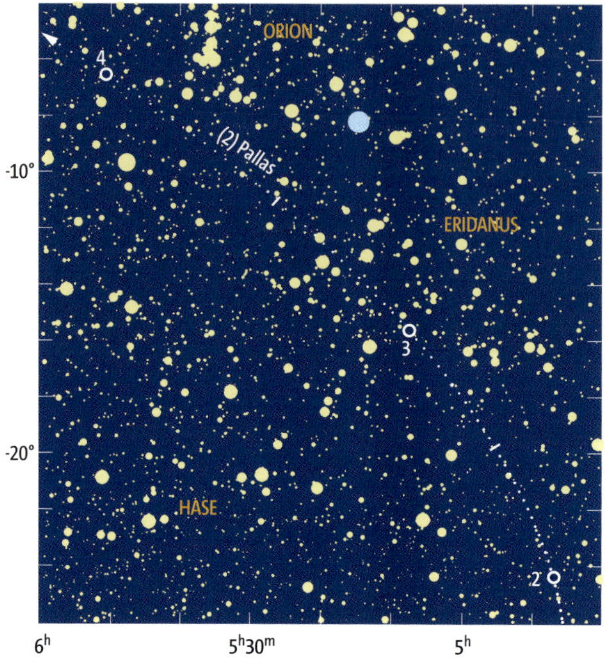

2.5 Die Bahn von Pallas:
Scheinbare Schleifenbahn des Kleinplaneten Pallas im Gebiet der Sternbilder Orion und Eridanus.

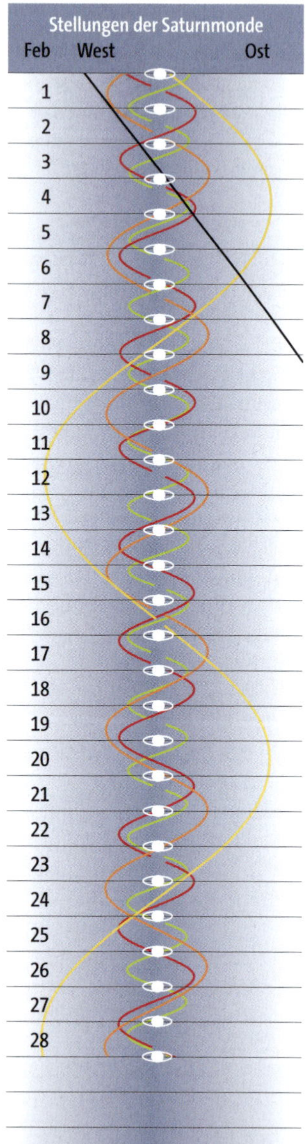

schon um 19^h02^m. Mit nur $5\overset{m}{,}9$ scheinbarer Helligkeit ist der grünliche Planet höchstens zu Monatsbeginn noch zu beobachten (siehe Aufsuchkärtchen Abb. 9.5 auf Seite 180).

Am 27. Februar passiert Uranus das Aphel seiner fast kreisförmigen Bahn. An diesem Tag trennen ihn 3007 Millionen Kilometer (= 20,10 AE) von der Sonne. Das Sonnenlicht ist somit zwei Stunden und 47 Minuten zu Uranus unterwegs. Durch sein Perihel wird Uranus erst am 17. August 2050 wandern, wobei er dann von der Sonne 2735 Millionen Kilometer (= 18,28 AE) entfernt sein wird.

Neptun kommt am 12. im Sternbild Steinbock in Konjunktion mit der Sonne, die ihn an diesem Tag um 14^h ein wenig südlich überholt.

Neptun hält sich somit am Taghimmel auf und bleibt nachts unsichtbar.

Zur Konjunktion ist Neptun 4641 Millionen Kilometer (= 31,02 AE) von der Erde entfernt. Von der Sonne trennen ihn 4493 Millionen Kilometer

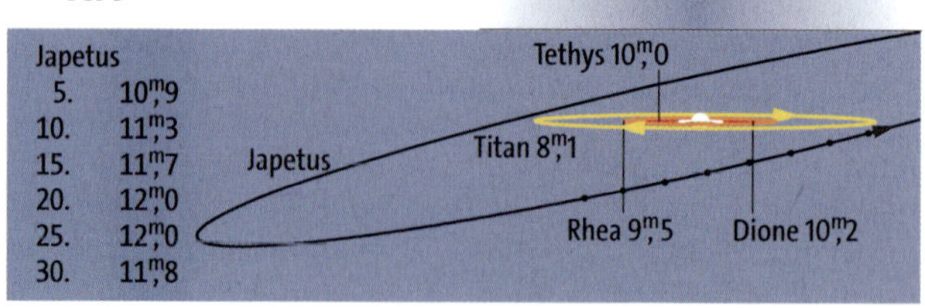

(= 30,03 AE). Dies entspricht einer Lichtlaufzeit von vier Stunden und knapp zehn Minuten.

Planetoiden

Ceres (1) wandert rückläufig durch den Löwen und passiert am 2. in 1°,3 nordöstlichem Abstand δ Leonis ($2^m{,}6$). Am 25. steht sie in **Opposition** zur Sonne. Mit $6^m{,}9$ Oppositionshelligkeit ist Ceres ein ausgesprochen leichtes Fernglasobjekt. Um den Planetoiden Nr. 1 aufzufinden, benutze man das Aufsuchkärtchen Abb. 3.2 auf Seite 67.

Zur Opposition kulminiert Ceres um 1^h03^m, am Monatsanfang jedoch noch um 2^h53^m.

Von der Erde trennen Ceres am Oppositionstag 237 Millionen Kilometer (= 1,58 AE), dies entspricht einer Lichtlaufzeit von 13 Minuten. Von der Sonne ist Ceres zu diesem Zeitpunkt 381 Millionen Kilometer (= 2,55 AE) entfernt.

Pallas (2) eilt rasch nordnordostwärts durch das Sternbild Eridanus und steuert auf Rigel (β Orionis) zu, wobei ihre Helligkeit leicht um $0^m{,}2$ auf $8^m{,}5$ zurückgeht (siehe Abb. 2.4 links). Am 1. passiert Pallas um 20^h19^m den Meridian, am 15. um 19^h32^m und am 28. schon um 18^h53^m. Am Monatsletzten erfolgt der Pallas-Untergang um 23^h38^m.

Vesta (4) kann nach Einbruch der Dunkelheit aufgefunden werden, wenn auch ihre günstigste Beobachtungsperiode längst vorüber ist. Sie eilt, zunehmend schneller werdend, durch das Gebiet Walfisch/Widder, wobei sie am 5. nur 0°,8 nördlich an ξ_2 Ceti ($4^m{,}3$) und am 19. etwa 1°,1 nördlich an μ Ceti ($4^m{,}3$) vorbeizieht (siehe Abb. 1.10 auf Seite 32). Die Vesta-Helligkeit sinkt von $8^m{,}1$ auf $8^m{,}3$.

Die Vesta-Kulmination erfolgt am 1. um 17^h56^m, am 15. um 17^h15^m und am 28. bereits um 16^h40^m. Am Monatsletzten geht Vesta um 23^h44^m unter.

Konstellationen und Ereignisse

Datum	MEZ	Ereignis
1.	3^h	Merkur im Stillstand, anschließend rechtläufig
9.	16	Halbschattenfinsternis des Mondes, in Mitteleuropa unbeobachtbar
11.	21	Mond bei Saturn, Mond 6°,3 südlich
12.	14	Neptun in Konjunktion mit der Sonne
13.	22	Merkur in größter westlicher Elongation (26°)
17.	11	Mars bei Jupiter, Mars 0°,6 südlich
19.	16	**Venus in größtem Glanz**
21.	15	Venus im Perihel
22.	23	Mond bei Merkur, Mond 1°,1 nördlich
23.	2	Mond bei Jupiter, Mond 0°,7 nördlich
23.	9	Mond bei Mars, Mond 1°,7 nördlich
24.	4	Merkur bei Jupiter, Merkur 0°,6 südlich
24.	4	Mond bei Neptun, Mond 1°,9 nördlich
26.	11	Mond bei Uranus, Mond 4°,8 nördlich
26.	16	Merkur im Aphel
27.	1	Uranus im Aphel
28.	0	**Mond bei Venus**, Mond 1°,3 südlich, **Abstand 3°,3 um 21^h am 27.**

Periodische Sternschnuppenströme

Zwischen 6. und 9. Februar sind die **Alpha-Aurigiden** zu erwarten. Ihr Maximum ist nicht sehr ausgeprägt. Der Ausstrahlungspunkt liegt in der Nähe von Kapella. Nur wenige, aber helle und langsame Meteore tauchen auf. Die beste Beobachtungszeit ist um Mitternacht. In den letzten Jahren scheint der Strom versiegt zu sein.

Die **Delta-Leoniden** erreichen ihr Maximum um den 25. Februar. Sie sind ein schwacher Strom, der sich zwischen dem 15. Februar und dem 10. März bemerkbar macht, wobei es sich um langsame Objekte handelt (um 25 Kilometer pro Sekunde).

Zum Monatsende tauchen die ersten **Virginiden** am Morgenhimmel auf. Sie scheinen der Jungfrau zu entströmen.

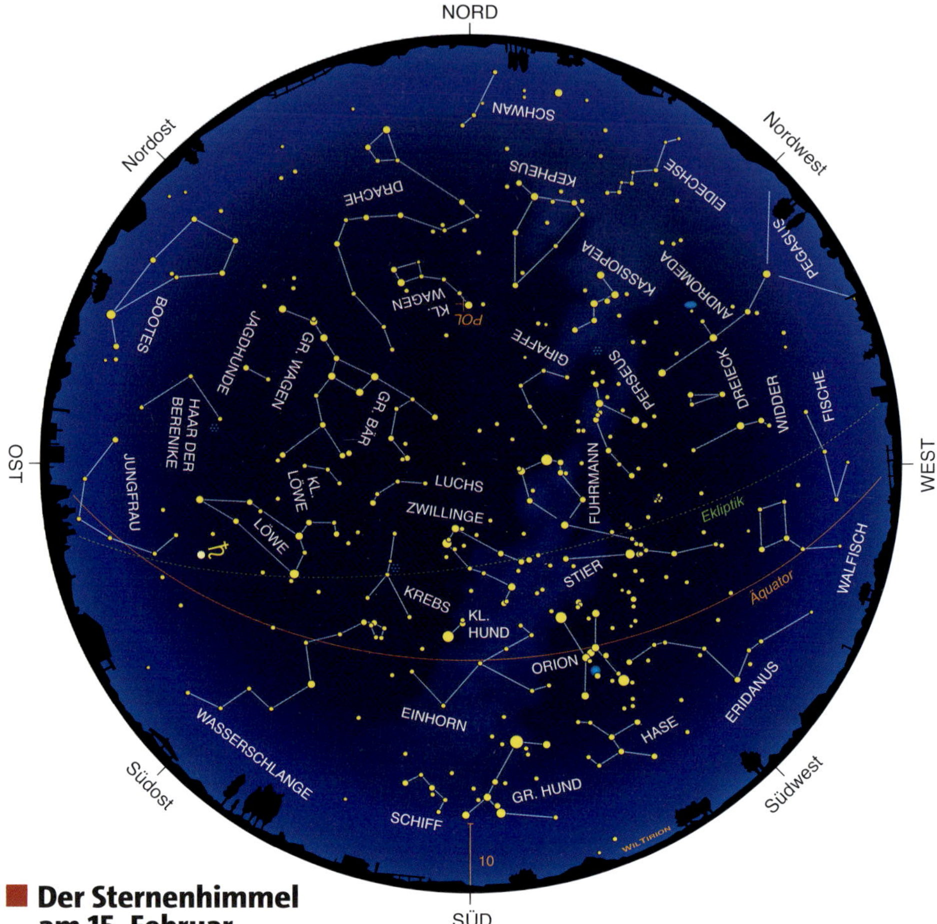

Der Sternenhimmel am 15. Februar um 22^h MEZ

Die Sternkarte ist auch gültig für:

	MEZ	MESZ
1.11.	5h	
15.11.	4	
1.12.	3	
15.12.	2	
1. 1.	1	
15. 1.	0	
1. 2.	**23**	
15. 2.	**22**	
28. 2.	**21**	
15. 3.	20	

Im Vergleich zum Vormonat hat sich der Anblick des abendlichen Sternenhimmels nicht allzu sehr verändert. Noch weist er eindeutig winterlichen Charakter auf. Die gesamte Sternbilderszenerie hat sich allerdings deutlich nach Westen verschoben.

Zur Standardbeobachtungszeit, gegen 23^h zu Monatsbeginn beziehungsweise 22^h zur Monatsmitte, hat der Himmelsjäger Orion den Meridian bereits überschritten. Der helle Sirius zieht im Süden die Blicke auf sich. Auch die Zwillinge kulminieren eben.

Unter dem Begriff „kulminieren“ versteht man „die höchste Stellung im Süden einnehmen“. Ein Gestirn kulminiert, wenn es den Meridian (= Mittagslinie) passiert.

Vorboten des Frühlingshimmels

Das Himmels-W, die Königin Kassiopeia, sinkt langsam im Nordwesten herunter, während sich der Große Wagen im Nordosten immer höher schiebt. Im Westen erinnern nur noch Perseus und tiefer Andromeda an vergangene Herbsttage. Die meisten Herbstbilder sind unter dem Horizont verschwunden oder gerade im Untergang begriffen wie Pegasus, Fische und Walfisch.

Im Südosten ist der Löwe auf der Himmelsbühne erschienen. Er kündigt den kommenden Frühling an. Der Löwe ist das prominenteste der Frühlingssternbilder. Sein hellster Stern wurde von Nikolaus Kopernikus „Regulus" getauft, was soviel wie „Kleiner König" heißt; doch schon die alten Babylonier sahen im Löwenhauptstern einen König. Im Südostteil des Löwen hält sich zurzeit der helle Planet Saturn auf.

Hoch im Süden wandern gerade die Zwillinge durch den Meridian. Sie werden durch zwei Sternenketten dargestellt, die das ungleiche Brüderpaar Kastor und Pollux sein sollen. So heißen auch die beiden hellsten und östlichsten Sterne der Ketten. Der griechischen Mythologie nach war Pollux unsterblich, Kastor wurde als Sterblicher jedoch einst im Kampf getötet. Schon die Assyrer sahen in den beiden einprägsamen Sternenketten, die zwischen Fuhrmann und Prokyon im Kleinen Hund liegen, ein Knabenpaar. Da die nördlichsten Partien der Ekliptik durch die Zwillinge gehen, gehören sie wie Löwe und Krebs zum Tierkreis.

Der Krebs liegt zwischen den Zwillingen im Meridian und dem Löwen halbhoch über dem Osthorizont. Da sich keine hellen Sterne im Krebs finden, fällt er kaum auf. Zwar kennt ihn dem Namen nach fast jeder, da er ebenfalls ein Tierkreissternbild ist, aber am Firmament ist er nicht leicht zu entdecken.

Auch der offene Sternhaufen Praesepe (lat., die Krippe) liegt im Krebs und ist ein wunderschönes Fernglasobjekt. Die Katalogbezeichnung der Krippe lautet M 44. Das M steht für Messier, dem französischen Kometenjäger, der die auffälligsten Sternhaufen und Nebel in einem Katalog zusammengefasst hat.

Das größte Sternbild

Wer die helleren Sterne und die markanten Bilder schon gut kennt und schnell am Nachthimmel entdeckt, sollte ab und zu auch einmal nach lichtschwächeren und darum weniger bekannten Bildern Ausschau halten. Als geeignetes Übungsobjekt empfiehlt sich die Wasserschlange, deren Kopf ein wenig südlich vom Krebs liegt und die sich nach Südosten hinunterschlängelt. Ein kleines Fernglas kann beim Aufsuchen gute Dienste leisten. Vergleichsweise auffallend ist der Hauptstern der Wasserschlange, Alphard oder α Hydrae genannt. Hydra ist die lateinische Bezeichnung für Wasserschlange. Alphard steht in einer sonst an helleren Sternen armen Gegend und ist deshalb leicht zu identifizieren. Alphard markiert das Herz der Wasserschlange und ist $2^{m}{,}0$ hell. Er leuchtet in einem orange-rötlichen Licht und ist ähnlich wie Arktur ein Riesenstern (Spektralklasse: K3 III). Gut 180 Jahre ist das Licht von Alphard zu uns unterwegs. Als Riesenstern strahlt er vierhundertmal heller als unsere Sonne. Alphard besitzt in fast fünf Bogenminuten Distanz einen lichtschwachen Begleiter 10. Größenklasse. Die Wasserschlange ist das ausgedehnteste Sternbild am Himmel. Es zieht sich rund sieben Rektaszensionsstunden in Äquatornähe am Firmament entlang. Der Kopf der Wasserschlange liegt noch nördlich des Himmelsäquators und südwestlich von Regulus im Löwen. Außer Alphard sind alle übrigen Sterne der Wasserschlange schwächer als 3. Größenklasse. Südlich von Alphard knickt die Wasserschlange in Richtung Osten ab und zieht sich südlich von Becher, Rabe und Jungfrau bis zu ihrem Schwanz, der zwischen den Sternbildern Waage und Centaurus liegt.

Die Hydra (Hya) ist nicht zu verwechseln mit dem Sternbild Hydrus (Hyi). Hydrus wird als männliche oder südliche Wasserschlange, manchmal auch als kleine Wasserschlange bezeichnet, während Hydra die weibliche oder nördliche Wasserschlange ist. Die kleine Wasserschlange ist in der Nähe des Himmelssüdpols zu finden, also in unseren Breiten überhaupt nicht sichtbar. Die größere, bei uns sichtbare Wasserschlange hat ihre weibliche Bezeichnung erst durch Johannes Bayer erhalten, der beide Wasserschlangen in seinem Sternatlas *Uranometria* aus dem Jahre 1603 aufgenommen hat und der nördlichen die weibliche Form zuerkannt hat. Bei den Römern in der Antike war sie noch männlich und wurde Serpens aquaticus genannt.

Objekte für Feldstecher und Fernrohr

Wer den Sternenhimmel schon längere Zeit mit bloßen Augen beobachtet hat und inzwischen Sterne und Sternbilder einigermaßen gut kennt, der mag den Wunsch verspüren, einmal die Himmelsobjekte mit einem Fernglas oder gar Teleskop zu betrachten. Auch wenn es noch so schöne Bilder in Büchern und im Internet gibt – es geht nichts über die eigene Betrachtung der Wunder des Himmels. Man fühlt sich wie die ersten Fernrohrbeobachter vor vierhundert Jahren, wenn man mit eigenen Instrumenten auf Entdeckungsreise geht.

Für den Einsteiger, aber auch für „alte Hasen", bietet der Winterhimmel seine typischen Paradeobjekte: Die beiden offenen Sternhaufen Hyaden und Plejaden (Katalognummer: M 45), den großen Orionnebel (M 42) südlich der Gürtelsterne des Himmelsjägers und den offenen Sternhaufen Krippe (M 44) im Krebs, lateinisch Praesepe genannt. Alles Objekte, die relativ leicht zu finden sind, weil sie sogar mit bloßen Augen zu sehen sind – gute Sichtbedingungen vorausgesetzt, also unter Vermeidung von hellem Mondlicht und künstlicher Beleuchtung. Aber erst im Fernglas bemerkt man die Pracht dieser Paradeobjekte des Winterhimmels. Es sind die Objekte, die auch bei Führungen auf einer Sternwarte gerne den Besuchern gezeigt werden.

Die drei offenen Sternhaufen M 36, M 37 und M 38 sind weniger bekannt, aber durchaus lohnenswert. Sie liegen alle im Sternbild Fuhrmann, das jetzt zur abendlichen Beobachtungsstunde hoch über unseren Köpfen steht. Somit sind sie relativ leicht zu finden. Der größte von ihnen ist M 37 mit 24′ scheinbarem Durchmesser, dies sind vier Fünftel des Vollmonddurchmessers. M 37 setzt sich aus rund 150 Mitgliedssternen zusammen, die hellsten sind dabei 9. Größe. Im Fernglas hat man eher den Eindruck eines nebligen Lichtfleckchens. Erst im Teleskop zeigt sich bei nicht zu starker Vergrößerung ein äußerst prachtvolles Sternengewimmel.

Etwas kleiner ist M 38. Dieser offene Haufen zählt etwa hundert Mitglieder in einem Bereich von 21′ Durchmesser. Die hellsten Mitglieder weisen $9^{m}{,}5$ scheinbare Helligkeit auf.

Deutlich der kleinste dieser drei offenen Haufen im Fuhrmann ist M 36 mit nur 12′ scheinbarem Durchmesser. Mit sechzig Mitgliedssternen besitzt er auch die geringste Sternenzahl. Die scheinbar hellsten Sterne haben $8^{m}{,}9$ und lassen sich gut im stärkeren Feldstecher in einzelne Lichtpunkte auflösen. Alle drei Haufen stehen in ähnlichen Distanzen:

Veränderliche Sterne im Februar

Algol-Minima	6. 2^h38^m	8. 23^h28^m	11. 20^h16^m	14. 17^h06^m	23. 7^h34^m
β-Lyrae-Minima	2. 24^hH	9. 11^hN	15. 22^hH	22. 10^hN	28. 21^hH
δ-Cephei-Maxima	5. 21^h	11. 5^h	16. 14^h	21. 23^h	27. 8^h
Mira-Helligkeit	1. 4^m	10. 4^m	20. 4^m	28. 4^m	

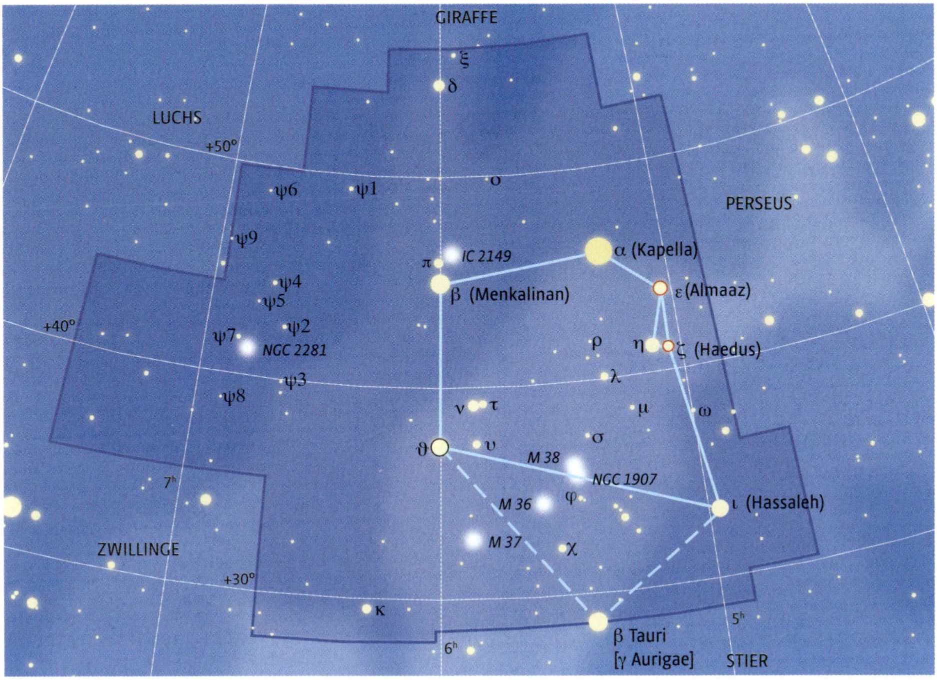

2.6 Sternhaufen im Fuhrmann
Die Lage der offenen Sternhaufen M 36, M 37 und M 38 im Sternbild Fuhrmann.

M 36 ist 4100 Lichtjahre entfernt, M 37 rund 4200 Lichtjahre und von M 38 trennen uns 4000 Lichtjahre.

Doppelsternbeobachter prüfen ihre Augen zunächst an Mizar und Alkor im Großen Wagen. Mizar ist der mittlere Deichselstern (ζ UMa). Halbwegs gute Augen sollten neben Mizar ein Sternchen vierter Größe erkennen. Seine Distanz von Mizar beträgt knapp zwölf Bogenminuten. Der Begleiter heißt Alkor oder das Reiterlein. Alkor und Mizar sind ein sogenanntes optisches Paar, sie stehen nur zufällig in gleicher Richtung, sind aber nicht durch ihre Schwerkraft aneinander gefesselt. Mizar ist 78 Lichtjahre, Alkor hingegen 81 Lichtjahre von uns entfernt. Bereits in einem kleinen Teleskop ab 6 cm Objektivöffnung gelingt es, Mizar als echten Doppelstern zu trennen. Zwei weiße, $2^{m},3$ und $3^{m},9$ helle Sterne stehen in 14″ Distanz voneinander. Inzwischen weiß man, dass sowohl beide Mizarsonnen als auch Alkor spektroskopische Doppelsterne sind. Man beobachtet also hier sechs Sonnen, sehen kann man aber lediglich drei Lichtpunkte.

Ein interessanter und wenig bekannter Doppelstern ist o_2 im Fluss Eridanus. Die $4^{m},4$ helle, orangene Hauptkomponente (Spektraltyp K1) hat in 83″ einen $9^{m},5$ hellen, weißen Begleiter (A2 VII), der ein Weißer Zwergstern ist. Jedes gute Fernglas trennt o_2 Eridani spielend. o_2 Eridani B ist von allen bekannten Weißen Zwergen am leichtesten zu beobachten. Sirius B hingegen wird vom Hauptstern Sirius A überstrahlt, sodass es viel schwieriger ist , ihn zu sehen als den Begleiter von o_2 Eridani. Um o_2 Eridani zu finden kann die Sternkarte E2 im Sternatlas von Erich Karkoschka, dem *Atlas für Himmelsbeobachter*, gute Dienste leisten. o_2 Eridani zählt mit nur 16,5 Lichtjahren Entfernung zu den Nachbarsternen unserer Sonne.

SOFIA – die Sternwarte über den Wolken

2.7 Der Jumbo-Jet mit dem 2,7-Meter-Spiegelteleskop an Bord – die fliegende Sternwarte SOFIA.

Licht ist der Botschafter der Gestirne. Was wir über das Weltall und seine Gestirne bisher erfahren haben, verdanken wir in erster Linie dem Licht, das uns auf der Erde erreicht. Sichtbares Licht ist nur ein schmales Band aus dem breiten Spektrum elektromagnetischer Wellen, nämlich Wellen mit Längen von etwa 0,36 bis 0,76 µm (1 µm = ein Millionstel Meter oder ein Tausendstel Millimeter). Die Wellenlänge bestimmt die Farbempfindungen, die wir erleben. Von Violett über Blau, Grün, Gelb, Orange bis Rot reicht das sichtbare Spektrum. Die Erde erreichen aber elektromagnetische Strahlen aller Wellenlängen, die uns wertvolle Informationen über die Objekte und Zustände im Universum liefern können. Gamma-, Röntgen- und Ultraviolettstrahlung sind ebenso Botschafter der Sterne wie infrarotes Licht und Radiowellen. Für alle diese Frequenzbereiche ist das menschliche Auge blind. Um diese Botschaften zu empfangen, bedarf es spezieller Detektoren. Heutzutage sind die Astronomen in der Lage, elektromagnetische Wellen fast aller Frequenzen beziehungsweise Wellenlängen zu empfangen und zu analysieren. Man spricht heute von einer Gamma-, Röntgen- und UV-Astronomie als umfangreiche Disziplinen der Himmelskunde.

Als besonders interessant für die Himmelsforscher hat sich die Infrarotstrahlung entpuppt. Viele Objekte und Vorgänge im Kosmos lassen sich nur im infraroten Spektralbereich beobachten. So leuchten die ältesten Galaxien, die sich kurz nach dem Urknall bildeten, im infraroten Licht. Da diese Protogalaxien mehr als zehn Milliarden Lichtjahre entfernt sind, ist ihr Licht extrem rotverschoben, nämlich rund um den Faktor zehn, weshalb das Strahlungsmaximum dieser damals jungen Galaxien nun im Infraroten liegt.

Wie entstanden und entstehen Sterne und Planetensysteme? Im Infraroten lassen sich junge Sonnen im embryonalen Zustand ebenso beobachten wie riesige, warme Staubscheiben um sie, die Vorstufen von Planetensystemen. Auch interstellare Staubmassen, die sich im sichtbaren Spektralbereich nur als Dunkelwolken bemerkbar machen, strahlen infrarotes Licht ab. Riesige Sternentstehungsnester lassen sich im Infraroten am besten beobachten. Es zeigen sich dabei Strukturen und Details, die in keinem anderen Wellenlängenbereich erkennbar sind.

Im Infraroten lassen sich die kühlen Objekte im Weltall entdecken und beobachten. So hat man zahlreiche Kleinplaneten und winzige Planetenmonde im äußeren Bereich unseres Sonnensystems mit infrarotempfindlichen Detektoren aufgespürt. Auch Ringe um Planeten zeigen sich am deutlichsten im Infraroten. Ferner ist im Infraroten der Nachweis gelungen, dass Kometenkerne Wasser enthalten sowie diverse Kohlenwasserstoffe und Kohlendioxid.

Die Infrarotastronomie bietet somit ein spannendes und weites Arbeitsfeld. Man unterscheidet dabei drei Bereiche: Das nahe Infrarot (N-IR) beginnt jenseits des roten Endes des sichtbaren Spektrums und umfasst einen Bereich von 0,9 bis 3 µm Wellenlänge. Von 3 bis 30 µm spricht man von mittlerem Infrarot (M-IR), und das ferne Infrarot (F-IR) liegt zwischen 30 und 300 µm Wellenlänge. Daran schließt sich der Submillimeterbereich (300 µm bis 1 mm) an. Strahlung noch längerer Wellen zählt man bereits zu den Radiosignalen. Der Infrarotbereich ist somit zehnmal größer als der des sichtbaren Spektrums.

Wasserdampf blockiert Infrarotlicht

Vom Erdboden aus lässt sich jedoch kaum Infrarot-Astronomie betreiben, denn der in der irdischen Luft vorhandene Wasserdampf blockt das infrarote Licht weitgehend ab. Auch Kohlendioxid (CO_2) und Ozon (O_3) filtern infrarotes Licht aus. Auf hohen Bergen wie auf dem Vulkan Mauna Kea (Hawaii) oder in der extrem trockenen Atacama-Wüste (Chile) lassen sich Beobachtungen im nahen Infrarot einigermaßen durchführen, denn in großer Höhe lässt man den Wasserdampf zu mehr als neunzig Prozent unter sich. Am besten kann man jedoch von Satelliten, die ungestört von der irdischen Atmosphäre ins Weltall spähen, auch den infraroten Spektralbereich empfangen. Satelliten wie Iso (Infrared Space Observatory), Iras (Infrared Astronomy Satellite) und das Weltraumteleskop Spitzer haben den infraroten Spektralbereich für die Astronomie weitgehend erschlossen und fantastisches Beobachtungsmaterial geliefert. Abgesehen von den extrem hohen Kosten, die Bau, Start und Betrieb von Raumsonden verursachen, lassen sich Reparaturen und Wartung kaum mehr durchführen, ist das Instrument einmal im Weltall. Man erinnere sich an das Hubble-Weltraumteleskop, das zunächst wegen eines Fertigungsfehlers halb blind war und in einer Spaceshuttle-Mission ein Korrekturglied verpasst bekam, wobei diese Mission über eine Milliarde Dollar verschlang. Ist ein Instrument einmal im All, so können neue technologische Errungenschaften wie beispielsweise die Entwicklung hochempfindlicher Detektoren nicht genutzt werden, denn der Betrieb astronomischer Beobachtungssatelliten erstreckt sich über mehrere Jahre, teils Jahrzehnte.

Eine fast ideale Lösung für die Infrarot-Astronomen ist daher, ein entsprechendes Teleskop an Bord eines Flugzeugs unterzubringen. Wenn es in Höhen von mehr als zwölf Kilometer fliegt, also oberhalb der Troposphäre, in der sich das Wettergeschehen abspielt, so lässt sich der gesamte Infrarotbereich erfassen, während von hohen Bergen aus lediglich im nahen Infrarot beobachtet werden kann. Im Unterschied zu Satelliten sitzen die Beobachter ständig beim Teleskop und können gegebenenfalls schnell eingreifen. Wartung und Reparaturen sowie Einbau neuer Technologien sind jederzeit möglich. Auch sind die Missionskosten erheblich geringer als bei Weltraumteleskopen. Ein wichtiger Gesichtspunkt ist ferner, dass die Größe der Objektivspiegel bei Raumsondenmissionen

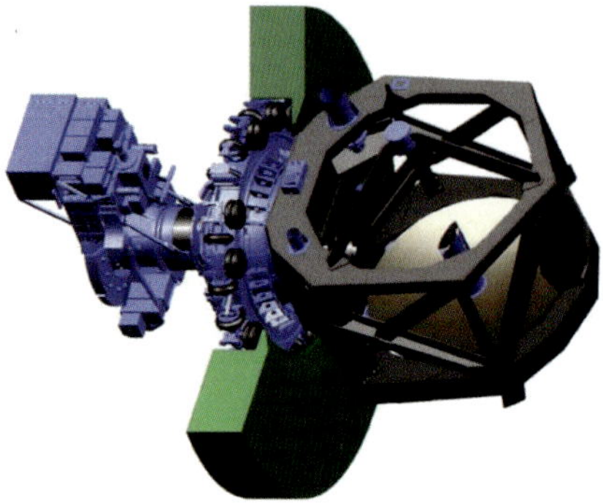

2.8 Das 2,7-Meter-Spiegelteleskop für Infrarotastronomie in schematischer Darstellung.

stärker beschränkt ist als bei einem Flugzeug, in dem sich größere Objektivdurchmesser unterbringen lassen.

So wurde bereits im Januar 1997 das Projekt Sofia aus der Taufe gehoben. Sofia ist ein Akronym und steht für **S**tratosphären-**O**bservatorium **F**ür **I**nfrarot-**A**stronomie. Es ist ein Gemeinschaftsprojekt der amerikanischen NASA und des DLR (**D**eutsches Zentrum für **L**uft- und **R**aumfahrt). Die Amerikaner liefern dabei das Flugzeug, eine Boeing 747 SP (Kurzversion des Jumbojets) und die Deutschen das 2,7-Meter-Spiegelteleskop. Der Jumbo fliegt dabei in Höhen zwischen zwölf und vierzehn Kilometer. Diese „Sternwarte über den Wolken" ist ein technologisch gesehen ehrgeiziges und überaus anspruchsvolles Projekt. Kann ein Teleskop in einem Flugzeug bei Erschütterungen, Vibrationen, Flugbewegungen, Windgeschwindigkeiten von einigen hundert Kilometern pro Stunde sowie Außentemperaturen von −60 °C überhaupt erfolgreich beobachten?

Als man Sofia beschloss, hatte man schon Erfahrung mit Teleskopen in Flugzeugen. Bereits 1969 hatten NASA-Techniker ein 30-cm-Teleskop an Bord eines Learjets installiert. Und fünf Jahre später hob ein Lockheed L200 Starlifter mit einem 92-cm-Cassegrain-Reflektor ab. Dieses als Kuiper-Airborne-Observatory (Kao) bezeichnete Projekt arbeitete 22 Jahre höchst erfolgreich und gelangte zu legendärem Ruhm. Unter anderem entdeckte man mit dem Kao am 10. März 1977 die Ringe des Uranus – eine Sensation, kannte man doch bis dato nur die Saturnringe. Auch Wasserdampf in Kometenkomas detektierte das Kao.

Gäste willkommen

Im Gegensatz zum Kao ist bei Sofia das Teleskop nicht im vorderen Teil des Flugzeugrumpfes untergebracht, sondern im Heck. Damit wollte man die Installation eines teuren, druckdichten Tunnels vermeiden, wenn man vom Cockpit in den Passagier- und damit in den Beobachtungsraum gelangen will. Denn das Teleskop beobachtet unter den Außenbedingungen, also bei niedrigem Druck und tiefer Temperatur. Von der vollklimatisierten Passagierkabine ist der Teleskopraum hermetisch abgeschottet. Im Bereich zwischen den Flügeln befinden sich die Arbeitsplätze für die Astronomen und Ingenieure. Im vorderen Teil des Jumbos sind aus Gleichgewichtsgründen die Energieversorgungssysteme, ein Wärmetauscher sowie die Elektronik zur Steuerung des Infrarotteleskops untergebracht. Hinter dem Cockpit und im Obergeschoss, wo bei Passagierflugzeugen die erste Klasse untergebracht ist, finden sich Plätze für Gäste wie Lehrer, Schüler und Journalisten, denn auf öffentliche Wirkung wird bei Sofia großer Wert gelegt. Begleitende Schülerprojekte sollen sowohl das Interesse an der Sofia-Mission als auch ganz allgemein an der Astronomie fördern. Die Bringschuld der Wissenschaft wird hiermit ein großes Stück abgetragen.

Das Teleskop selbst ist ein klassischer Cassegrain-Reflektor mit einem Nasmyth-Fokus. Der aus Zerodur gefertigte, parabolische Hauptspiegel hat einen Durchmesser von 2,7 Meter. Wegen der Obskuration (Abschattung) durch den 35 cm großen Sekundärspiegel entspricht dies einer effektiven Öffnung von 2,5 Meter. Zerodur ist ein glaskeramisches Material mit einem ex-

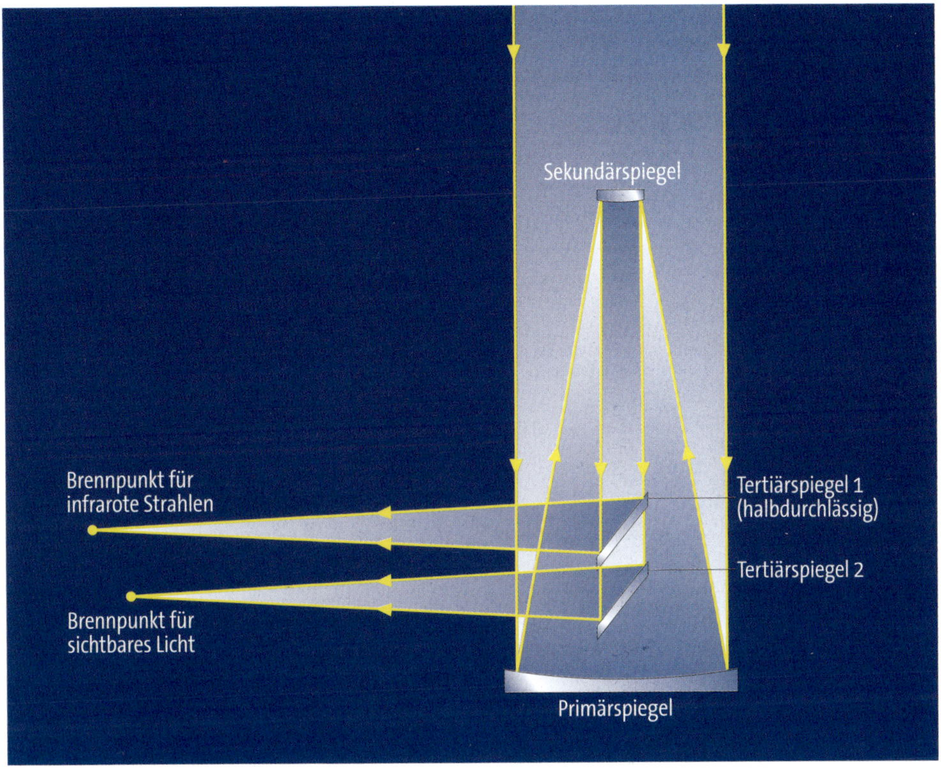

2.9 Strahlengang im 2,7-Meter-Reflektor von SOFIA.

trem geringen Temperaturkoeffizienten. Der Spiegel ist aluminiumbedampft und hat eine Primärbrennweite von 3,2 Meter. Um Gewicht zu sparen, ist der Spiegelkörper auf der Rückseite mit einer honigwabenartigen Struktur versehen. An der dünnsten Stelle beträgt die Wandstärke lediglich sieben Millimeter. Der Spiegel liegt auf einer 18-Punkt-Lagerung auf. Das Gesamtgewicht des Teleskops beträgt ohne wissenschaftliche Instrumente wie Kameras etc. rund siebzehn Tonnen. Die Teleskopstruktur besteht aus leichtem, kohlefaserverstärktem Kunststoff.

Das einfallende kosmische Infrarotlicht wird vom Hauptspiegel reflektiert und auf den 35,2 cm im Durchmesser großen, hyperbolischen Sekundärspiegel aus Siliziumkarbid gelenkt. Vom mit Aluminium beschichteten Sekundärspiegel wird das Strahlenbündel auf zwei hintereinander angeordnete, plane Tertiärspiegel geworfen, die es um 90° in den Nasmyth-Fokus umlenken. Der erste Tertiärspiegel ist ein goldbedampfter, dichroitischer Planspiegel. Er lenkt das Infrarotlicht in den Beobachtungsfokus, der 30 cm hinter dem Druckschott in der klimatisierten Beobachterkabine liegt. Das sichtbare Licht geht jedoch unabgelenkt durch den dichroitischen Spiegel und trifft auf den zweiten, aluminiumbeschichteten Tertiärspiegel. Dieser lenkt das Licht auf ein Sensorsystem, das für die exakte Ausrichtung und Nachführung des Teleskops sorgt, wobei auch durch adaptive Optik die restlichen Luftturbulenzen auskorrigiert werden. Die Systembrennweite beträgt 49 Meter.

2.10 Der große Orion-Nebel im infraroten Licht. Aufnahme des Spitzer-Weltraumteleskops.

Das Teleskop lässt sich um eine waagerechte Achse zwischen 15° und 70° schwenken. Allerdings liegt der vignettierungsfreie Bereich dabei nur zwischen 20° und 60°. Eine Beobachtung zenitnaher Objekte ist daher nicht möglich. Die Einstellung des Azimutwinkels erfolgt durch Wahl der Flugrichtung. Kleine Azimutänderungen (um ±3°) können durch Drehen um eine senkrechte Achse vorgenommen werden (zur Feinjustage und zur Nachführung).

Zur Standardausrüstung gehören drei Kamerasysteme: eine Weitwinkelkamera, eine Kamera mit kleinem Gesichtsfeld aber hoher Auflösung und eine Fokalkamera für die primäre Brennebene. Bei 0,6 μm Wellenlänge werden 80 Prozent des einfallenden Lichtes im maximal 1,″5 großen Beugungsscheibchen gebündelt. Der beobachtbare Spektralbereich erstreckt sich von 0,3 μm bis 1600 μm, umfasst also neben dem gesamten Infrarotband auch den gesamten Submillimeterbereich. Für Wellenlängen kürzer als 5 μm wird die Auflösung durch das atmosphärische Seeing begrenzt, darüber arbeitet das Instrument beugungsbegrenzt. Das Auflösungsvermögen übertrifft damit bei Weitem alle bisherigen Infrarotteleskope.

Eiskalter Teleskopspiegel

Das Teleskop wird durch ein rund drei Meter breites, tonnenförmig gebogenes Tor geschützt, das bei Start und Landung geschlossen bleibt. Dadurch soll das Teleskop vor Luftturbulenzen, Staub und Feuchtigkeit geschützt werden. In der Betriebshöhe von 13 km herrscht dagegen nur noch ein Fünftel des irdischen Luftdrucks auf Meereshöhe und eine Außentemperatur von −60 °C. Deshalb wird das Teleskop bereits vor dem Start am Boden entsprechend gekühlt und der Luftdruck in der Teleskopkabine verringert, um rascher adäquate Beobachtungsbedingungen zu erreichen. Nach jedem Flug wird das Teleskop mit trockenem Stickstoff aufgewärmt, um eine Vereisung des Spiegels und Bildung von Kondenswasser auf der Spiegeloberfläche zu vermeiden.

Der Umbau des Jumbojets zu einem Forschungslabor und die Installation des Teleskops erfolgten in Waco (Texas). Der Heimatflughafen von Sofia befindet sich auf dem Gelände des Ames Research Center der NASA in Moffet Field nahe bei San Francisco. Dort kann es in einer geräumigen Halle gewartet werden. In den angrenzenden Gebäuden befindet sich das Betriebszentrum, in dem ein etwa hundertköpfiges Team aus Astronomen, Meteorologen, Planetologen, Ingenieuren und Technikern arbeitet. Ein Teil der wissenschaftlichen Auswertung der empfangenen Beobachtungsdaten erfolgt am Deutschen Sofia-Institut an der Universität Stuttgart. Als Ausgangsflughäfen für die Beobachtungsflüge dienen neben Moffet Field die Flughäfen in Christchurch (Neuseeland) und Stuttgart.

Bei einem so aufwendigen Projekt, was Technik, Finanzen und Personal betrifft, muss das Teleskop möglichst häufig zu Beobachtungen eingesetzt werden. Daher ist geplant, knapp tausend Flugstunden pro Jahr zu absolvieren. Die Flugzeit pro Einsatz beträgt sieben bis acht Stunden. Pro Jahr gibt es etwa 160 Starts. Somit ist Sofia alle zwei bis drei Tage in der Luft. Dabei sind jeweils drei Piloten im Cockpit sowie zehn bis fünfzehn Wissenschaftler, Ingenieure und Techniker an Bord. Hinzu kommen Gäste, die den Wissenschaftsbetrieb hautnah erleben können.

Ein besonders schwieriges technisches Problem war es, die Übertragung von Vibrationen und Schwingungen des Flugzeuges auf das Teleskop zu vermeiden. Ebenso mussten die mechanischen Einflüsse durch die Luftströmungen beseitigt werden. Dazu wurde ein eigenes Vibrations-Isolationssystem entwickelt, eine Meisterleistung der Ingenieurskunst. Es setzt sich aus Luftfedern und siliconölgefüllten Dämpfgliedern sowie einer hochempfindlichen Regelsensorik zusammen. Zwölf radial und zwölf axial angeordnete Ein- und Zweifaltenbälge werden durch Druckluftzufuhr über mehrere Regelventile angesteuert, wobei das Leitungssystem redundant ist. Auch bei Stromausfall bleibt die Luftfüllung durch schnelles Schließen der Ventile erhalten. Alle Einheiten sind nach Forderungen der NASA aus nicht brennbaren Materialien gefertigt.

Im Jahr 2009 sollen alle Tests erfolgreich abgeschlossen werden. Der volle Wissenschaftsbetrieb beginnt dann 2010 und soll zwanzig Jahre lang aufrechterhalten werden. Neue technologische Entwicklungen wie der Bau immer leistungsfähigerer Kameras werden dafür sorgen, dass SOFIA stets an der aktuellen Forschungsfront im Einsatz bleiben wird. Noch ahnen wir nicht, welche grundlegend neuen Erkenntnisse uns das Sofia-Projekt über das Weltall und seine Gestirne liefern wird.

März 2009

- Venus gibt ihre Abschiedsvorstellung am Abendhimmel
- Saturn im Löwen an der Grenze zur Jungfrau kommt am 8. in Opposition zur Sonne und dominiert somit den Nachthimmel
- Der astronomische Frühling beginnt am 20. um 12^h44^m MEZ

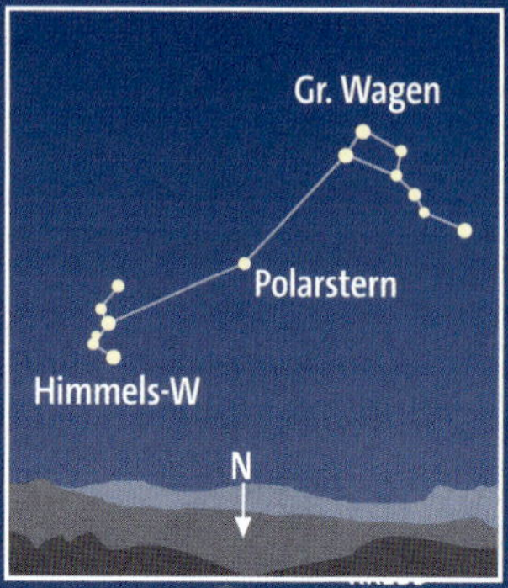

Großer Wagen und Himmels-W
Anfang März um 22 Uhr

3.1 Anblick des mitternächtlichen Osthimmels am 10. März. Tief am Osthorizont steht der Ringplanet Saturn im Sternbild Löwe und wird vom Vollmond fast überstrahlt.

1 So	Merkur bei Mars, Abstand 0,°6 um 21^h
2 Mo	
3 Di	
4 Mi	**Mond im ersten Viertel**
5 Do	Venus im Stillstand, dann rückläufig Merkur bei Neptun, Abstand 1,°6 um 2^h
6 Fr	
7 Sa	
8 So	Mars bei Neptun, Abstand 0,°8 um 5^h Saturn in Opposition zur Sonne
9 Mo	
10 Di	Mond bei Saturn, Abstand 6,°0 um 21^h
11 Mi	**Vollmond**
12 Do	
13 Fr	Uranus in Konjunktion mit der Sonne
14 Sa	
15 So	
16 Mo	

17 Di	
18 Mi	**Mond im letzten Viertel**
19 Do	
20 Fr	Frühlingsbeginn, 12^{h}44^m Tagundnachtgleiche
21 Sa	Merkur bei Uranus, Abstand 1,°4 um 23^h
22 So	
23 Mo	Mond bei Neptun, Abstand 2,°1 um 15^h Mond bei Jupiter, Abstand 4,°1 um 5^h
24 Di	Mond bei Mars, Abstand 4,°1 um 15^h
25 Mi	Mond bei Uranus, Abstand 4,°9 um 21^h
26 Do	**Neumond** Mond bei Merkur (13^h) und Venus (17^h)
27 Fr	Merkur bei Venus, Abstand 10,°6 um 13^h Venus in unterer Konjunktion mit der Sonne
28 Sa	
29 So	Beginn der Sommerzeit, 2^h
30 Mo	
31 Di	Sternschnuppen Hydraiden Merkur in oberer Konjunktion mit der Sonne

Sonne – Sternbilder

12. 3. 8ʰ:
Sonne tritt in das Sternbild Fische
20. 3. 12ʰ44ᵐ:
Sonne tritt in das Tierkreiszeichen Widder
Julianisches Datum am
1. März, 1ʰ MEZ: 2454891,5

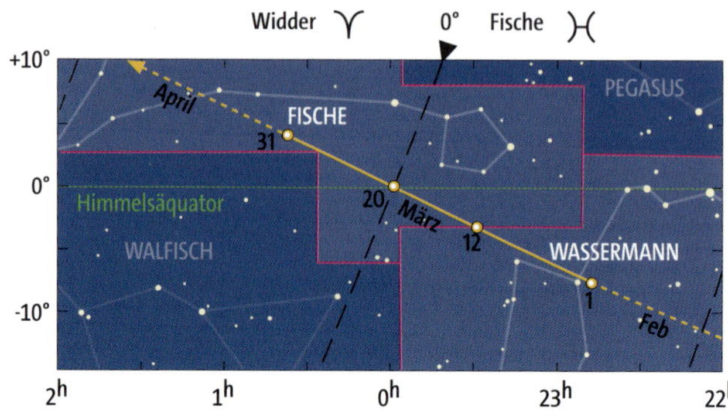

Tabelle Sonnenlauf

Tag	Dämmerg. Anfang	Aufgang MEZ	Kulmination	Untergang MEZ	Dämmerg. Ende	Mittagshöhe	Zeitgleichg.	Rektaszension	Deklination
	h m	h m	h m	h m	h m	°	m	h m	°
1.	5 54	7 03	12 32	18 02	19 12	32,6	−12	22 48	− 7,7
5.	5 45	6 55	12 31	18 09	19 18	34,1	−11	23 02	− 6,1
10.	5 35	6 44	12 30	18 17	19 27	36,0	−10	23 21	− 4,2
15.	5 24	6 34	12 29	18 25	19 35	38,0	− 9	23 39	− 2,2
20.	5 13	6 23	12 27	18 33	19 43	40,0	− 7	23 58	− 0,3
25.	5 01	6 12	12 26	18 41	19 52	42,0	− 6	0 16	+ 1,7
31.	4 47	5 59	12 24	18 50	20 02	44,3	− 4	0 38	+ 4,1

Achtung: Ab Sonntag, 29. März, gilt die Sommerzeit. Zu allen im Himmelsjahr angegebenen Zeiten eine Stunde addieren!

Tages- und Nachtstunden

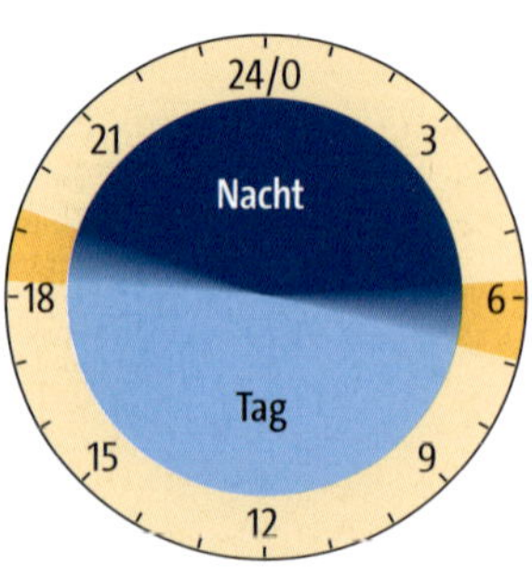

5. März

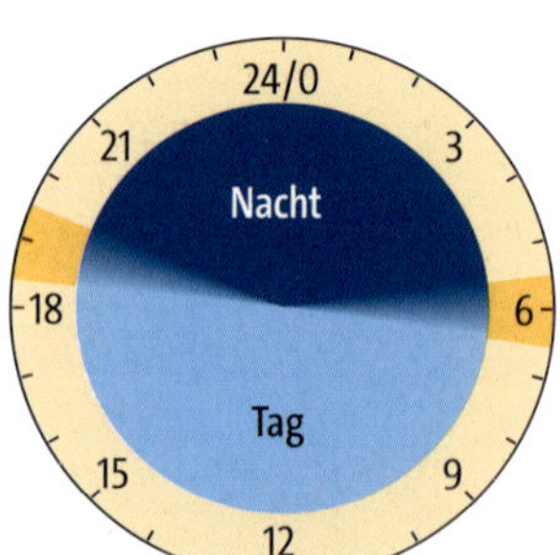

15. März

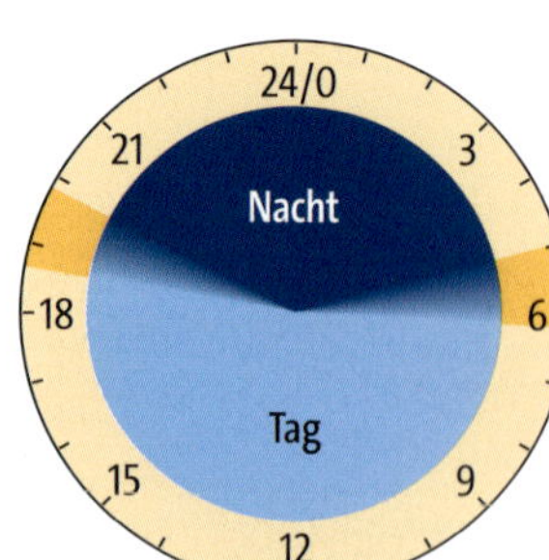

25. März

Tabelle Mondlauf

Datum		Aufg. MEZ	Kulmination	Unterg. MEZ	Rektaszension	Deklination	Sterne und Sternbilder	Phase	MEZ
		h m	h m	h m	h m	°			
So	1.	8 10	15 51	23 50	1 36	+15,5	Fische	Größte Nordbreite	
Mo	2.	8 35	16 45	–	2 29	+20,2	Widder, Hamal		
Di	3.	9 09	17 42	1 11	3 26	+23,9	* Stier, Plejaden		
Mi	4.	9 55	18 43	2 27	4 27	+26,3	Stier	**Erstes Viertel**	**8^h 46^m**
Do	5.	10 57	19 46	3 33	5 30	+27,0	Stier, Al Nath		
Fr	6.	12 14	20 47	4 25	6 33	+25,9	Zwillinge		
Sa	7.	13 38	21 45	5 03	7 35	+23,2	Pollux	Erdnähe 367/32,′6	16^h
So	8.	15 04	22 39	5 32	8 35	+18,9	Krebs, Krippe	Absteigender Knoten	
Mo	9.	16 29	23 30	5 54	9 30	+13,6	Löwe		
Di	10.	17 52	–	6 12	10 23	+ 7,6	Löwe, Regulus		
Mi	11.	19 12	0 18	6 28	11 14	+ 1,3	Löwe	**Vollmond**	**3^h 38^m**
Do	12.	20 31	1 05	6 44	12 04	– 5,0	Jungfrau		
Fr	13.	21 48	1 52	7 01	12 53	–10,9	Spica	Libration West	
Sa	14.	23 04	2 40	7 20	13 43	–16,1	Spica	Größte Südbreite	
So	15.	–	3 28	7 43	14 34	–20,5	Waage		
Mo	16.	0 17	4 18	8 13	15 26	–23,8	Waage		
Di	17.	1 24	5 09	8 51	16 19	–26,0	Antares		
Mi	18.	2 22	6 00	9 38	17 12	–26,9	Schlangenträger	**Letztes Viertel**	**18^h 47^m**
Do	19.	3 10	6 51	10 35	18 05	–26,5	Schütze	Erdferne 404/29,′6	14^h
Fr	20.	3 47	7 41	11 40	18 57	–25,0	Schütze, Nunki		
Sa	21.	4 15	8 28	12 49	19 48	–22,3	Schütze		
So	22.	4 37	9 14	14 00	20 37	–18,7	Steinbock	Aufsteigender Knoten	
Mo	23.	4 56	9 58	15 12	21 24	–14,2	Wassermann		
Di	24.	5 12	10 42	16 25	22 11	– 9,1	Wassermann		
Mi	25.	5 27	11 25	17 38	22 57	– 3,5	Wassermann		
Do	26.	5 41	12 10	18 54	23 43	+ 2,4	Fische	**Neumond** Libration Ost	**17^h 06^m**
Fr	27.	5 57	12 56	20 13	0 31	+ 8,3	Fische		
Sa	28.	6 16	13 46	21 34	1 22	+13,9	Fische	Größte Nordbreite	
So	29.	6 40	14 39	22 57	2 15	+18,9	* Widder, Hamal		
Mo	30.	7 11	15 37	–	3 12	+23,0	* Widder		
Di	31.	7 54	16 38	0 16	4 13	+25,7	Stier, Plejaden		

Treffen von Mond und Regulus

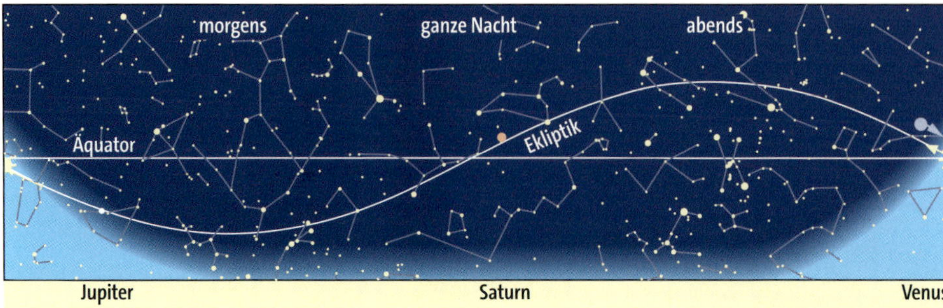

Merkur stand Mitte des Vormonats in größter westlicher Elongation von der Sonne. Er eilt der Sonne rechtläufig nach, die ihm im Tierkreis vorangeht. Am Monatsletzten holt er das Tagesgestirn endlich ein. Am 31. steht Merkur in oberer Konjunktion mit der Sonne.

Merkur bleibt im März unsichtbar. Somit entgehen uns auch seine Begegnungen mit Mars am 1., mit Neptun am 5., mit Uranus am 21. und mit Venus am 27. März.

Venus gibt ihre Abschiedsvorstellung am Abendhimmel. Am 5. wird sie stationär und bewegt sich anschließend rasch rückläufig auf die Sonne zu, die ihr im Tierkreis entgegenkommt. Bereits am 27. kommt sie in untere Konjunktion mit der

DER FOTOTIPP

Fotografieren Sie doch einmal ganze Sternbilder. Montieren Sie dazu Ihre Kamera mit einem Fotoobjektiv huckepack auf einem motorisch nachgeführten Fernrohr und belichten Sie bei hohen ISO-Zahlen wenige Minuten lang. Tipp: Weichzeichner verwenden.

Der Große Wagen

Sonne. Im letzten Monatsdrittel zieht sich Venus vom Abendhimmel zurück. Am 20. geht der $-4^{\mathrm{m}}{,}1$ helle Nachbarplanet um $19^{\mathrm{h}}57^{\mathrm{m}}$ unter. Nach diesem Tag empfiehlt sich ein Fernglas, um Venus in den horizontnahen Dunstschichten aufzuspüren. Erfahrene Beobachter können Venus unter günstigen Sichtbedingungen am 24./25. sowohl als Abend-, als auch als Morgenstern sehen. Am 22. erreicht Venus mit $8{,}^{\circ}4$ ihre größte geozentrische Nordbreite seit Jahrzehnten. Für den irdischen Beobachter hält sich Venus im Tierkreis erheblich nördlicher als die Sonne auf. Am 27. geht die $-4^{\mathrm{m}}{,}0$ helle Venus um $5^{\mathrm{h}}20^{\mathrm{m}}$ auf und um $19^{\mathrm{h}}05^{\mathrm{m}}$ unter. Zur unteren Konjunktion kommt Venus in Erdnähe. Ihre geringste Entfernung von uns beträgt dann 42 Millionen Kilometer (= 0,281 AE). Damit ist Venus der erdnächste Planet.

Das Venusscheibchen hat zur unteren Konjunktion einen scheinbaren Durchmesser von knapp 60″. Im Teleskop erkennt man eine extrem schmale Sichel, die auch zur unteren Konjunktion trotz der Phase „Neuvenus" nicht völlig verschwindet. Man kann dabei das Übergreifen der Hörnerspitzen infolge der beleuchteten Venusatmosphäre beobachten. Ihre Konjunktionsschleife zieht Venus im Sternbild Fische (siehe Abb. 2.2 auf Seite 49).

Mars gewinnt nur langsam an westlichem Abstand von der Sonne, denn beide Gestirne laufen fast mit gleicher Geschwindigkeit durch den Zodiacus (Tierkreis). Bis Monatsende wächst der westliche Winkelabstand des roten Planeten von der Sonne auf gut 28° an. Dies reicht noch nicht, um den $1^{\mathrm{m}}{,}2$ hellen Planeten am Morgenhimmel sichtbar werden zu lassen.

Jupiter im Steinbock taucht allmählich am Morgenhimmel auf. Der leicht gelbliche Riesenplanet geht am 1. um $6^{\mathrm{h}}09^{\mathrm{m}}$ auf. Am 31. erscheint der $-2^{\mathrm{m}}{,}1$ helle Jupiter bereits um $4^{\mathrm{h}}26^{\mathrm{m}}$ (= $5^{\mathrm{h}}26^{\mathrm{m}}$ Sommerzeit) über dem

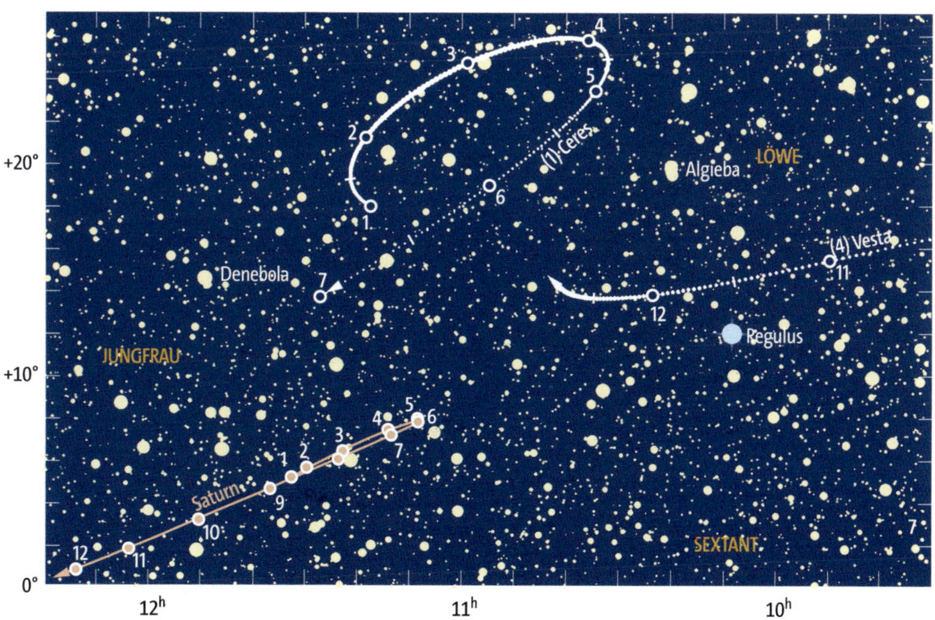

3.2 Scheinbare Bahn des Saturn im Gebiet der Sternbilder Löwe und Jungfrau im Jahre 2009. Eingetragen sind außerdem die scheinbaren Bahnen der Kleinplaneten (1) Ceres und (4) Vesta.

Saturn mit schmalem Ring: Die letzte Kantenstellung fand im Jahr 1995 statt (Bild vom 17. 11. 1995, Hubble-Teleskop, E. Karkoschka)

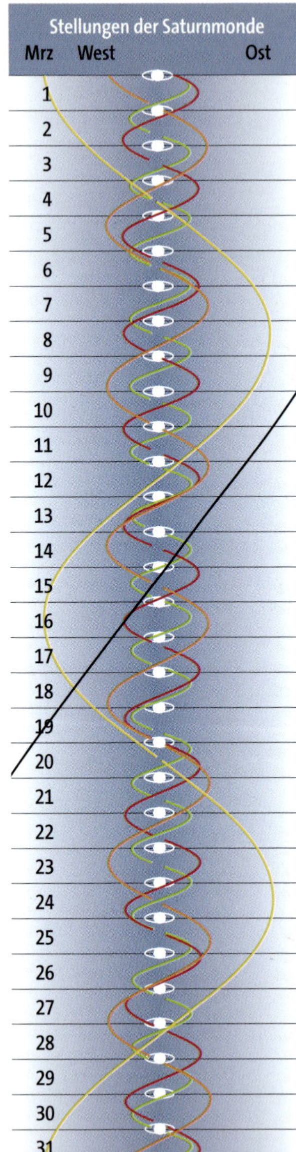

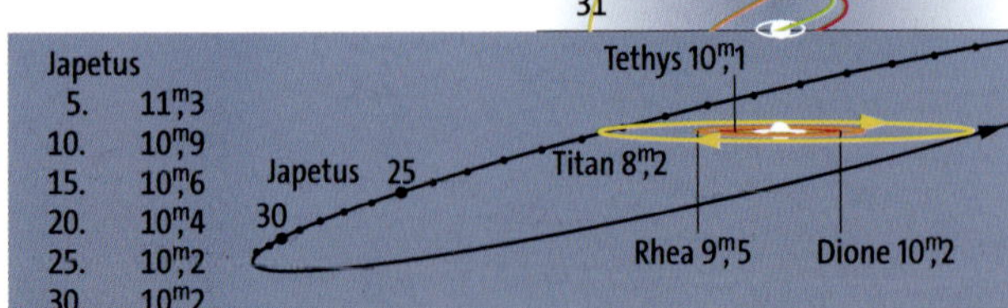

Horizont. Jeweils eine Viertelstunde später kann man Jupiter im Südosten horizontnah erkennen. Am 22. erhält Jupiter Besuch vom abnehmenden Mond.

Saturn wandert rückläufig durch den Löwen und passiert am 5. σ Leonis ($4^{m},0$) nur 20′ nördlich (siehe Abb. 3.2 auf Seite 67). Am 8. kommt der Ringplanet in **Opposition** zur Sonne. Am Tag der Opposition geht Saturn um $17^{h}59^{m}$ auf, passiert um $0^{h}34^{m}$ den Meridian und geht am nächsten Morgen um $7^{h}08^{m}$ unter. Zur Opposition ist der $0^{m},5$ helle Saturn 1256 Millionen Kilometer (= 8,39 AE) von der Erde entfernt. Dies ist auch seine geringste Entfernung von uns in diesem Jahr. Das Licht benötigt somit eine Stunde und zehn Minuten, um von Saturn zur Erde zu gelangen. Von der Sonne ist Saturn am Tag der Opposition 1404 Millionen Kilometer (= 9,39 AE) entfernt, dies entspricht einer Lichtlaufzeit von einer Stunde und achtzehn Minuten.

Die Kulminationshöhe des Ringplaneten erreicht zu seiner Opposition immerhin knapp 47° (für Beobachter in 50° Nord).

Im Teleskop zeigt sich das stark abgeplattete Saturnscheibchen (1:9,2) mit einem scheinbaren Äquatordurchmesser von 19″,8 und einem Poldurchmesser von 17″,7. Der nur 2°,6 geöffnete Ring ist recht gut zu erkennen. Sowohl die Erde als auch die Sonne befinden sich knapp südlich der Ringebene. Der Ring erscheint als helle, scharfe Linie von 45″ Ausdehnung. Wegen der geringen Ringneigung fällt die Oppositionshelligkeit mit $0^{m},5$ relativ bescheiden aus. Bei voll geöffnetem Ring (27°) und Perihelopposition kann die Saturnhelligkeit $-0^{m},5$ erreichen, also eine ganze Größenklasse mehr.

Bis Monatsende verfrühen sich die Untergangszeiten von Saturn auf $5^{h}39^{m}$ (= $6^{h}39^{m}$ MESZ).

Der Vollmond zieht am 11. rund 6° südlich an Saturn vorbei (siehe auch Abb. 3.1 auf Seite 62).

Uranus steht am 13. in Konjunktion mit der Sonne. Der grünliche Planet bleibt nachts unter dem Horizont und somit unbeobachtbar. Die Begegnung mit Merkur am 21. entgeht uns.

Uranus wandert gemächlich durch das Sternbild Wassermann und wechselt am 28. in die Fische.

Am Tag der Konjunktion ist Uranus 3155 Millionen Kilometer (= 21,09 AE) von der Erde entfernt. Dies ist seine größte Entfernung von uns in diesem Jahr.

Neptun stand im Vormonat in Konjunktion mit der Sonne. Der sonnenferne Planet wandert rechtläufig durch den Steinbock. Noch bietet sich keine Chance, Neptun am Morgenhimmel aufzuspüren.

Am 5. zieht Merkur $1^{\circ}{,}6$ südlich und am 8. Mars $0^{\circ}{,}8$ südlich an Neptun vorbei. Beide Konjunktionen bleiben mit dem üblichen, den Sternfreunden zur Verfügung stehenden Instrumentarium unbeobachtbar.

Planetoiden

Ceres (1) – rückläufig im Gebiet der Sternbilder Löwe und Kleiner Löwe – hat ihre Opposition gerade hinter sich. Am 3. abends passiert sie in 17′ nordöstlichem Abstand den Doppelstern 54 Leonis ($4^{m}{,}5$ und $6^{m}{,}3$), siehe Abb. 3.2 auf Seite 67. Ihre Helligkeit nimmt von $6^{m}{,}9$ während des Monats auf $7^{m}{,}5$ deutlich ab. Trotzdem ist Ceres noch in kleinen Instrumenten leicht zu finden. Ihre Kulminationen verfrühen sich von $0^{h}44^{m}$ am 1. auf $23^{h}32^{m}$ am 15. und auf $22^{h}19^{m}$ (= $23^{h}19^{m}$ Sommerzeit) am Monatsletzten.

3.3 Saturn und Mond Titan: Im Frühjahr 2008 erschien der Saturnring bereits recht schmal – dieses Jahr blicken wir auf die Ringkante und werden nur noch einen schmalen Strich wahrnehmen. (Foto: Mario Weigand, 26. April 2008)

Pallas (2) beschleunigt ihren Lauf nach Nordosten und zieht südlich an Rigel (β Orionis) vorbei. Am 2. passiert sie $1^{\circ}{,}4$ nordwestlich μ Leporis ($3^{m}{,}3$). Gegen Monatsende, am 26., wandert sie zwischen Saiph (κ Orionis) und M 42 (Orionnebel) hindurch (siehe Abb. 2.5 auf Seite 50).

Ihren Meridiandurchgang vollführt Pallas am 1. um $18^{h}50^{m}$, am 15. um $18^{h}13^{m}$ und am 31. schon um $17^{h}34^{m}$ (= $18^{h}34^{m}$ Sommerzeit). Die Pallas-Helligkeit geht im März um weitere $0^{m}{,}2$ auf $8^{m}{,}7$ zurück.

Vesta (4) ist allmählich vom Beobachtungsprogramm zu streichen. Nach der Monatsmitte lohnt es nicht mehr, nach dem Planetoiden Nr. 4 zu suchen. Erst im Oktober erscheint sie wieder auf der morgendlichen Himmelsbühne.

Vesta läuft durch die südlichen Bezirke des Sternbildes Widder und steuert auf den Stier zu (siehe Abb. 1.10 auf Seite 32). Am 1. geht Vesta um $16^{h}37^{m}$ durch den Meridian und um $23^{h}42^{m}$ unter. Am 15. erfolgt der Vesta-Untergang um $23^{h}16^{m}$ und die Meridianpassage um $16^{h}01^{m}$. Am Monatsletzten kulminiert Vesta schon um $15^{h}22^{m}$ und geht um $22^{h}48^{m}$ (= $23^{h}48^{m}$ Sommerzeit) unter.

Periodische Sternschnuppenströme

In der Zeit um Mitternacht sind während des ganzen Monats die **Virginiden** zu beobachten. Ihr Radiant (Ausstrahlungspunkt) liegt in der Jungfrau. Die Häufigkeit ist nicht besonders groß. Das Maximum der Virginiden-Aktivität ist erst Anfang April zu erwarten.

Ein schwacher Strom sind die **Hydraïden**, die zwischen Mitte März und Anfang April auftauchen. Ihr Maximum ist wenig ausgeprägt – es sind nur einige wenige Sternschnuppen pro Stunde zu erwarten, die außerdem noch recht langsam sind. Der Radiant liegt im Sternbild Wasserschlange. Vermutlich sind die Hydraïden ein Zweigstrom der Virginiden.

Gegen Ende des Monats tauchen die ersten Exemplare der **Sigma-Leoniden** auf, ein schwacher, breit gestreuter Strom, dessen Radiant im Löwen liegt.

Konstellationen und Ereignisse

Datum	MEZ	Ereignis
1.	21^h	Merkur bei Mars, Merkur 0,°6 südlich
5.	2	Venus im Stillstand, anschließend rückläufig
5.	2	Merkur bei Neptun, Merkur 1,°6 südlich
8.	5	Mars bei Neptun, Mars 0,°8 südlich
8.	21	**Saturn in Opposition** zur Sonne
11.	4	**Mond bei Saturn**, Mond 6,°2 südlich, **Abstand 6,°0 um 21^h am 10.**
13.	2	Uranus in Konjunktion mit der Sonne
20.	12^h44^m	**Sonne im Frühlingspunkt, Tagundnachtgleiche**
21.	23	Merkur bei Uranus, Merkur 1,°4 südlich
22.	22	**Mond bei Jupiter,** Mond 1,°5 nördlich, **Abstand 4,°1 um 5^h am 23.**
23.	15	Mond bei Neptun, Mond 2,°1 nördlich
24.	15	Mond bei Mars, Mond 4,°1 nördlich
25.	21	Mond bei Uranus, Mond 4,°9 nördlich
26.	13	Mond bei Merkur, Mond 6,°4 nördlich
26.	17	Mond bei Venus, Mond 4,°3 südlich
27.	13	Merkur bei Venus, Merkur 10,°6 südlich
27.	20	Venus in unterer Konjunktion mit der Sonne
31.	4	Merkur in oberer Konjunktion mit der Sonne

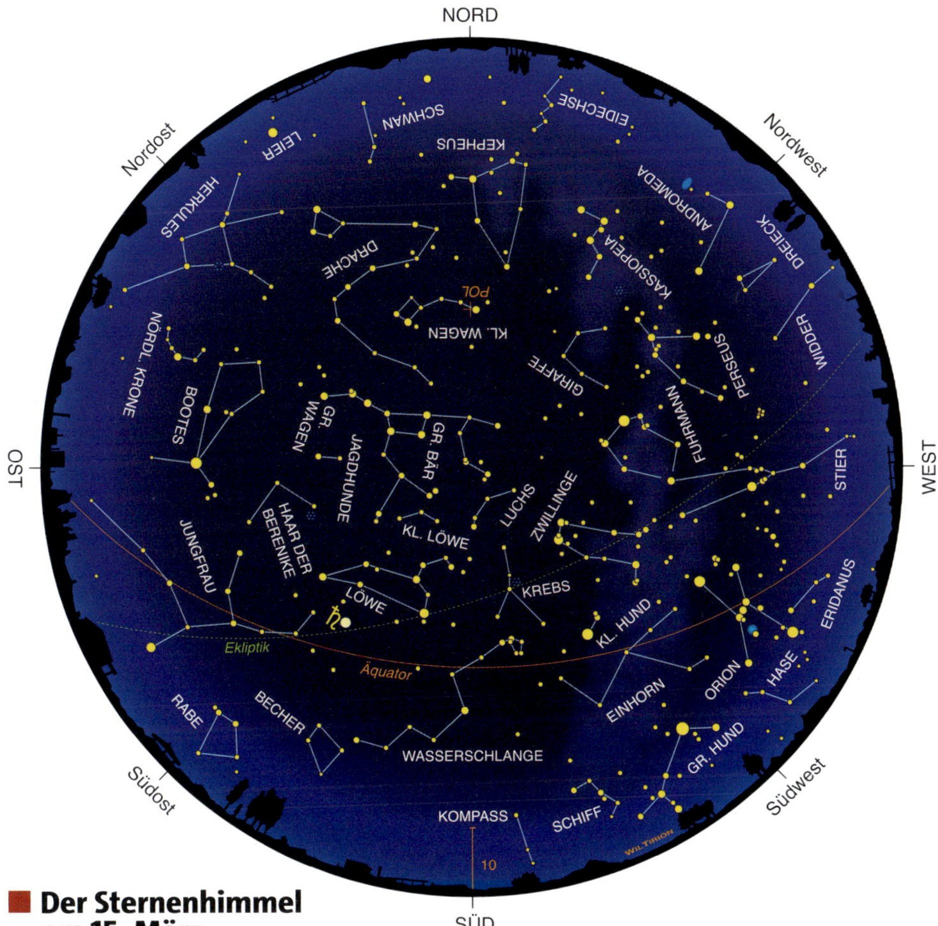

Der Sternenhimmel am 15. März um 22^h MEZ

Die Sternkarte ist auch gültig für:		
	MEZ	MESZ
15.11.	6^h	
1.12.	5	
15.12.	4	
1. 1.	3	
15. 1.	2	
1. 2.	1	
15. 2.	0	
1. 3.	**23**	
15. 3.	**22**	
31. 3.	**21**	**22^h**

Zwar ziehen die hellen und auffälligen Winterbilder noch die Blicke auf sich, sie sind aber allesamt schon weit in die westliche Hemisphäre (= Himmelshälfte) gerückt. Die große Wachablösung am Abendhimmel findet allmählich statt.

Der Himmelsjäger Orion neigt sich zum Westhorizont und ist kaum zu übersehen. Sirius funkelt noch im Südwesten. Ein wenig höher leuchtet Prokyon, hellster Stern im Bild des Kleinen Hundes. Im Westen strebt der Stier dem Untergang entgegen. Sein roter Augenstern Aldebaran steht schon recht tief.

Höher als der Stier stehen noch die Zwillinge mit Kastor und Pollux sowie der Fuhrmann mit der hellen, gelblichen Kapella.

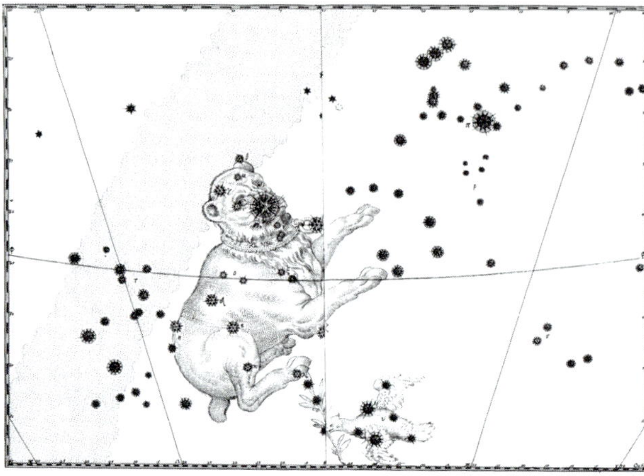

3.4 Das Sternbild Großer Hund in einer figürlichen Darstellung aus dem Sternatlas Uranometria von Johannes Bayer aus dem Jahre 1603. Der Große Hund folgt dem Himmelsjäger Orion als Jagdhund.

Der unscheinbare Krebs

Zu unserer Standardbeobachtungszeit geht der Himmelsmeridian genau zwischen dem lichtschwachen Krebs und dem markanten Bild des Löwen hindurch. Im Löwen strahlt zurzeit unübersehbar der Ringplanet Saturn. Er steht nahe der Grenze zur Jungfrau. Im Krebs findet sich der offene Sternhaufen Krippe. Die Krippe heißt lateinisch Praesepe (M 44). Bei den Amerikanern ist sie ein Bienenkorb (beehive).

Der Krebs ist die wohl unscheinbarste Figur des gesamten Zodiakus (Tierkreis). Dies mag ein Hinweis darauf sein, dass der Krebs einst von Herkules zerschmettert wurde, als er ihn während seines Kampfes mit der schrecklichen Hydra in die große Zehe zwickte. Juno, die Gemahlin des Jupiter, versetzte ihn zur ewigen Erinnerung ans Firmament.

In unserer Zeit wandert die Sonne vom 20. Juli bis zum 10. August bereits am absteigenden Ast ihrer Bahn durch den Krebs. In vergangenen Jahrhunderten lag einst das Sommersolstitium (Sommerpunkt) im Krebs. Noch heute spricht man deshalb vom „Wendekreis des Krebses". Die Akkadier sprachen deshalb auch vom „nördlichen Tor der Sonnenbahn".

Das Frühlingsdreieck kommt …

Das mächtige Sternentrapez des Löwen steht kurz vor seinem Meridiandurchgang. Der Löwe ist das typische Frühlingssternbild. Ein großes Sternentrapez markiert den Rumpf dieses königlichen Tieres und ein kleines, aufgesetztes Trapez bildet den Kopf des Löwen. Die Figur, die sich aus dem kleinen Löwentrapez sowie dem Halsstern Algieba (γ Leonis), dem Bruststern η Leonis und dem Herzstern Regulus (α Leonis) zusammensetzt, wird bei den Amerikanern gerne als „Sichel" (sickle) bezeichnet.

Im Südosten ist bereits die Jungfrau aufgegangen. Ihr Hauptstern, die bläuliche Spica, ist noch so horizontnah, dass man ihn kaum erkennen kann.

Tief im Osten leuchtet auffällig ein heller, orange-rötlicher Stern, nämlich Arktur im Bild des Rinderhirten (lat.: Bootes). Damit ist im Südosten das komplette Frühlingsdreieck vertreten.

… das Winterdreieck geht

Gleichzeitig ist im Westen noch das Winterdreieck zu sehen. Es setzt sich aus Beteigeuze im Orion, Sirius im Großen Hund und Prokyon im Kleinen Hund zusammen. Bei uns ist der Begriff „Winterdreieck" weniger bekannt, in Nordamerika hingegen ist er jedem Sternfreund geläufig („Winter Triangle"). Das Frühlingsdreieck hingegen besteht aus Regulus im Löwen, Spica in der Jungfrau und Arktur im Bootes.

Zwischen Großem und Kleinem Hund ist das Einhorn beheimatet, ein unauffälliges Sternbild, das nur bei sehr guten Sichtbedingungen gefunden werden kann.

Die Kassiopeia, das Himmels-W, ist zum Nordwesthorizont herabgesunken, während hoch im Nordosten, fast schon im Zenit, der Große Wagen hilft, den Polarstern zu finden.

Das Sternbild Großer Hund

Der Große Hund ist ein typisches Wintersternbild, das man bei uns an klaren Winterabenden tief am Südhimmel sehen kann. Im Laufe des April verabschiedet er sich vom Abendhimmel.

Der Große und der Kleine Hund begleiten den Himmelsjäger Orion. Sie sind somit typische Wintersternbilder, wobei ihre beiden Hauptsterne Sirius und Prokyon zum klassischen Wintersechseck gehören. Die lateinischen Bezeichnungen für diese beiden Bilder lauten Canis Maior (abgekürzt: CMa) und Canis Minor (abgekürzt: CMi). Wörtlich übersetzt heißt dies der „größere Hund" und der „kleinere Hund" (nämlich von zweien). In der deutschen Bezeichnung wird aber nicht der Komparativ verwendet, sondern die Grundform Großer und Kleiner Hund. Als Begleiter des Orion sind sie Jagdhunde.

Schon Aratos (275 v. Chr.) spricht vom Wachhund des Orion sowie vom hitzigen Hund, der eine verdörrende Glut aushaucht, die saftlos hängende Blätter beschert. In der Antike erschien der Große Hund erstmals Ende Juli am Morgenhimmel, der Fachmann spricht vom heliakischen Aufgang. Der

3.5 Das Sternbild Großer Hund (CMa) als Skelettkarte mit dem offenen Sternhaufen M 41.

Veränderliche Sterne im März

Algol-Minima	1. 1^h13^m	3. 22^h02^m	6. 18^h51^m	18. 6^h08^m	23. 23^h47^m	26. 20^h37^m
β-Lyrae-Minima	7. 8^hN	13. 20^hH	20. 7^hN	26. 18^hH		
δ-Cephei-Maxima	4. 17^h	10. 1^h	15. 10^h	20. 19^h	26. 4^h	31. 13^h
Mira-Helligkeit	1. 4^m	10. 5^m	20. 5^m	31. 5^m		

Große Hund erschien also zur heißesten Jahreszeit. Durch die Präzession der Erdachse taucht heutzutage der Große Hund erst Ende August am Morgenhimmel auf. Noch heute verwendet man den Begriff „Hundstage" für den Hochsommer.

Der Hauptstern des Großen Hundes, Sirius, ist mit $-1^{m}{,}5$ der hellste Fixstern am irdischen Firmament. Bei allen Völkern fand er besondere Beachtung und Verehrung. Sein bläulichweißes, durch die irdische Szintillation oft in allen Farben des Regenbogens funkelndes Licht erregt auch heute noch Aufmerksamkeit.

Bei den alten Ägyptern spielte Sirius eine ganz besondere Rolle. Wenn er erstmals wieder am Morgenhimmel sichtbar wurde, schwollen die Fluten des Nil an und machten das Land fruchtbar.

Die Beobachtung des Sirius und die daraus abgeleitete Zeitrechnung waren für die Ägypter von besonderer Bedeutung. Sie sahen in Sirius ihre Göttin Sopdet, in der griechischen Version Sothis genannt. In späterer Zeit sah man in Sirius Isis, die Gemahlin des Osiris, der durch das Sternbild Orion verkörpert wurde. Hieroglyphen auf einer Säule bei Nysa lassen Isis von sich selbst sagen: Ich bin die, die im Bild des Hundes aufgeht. In Sirius sahen die Ägypter zeitweilig auch ihren Gott Anubis verkörpert, der als Totengott mit einem Schakal- oder Hundekopf dargestellt wurde. Anubis geleitet die Seelen ins Totenreich, er ist Herrscher über alle Zeitkreise. Von ihm heißt es, er sei ein „Sirius-Bewohner". Seine Darstellung mit einem Hundekopf deutet auf dieses Sternbild hin, das auch bei den Babyloniern einen Hund zeigte. In der babylonischen Version war er der Hund der Sonne.

Die Perser sahen in diesem Bild Tir, den Pfeil. Bei den Hindus sprach man von Sukra, dem Stern des Regens oder des Regengottes.

Sirius (α Canis Maioris) ist der hellste und südlichste Stern des Wintersechsecks. Er markiert die Position des Hundskopfes oder des Halses, während Mirzam (β CMa) die Lage der Vorderpfoten angibt. Der hintere Teil des Hundes wird vom fast gleichseitigen Sternendreieck aus Wezen (δ CMa), Adhara (ε CMa) und Aludra (η CMa) dargestellt.

Die Bezeichnung Sirius für α CMa geht auf das griechische Wort Σει'ριος zurück, was der eine, besonders hell Brennende bedeutet. Die Germanen nannten ihn Lokis Brand.

Sirius ist ein Stern vom Spektraltyp A1 V in 8,6 Lichtjahren Entfernung. Schon 1844 hat Friedrich Wilhelm Bessel aufgrund von Eigenbewegungsschwankungen mit einer Periode von 50 Jahren einen dunklen Begleiter vermutet. Er wurde schließlich von dem Optiker und Teleskopbauer Alvan Clark erstmals im Jahre 1862 gesichtet: Sirius B ist ein winziger Stern, kleiner als unsere Erde aber von knapp einer Sonnenmasse und somit von ungeheurer Dichte. Da Sirius B ein grellweißes Licht ausstrahlt, nennt man ihn einen Weißen Zwerg. Sirius B war der erste Weiße Zwerg, der gefunden wurde. Weiße Zwerge sind Sternenleichen, ausgebrannte Sternenkerne.

Der Stern β **CMa** ist mit $2^{m}{,}0$ wesentlich lichtschwächer als Sirius, in Wirklichkeit aber viel leuchtkräftiger. Seine Entfernung von 500 Lichtjahren lässt ihn nur lichtschwächer als Sirius erscheinen. Sein Name lautet Mirzam, gelegentlich auch als Murzim oder Murzam bezeichnet. Diese Namen stammen aus dem Arabischen und bedeuten so viel wie „der Ankündiger", nämlich des beim Aufgang folgenden Sirius. Die Bedeutung des Namens ist aber nicht sicher geklärt.

Mirzam ist der Prototyp einer seltenen Klasse veränderlicher Sterne, den β-Canis-Maioris-Sternen. Es handelt sich um leicht pulsierende, blaue Riesensterne, gewissermaßen Quasi-Cepheiden, zu denen auch die β-Cepheiden gehören.

Rund 4° südlich von Sirius liegt der offene Sternhaufen M 41, ein schöner und relativ heller Haufen von rund 80 Sternen in 2300 Lichtjahren Entfernung. Er war schon im Altertum bekannt und ist unter sehr guten Sichtbedingungen selbst mit bloßen Augen zu erkennen, auf alle Fälle im Fernglas. M 41 ist ein Paradeobjekt für Führungen auf einer Sternwarte.

Der Pistolenstern – eine Riesensonne

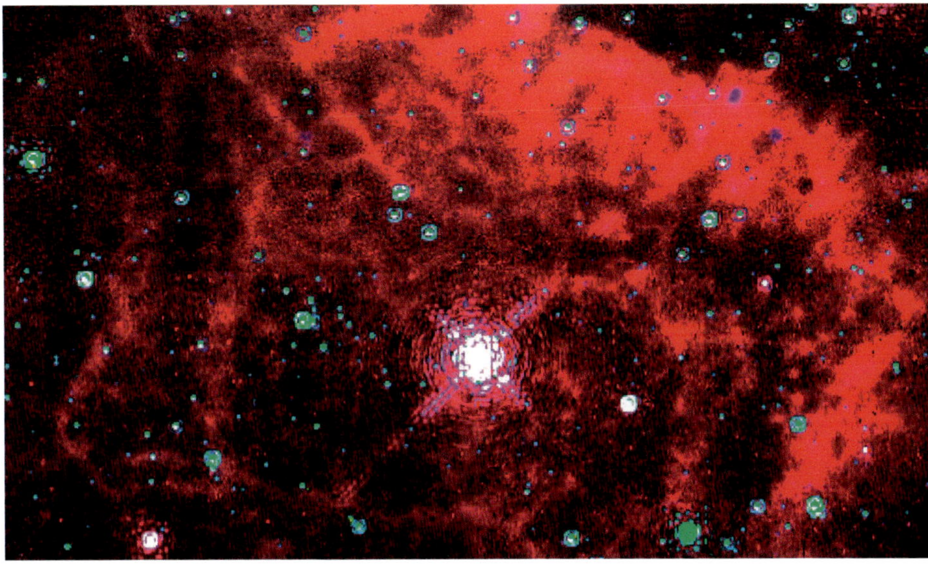

3.6 Aufnahme des Pistolensterns und des Pistolennebels im infraroten Licht (HST/STScI)

Bereits vor mehr als zehn Jahren wurde der Pistolenstern entdeckt und als hellster Stern unter den mehr als dreihundert Milliarden Sonnen unserer Milchstraße bezeichnet. Immerhin hatte man seinerzeit geschätzt, dass der Pistolenstern rund zehn Millionen Mal heller leuchtet als unsere Sonne. Neueste Beobachtungen haben ergeben, dass er nicht ganz so hell ist. Aber immerhin übertrifft er die Leuchtkraft unserer Sonne um das Zweimillionenfache. Damit zählt der Pistolenstern zweifelsohne zu den hellsten und leuchtkräftigsten Sonnen in unserer Galaxis. Er ist ziemlich weit von uns entfernt, nämlich 25 000 Lichtjahre. Am irdischen Firmament steht er am Westrand des Sternbildes Schütze (lat.: Sagittarius), westlich von Alnase (γ_2 Sgr), südwestlich vom Lagunennebel (M 8) und südwestlich von Nunki (σ Sgr). Damit befindet sich der Pistolenstern in Richtung des galaktischen Zentrums. Tatsächlich hält er sich nahe dem Mittelpunkt unserer Milchstraße auf, nur rund hundert Lichtjahre von den zentralen Partien entfernt.

Rein rechnerisch sollte uns der Pistolenstern trotz seiner großen Entfernung von 25 000 Lichtjahren wegen seiner enormen Leuchtkraft als Stern 4. Größe am irdischen Firmament erscheinen. Damit müsste man diesen Mammutstern schon mit bloßen Augen einwandfrei sehen können. Aber die interstellaren Staubwolken in der Hauptebene der Milchstraße verschlucken so viel Licht, dass der Pistolenstern selbst in großen Teleskopen im *sichtbaren* Licht unbeobachtbar bleibt.

Entdeckt vom Weltraumteleskop

Entdeckt wurde der Pistolenstern vom Hubble-Weltraumteleskop, das außerhalb der absorbierenden Atmosphäre unsere Erde umkreist und

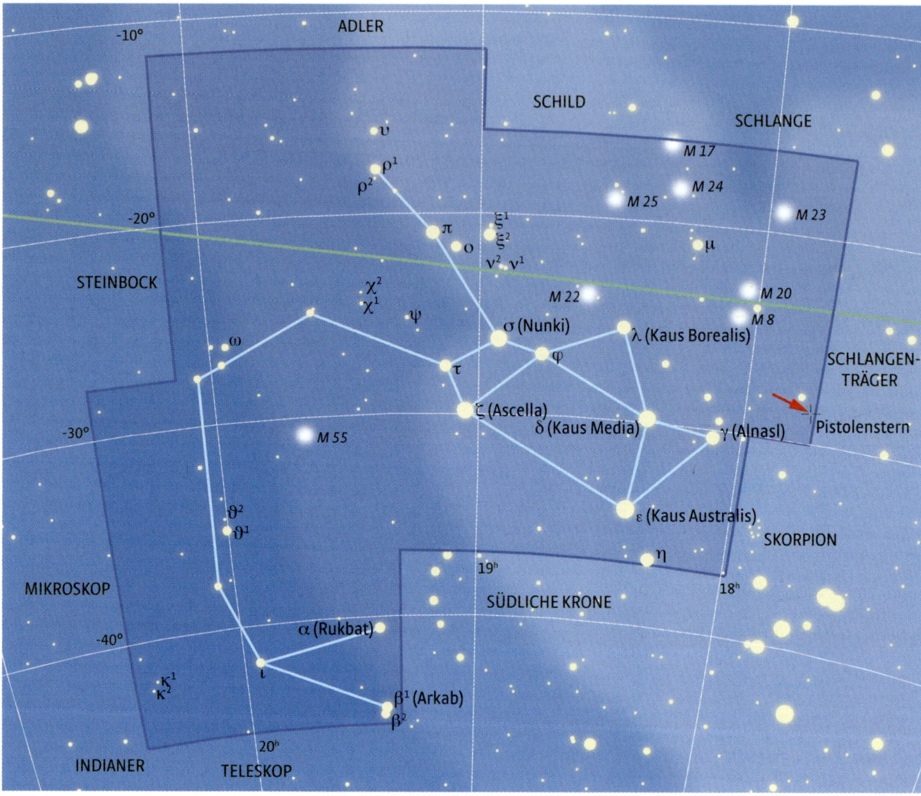

daher auch im infraroten Bereich des elektromagnetischen Spektrums beobachten kann. Dabei kam eine spezielle Kamera zum Einsatz, die den Namen NICMOS trägt. NICMOS ist ein Akronym für **N**ear-**I**nfrared **C**amera and **M**ulti-**O**bject **S**pectrometer. Im Infraroten gelingt es, durch die relativ dichten Staubmassen ins Herz unserer Galaxis zu schauen. Dabei entdeckte man mit NICMOS an Bord von Hubble einen vergleichsweise hellen Gasnebel von rund vier Lichtjahren Ausdehnung, dies entspricht in etwa der Distanz von uns bis zum sonnennächsten Stern Toliman (α Centauri). Dieser interstellare Gasnebel hat eine Form, die mit etwas Fantasie an eine Faustfeuerwaffe erinnert. Die waffenfreudigen Amerikaner haben diese interstellare Wolke daher „pistol nebula" getauft, Pistolennebel. Zum Leuchten angeregt wird der

3.7 Position des Pistolensterns im Sternbild Schütze

Pistolennebel durch die intensive Ultraviolettstrahlung eines heißen, jungen, massereichen Sterns, eben des Pistolensterns. Doch nicht nur das. Der Pistolenstern lieferte auch das Material für den gleichnamigen Nebel, er ist gewissermaßen der Erzeuger des Nebels. Vor rund fünftausend Jahren schleuderte der Pistolenstern in einer gewaltigen Eruption rund zehn Sonnenmassen seiner äußeren Sternschichten ins Weltall. Dabei verlief die Explosion keineswegs kugelsymmetrisch, sodass sich kein Ringnebel bildete, wie man es von anderen Sternen kennt.

Der Pistolenstern ist eine heiße, extrem junge Sonne mit rund 150 Sonnenmassen und einer Oberflächentemperatur von mehr als 20 000°C.

Er gehört damit zu der seltenen Klasse der LBV-Sterne. LBV steht für **L**uminous **B**lue **V**ariable (engl., leuchtkräftige, blaue Veränderliche). Sie sind junge, heiße, massereiche Sterne mit einer extrem kurzen Lebensdauer. Und der Pistolenstern ist einer der größten von ihnen. Sein Alter liegt bei einer Million Jahren, höchstens drei Millionen Jahren. Dies ist extrem jung, wenn man bedenkt, dass unsere Sonne immerhin fünf Milliarden, also 5000 Millionen Jahre alt ist und erst die Hälfte ihres Sternlebens hinter sich hat. Nicht nur seine Masse, sondern auch sein Durchmesser lässt ihn zu einem wahren Riesenstern werden. Mit dem 300-fachen Durchmesser unserer Sonne ist der Pistolenstern so groß, dass bequem die Sonne samt der Erdbahn in seinem riesigen Gasleib Platz fände.

Bei seiner Geburt hatte der Pistolenstern rund zweihundert Sonnenmassen mitbekommen. Für die theoretischen Astrophysiker ist dies des Guten zuviel, liegt doch nach ihren Vorstellungen die Obergrenze für Sterne bei hundert Sonnenmassen. Doch man hat in den letzten Jahren dazugelernt. Der Pistolenstern hätte noch mehr Masse mitbekommen, wenn ein intensiver Sternwind dies nicht verhindert hätte. Sterne und somit auch unsere Sonne senden nicht nur Licht und elektromagnetische Wellen aller Frequenzen aus, sondern auch eine Korpuskel(= Teilchen)strahlung, den sogenannten Stern- beziehungsweise Sonnenwind. Er setzt sich hauptsächlich aus Protonen (Wasserstoffatomkernen), Alpha-Teilchen (Heliumatomkernen) und freien Elektronen zusammen. Bei der Sonne ist dieser Teilchenstrom ein laues Lüftchen verglichen mit dem intensiven Sternwind des Pistolensterns, der ihm während seiner kurzen Existenz bereits ein Viertel seiner Masse geraubt hat. Rund 150 Sonnenmassen besitzt er

Der Pistolenstern in Zahlen

Bezeichnungen:	Pistolenstern (nach dem gleichnamigen galaktischen Nebel)	
Katalog-Nummern:	V4647 Sgr / LBV1746-28	
Äquatoriale Koordinaten:	**α (Rektaszension)**	**δ (Deklination)**
(J2000.0)	$17^h46^m15\overset{s}{.}3$	$-28°50'04''$
(B1950.0)	$17^h43^m04\overset{s}{.}8$	$-28°48'57''$
Scheinbare Helligkeit:	($V = 4^m$, unsichtbar wegen interstellarer Absorption)	
Spektraltyp:	LBV (Luminous Blue Variable)	
Spektralklasse:	WN9 (Wolf-Rayet-Stern, Stickstoff in Emission)	
Absolute Helligkeit:	$V = -10\overset{M}{.}4$	
bolometrisch	$-13\overset{M}{.}3$	
Leuchtkraft:	2 000 000 Sonnenleuchtkräfte	
Durchmesser:	300 Sonnendurchmesser (420 000 000 km)	
Oberflächentemperatur:	21 000 K	
Entfernung:	7700 pc = 25.000 Lichtjahre	
Radialgeschwindigkeit:	RG = 150 km/s	
Alter:	2 Millionen Jahre	

3.8 Aufnahme des Quintuplet-Sternhaufens neben dem Pistolennebel (HST/STScI)

gegenwärtig noch. Und dieser heftige Sternenwind, der mit bis zu 500 Kilometer pro Sekunde (!) weht, hat die weitere Akkretion (das Aufsammeln) von Materie bei der Entstehung des Pistolensterns gestoppt. Eine Überschlagsrechnung liefert als Ergebnis, dass der Teilchenstrom des Pistolensterns etwa zehn Milliarden Mal so stark ist wie der Sonnenwind.

Extrem kurzes Sternleben

Der Pistolenstern geht äußerst verschwenderisch mit seinen Energievorräten um. Er strahlt in zwanzig Sekunden so viel Licht und Wärme ins Weltall wie unsere Sonne in einem ganzen Jahr. Seine Lebensspanne ist äußerst begrenzt. In ein bis spätestens drei Millionen Jahren wird er in einer gewaltigen Supernovadetonation sein Dasein beenden. Übrig bleiben wird ein superdichter Neutronenstern oder gar ein stellares Schwarzes Loch. Welche der beiden Fälle eintreten wird, hängt davon ab, wie viel Materie der Pistolenstern noch vor seinem katastrophalen Ende wegschleudern oder durch den heftigen Sternenwind verlieren wird. Aufgrund seines Spektraltyps zählt der Pistolenstern zu den Wolf-Rayet-Sternen, und zwar zur Unterklasse derjenigen, die in ihren Spektren kräftige Stickstofflinien aufweisen (WN9).

Der Pistolenstern ist nicht der einzige seiner Art in der Nähe des galaktischen Zentrums. Nicht weit entfernt von ihm befindet sich der Quintuplet-Haufen, ein junger offener Sternhaufen, dessen Sterne gerade mal zwischen drei und fünf Millionen Jahre alt sind. Es handelt sich um heiße, blaue Sterne vom Typ LBV, Wolf-Rayet oder O1 bis O9. Der Quintuplet-Haufen ist nur gut hundert Lichtjahre vom galaktischen Zentrum entfernt. Seine Gesamtmasse beträgt rund zehntausend Sonnenmassen. Mit 40 000 Sonnenmassen noch massereicher, aber mit nur einem Lichtjahr Durchmesser kleiner und kompakter ist der benachbarte Arches-Haufen, der sich ebenfalls aus extrem jungen, heißen und massereichen Sternen zusammensetzt. Beide Haufen bringen die benachbarten interstellaren Wolken durch ihre intensive Ultraviolettstrahlung zum Leuchten. Von uns aus sind die Sterne dieser beiden Haufen ebenso wie der Pistolenstern nur im infraroten Spektralbereich zu erfassen.

April 2009

- Merkur bietet die günstigste Abendsichtbarkeit des ganzen Jahres
- Venus taucht im ersten Aprildrittel am Morgenhimmel auf
- Saturn beherrscht den Nachthimmel
- Jupiter ist am Morgenhimmel zu sehen

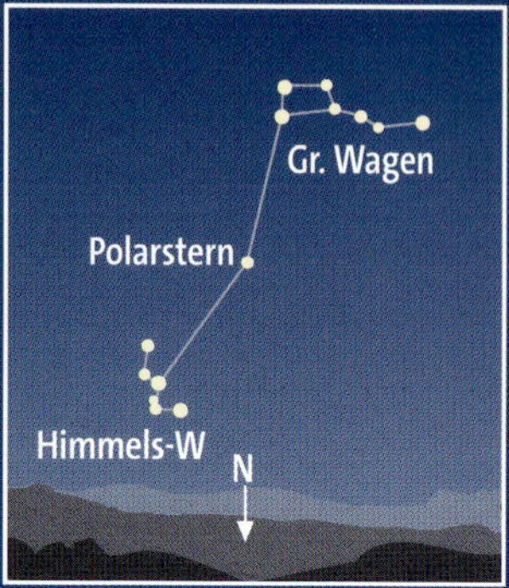

Großer Wagen und Himmels-W Anfang April um 22 Uhr

4.1 Anblick des westlichen Sternenhimmels am 26. April gegen 20h30m MEZ (= 21h30m MESZ). Tief am Westhorizont ist Merkur zu erkennen, zu dem sich die extrem schmale Sichel des zunehmenden Mondes gesellt.

1 Mi	
2 Do	**Mond im ersten Viertel**
3 Fr	
4 Sa	Pluto im Stillstand, dann rückläufig
5 So	
6 Mo	
7 Di	Mond bei Saturn, Abstand 6,°1 um 8^{h}
8 Mi	
9 Do	**Vollmond**
10 Fr	Karfreitag
11 Sa	Sternschnuppen Virginiden Merkur im Perihel
12 So	Ostersonntag
13 Mo	Ostermontag
14 Di	
15 Mi	Mars bei Uranus, Abstand 0,°5 um 5^{h} Venus im Stillstand, dann rechtläufig
16 Do	Sternschnuppen Sigma-Leoniden
17 Fr	**Mond im letzten Viertel**
18 Sa	Venus bei Mars, Abstand 5,°6 um 18^{h}
19 So	Mond bei Jupiter, Abstand 5,°4 um 5^{h}
20 Mo	Mond bei Neptun, Abstand 2,°4 um 1^{h}
21 Di	Sternschnuppen Lyriden Mars im Perihel
22 Mi	Mond bei Venus, Abstand 4,°8 um 5^{h} Mond bei Mars, Abstand 5,°9 um 20^{h}
23 Do	
24 Fr	
25 Sa	**Neumond**
26 So	Merkur in größter östlicher Elongation (20°) Mond bei Merkur, Abstand 1,°7 um 20^{h}
27 Mo	
28 Di	
29 Mi	
30 Do	

Sonne – Sternbilder

18.4. 20ʰ:
Sonne tritt in das Sternbild Widder
20.4. 1ʰ:
Sonne tritt in das Tierkreiszeichen Stier
Julianisches Datum am
1. April, 1ʰ MEZ: 2454922,5

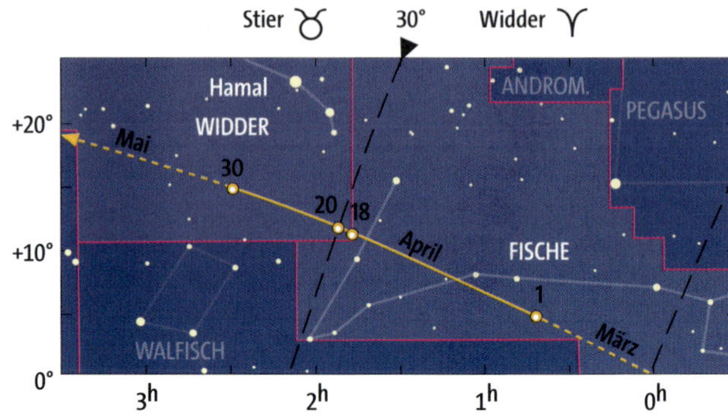

Tabelle Sonnenlauf

Tag	Dämmerg. Anfang	Aufgang MEZ	Kulmination	Untergang MEZ	Dämmerg. Ende	Mittagshöhe	Zeitgleichg.	Rektaszension	Deklination
	h m	h m	h m	h m	h m	°	m	h m	°
1.	4 45	5 57	12 24	18 52	20 04	44,7	− 4	0 41	+ 4,4
5.	4 35	5 48	12 23	18 58	20 11	46,2	− 3	0 56	+ 6,0
10.	4 23	5 37	12 21	19 06	20 21	48,1	− 1	1 14	+ 7,9
15.	4 11	5 27	12 20	19 14	20 30	49,9	0	1 33	+ 9,7
20.	3 59	5 17	12 19	19 22	20 40	51,6	+ 1	1 51	+11,4
25.	3 47	5 07	12 18	19 29	20 50	53,3	+ 2	2 10	+13,1
30.	3 35	4 58	12 17	19 37	21 00	54,9	+ 3	2 29	+14,7

Tages- und Nachtstunden

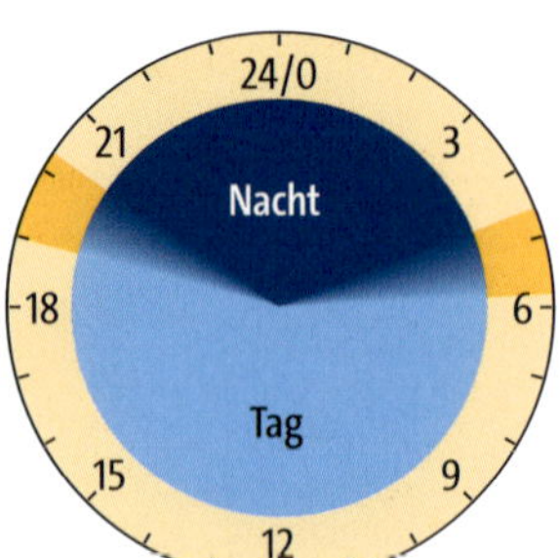

5. April

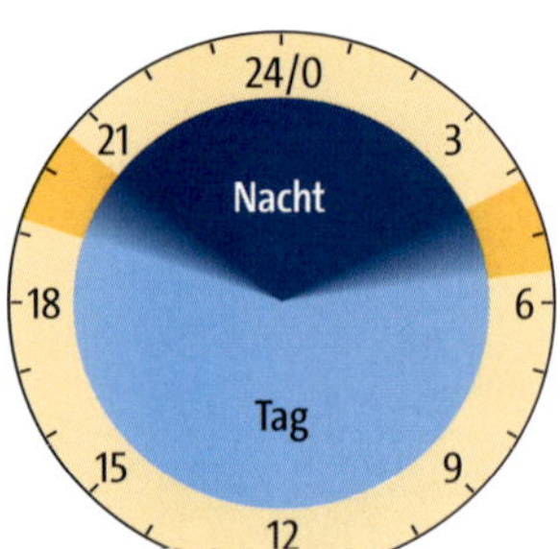

15. April

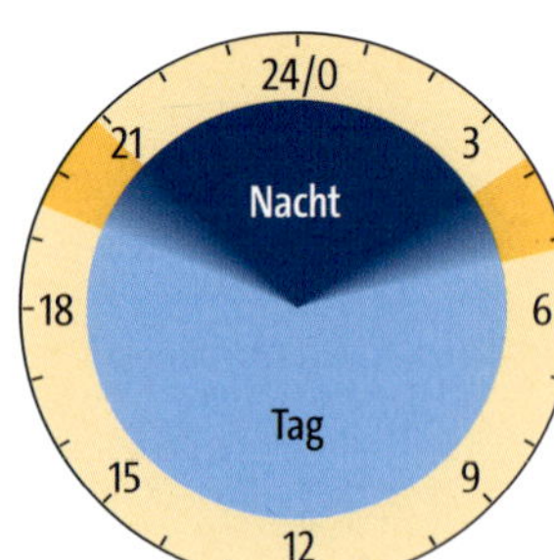

25. April

Tabelle Mondlauf

Datum		Aufg. MEZ	Kulmination	Unterg. MEZ	Rektaszension	Deklination	Sterne und Sternbilder	Phase	MEZ
		h m	h m	h m	h m	°			
Mi	1.	8 52	17 40	1 26	5 16	+26,8	Stier, Al Nath		
Do	2.	10 03	18 40	2 22	6 19	+26,1	Zwillinge	**Erstes Viertel**	**15^h 34^m**
								Erdnähe 370/32,′3	3^h
Fr	3.	11 24	19 38	3 04	7 21	+23,8	Pollux		
Sa	4.	12 48	20 32	3 34	8 19	+20,0	Krebs, Krippe	Absteigender Knoten	
So	5.	14 11	21 23	3 58	9 15	+15,1	Krebs		
Mo	6.	15 32	22 11	4 17	10 07	+ 9,4	Löwe, Regulus		
Di	7.	16 50	22 57	4 33	10 57	+ 3,4	Löwe		
Mi	8.	18 08	23 44	4 49	11 46	− 2,8	Jungfrau		
Do	9.	19 25	–	5 06	12 35	− 8,7	Jungfrau	**Vollmond**	**15^h 56^m**
								Libration West	
Fr	10.	20 42	0 30	5 24	13 24	−14,2	Spica	Größte Südbreite	
Sa	11.	21 57	1 18	5 45	14 15	−18,8	Jungfrau		
So	12.	23 07	2 08	6 12	15 07	−22,5	Waage		
Mo	13.	–	2 59	6 47	16 00	−25,1	* Antares		
Di	14.	0 10	3 51	7 31	16 54	−26,5	Antares		
Mi	15.	1 02	4 42	8 25	17 47	−26,5	Schütze		
Do	16.	1 43	5 32	9 27	18 40	−25,4	Schütze, Nunki	Erdferne 404/29,′6	10^h
Fr	17.	2 15	6 21	10 34	19 31	−23,1	Schütze	**Letztes Viertel**	**14^h 36^m**
Sa	18.	2 39	7 07	11 43	20 20	−19,8	Steinbock	Aufsteigender Knoten	
So	19.	2 59	7 51	12 54	21 07	−15,7	Steinbock		
Mo	20.	3 16	8 34	14 05	21 54	−10,8	Steinbock		
Di	21.	3 31	9 17	15 17	22 39	− 5,5	Wassermann		
Mi	22.	3 46	10 01	16 32	23 25	+ 0,3	Fische	Libration Ost	
Do	23.	4 02	10 47	17 49	0 13	+ 6,1	Fische		
Fr	24.	4 20	11 36	19 10	1 02	+11,9	Fische		
Sa	25.	4 42	12 29	20 34	1 56	+17,2	Widder, Hamal	**Neumond**	**4^h 23^m**
								Größte Nordbreite	
So	26.	5 11	13 26	21 58	2 53	+21,7	Widder		
Mo	27.	5 50	14 28	23 14	3 54	+24,9	Stier, Plejaden		
Di	28.	6 44	15 31	–	4 58	+26,4	Stier, Al Nath	Erdnähe 366/32,′6	7^h
Mi	29.	7 53	16 34	0 16	6 03	+26,2	* Zwillinge		
Do	30.	9 13	17 34	1 03	7 06	+24,2	Zwillinge		

Der Mond begegnet Saturn

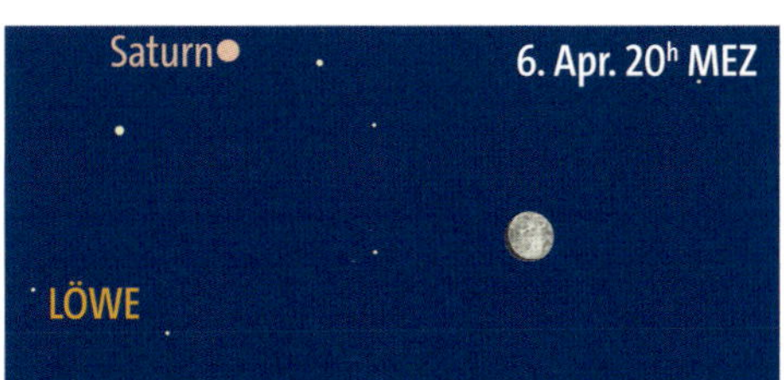

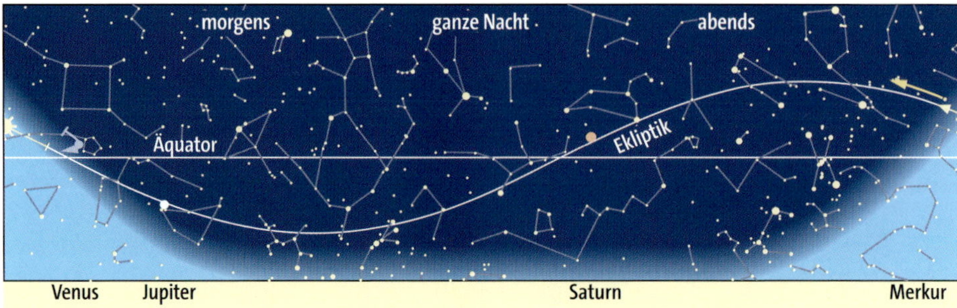

Merkur bietet im April die günstigste Abendsichtbarkeit des ganzen Jahres. Der flinke Planet entfernt sich langsam rechtläufig von der Sonne. Am 26. erreicht er mit 20°25′ Winkelabstand seine größte östliche Elongation von der Sonne. Ab 11. kann man mit Aussicht auf Erfolg versuchen, Merkur tief am Westhorizont eine halbe Stunde nach Sonnenuntergang aufzuspüren. Vom 16. bis 26. ist Merkur vergleichsweise günstig zu beobachten. Bis in die ersten Maitage kann man ihn noch aufstöbern, vor allem, wenn man ein Fernglas benutzt (siehe Abb. 4.4 und 4.5 auf Seite 85).

Der $-1^{m}_{,}3$ helle Merkur geht am 11. um $20^{h}19^{m}$ (= $21^{h}19^{m}$ Sommerzeit) unter. Bis 16. nimmt die Merkurhelligkeit um eine halbe Größenklasse ab, die Mer-

4.2 Das Planetensystem: **Heliozentrischer Anblick des Planetensystems im zweiten Jahresviertel 2009. Eingetragen sind links die Positionen der inneren Planeten für den 1. April (4), 1. Mai (5), 1. Juni (6) und 1. Juli (7). Der rechte Teil zeigt das äußere Planetensystem zu Anfang und Ende des zweiten Jahresviertels. Die Pfeile deuten die Richtungen zu den ferneren Planeten sowie zum Frühlingspunkt an.**

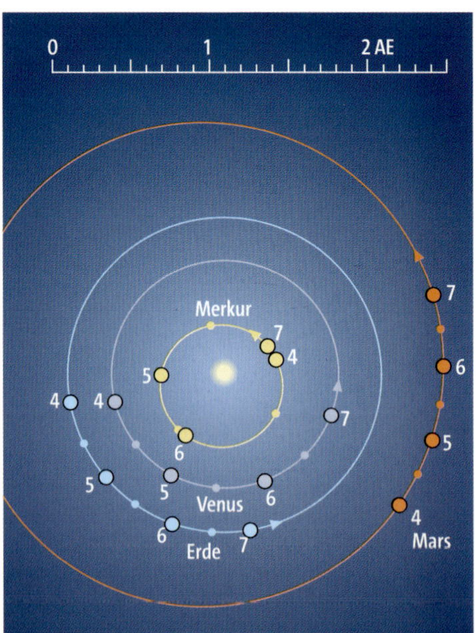

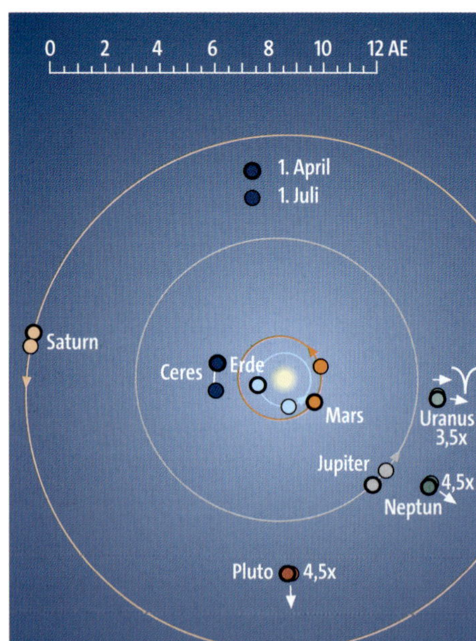

kuruntergänge verspäten sich auf 20^h55^m. Am 26. geht der nur noch $0^m{,}4$ helle Planet um 21^h36^m unter. Bis 30. sinkt die Merkurhelligkeit gar auf $1^m{,}0$, die Merkuruntergänge bleiben fast konstant – am 30. geht Merkur um 21^h37^m (= 22^h37^m Sommerzeit) unter.

Am Tag der größten östlichen Elongation ergibt sich ein hübscher Anblick am Abendhimmel, wenn die extrem schmale Sichel des zunehmenden Mondes knapp nördlich („oberhalb") von Merkur zu sehen ist (siehe Abb. 4.1 auf Seite 80). Am 11. eilt Merkur durch sein Perihel.

Venus hat ihre untere Konjunktion mit der Sonne gerade hinter sich. Schon im ersten Monatsdrittel macht sie sich als Morgenstern bemerkbar. Ihre Helligkeit nimmt während des Monats merklich von $-4^m{,}1$ auf $-4^m{,}5$ zu. Der Morgenstern geht am 1. um 4^h59^m (= 5^h59^m Sommerzeit) auf, am 15. um 4^h13^m und am 30. schon um 3^h37^m.

Am 15. beendet Venus ihre rückläufige Bewegung und wird in den Fischen wieder rechtläufig (siehe auch Abb. 2.3 auf Seite 49). Bei ihrer Konjunktionsschleife zieht sie zweimal am Frühlingspunkt vorbei, am 3. rückläufig $8^\circ{,}0$ nördlicher und am 27. rechtläufig $2^\circ{,}3$ nördlicher. Am 22. wandert die schmale Sichel des abnehmenden Mondes an Venus vorbei (siehe Abb. 4.6 auf Seite 86).

Im Fernrohr zeigt sich zunächst eine extrem schmale

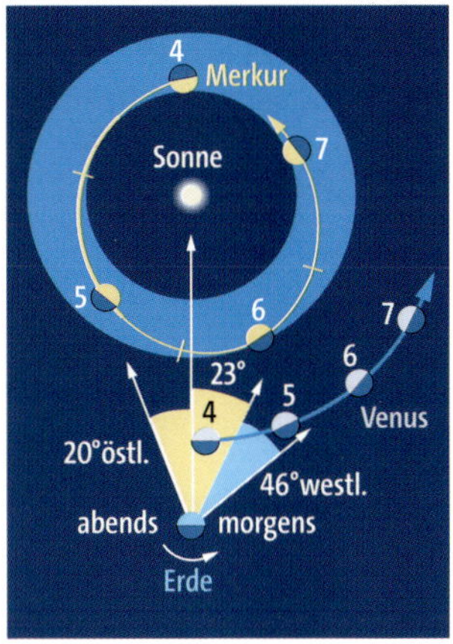

4.3 Bahnen von Merkur und Venus: **Heliozentrische Bewegungen von Merkur und Venus relativ zur Erde. In den dicker ausgezogenen Bahnteilen sind die Planeten beobachtbar. Die Zahlen markieren die Positionen jeweils zum Monatsersten. Östlicher Winkelabstand bedeutet Abendsichtbarkeit, westliche Elongation: Planet steht am Morgenhimmel.**

4.4 Merkur am Abendhimmel: **Stellung von Merkur über dem Nordwesthorizont zu den angegebenen Daten jeweils eine Stunde nach Sonnenuntergang. Die Pfeile geben die Bewegungen von Merkur und Sonne während der letzten halben Stunde an.**

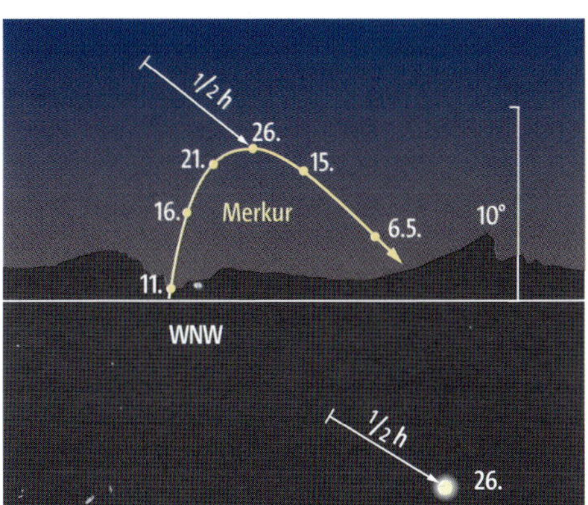

4.5 Sichtbarkeitsdiagramm für Merkur: **Es gilt genau für 50° nördlicher Breite und 10° östlicher Länge. Dunkelgelbe Fläche: Unter günstigen Sichtbedingungen kann man Merkur mit bloßen Augen erkennen, hellgelbe Fläche: Merkur ist leicht zu sehen.**

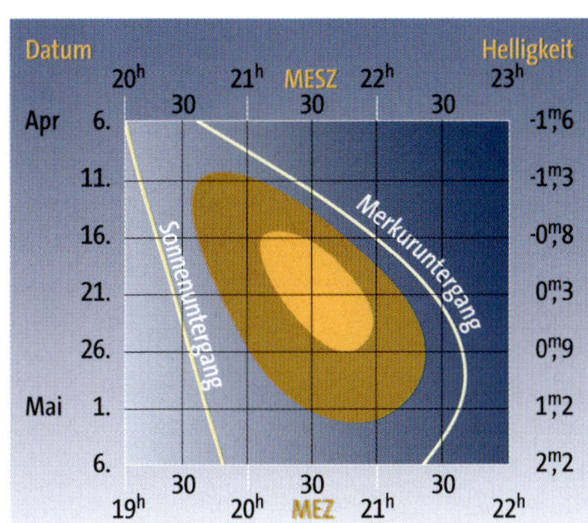

und große Sichel, die im Laufe des Monats kleiner und dicker wird. Der scheinbare Durchmesser des Planetenscheibchens nimmt von 59″ auf knapp 40″ ab. Venus entfernt sich von der Erde: Zu Monatsende trennen uns 64 Millionen Kilometer (= 0,429 AE) von unserem inneren Nachbarplaneten. Am 18. zieht Venus 5°36′ nördlich an Mars vorbei.

Mars zeigt sich auch in diesem Monat noch nicht am Morgenhimmel. Der $1\overset{\text{m}}{,}2$ helle Planet vergrößert seinen westlichen Winkelabstand während des Monats nur unwesentlich von 28° auf 34° – er folgt gewissermaßen der Sonne auf den Fersen.

Zur Monatsmitte wechselt Mars aus dem Sternbild Wassermann in das der Fische. Am 15. zieht der rote Planet $0\overset{\circ}{,}5$ südlich an Uranus vorbei und am 18. kommt es zu einer weitläufigen Begegnung mit Venus. Beide Konjunktionen sind mit bloßen Augen nicht zu beobachten. Im letzten Monatsdrittel überschreitet Mars den Himmelsäquator und wechselt auf die

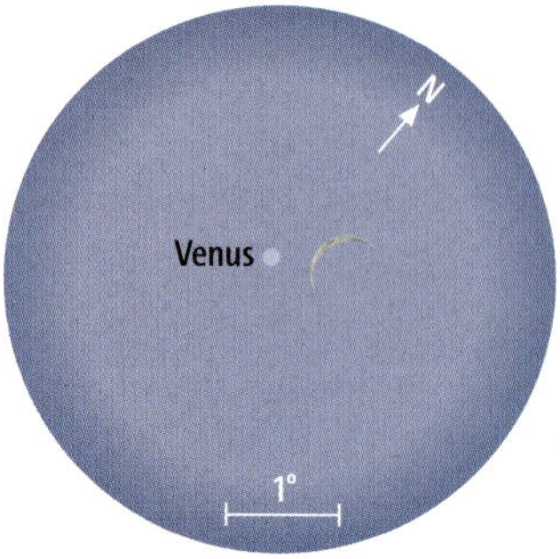

4.6 Mond trifft Venus: **Begegnung von Venus und abnehmender Mondsichel am 22. April 2009. Fernglasanblick gegen 15^h MEZ (= 16^h MESZ) bei 5° Gesichtsfelddurchmesser.**

Nordhälfte des Firmaments.

Am 21. passiert Mars das Perihel seiner Bahn. Im sonnennächsten Punkt trennen ihn 206,7 Millionen Kilometer (= 1,381 AE) vom Tagesgestirn.

Jupiter, der rechtläufig durch das Sternbild Steinbock wandert, baut seine Morgensichtbarkeit aus. Am 1. geht der Riesenplanet um 4^h23^m (= 5^h23^m Sommerzeit) auf, am Monatsletzten bereits um 2^h39^m. Die Jupiterhelligkeit steigt weiter leicht um $0\overset{\text{m}}{,}1$ auf $-2\overset{\text{m}}{,}2$ an. Am 19. wandert der abnehmende Mond am Riesenplaneten vorbei (siehe auch Tabelle „Konstellationen und Ereignisse" auf Seite 88).

Saturn stand zu Beginn des Vormonats in Opposition zur Sonne. Er wandert rückläufig durch den Löwen, wobei er deutlich langsamer wird (siehe Abb. 3.2 auf Seite 67).

Vom Morgenhimmel zieht sich der Ringplanet allmählich zurück. Am 1. erfolgt der Saturnuntergang um 5^h35^m (= 6^h35^m Sommerzeit) und am 15. um 4^h38^m. Am 30. geht der $0\overset{\text{m}}{,}7$ helle Saturn bereits um 3^h38^m (= 4^h38^m Sommerzeit) unter.

Trotz oder gerade wegen der geringen Ringöffnung ist Saturn ein Leckerbissen im Fernrohr, besonders bei Vergrößerungen von 100× bis 200×.

Uranus, rechtläufig im Sternbild Fische, stand Mitte des Vormonats in Konjunktion mit der Sonne. Noch kann der lichtschwache Planet nicht am Morgenhimmel aufgefunden werden. Uranus bleibt im April unbeobachtbar. Auch die enge Begegnung mit Mars am 15. bleibt unsichtbar.

Der Mond mit einem bunten Hof aus Blütenpollen

DER FOTOTIPP

Blütenpollen können eine farbenprächtige Korona um den Mond zaubern. Belichten Sie relativ lange und verstärken Sie die Farbsättigung bei der Bildverarbeitung.

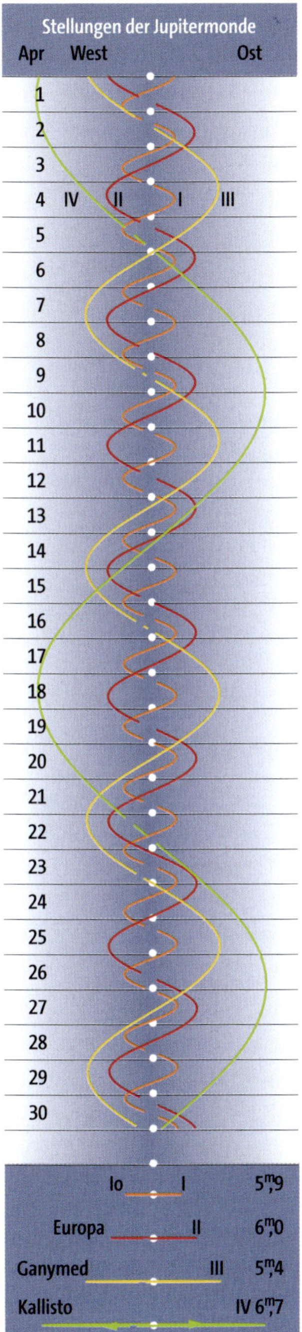

Neptun, rechtläufig im Steinbock, lässt sich immer noch nicht am Morgenhimmel auffinden. Zwar geht der inzwischen $7^{m}{,}9$ helle Planet am 30. bereits um $2^{h}43^{m}$ (= $3^{h}43^{m}$ Sommerzeit) auf, doch frühestens zwei Stunden nach seinem Aufgang lässt sich Neptun (mit einem Teleskop) finden.

Dann aber ist die Morgendämmerung schon so weit fortgeschritten, dass der Himmel zu sehr aufgehellt ist, um Neptun im Fernglas oder kleinen Teleskop zu erkennen. Fazit: Neptun bleibt uns auch im April verborgen.

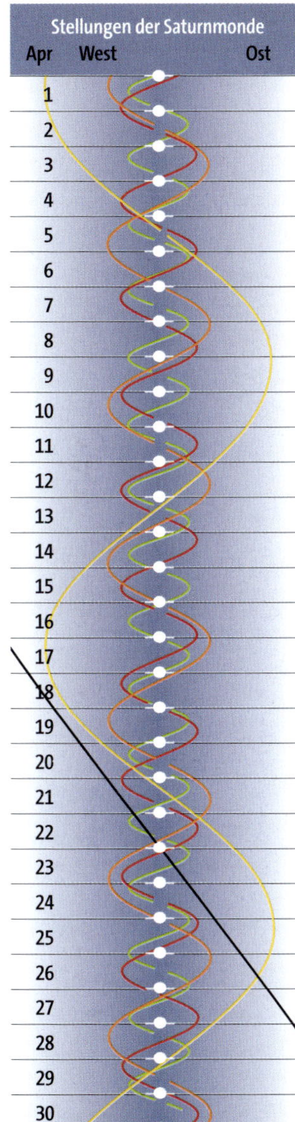

Jupitermonde

Tag	MEZ h m	Vorgang	
3.	5 21	I	SE
5.	4 37	II	VA
7.	4 51	II	DE
10.	4 58	I	SA
13.	4 28	III	DA
14.	4 41	IV	DA
	4 43	II	DA
	5 11	II	SE
18.	4 11	I	VA
19.	3 37	I	SE
	4 50	I	DE
20.	3 41	III	SA
22.	3 43	IV	VA
23.	4 29	II	BE
26.	3 14	I	SA
	4 30	I	DA
27.	4 09	I	BE

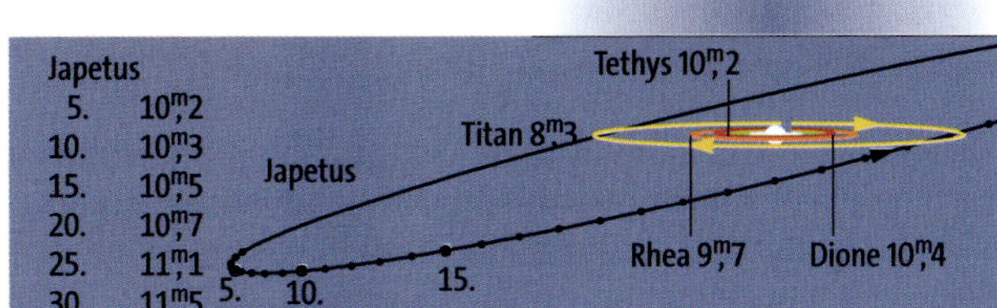

Pluto, prominenter Zwergplanet, wird am 4. im Sternbild Schütze stationär und setzt zu seiner Oppositionsschleife an (siehe Abb. 6.3 auf Seite 122). In Opposition zur Sonne kommt er am 23. Juni 2009.

Konstellationen und Ereignisse

Datum	MEZ	Ereignis
4.	17^h	Pluto im Stillstand, anschließend rückläufig
7.	8	Mond bei Saturn, Mond 6°,1 südlich
11.	15	Merkur im Perihel
15.	5	Mars bei Uranus, Mars 0°,5 südlich
15.	9	Venus im Stillstand, anschließend rechtläufig
18.	18	Venus bei Mars, Venus 5°,6 nördlich
19.	17	**Mond bei Jupiter**, Mond 2°,3 nördlich, **Abstand 5°,4 um 5^h**
20.	1	Mond bei Neptun, Mond 2°,4 nördlich
21.	11	Mars im Perihel
22.	9	Mond bei Uranus, Mond 5°,1 nördlich
22.	15	**Mond bei Venus**, Mond 1°,1 nördlich, **Abstand 4°,8 um 5^h**
22.	20	Mond bei Mars, Mond 5°,9 nördlich
26.	9	Merkur in größter östlicher Elongation (20°)
26.	17	**Mond bei Merkur**, Mond 1°,9 nördlich, **Abstand 1°,7 um 20^h**

Planetoiden

Ceres (1) wird am 17. im Sternbild Löwe zum zweiten Mal in diesem Jahr stationär und beendet damit ihre Oppositionsperiode. Anschließend wachsen ihre Rektaszensionswerte wieder an, wobei Ceres rasch nach Südosten läuft (siehe Abb. 3.2 auf Seite 67). Die Ceres-Helligkeit sinkt weiter um eine halbe Größenklasse auf $8^m{,}0$.

Am 1. kulminiert Ceres um 22^h15^m (= 23^h15^m Sommerzeit), am 15. um 21^h16^m und am 30. schon um 20^h19^m.

Periodische Sternschnuppenströme

Um den 10. April erreichen die **Virginiden** ihr wenig ausgeprägtes Maximum. Einzelne Virginiden-Meteore sind bis ins erste Maidrittel zu verfolgen.

In der Zeit vom 14. bis 24. April werden die **Lyriden** aktiv. Ihr Ausstrahlungspunkt liegt in der Leier, etwa 7° südwestlich von Wega. Manche Beobachter vermuten mehrere Radianten.

Die Lyriden sind schnelle Objekte. Im Mittel liegen ihre Geschwindigkeiten um 50 Kilometer pro Sekunde. Günstigste Beobachtungszeit: 22^h bis 4^h. Das Maximum am 22. April ist nicht sehr ausgeprägt. Rund zehn bis zwanzig Meteore, darunter einige helle Exemplare, leuchten dann pro Stunde auf. In seltenen Fällen sind deutlich mehr Sternschnuppen pro Stunde zu registrieren.

Um den 16. April erreichen die **Sigma-Leoniden** ihr Maximum. Vereinzelte Objekte dieses schwachen Stromes sind noch bis Mitte Mai nachweisbar. Bei ihnen fehlen Beobachtungen in den letzten Jahren. Eventuell ist dieser Strom versiegt.

Im letzten Aprildrittel tauchen die ersten **Eta-Aquariden** auf (siehe „Periodische Sternschnuppenströme" im Mai auf Seite 104).

Veränderliche Sterne im April

Algol-Minima	10.	4^h43^m	15.	22^h21^m	18.	19^h10^m	30.	6^h26^m		
β-Lyrae-Minima	2.	5^hN	8.	17^hH	15.	4^hN	21.	15^hH	28.	3^hN
δ-Cephei-Maxima	5.	21^h	11.	6^h	16.	15^h	21.	24^h	27.	9^h

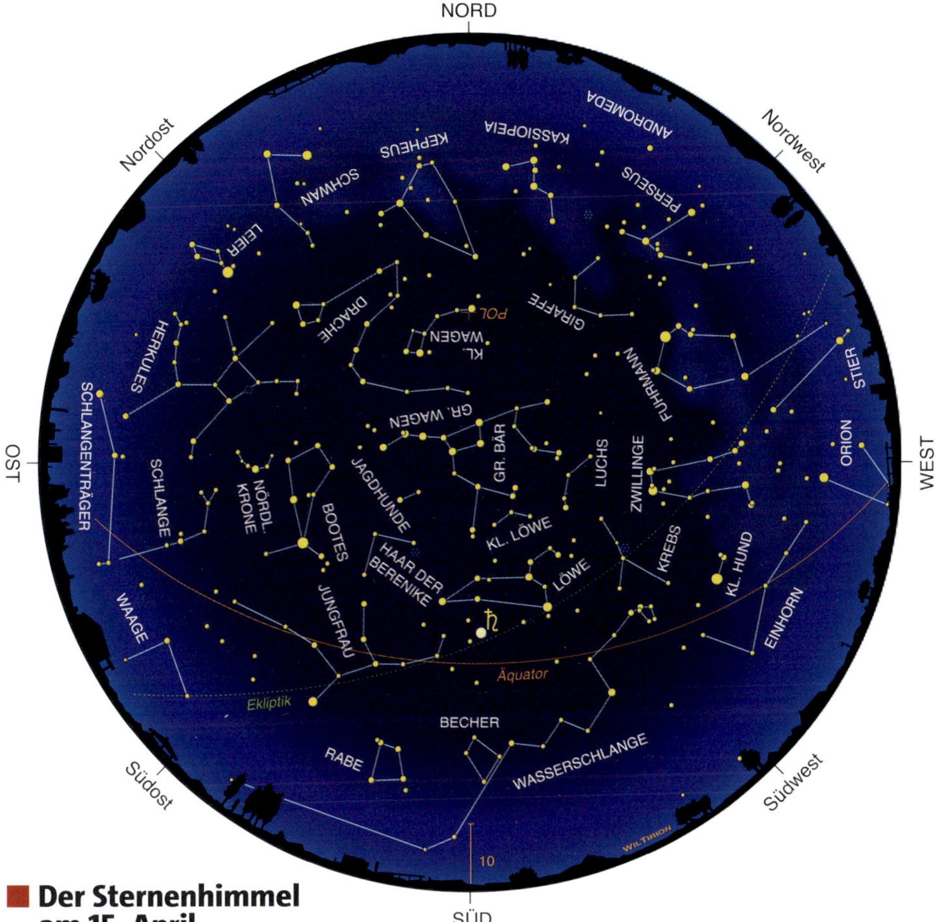

Der Sternenhimmel am 15. April um 22^h MEZ

Die Sternkarte ist auch gültig für:

	MEZ	MESZ
5.12.	6^h	
1. 1.	5	
15. 1.	4	
1. 2.	3	
15. 2.	2	
1. 3.	1	
15. 3.	0	
1. 4.	**23**	**24^h**
15. 4.	**22**	**23**
30. 4.	**21**	**22**

Im Monat April ist die Orientierung am Fixsternhimmel für Einsteiger in die Himmelsbeobachtung besonders leicht. Man braucht bloß zur abendlichen Stunde (Standardbeobachtungszeit am 1. um 23^h MEZ = 24^h Sommerzeit, am 15. um 22^h MEZ = 23^h Sommerzeit) steil nach oben zu blicken. Dann wird man sofort die sieben Sterne des Großen Wagens auf Anhieb erkennen. Der Große Wagen steht jetzt direkt über unseren Köpfen. Er ist allerdings nur ein Teil der viel größeren Sternenfigur des Großen Bären (Ursa Maior). Zurzeit ist die Gelegenheit günstig, den Großen Bären als Sternbild in seiner Gesamtheit zu erfassen, denn sein Kopf und seine Tatzen werden von relativ lichtschwachen Sternen markiert, während der

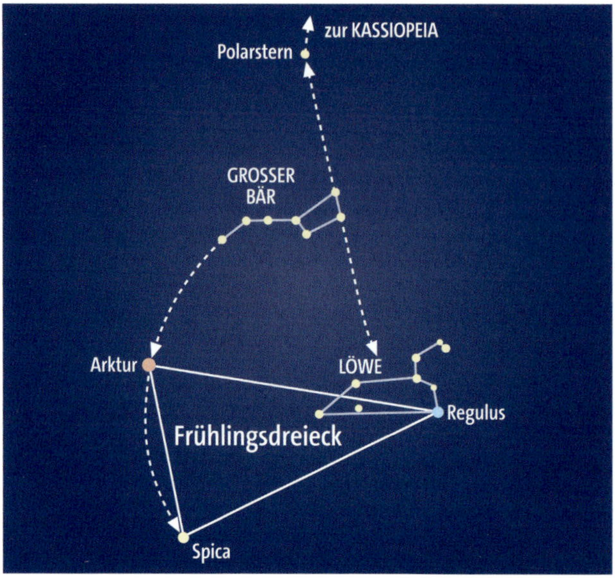

4.7 Das Frühlingsdreieck: **Die drei hellen Sterne Arktur, Regulus und Spica bilden das Frühlingsdreieck.**

Wagenkasten den Schinken des Bären bildet und die Deichsel seinen zoologisch gesehen viel zu langen Schwanz. Die lichtschwachen Sterne ξ, ν, μ, λ, κ und ι Ursae Maioris, die die Tatzen des Bären markieren, wurden von den Arabern des Mittelalters als die Hufspuren einer Gazelle interpretiert, die drei Sprünge absolviert hat.

Zwei Himmelslöwen

Durch den Meridian marschiert gerade der Löwe. Er hat nun seine Gipfelposition erreicht und ist auch für Anfänger leicht auszumachen. Ein großes Sterntrapez deutet den Rumpf an, ein kleines, an der Nordwestecke (rechts oben in unseren Breiten) aufgesetztes Trapez den Kopf dieses königlichen Tieres. Der Löwe ist Mitglied im ausgewählten Zirkel der Tierkreisbilder. Sein Hauptstern Regulus liegt fast genau auf der Ekliptik. Regulus (α Leonis) wird deshalb von Zeit zu Zeit vom Mond bedeckt, gelegentlich sogar auch von einem Planeten. Die Entfernung von Regulus misst nach neuesten Beobachtungen 77 Lichtjahre.

Am östlichen Ende der Basislinie des Löwentrapezes findet sich ein Stern zweiter Größe, Denebola (β Leonis). Denebola stammt aus dem Arabischen und heißt schlicht „Schwänzchen" (des Löwen).

Der Halsstern γ Leonis leuchtet mit 2^m Helligkeit und wurde von den Arabern Algieba getauft, was „Mähne des Löwen" heißt. Algieba ist ein schöner Doppelstern und sollte bei keiner Sternführung im Frühling fehlen.

Nördlich des Löwen und südlich der Tatzen des Großen Bären liegt das unscheinbare Sternbild Kleiner Löwe (lat.: Leo Minor). Nur drei Sterne des Kleinen Löwen sind heller als $4{,}^m5$. Der Kleine Löwe ist kein klassisches Sternbild, sondern wurde erst in der Neuzeit von dem Danziger Ratsherren, Amateurastronomen und Besitzer einer beachtlichen Sternwarte Johannes Hevelius (1611–1687) eingeführt.

Im Westen nichts Neues

Im Westen versinken die Wintersternbilder. Sirius im Großen Hund ist bereits untergegangen. Orion befindet sich gerade im Untergang, ebenso der Stier mit dem roten Aldebaran.

Hoch im Westen sind die Zwillinge zu sehen. Zwischen Zwillingen und Löwe liegt der unscheinbare Krebs.

Im Südwesten fällt Prokyon im Kleinen Hund auf. Halbhoch im Nordwesten strahlt die gelbe Kapella im Sternenpolygon des Fuhrmann. Tief im Nordwesten ist noch der Perseus als Relikt längst vergangener Herbsttage zu erspähen. Die Kassiopeia, das Himmels-W, bereitet sich auf die untere Kulmination vor.

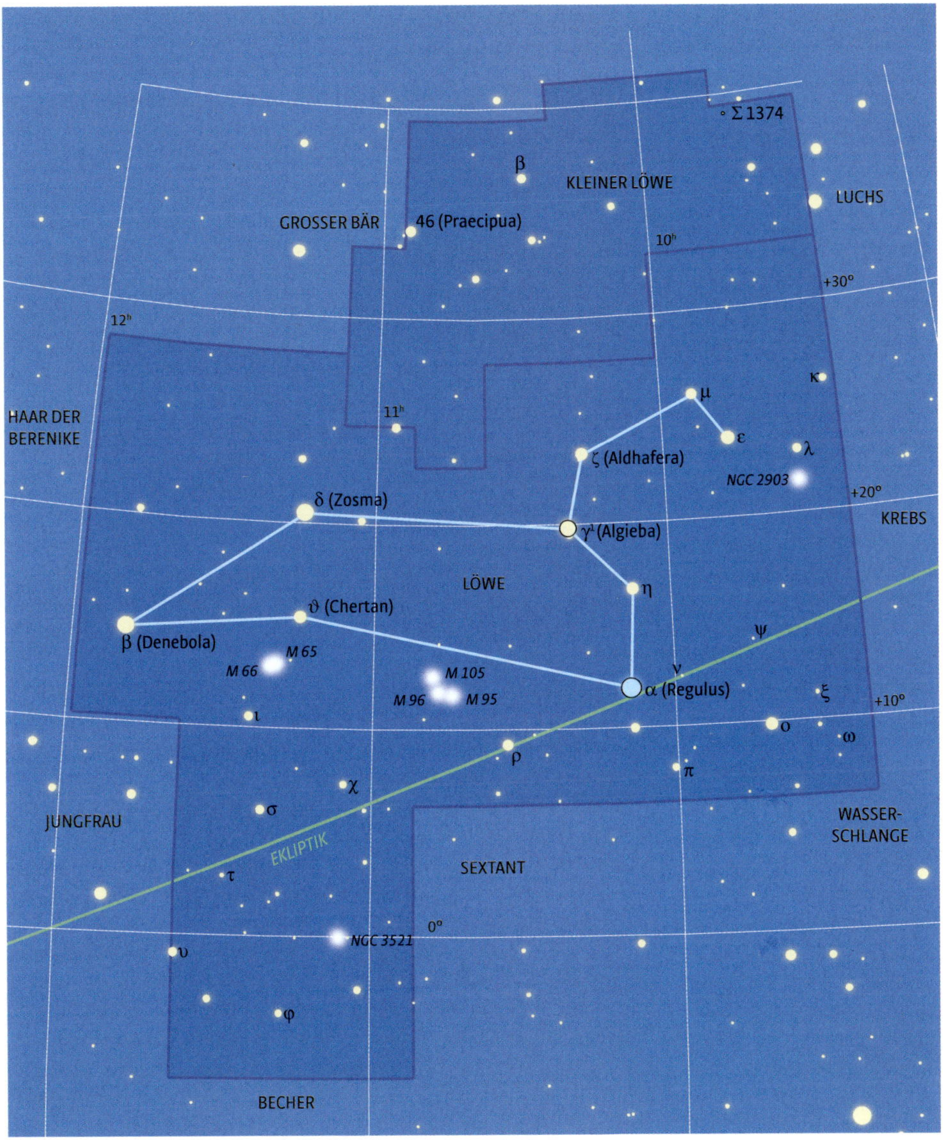

4.8 Zwei Himmelslöwen: Skelettkarte der Sternbilder Löwe und Kleiner Löwe mit dem Doppelstern Algieba (γ Leonis).

Der Kepheus geht gerade zwischen Himmelsnordpol und Nordpunkt am Horizont durch den Meridian. Diese Stellung bezeichnet man als „untere Kulmination“. Nur Sterne, die zirkumpolar sind, können auch in unterer Kulmination beobachtet werden. Alle anderen Sterne bleiben in unterer Kulmination unter dem Horizont und sind daher dann unsichtbar.

Rotes Licht im Osten

Ein intensiv orange-rot strahlender Stern fällt hoch im Südosten auf. Es handelt sich um Arktur, den Hauptstern im Sternbild Bootes. In Sternkarten ist er als α Bootis vermerkt. Mit $0^{m}_{,}0$ scheinbarer Helligkeit gehört Arktur zu den fünf hellsten Fixsternen am irdischen Firmament. Berücksichtigt man, dass die beiden hellen Sterne Kanopus (α Carinae) und Toliman (α Centauri) in unseren Breiten stets unter dem Horizont bleiben, so gehört Arktur an unserem Himmel zu den drei hellsten Sternen. Nur noch Sirius und Wega können sich mit ihm messen. Apropos messen: Nach den genauen Parallaxenmessungen des Astrometrie-Satelliten Hipparcos ist Arktur 36,7 Lichtjahre von uns entfernt. Arktur heißt so viel wie Bärenhüter. Folgt man nämlich dem Schwanz des Großen Bären – er ist mit der Wagendeichsel identisch – so stößt man auf Arktur. Im täglichen Himmelsumschwung folgt Arktur permanent dem Großen Bären. Er treibt damit gewissermaßen den Bären um den Polarstern herum.

Der Bootes sieht aus wie ein großer Papierdrachen, den Kinder im Wind fliegen lassen. Bootes bedeutet soviel wie Rinderhirt, denn die alten Römer sahen in den sieben Wagensternen sieben Dreschochsen, die um den Polarstern als Göpel herumwandern. Und Bootes, der fleißige Rinderhirt, treibt sie an, indem er ihnen ständig folgt.

Vorhang auf für die Jungfrau

Den Platz im Südosten nimmt die Jungfrau (lat.: Virgo) ein. Ihr hellster Stern (α Virginis) heißt Spica (lat., Kornähre). Sie ist ein Symbol für die Fruchtbarkeit der Jungfrau. Im Gegensatz zum rötlichen Arktur leuchtet Spica in bläulicher Farbe. Spica ist auch mit ziemlich genau 1^{m} um eine ganze Größenklasse lichtschwächer. Dies betrifft allerdings nur ihre scheinbare Helligkeit. Im Gegensatz zu Arktur, der nur 37 Lichtjahre entfernt ist, braucht das Licht 260 Jahre, um von Spica zur Erde zu gelangen. Dass wir sie trotz dieser relativ großen Distanz noch als Stern erster Größe am irdischen Himmel sehen, liegt an ihrer gewaltigen Leuchtkraft: Spica strahlt so hell wie 2200 unserer Sonnen zusammengenommen. Stünde Spica in gleicher Distanz wie Arktur, so erschiene sie uns fast so hell wie der Planet Venus! Spica ist ein sehr heißer Hauptreihenstern der Spektralklasse B1 V. Somit hat sie eine Oberflächentemperatur von rund 20 000 Kelvin. Dies entspricht bei so hohen Temperaturen in etwa auch Grad Celsius. Zum Vergleich: Unsere Sonne hat nur knapp 6000 Grad Oberflächentemperatur.

Die drei hellen Sterne Arktur im Bootes, Regulus im Löwen und Spica in der Jungfrau bilden ein großes Dreieck, das als Frühlingsdreieck bekannt ist, gewissermaßen als Gegenstück zum Sommerdreieck, Herbstviereck und Wintersechseck.

Südlich der Jungfrau sind das Sternenviereck des Raben (lat.: Corvus) und der Becher (lat.: Crater) auszumachen. Während der Rabe relativ leicht zu erkennen ist, so ist der lichtschwache Becher ein schwieriges Sternbild, das man nur unter sehr guten Sichtbedingungen wahrnehmen kann.

Im Nordosten ist bereits der Herkules über den Horizont gestiegen, ein recht ausgedehntes Sternbild ohne hellere, auffallende Sterne. Halbhoch im Osten, in der Nähe des Bootes, springt der Sternenhalbkreis der Nördlichen Krone leicht ins Auge. Er ist zwar nicht besonders hell, aber in seiner Anordnung recht auffällig.

Am Nordosthorizont künden Wega in der Leier und Deneb im Schwan den kommenden Sommer an. Atair im Adler, der dritte Stern des Sommerdreiecks, steht allerdings noch unter dem Horizont.

Ein Komet explodiert ...

4.9 Aufnahme des Kometen 17P/Holmes und seines Helligkeitsausbruchs, gewonnen auf der Sternwarte Welzheim von Martin Gertz am 31. Oktober 2007.

Kometen sind Vagabunden unseres Sonnensystems. Sie werden wegen ihres Aussehens auch als Schweif- oder Haarsterne bezeichnet. Die alten Römer wurden beim Erscheinen eines solchen geschweiften Boten am Firmament an das Haupthaar einer Frau erinnert. Da lateinisch *coma* das Haar heißt, nennt man diese Gestirne Kometen. In der christlichen Welt sah man in ihnen die Zuchtruten Gottes, die der sündigen Menschheit Strafen androhten. Bei den praktisch veranlagten Chinesen hießen sie Besensterne. Wegen ihres spontanen und unangemeldeten Auftauchens war man verunsichert und sah in den Kometenerscheinungen Unglücksboten. Im Altertum glaubte man auch, Kometen seien die zum Himmel aufsteigenden Seelen eben verstorbener großer Persönlichkeiten wie Herrscher oder Feldherren.

Oftmals wird der Begriff „Komet" von Laien fälschlich benutzt. Sie bezeichnen Sternschnuppen gerne als „Kometen". Doch Sternschnuppen (Meteore) sind kurzfristig aufflammende Leuchtspuren in der irdischen Lufthülle, wenn ein kosmischer Kleinkörper, ein Meteoroid, mit hoher Geschwindigkeit in die Erdatmosphäre eindringt und verglüht. Kometen hingegen sind Himmelskörper, die ihre Bahnen durch den interplanetaren Raum ziehen, wie schon Tycho Brahe Ende des 16. Jahrhunderts durch präzise Parallaxenmessungen nachwies. Zuvor hatte man Kometen als atmosphärische Erscheinungen gedeutet, ähnlich wie die Jets (Kondensstreifen) hochfliegender Flugzeuge.

Dem Engländer Edmond Halley, königlicher Astronom seiner Majestät, gelang es erstmals, die Bahn des Kometen von 1682 zu berechnen und seine Wiederkehr vorherzusagen. Tatsächlich erschien der Komet 1758 wieder am irdischen Firmament als imposante Erscheinung. Halley selbst erlebte den Triumph nicht mehr, denn er starb bereits sechzehn Jahre vorher. Aber seither heißt dieser Komet der Halleysche. Alle 76 Jahre taucht er in Sonnennähe auf und ist damit auch von der Erde aus mit bloßen Augen zu sehen. Letztmals lief Komet Halley 1986 durch sein Perihel (sonnennächster Bahnpunkt).

Besuch aus den Außenbezirken

Die meisten Kometen laufen auf langgestreckten Bahnen um die Sonne. Gemäß dem 2. Kepler-Gesetz eilen die Kometen in Sonnennähe recht schnell dahin, in Sonnenferne ziehen sie aber gemächlich ihrer Bahn entlang. So rast der Halleysche Komet mit 55 Kilometer pro Sekunde durch sein Perihel; in seinem sonnenfernsten Bahnpunkt (Aphel) jenseits der Neptunbahn wandert er mit knapp einem Kilometer pro Sekunde dahin.

Die meisten Kometen kommen aus den fernen Bezirken unseres Sonnensystems weit jenseits der Plutobahn. Ihre Umlaufszeiten betragen Tausende von Jahren. Wenn überhaupt, so bekommen wir sie nur einmal zu Gesicht, wenn sie sich nämlich in Sonnennähe aufhalten. Bei ihrer Reise zur Sonne kreuzen sie die Planetenbahnen. Dabei kommt es gelegentlich zu nahen Begegnungen mit einem Planeten, der durch seine Schwerkraft die Kometenbahn drastisch beeinflusst. Die Bahn wird dabei oftmals derart verändert, dass der sonnenfernste Bahnpunkt, also das Aphel, in etwa bei der jeweiligen Planetenbahn zu liegen kommt. Dies führt dann zu entsprechend kürzeren Umlaufszeiten. Aus langperiodischen Kometen werden kurzperiodische. Definitionsgemäß zählt man alle Kometen mit Umlaufszeiten bis zu zweihundert Jahren zu den kurzperiodischen. Ein Komet mit zweihundert Jahren Umlaufszeit erreicht eine maximale Sonnenentfernung (Apheldistanz) von 68 AE, dies sind 10,2 Milliarden, also 10 200 Millionen Kilometer.

Kometen werden meist als diffuse Lichtfleckchen in größerer Entfernung von der Sonne entdeckt. Erst in Sonnennähe bildet sich ein mehr oder minder langer Schweif aus, der stets von der Sonne weggerichtet ist. In leistungsstärkeren Teleskopen erkennt man im Zentrum des Kometenkopfes oft einen hellen, sternartigen Lichtpunkt, den Kometenkern. Er ist der feste Bestandteil des Kometen. Der Kometenkern ist ein Konglomerat (Gemisch) aus Staub und Gesteinsbrocken, vermischt mit gefrorenen Gasen (Wasser, Methan, Ammoniak, Kohlenmonoxid, Kohlendioxid, Cyan etc.) Er ist ein lockerer Klumpen aus Eis, in dem Sand, Ruß, Eisenteilchen und ähnliche Partikel eingeschlossen sind. In Sonnennähe verdampfen die gefrorenen Gase und es bildet sich eine Gashülle um den Kern, die Koma. Während der Kern nur wenige Kilometer groß ist, erreicht die Koma, gewissermaßen die Atmosphäre des Kometen, etwa die zehnfache Größe des Erdglobus, also einen Durchmesser von 100 000 bis 150 000 Kilometer. Kern und Koma bilden zusammen den Kometenkopf. Nähert sich der Kometenkopf der Sonne, so treiben der Sonnenwind (ein Strom geladener Partikel wie Protonen, Heliumkerne und Elektronen) sowie der Lichtdruck die Gasmoleküle und Staubteilchen vom Kometenkopf fort; ein Schweif entsteht, der viele Millionen Kilometer lang werden kann. Das Spektrum des Kometen ähnelt dem Sonnenspektrum, da der Kern und der Staub in Koma und Schweif das Sonnenlicht reflektieren. Überlagert ist häufig ein Emissionslinienspektrum, denn die Moleküle und Ionen der Gaskomponente in Koma und Schweif werden durch die energiereiche UV-Strahlung der Sonne zum Leuchten angeregt.

Die europäische Raumsonde Giotto flog im März 1996 in nur 600 Kilometer Distanz am erdnussförmigen Kern des Halleyschen Kometen vorbei und sandte faszinierende Bilder zur Erde. Auf ihnen ist zu erkennen, wie an einzelnen Stellen des kohlrabenschwarzen Kometenkerns (Albedo nur 4 %!) Gasfontänen aus der Oberfläche herausschießen.

Jeder Vorübergang an der Sonne bedeutet Stress für den Kometen. Er verliert bei seinen Perihelpassagen immer mehr Materie. Manche Kometenkerne haben sich im Laufe der Zeit völlig aufgelöst. Zum Beispiel zerbrach der Komet West im Frühjahr 1976 nach seinem Vorübergang an der Sonne in vier Teile. Kurzperiodische Kometen, die also häufig ihr Perihel durchlaufen, verlieren relativ schnell ihren Gasvorrat und kurven nur noch als lockerer Gesteins- und Staubklumpen durch das Sonnensystem. Sie entwickeln keinen Schweif mehr und werden nicht (mehr) zu einer auffallenden Erscheinung am irdischen Himmel. Da die Kometenkerne winzig klein und ihre Oberflächen recht dunkel sind, bleiben solche „entgasten", kurzperiodischen Kometen recht lichtschwach und nur großen Teleskopen zugänglich.

Gewaltiger Helligkeitsausbruch

Doch manchmal gibt es Überraschungen. Der völlig unscheinbare Komet 17P/Holmes wurde in den letzten Oktobertagen 2007 plötzlich so hell, dass er bequem mit bloßen Augen hoch am Firmament im Sternbild Perseus als Objekt zweiter Größenklasse gesehen werden konnte. Vorher war er nur in großen Teleskopen erkennbar – mit der bescheidenen Helligkeit von 16^m. Ein Helligkeitsanstieg um vierzehn Größenklassen bedeutet aber eine Helligkeitszunahme um das Vierhunderttausendfache! Was war passiert, dass Komet Holmes plötzlich 400 000-mal heller strahlte?

Komet Holmes (1892 III) läuft in sieben Jahren um die Sonne. Seine exzentrische Bahn führt ihn bis in Jupiterdistanz von der Sonne weg, im Perihel kommt er auf gut 2 AE an die Sonne heran. Das Perihel liegt somit noch außerhalb der Marsbahn. Seine für einen Kometen sehr kurze Umlaufzeit hat dafür gesorgt, dass der Kern entgast ist und er keinen Schweif mehr zeigt.

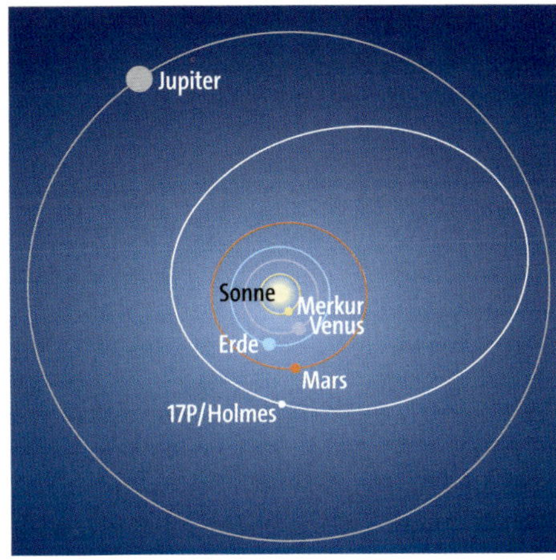

4.10 Bahn des Kometen 17P/Holmes im Sonnensystem zwischen den Planeten Jupiter und Mars.

Entdeckt wurde der Komet 1892 III von Edwin Holmes (1842–1919) am 6. November 1892 in London. Holmes sah ihn mit bloßen Augen als Objekt 4. Größe nahe dem Andromedanebel (M 31), den er eigentlich beobachten wollte. Nur vier Tage später, am 10. November 1892, wurde er von Edward Emerson Barnard auf der Lick-Sternwarte auf dem Mt. Hamilton bei San José (nahe San Francisco) in der Nähe von M 31 fotografiert. Dennoch wurde der Komet auf den Namen des Entdeckers Holmes getauft und erhielt keinen Doppelnamen. Niemand wusste damals allerdings, dass Komet Holmes Anfang November 1892 ungewöhnlich hell war. Er hatte offensichtlich einen ähnlichen Helligkeitsausbruch erlitten wie Ende Oktober 2007. Als er nämlich 1899 und 1906 wieder sein Perihel passierte, erschien er den Beobachtern ungewöhnlich lichtschwach. Hätte er nicht 1892 einen Helligkeitsausbruch gehabt, wäre er mit Sicherheit gar nicht entdeckt worden. Nach 1906 blieb Komet Holmes, der inzwischen die Nr. 17 in der Liste der kurzperiodischen Kometen erhalten hatte, verschollen. Er war schlicht nicht mehr auffindbar. Erst 1964 gelang Elisabeth Römer, der berühmten Kometenspezialistin, seine Wiederent-

4.11 Historische Aufnahme von Komet 17P/Holmes nahe des Andromedanebels (M 31), gewonnen von E. E. Barnard auf der Lick-Sternwarte (Mt. Hamilton, Kalifornien) am 10. November 1892.

deckung aufgrund von Bahnberechnungen, die Brian G. Marsden vorgenommen hatte. Marsden hatte richtig vermutet, dass Jupiter die Bahn von 17P/Holmes gestört hatte. Seit 1964 wurde Komet Holmes regelmäßig beobachtet.

Im Jahre 2007 passierte 17P/Holmes am 4. Mai sein Perihel, wobei ihn 307 Millionen Kilometer (= 2,053 AE) von der Sonne trennten. Für den 5. November 2007 war die geringste Erddistanz mit 242 Millionen Kilometer (= 1,62 AE) kalkuliert, wobei Holmes eine Helligkeit von maximal 16^m erreichen sollte. Doch am 24. Oktober zeigte sich Holmes den Beobachtern mit $8^m\!,4$. Zwei Tage später erreichte er bereits eine Helligkeit von $2^m\!,5$. Der zunächst punktförmig erscheinende Komet ließ in kürzester Zeit ein diffuses Scheibchen von fast zwei Drittel des Vollmonddurchmessers erkennen. Innerhalb weniger Tage wurde Holmes fast eine halbe Million Mal heller – ein wahrhaft gigantischer Ausbruch. Somit konnte Holmes einwandfrei mit bloßen Augen im Sternbild Perseus gesehen werden – selbst von lichtüberfluteten Städten aus.

Explosion im Kometenkern

Offensichtlich hatte Holmes abermals einen Lichtausbruch erlebt wie bei seiner Entdeckung 1892. Das Spektrum ließ erkennen, dass der Hauptanteil seiner Helligkeit vom reflektierten Sonnenlicht stammte, nur schwache Emissionslinien und -banden deuteten auf ionisiertes Gas hin. Augenscheinlich hatte Holmes trotz relativ großer Sonnendistanz eine Explosion erlitten. Die Staubhülle dehnte sich mit einer Geschwindigkeit von 500 bis 600 Meter pro Sekunde, das sind etwa zweitausend Kilometer pro Stunde, um den nur drei bis vier Kilometer großen Kern aus. Im Maximum erreichte die innere Staubkoma eine Ausdehnung von 370 000 Kilometer, dies entspricht der Entfernung von der Erde zum Mond. Wegen dieser respektablen Größe wurde Holmes so hell, dass man ihn trotz einer Entfernung von mehr als 242 Millionen Kilometer mit bloßen Augen sehen konnte. Interessant ist, dass sich die Expansionsgeschwindigkeit der Staubhülle kaum verringerte – ein Hinweis, dass der Kern von Holmes fast keine Gravitationswirkung auf die Staubpartikel ausübte.

Was hat zu dieser plötzlichen Eruption geführt? Der Komet entfernte sich bereits von der Sonne, wurde also nicht mehr stärker aufgeheizt. Schlug ein großer Meteorit in den Kometenkern ein? Dies ist unwahrscheinlich, denn dann wäre die Expansionsgeschwindigkeit der Staubwolke nicht bloß ein halber Kilometer pro Sekunde, sondern mindestens ein bis zwei Dutzend Kilometer pro Sekunde. Holmes hatte vielmehr eine innere Explosion erlitten. Die Ursache dieser Explosion ist vermutlich in chemischen Prozessen im porösen Material des Kometenkerns zu suchen. Bei seinem Periheldurchgang im Mai 2007 heizte sich der Kometenkern ein wenig auf. Manche gefrorene Gase können dann im kavernösen Inneren des Kerns flüssig werden und sich verteilen. Beispielsweise reagiert Wasserstoffperoxid (H_2O_2) recht heftig exotherm, das heißt, Wärme wird freigesetzt, wenn es in Wasser (H_2O) und Sauerstoff (O_2) zerfällt. Insbesondere vorhandenes Eisen kann eine solche Reaktion als Katalysator erheblich verstärken. Und Eisen ist in Meteoroiden und Kometenkernen durchaus vorhanden. Wenn sich Wasserstoffperoxid und Wasser nach der Perihelpassage im Inneren nach Schmelzen verteilen und auf Metalle wie Eisen stoßen, kommt es zu der oben beschriebenen Reaktion. Schließlich steigt der Gasdruck des freigesetzten molekularen Sauerstoffs so an, dass es zu einer Detonation kommt und die äußeren Schichten des Kometenkerns ins Weltall geschleudert werden. Selbstverständlich sind noch weitere chemische Reaktionen möglich, die eine Explosion hervorrufen können. Somit wird auch erklärlich, wie es zu Mehrfacheruptionen kommen kann.

Komet Holmes ist nicht der einzige Komet, bei dem spontane Helligkeitsausbrüche registriert wurden, aber sicher der, bei dem die größte Helligkeitszunahme zu beobachten war. Der Sternenhimmel ist immer für Überraschungen gut. Während professionelle Astronomen mit ihren präzise geplanten Beobachtungsprogrammen vollauf beschäftigt sind, ist die Überwachung des Nachthimmels nach unvermuteten Ereignissen ein dankbares Betätigungsfeld für Amateurastronomen, selbst wenn sie nur mit einem kleinen Fernglas das Firmament absuchen.

Komet Holmes in Zahlen

Bezeichnung:	17P/Holmes (1892 III)	
Entdeckung:	6. November 1892 von Edwin Holmes in London	
Bahnelemente	*Epoche 2007 Mai 20*	*Epoche 1906 März 14*
Große Halbachse:	a = 3,617 AE = 541 000 000 km	3,609 AE = 540 000 000 km
Periheldistanz:	q = 2,053 AE = 307 000 000 km	2,122 AE = 317 000 000 km
Apheldistanz:	Q = 5,180 AE = 775 000 000 km	5,100 AE = 762 000 000 km
Numerische Exzentrizität:	e = 0,432	0,412
Umlaufszeit:	U = 6,88 Jahre	6,86 Jahre
Bahnneigung:	i = 19,°11	20,°50
Länge des aufsteigenden Knotens:	Ω = 326,°87	331,°76
Länge des Perihels:	ω = 24,°26	346,°05
Perihelpassage:	2007 Mai 4, 12^h UT	1906 März 14

Anmerkung

Die Bahnelemente für die Epoche 2007 wurden aus 139 Beobachtungen abgeleitet, die im Zeitraum von 1964 bis 2001 gewonnen wurden. Die Variation der Bahnelemente (1906 bis 2007) wurde vor allem durch die Schwerkraftwirkungen von Jupiter verursacht.

Physische Daten

Durchmesser des Kerns: 3,4 km

Dichte des Kerns: etwa 1 g/cm^3

Maximaler Durchmesser der sichtbaren Staubkoma (Ende Oktober 2007): 370 000 km

Mittlere Expansionsgeschwindigkeit des Staubes: 0,575 km/s

Mai 2009

- Venus strahlt am 2. am Morgenhimmel in größtem Glanz
- Saturn ist Planet der ersten Nachthälfte
- Jupiter kann in der zweiten Nachthälfte beobachtet werden

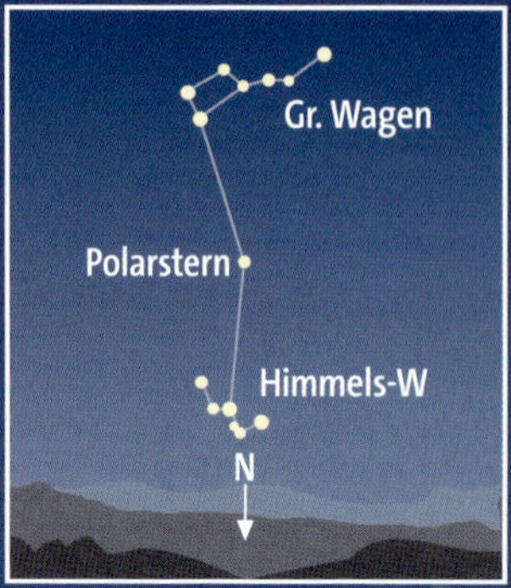

Großer Wagen und Himmels-W Anfang Mai um 22 Uhr

5.1 Anblick des östlichen Morgenhimmels am 21. Mai gegen 3^h30^m MEZ (= 4^h30^m MESZ). Tief im Südosten leuchtet Jupiter im Steinbock. Knapp über dem Osthorizont strahlt Venus, an der die Sichel des abnehmenden Mondes vorbeiwandert.

1 Fr	Maifeiertag; **Mond im ersten Viertel**
2 Sa	Venus in größtem Glanz
3 So	
4 Mo	Mond bei Saturn, Abstand 6,°2 um 12^h
5 Di	
6 Mi	Sternschnuppen Eta-Aquariden
7 Do	Merkur im Stillstand, dann rückläufig
8 Fr	
9 Sa	**Vollmond**
10 So	
11 Mo	
12 Di	
13 Mi	
14 Do	
15 Fr	
16 Sa	
17 So	**Mond im letzten Viertel**; Mond bei Jupiter, Abstand 2,°2 um 4^h
18 Mo	Merkur in unterer Konjunktion mit der Sonne
19 Di	Mond bei Uranus, Abstand 5,°4 um 21^h
20 Mi	Sternschnuppen Scorpiden-Sagittariden
21 Do	Christi Himmelfahrt; Mond bei Venus (4^h) und Mars (21^h)
22 Fr	
23 Sa	
24 So	**Neumond**; Mond bei Merkur, Abstand 7,°3 um 1^h
25 Mo	Jupiter bei Neptun, Abstand 0,°4 um 14^h; Merkur im Aphel
26 Di	
27 Mi	
28 Do	
29 Fr	Neptun im Stillstand, dann rückläufig
30 Sa	Merkur im Stillstand, dann rechtläufig
31 So	Pfingstsonntag; **Mond im ersten Viertel**; Mond bei Saturn, Abstand 6,°3 um 18^h

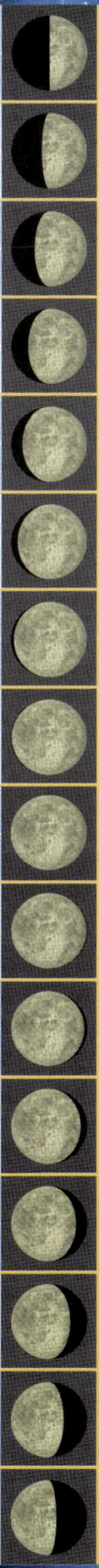

Sonne – Sternbilder

14. 5. 7^h:
Sonne tritt in das Sternbild Stier
20. 5. 24^h:
Sonne tritt in das Tierkreiszeichen Zwillinge
Julianisches Datum am
1. Mai, 1^h MEZ: 2454952,5

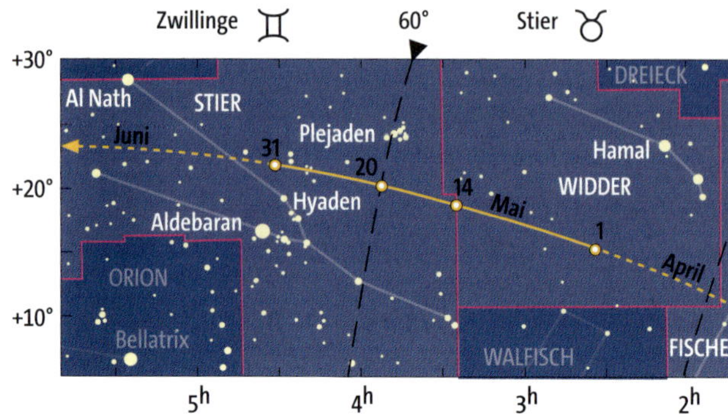

Tabelle Sonnenlauf

Tag	Dämmerg. Anfang	Aufgang MEZ	Kulmination	Untergang MEZ	Dämmerg. Ende	Mittagshöhe	Zeitgleichg.	Rektaszension	Deklination
	h m	h m	h m	h m	h m	o	m	h m	o
1.	3 33	4 56	12 17	19 39	21 02	55,2	+ 3	2 33	+15,0
5.	3 24	4 49	12 17	19 45	21 11	56,4	+ 3	2 48	+16,2
10.	3 13	4 41	12 16	19 52	21 21	57,7	+ 4	3 07	+17,6
15.	3 02	4 34	12 16	19 59	21 32	59,0	+ 4	3 27	+18,8
20.	2 52	4 28	12 16	20 06	21 42	60,1	+ 4	3 47	+19,9
25.	2 43	4 22	12 17	20 12	21 52	61,0	+ 3	4 07	+20,9
31.	2 34	4 17	12 18	20 19	22 02	62,0	+ 2	4 31	+21,9

Tages- und Nachtstunden

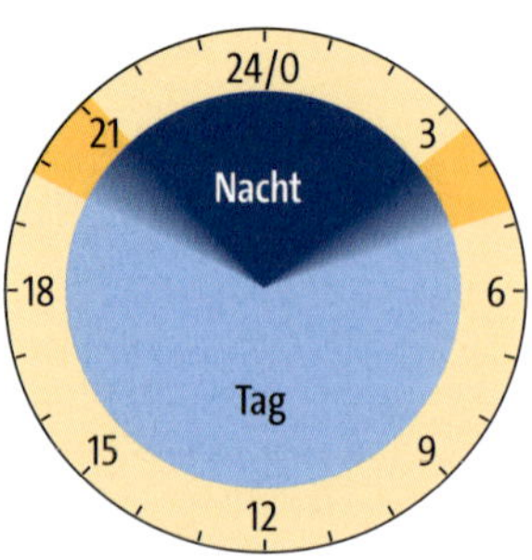

5. Mai

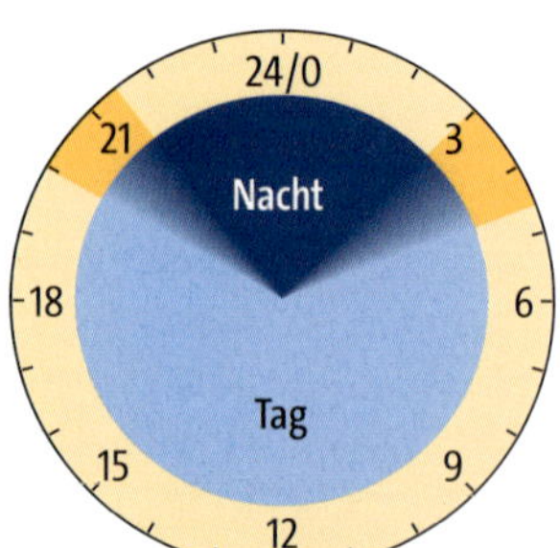

15. Mai

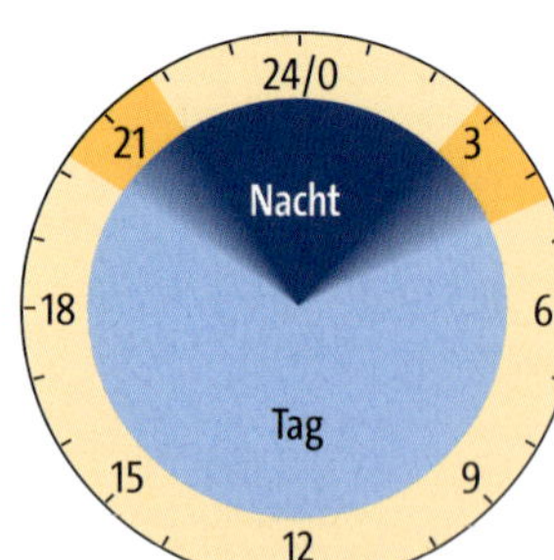

25. Mai

Tabelle Mondlauf

Datum	Aufg. MEZ	Kulmination	Unterg. MEZ	Rektaszension	Deklination	Sterne und Sternbilder	Phase	MEZ
	h m	h m	h m	h m	°			
Fr 1.	10 37	18 29	1 37	8 06	+20,7	* Krebs, Krippe	**Erstes Viertel** Absteigender Knoten	**$21^h\,44^m$**
Sa 2.	12 00	19 20	2 02	9 02	+16,0	Krebs, Krippe		
So 3.	13 20	20 08	2 23	9 55	+10,6	Löwe, Regulus		
Mo 4.	14 38	20 54	2 40	10 45	+ 4,7	* Sextant		
Di 5.	15 54	21 39	2 55	11 33	− 1,3	Löwe		
Mi 6.	17 10	22 25	3 11	12 21	− 7,2	Jungfrau	Libration West	
Do 7.	18 25	23 12	3 29	13 09	−12,7	Spica		
Fr 8.	19 40	–	3 49	13 59	−17,5	Jungfrau	Größte Südbreite	
Sa 9.	20 51	0 01	4 14	14 50	−21,4	Waage	**Vollmond**	**$5^h\,01^m$**
So 10.	21 57	0 51	4 45	15 42	−24,3	Waage		
Mo 11.	22 53	1 43	5 26	16 36	−26,0	Antares		
Di 12.	23 39	2 34	6 16	17 30	−26,5	Schlangenträger		
Mi 13.	–	3 25	7 15	18 23	−25,7	Schütze, Nunki		
Do 14.	0 14	4 14	8 21	19 15	−23,7	Schütze, Nunki	Erdferne 405/29′,5	4^h
Fr 15.	0 41	5 01	9 29	20 04	−20,7	Schütze	Aufsteigender Knoten	
Sa 16.	1 02	5 45	10 38	20 52	−16,8	Steinbock		
So 17.	1 20	6 28	11 48	21 38	−12,3	Steinbock	**Letztes Viertel**	**$8^h\,26^m$**
Mo 18.	1 35	7 10	12 58	22 23	− 7,2	Wassermann		
Di 19.	1 50	7 53	14 10	23 08	− 1,7	Fische		
Mi 20.	2 05	8 37	15 24	23 54	+ 4,0	Fische	Libration Ost	
Do 21.	2 22	9 23	16 43	0 42	+ 9,7	Fische		
Fr 22.	2 42	10 14	18 05	1 33	+15,2	Fische	Größte Nordbreite	
Sa 23.	3 07	11 10	19 30	2 29	+20,0	Widder, Hamal		
So 24.	3 42	12 11	20 51	3 29	+23,7	Stier, Plejaden	**Neumond**	**$13^h\,11^m$**
Mo 25.	4 31	13 15	22 02	4 34	+26,0	Stier		
Di 26.	5 36	14 21	22 57	5 40	+26,4	Stier, Al Nath	Erdnähe 361/33′,1	5^h
Mi 27.	6 54	15 24	23 36	6 46	+24,9	Alhena		
Do 28.	8 20	16 22	–	7 49	+21,7	Pollux	Absteigender Knoten	
Fr 29.	9 46	17 16	0 05	8 48	+17,1	Krebs, Krippe		
Sa 30.	11 09	18 06	0 28	9 42	+11,7	Löwe, Regulus		
So 31.	12 28	18 53	0 46	10 33	+ 5,8	* Sextant	**Erstes Viertel**	**$4^h\,22^m$**

Der Mond zieht an Spica vorbei

Merkur kann unter günstigen Sichtbedingungen noch an den beiden ersten Maitagen tief am Nordwesthorizont erspäht werden. Am 2. geht der nur 1,ᵐ1 helle Planet um 21^h34^m (= 22^h34^m Sommerzeit) unter. Erst gegen 20^h30^m ist es dunkel genug, um Merkur zu erkennen. Gegen 21^h (= 22^h Sommerzeit) verschwindet Merkur bereits in den horizontnahen Dunstschichten (siehe auch Abb. 4.4 und 4.5 auf Seite 85).

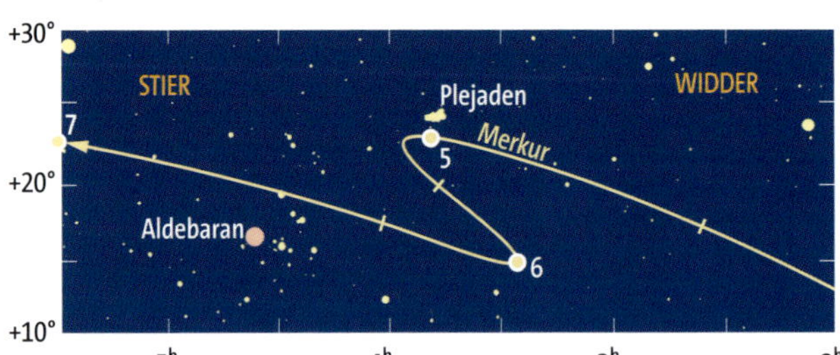

5.2. Die Bahn von Merkur:
Scheinbare Merkurschleife im Gebiet der Sternbilder Widder und Stier.

Am 7. bleibt der flinke Planet stehen und eilt anschließend auf die ihm entgegenkommende Sonne zu. Schon am 18. trifft er mit ihr zusammen, Merkur steht in unterer Konjunktion mit ihr. Anschließend wachsen seine westlichen Winkelabstände an, für eine Morgensichtbarkeit reicht es allerdings nicht. Außer an den beiden ersten Maitagen bleibt Merkur in diesem Monat am Taghimmel verborgen. Am 30. beendet Merkur seine Rückläufigkeit und wandert anschließend wieder rechtläufig durch den Tierkreis. Seine Konjunktionsschleife zieht er im Goldenen Tor der Ekliptik, das von den beiden offenen Sternhaufen Hyaden und Plejaden im Sternbild Stier markiert wird (siehe Abb. 5.2 oben).

Am 25. passiert der sonnennahe Planet das Aphel seiner Bahn.

Venus baut ihre Rolle als hell strahlender Morgenstern weiter aus. Schon am 2. Mai leuchtet sie mit −4,ᵐ5 **in größtem Glanz** tief am östlichen Morgenhimmel (siehe auch Abb. 7.4 auf Seite 141).

Die Venusaufgänge verfrühen sich um fast eine Stunde, allerdings geht jetzt auch die Sonne immer früher auf. Am 1. erfolgt der Venusaufgang um 3^h35^m (= 4^h35^m Sommerzeit), am 31. bereits um 2^h38^m.

Ein netter Himmelsanblick ergibt sich am 21. morgens vor Sonnenaufgang, wenn sich die Sichel des abnehmenden Mondes zur Venus gesellt. Auch Jupiter ist weiter südlich mit von der Partie (siehe Abb. 5.1 auf Seite 98).

Im Teleskop zeigt Venus eine schöne Sichel, die im Laufe des Monats kleiner und dicker wird. Am 1. erscheint das knapp 40″ große Venusscheibchen zu 25 % beleuchtet. Bis Monatsende schrumpft der scheinbare Venusdurchmesser auf gut 25″ und Venus sieht man fast halb beleuchtet (Beleuchtungsgrad: 47 %); im Fernrohr sieht sie dann wie ein „Halbmond" aus.

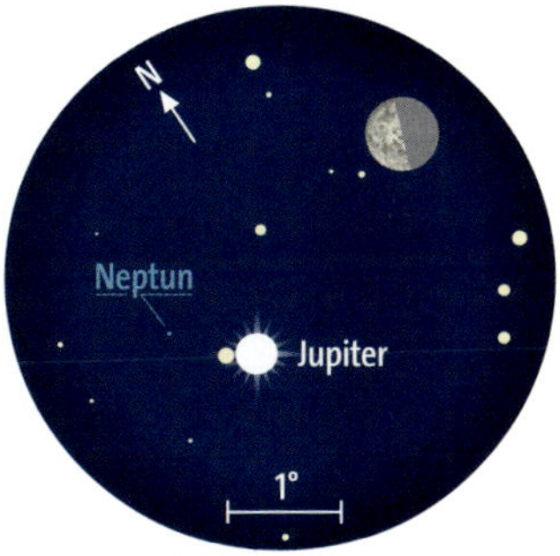

5.3 Jupiter begegnet Neptun
im Sternbild Steinbock. Hinzu kommt am 17. Mai der abnehmende Halbmond. Fernglasanblick gegen 3^h MEZ (= 4^h MESZ) bei 5° Gesichtsfelddurchmesser.

Mars eilt durch das Sternbild Fische und erreicht immer nördlichere Positionen. Doch die Sonne ist ihm im Anstieg zum Gipfel ihrer Jahresbahn voraus. Noch zeigt sich Mars nicht am Morgenhimmel, denn die Sonne beschreibt den größeren Tagbogen. Am 21. beginnt auf der Nordhalbkugel des Mars der Winter.

Jupiter wird zum Planeten der zweiten Nachthälfte. Der Riesenplanet wandert durch den Steinbock, wobei er aber seine Bewegung merklich abbremst. Am 19. zieht er nur fünf Bogenminuten (= 5′) nördlich an μ Capricorni vorbei (siehe Abb. 8.5. auf Seite 162). Zum Stillstand kommt Jupiter aber erst Mitte Juni. Die kommende Oppositionsperiode kündigt sich schon durch eine deutliche Helligkeitszunahme an. Die Jupiterhelligkeit steigt um $0^{m},3$ auf $-2^{m},5$ an. Damit wird Jupiter am Morgenhimmel nach Venus zu einem dominierenden Gestirn.

Der Jupiteraufgang verfrüht sich von 2^h36^m (= 3^h36^m Sommerzeit) am 1. auf 1^h44^m am 15. und auf 0^h44^m am Monatsletzten.

Der scheinbare Äquatordurchmesser des Jupiterglobus wächst von 37″,9 auf 41″,7. Die Entfernung des Riesenplaneten von der Erde nimmt von 779 Millionen Kilometer (= 5,21 AE) zu Maibeginn auf 707 Millionen Kilometer (= 4,73 AE) zum Monatsende ab.

Am 17. zieht der abnehmende Halbmond an Jupiter vorbei, vier Tage später dann an Venus (siehe auch Abb. 5.1 auf Seite 98). Am 25. kommt es zu einer Begegnung mit dem sonnenfernen und lichtschwachen Neptun, an dem der Riesenplanet nur 23′ südlich vorbeiwandert (siehe Abb. 5.3 links).

Saturn bremst seine rückläufige Bewegung im Löwen vollends ab und wird am 17. zum zweiten Mal in diesem Jahr stationär. Anschließend wandert er wieder rechtläufig durch den Tierkreis. Der Umkehrpunkt liegt bei χ Leonis ($4^{m},6$), der als Referenzstern dienen kann, um mit einem Fernglas die Saturnbewegung von Woche zu Woche

Konstellationen und Ereignisse

Datum	MEZ	Ereignis
2.	16^h	**Venus in größtem Glanz**
4.	12	Mond bei Saturn, Mond 6°,2 südlich
7.	17	Merkur im Stillstand, anschließend rückläufig
17.	9	**Mond bei Jupiter**, Mond 3°,0 nördlich, **Abstand 2°,2 um 4^h**
17.	10	Mond bei Neptun, Mond 2°,7 nördlich
17.	20	Saturn im Stillstand, anschließend rechtläufig
18.	11	Merkur in unterer Konjunktion mit der Sonne
19.	21	Mond bei Uranus, Mond 5°,4 nördlich
21.	9	**Mond bei Venus**, Mond 6°,7 nördlich, **Abstand 5°,2 um 4^h**
21.	21	Mond bei Mars, Mond 6°,5 nördlich
24.	1	Mond bei Merkur, Mond 7°,3 nördlich
25.	14	**Jupiter bei Neptun**, Jupiter 0°,4 südlich, **Abstand 0°,4 am 27.** (im Fernrohr 23′)
25.	15	Merkur im Aphel
29.	12	Neptun im Stillstand, anschließend rückläufig
30.	17	Merkur im Stillstand, anschließend rechtläufig
31.	18	Mond bei Saturn, Mond 6°,3 südlich

DER FOTOTIPP

Fotoobjektive mit 100 -- 200 mm Brennweite reichen aus, um die Jupitermonde sichtbar zu machen. Bei Belichtungszeiten von 10 bis 60 Sek. und niedrigen ISO-Zahlen sollte die Kamera allerdings auf einer Montierung mit Nachführung befestigt werden. Auch Monde von Saturn lassen sich auf diese Weise erhaschen.

Planet Jupiter mit seinen vier hellen Monden

zu verfolgen. Mit seinem zweiten Stillstand beendet Saturn seine diesjährige Oppositionsperiode. Dies wird auch an der weiter abnehmenden Saturnhelligkeit deutlich, die zu Monatsende $0^{m}_{,}9$ beträgt (siehe auch Abb. 3.2 auf Seite 67).

Aus der zweiten Nachthälfte zieht sich der Ringplanet langsam zurück. Erfolgt der Saturnuntergang am 1. noch um $3^{h}34^{m}$ (= $4^{h}34^{m}$ Sommerzeit) und am 15. um $2^{h}38^{m}$, so sinkt der Ringplanet am 31. schon um $1^{h}35^{m}$ unter die westliche Horizontlinie.

Uranus, rechtläufig in den Fischen, kann sich noch nicht am Morgenhimmel durchsetzen. Der sonnenferne Planet bleibt weiterhin unbeobachtbar.

Neptun wird am 29. im Sternbild Steinbock stationär und bewegt sich anschließend rückläufig seiner Oppositionsstellung entgegen. Allerdings tritt Neptun zunächst fast auf der Stelle (siehe Abb. 8.5 auf Seite 162). Gegen Ende Mai bietet sich erstmals in diesem Jahr die Chance, den nur $7^{m}_{,}9$ hellen, sonnenfernen Planeten am Morgenhimmel aufzufinden. Als Aufsuchhilfe bietet sich der strahlend helle Jupiter an, der am 25. nur 23′ südlich Neptun passiert (siehe Abb. 5.3 auf Seite 103). Am 17. gesellt sich noch der abnehmende Halbmond zu den beiden Wasserstoffplaneten.

Am 15. geht Neptun um $1^{h}44^{m}$ (= $2^{h}44^{m}$ Sommerzeit) auf und kulminiert um $6^{h}43^{m}$. Bis Ende Mai verfrüht sich der Neptunaufgang auf $0^{h}41^{m}$ und die Meridianpassage auf $5^{h}40^{m}$ (= $6^{h}40^{m}$ Sommerzeit).

Planetoiden

Ceres (1) – wieder rechtläufig im Löwen – kann noch in der ersten Nachthälfte aufgefunden werden. Ihre Glanzzeit ist allerdings vorüber. Abermals geht ihre Helligkeit um $0^{m}_{,}5$ zurück und beträgt Ende Mai nur noch $8^{m}_{,}5$. Um Ceres aufzufinden, soll das Aufsuchkärtchen Abb. 3.2 auf Seite 67 dienlich sein.

Am 1. geht Ceres um $20^{h}16^{m}$ durch den Meridian, am 15. um $19^{h}28^{m}$ (= $20^{h}28^{m}$ Sommerzeit) und am 31. schon um $18^{h}37^{m}$. Ihr Untergang erfolgt am Monatsletzten um $2^{h}21^{m}$.

Periodische Sternschnuppenströme

Die **Eta-Aquariden**, auch **Mai-Aquariden** genannt, flammen von Monatsbeginn bis etwa 20. Mai auf. Ihr Radiant liegt bei η Aquarii. Das ausgeprägte Maximum wird am 4. Mai erreicht. Im Durchschnitt sind etwa zwanzig Sternschnuppen pro Stunde zu registrieren, um die Zeit des Maximums bis zu vierzig. Wegen des horizontnah liegenden Radianten sind die Mai-Aquariden in unseren Breiten kaum zu beobachten. Aber in südlichen Gegenden sind sie ein auffälliger Strom. Es handelt sich bei diesem Meteorstrom um schnelle Objekte (um

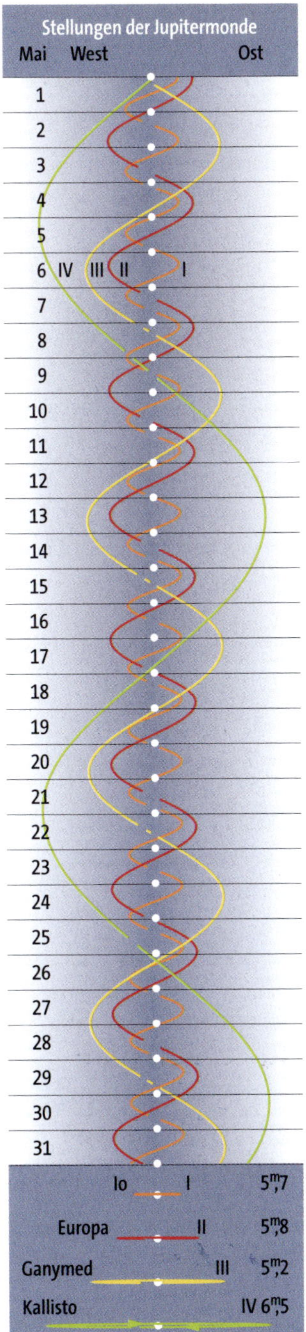

65 Kilometer pro Sekunde), die auffallend lange Leuchtspuren hinterlassen. Die beste Beobachtungszeit ist ab etwa 3^h am Morgenhimmel in den Tropen. Die Mai-Aquariden gehen auf den Kometen 1P/Halley zurück.

Ferner sind noch die **Scorpius-Sagittarius**-Meteore zu erwarten, die von Mitternacht bis 4^h morgens günstig zu beobachten sind. Ihr Ausstrahlungspunkt liegt rund 1° nördlich von β Scorpii. Das erste Maximum dieses Stromes wird um den 20. erwartet. Es handelt sich um mittelschnelle Sternschnuppen (um 30 Kilometer pro Sekunde).

Jupitermonde

Tag	MEZ h	m	Vorgang	
1.	2	58	III	BA
	4	48	IV	DE
5.	3	11	I	DE
7.	4	14	II	VA
9.	2	40	IV	VE
11.	4	21	I	VA
12.	2	49	I	DA
	3	46	I	SE
13.	2	28	I	BE
16.	2	00	II	SA
18.	1	44	II	BE
19.	3	23	I	SA
20.	4	22	I	BE
25.	4	19	II	BE
26.	3	16	III	SE
27.	2	36	I	VA
28.	1	05	I	DA
	2	02	I	SE
	3	21	I	DE

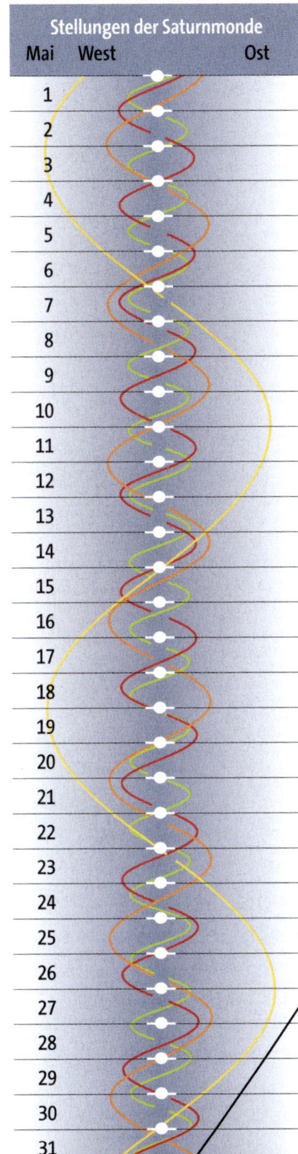

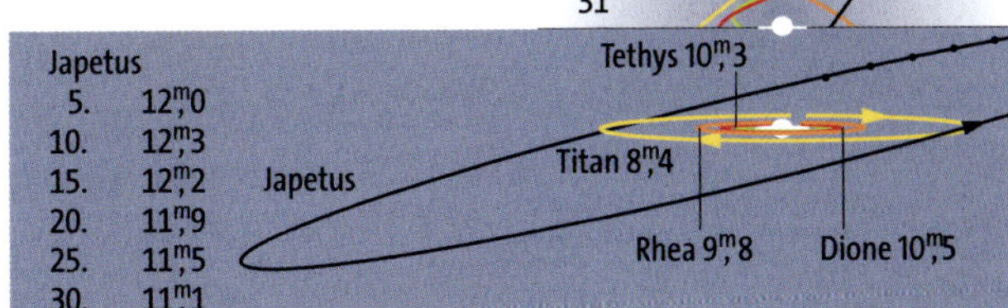

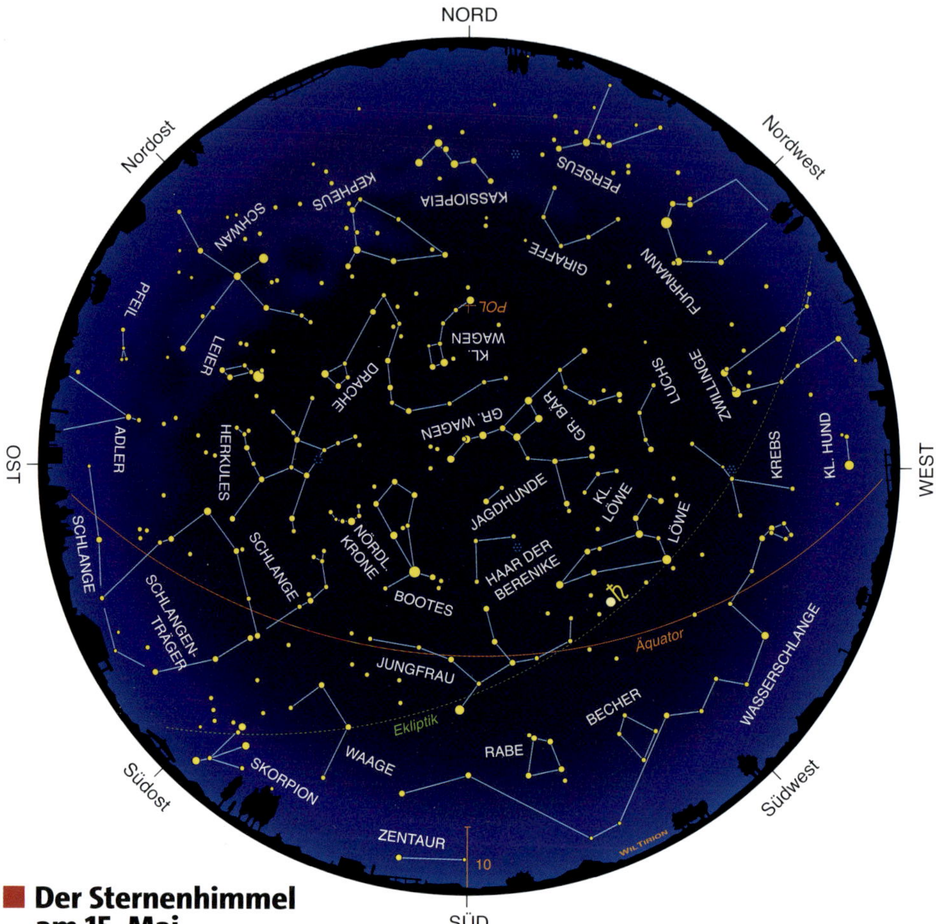

Der Sternenhimmel am 15. Mai um 22^h MEZ

Die Sternkarte ist auch gültig für:

	MEZ	MESZ
1. 1.	7^h	
15. 1.	6	
1. 2.	5	
15. 2.	4	
1. 3.	3	
15. 3.	2	
1. 4.	1	2^h
15. 4.	0	1
1. 5.	**23**	**24**
15. 5.	**22**	**23**

Der abendliche Sternenhimmel zeigt uns sein charakteristisches Frühlingsgesicht. Der Wintersternenhimmel hat nun endgültig Abschied genommen und den Frühlingsbildern Platz gemacht. Zwar sind tief im Westen noch die Zwillinge und der Kleine Hund zu finden, doch den Schwerpunkt der Himmelsszene bilden sie nicht mehr. Ganz im Gegenteil, sie sind gerade noch im Horizontdunst auszumachen.

Der Wagen als Wegweiser

Blickt man steil nach oben, so erkennt man den Himmelswagen, der fast im Zenit (= Scheitelpunkt) steht. Folgt man mit den Augen dem Schwung der

Wagendeichsel, so trifft man hoch im Süden auf den orangeroten Arktur, den Hauptstern des Bootes. Das Sternbild Bootes ist recht markant und lässt sich leicht einprägen: Es hat die Form eines Papierdrachens, manchen mag die Figur an eine Eistüte erinnern – so sehen es zumindest die amerikanischen Sternfreunde.

Der Große Wagen ist gar kein offizielles Sternbild. Die Internationale Astronomische Union (IAU) hat eine Liste von 88 genormten Sternbildern zusammengestellt, die die gesamte Fläche der Himmelskugel bedecken, das sind immerhin 41 253 Quadratgrad. Alle offiziellen IAU-Sternbilder tragen lateinische Namen und werden jeweils mit drei Buchstaben abgekürzt. Der Große Wagen kommt in dieser Liste überhaupt nicht vor, denn die sieben Wagensterne gehören zu dem viel umfangreicheren Sternbild Großer Bär, das lateinisch Ursa Maior heißt und UMa abgekürzt wird. Die drei Deichselsterne markieren dabei den Schwanz und die vier Kastensterne den Schinken des Bären. Der Kopf und die Pranken des Bären werden von recht lichtschwachen Sternen angedeutet, die in unseren lichtüberfluteten Städten und Siedlungen kaum mehr zu sehen sind.

Von Süd über West nach Nord ...

Im Süden schreitet die Jungfrau mit ihrem hellen, bläulichen Hauptstern Spica eben durch die Mittagslinie. Südwestlich von Spica fällt das markante Sternentrapez des Raben auf, der seine Meridianpassage gerade hinter sich hat. Der Südosthimmel macht einen recht sternarmen Eindruck. Das Sternbild Waage ist nicht besonders auffällig.

Der Löwe hat seinen Meridiandurchgang schon hinter sich. Das große Löwentrapez neigt sich leicht zum Horizont. Zwischen dem Löwen und dem großen Bären liegt das weniger bekannte Bild des Kleinen Löwen.

Zieht man von Denebola (β Leonis), dem Schwanzstern im Löwen, zu Arktur eine Linie, so tangiert sie das Sternbild Haar der Berenike (lat.: Coma Berenices, meist nur Coma genannt). Das Haar der Berenike hat jetzt seine Höchststellung erreicht. Es gehört zu den lichtschwächsten und darum unauffälligen Sternbildern. Es setzt sich nur aus Sternen vierter Größe und schwächer zusammen. In sehr dunkler, mondloser und klarer Nacht mit guter Durchsicht bemerkt man wohl eine etwas höhere Konzentration an schwächeren Sternen zwischen Löwe und Bootes. Im Norden wird das Haar der Berenike von den Jagdhunden und im Süden von der Jungfrau begrenzt. Etwas Fantasie vorausgesetzt, kann man sich unter dieser Ansammlung von schwächeren Sternen das vom Wind zerzauste Haupthaar einer Frau vorstellen. Im Sternbild Haar findet sich auch der berühmte Coma-Galaxienhaufen in über 300 Millionen Lichtjahren Entfernung.

Der unscheinbare Krebs steht noch im Westen, eingerahmt von Zwillingen und Löwe.

Tief im Nordwesten funkelt Kapella im Fuhrmann. Sie ist der hellste Stern, der bei uns zirkumpolar ist.

... bis zum Osthimmel

In der Osthälfte des Himmelsgewölbes fällt neben dem Bootes ein markanter Sternenhalbkreis ins Auge. Er deutet

Veränderliche Sterne im Mai

Algol-Minima	3.	3^h15^m	8.	20^h54^m	23.	4^h58^m	26.	1^h48^m	31.	19^h24^m		
β-Lyrae-Minima	4.	14^hH	11.	1^hN	17.	13^hH	23.	24^hN	30.	11^hH		
δ-Cephei-Maxima	2.	17^h	8.	2^h	13.	11^h	18.	20^h	24.	5^h	29.	13^h

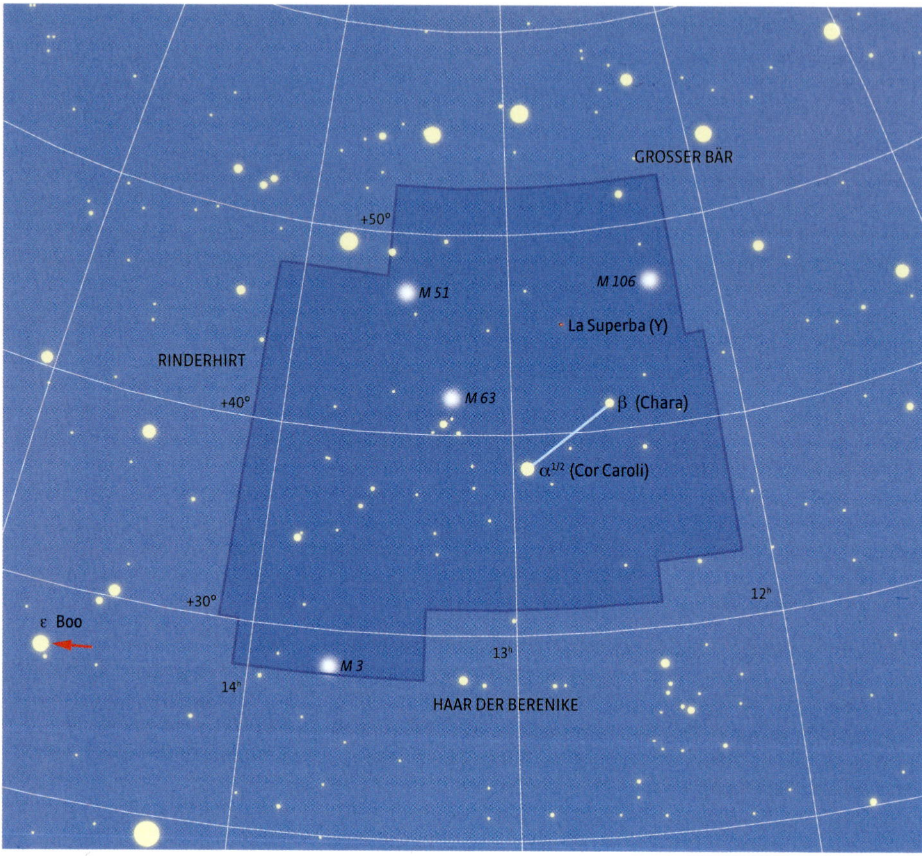

5.4 Das Sternbild Jagdhunde: Die Position des Kugelsternhaufens M 3 im Sternbild Jagdhunde an der Grenze zum Bootes. Eingetragen ist ferner der Doppelstern ε Booti (Pfeil!). Auch die Lage der Galaxien M 51 und M 63 ist vermerkt.

die Nördliche Krone, lateinisch Corona Borealis an. Die international übliche Abkürzung für die Nördliche Krone lautet daher CrB. Der etwas hellere Stern im Halbkreis, α Coronae Borealis, heißt Gemma, was aus dem Lateinischen kommt und Edelstein bedeutet. Weniger bekannt ist der aus dem Arabischen stammende Name Alphecca für α CrB.

In der Krone findet sich der rußende Stern R CrB. Er ist ein unregelmäßiger, eruptiv variabler Stern. Im Maximum strahlt er mit 6^m, ist also schon in einem Fernglas zu sehen. Wenn er sich mit einer relativ dichten Rußwolke umgibt, dann sinkt seine Helligkeit bis auf 15^m ab und R CrB ist nur noch in großen Teleskopen zu beobachten. Im Nordosten strahlen Wega in der Leier und Deneb im Schwan, zwei Eckpunkte des Sommerdreiecks. Der dritte im Bunde, Atair im Adler, ist allerdings zur Standardbeobachtungszeit noch nicht erschienen. Auf der Verbindungslinie Arktur – Wega liegt ein wenig östlich des Sternenhalbkreises der Nördlichen Krone das lichtschwache, aber ausgedehnte Sternbild Herkules.

Der Skorpion schickt sich erst an aufzugehen. Sein heller

Hauptstern Antares überschreitet gerade die Horizontlinie. Im Osten steigt der Schlangenträger (lat.: Ophiuchus) mit der Schlange (lat.: Serpens) empor. Von der Schlange, deren Kopf bis an die Nördliche Krone heranreicht, steht allerdings nur der Vorderteil (lat.: Serpens Caput) schon über dem Horizont.

Objekte für Feldstecher und Fernrohr

Ein leicht zu trennender und prominenter Doppelstern ist Algieba (γ Leonis), der Halsstern des Löwen. Schon ein Zweizöller (= Fernrohr mit 5 cm freier Öffnung) trennt Algieba spielend. Zwei orangegelbe Sterne (A: $2^{\mathrm{m}}{,}4$ und B: $3^{\mathrm{m}}{,}6$) stehen in $4{,}''7$ Distanz voneinander.

Schwieriger zu trennen ist ε Bootis. Die Distanz seiner Komponenten von $2{,}''9$ erfordert schon einen Dreizöller, um das Paar einwandfrei aufzulösen, vor allem wegen der großen Helligkeitsdifferenz beider Komponenten. ε Boo A ist mit $2^{\mathrm{m}}{,}7$ wesentlich heller als ε Boo B mit nur $5^{\mathrm{m}}{,}3$. Nett anzusehen ist der deutliche Farbkontrast. Die hellere Komponente leuchtet orange-gelb, der Begleiter scheint in einem weißen Licht.

Ein schwieriger Doppelstern ist ω Leonis. Ihn zu trennen erfordert schon ein Instrument von mindestens 25 cm freier Öffnung, wobei ein Refraktor ein besseres Auflösungsvermögen als ein Spiegel gleicher Größe bietet. Unter guten Sichtbedingungen (ruhige Luft!) kann man ω Leo schon im 20-cm-Refraktor auflösen. Die beiden $5^{\mathrm{m}}{,}9$ und $6^{\mathrm{m}}{,}5$ hellen Komponenten stehen in einem Abstand von nur $0{,}''8$. Langsam wird die Distanz größer. Beide Sterne zeigen eine gelbliche Farbe. Um ω Leonis zu finden, benutze man die Sternkarte E 11 im *Atlas für Himmelsbeobachter* von Erich Karkoschka.

Der Kugelsternhaufen M 13 im Herkules gehört zu den Standardobjekten einer Sternführung im Frühjahr. In mondlosen Nächten und bei sehr guten Sichtverhältnissen kann man M 13 sogar mit bloßen Augen als mattes Lichtfleckchen ausmachen. Im Fernglas ist M 13 auf alle Fälle gut erkennbar. Allerdings, um die Randpartien dieses Kugelhaufens in einzelne Sterne aufzulösen, benötigt man schon ein Fernrohr. So richtig zur Geltung kommt M 13 aber in größeren Teleskopen von zehn Zoll Öffnung aufwärts (also ab 25 cm Objektivdurchmesser).

Weitere Kugelhaufen, die schon im Fernglas erkennbar sind, sind M 3 in den Jagdhunden und M 5 in der Schlange. M 3 liegt auf der Verbindungslinie Arktur – α Canum Venaticorum (Cor Caroli), an der Grenze zum Bootes. M 5 liegt im westlichen Teil des Schlangenkopfes (Serpens Caput) an der Grenze zur Jungfrau und nördlich der Waage. M 3 und M 5 sind in dem schon erwähnten *Atlas für Himmelsbeobachter* in der Karte E 15 eingetragen. M 3 ist 32 000 Lichtjahre und M 5 rund 26 000 Lichtjahre entfernt.

In den Jagdhunden kann man noch versuchen, den Spiralnebel M 51 ins Visier zu nehmen. Man sieht fast senkrecht auf diese Spiralgalaxie, die Lord Rosse als Whirlpool Galaxy (engl., Strudelgalaxie) getauft hat. M 51 war das erste Milchstraßensystem, bei dem man eine Spiralform erkannt hat. Die Entfernung der Strudelgalaxie beträgt rund 22 Millionen Lichtjahre. Viele an der Astronomie Interessierte kennen M 51 von prächtigen Fotos in Astronomiebüchern oder im Internet. Im Amateurteleskop entpuppt sich M 51 allerdings nur als ein mattes Lichtfleckchen. Erst in großen Instrumenten zeigen sich deutlich die Spiralarme. M 51 gehört zu den schönsten Spiralnebeln am Firmament. Die Strudelgalaxie ist leicht zu finden, wenn man vom letzten Deichselstern im Großen Wagen (Benetnasch oder η UMa) ausgeht.

Schwenkt man von M 51 dann weiter in Richtung α Canum Venaticorum (Cor Caroli), so trifft man auf eine weitere Galaxie, nämlich M 63. Sie ist längst nicht so spektakulär wie M 51. Im Amateurfernrohr erkennt man den hellen Galaxienkern kaum und die Spiralarme bleiben kleineren Instrumenten verborgen. Von M 63 trennen uns 30 Millionen Lichtjahre.

Gibt es grüne Sterne?

5.5 Helle Sterne leuchten in unterschiedlichen Farben. Aber gibt es auch grüne Sterne? (Foto: Stefan Seip/ Sternwarte Welzheim, www.astromeeting.de)

Immer wieder fragen Besucher bei einer Führung auf einer Sternwarte: „Warum leuchten die Sterne grünlich?“ Versierte Sternbeobachter sind durch diese Frage nicht selten irritiert. Von „grünen Sternen“ haben sie noch nie etwas gehört. Bekannt ist, dass die hellen Sterne dem normalsichtigen Auge eines Beobachters in verschiedenen Farben erscheinen. Wega, Spika, Rigel und Sirius beispielsweise schimmern eindeutig bläulich. Kapella und Toliman leuchten gelb, Arktur und Aldebaran wirken orange, Beteigeuze und Antares sehen wir rötlich. Im Fachjargon der Astronomen wird von Roten und Blauen Riesen sowie von gelben Zwergsternen gesprochen. Die vielen lichtschwächeren Sterne erscheinen uns eher farblos, sprich als weiße Lichtpunkte. Viele unvoreingenommene Beobachter meinen aber, das Heer der Sterne leuchte in einem grünlichen Farbton. Eine Heidelberger Astronomiestudentin berichtete einmal stolz, ihr Professor habe in der Vorlesung erklärt, die Sonne strahle die meiste Energie im grünen Spektralbereich aus. Ihre himmelskundlich versierten Freunde dagegen meinten, die Sonne sei ein gelber Stern. Nehmen wir nun eine grüne oder eine gelbe Sonne am Firmament wahr? Sehen wir einmal vom niedrigen Sonnenstand bei Auf- oder Untergang ab, wo das Sonnenlicht durch die Atmosphäre selektiv gestreut wird und wir einen roten Glutball erleben, so erscheint uns die Sonne hoch am Himmel schlicht in einem grellen Weiß. Und wie steht es um die Farben der anderen Sterne? Warum haben unvoreingenommene Beobachter den Eindruck, Sterne leuchten grünlich?

Die Farbempfindungen entstehen in unserem Gehirn durch unterschiedliche Wellenlängen beziehungsweise Frequenzen der elektromagnetischen Strahlung, die unser Auge erreicht.

Wellenlänge (λ) und Frequenz (ν) sind komplementäre Größen. Ihr Produkt ergibt stets die Lichtgeschwindigkeit (c): $\lambda \cdot \nu = c$ (c = 299 792,5 km/s im Vakuum).

Die Entdeckung elektromagnetischer Wellen gehört zu den größten Kulturleistungen in der Menschheitsgeschichte. Nur einen winzigen Bereich des elektromagnetischen Spektrums erleben wir als sichtbares Licht. Von den kürzesten Wellenlängen im Bereich der Gammastrahlung von nur wenigen Milliardstel Meter über Röntgenstrahlung, Ultraviolett, sichtbares Licht, Infrarot bis zu den Radiowellen im Kilometerbereich dehnt sich das elektromagnetische Spektrum aus. Nur der Bereich von 390 nm bis 760 nm*) erzeugt in unserem Gehirn Lichtempfindungen. Man spricht auch deshalb von sichtbarem Licht. In diesem Bereich liegen die Farben Violett, Blau, Grün, Gelb, Orange und Rot. Alle anderen Wellenlängen bleiben für unsere Augen unsichtbar. Elektromagnetische Strahlung mit Wellenlängen kürzer als 390 nm bezeichnet man als Ultraviolettstrahlung. Wir können sie nicht sehen, aber sie bräunt oder verbrennt gar unsere Haut. Die noch kürzere Strahlung im Röntgenbereich zerstört das Gewebe, Gammastrahlung sterilisiert in Minutenschnelle. Wellenlängen über 760 nm gehören zum Infraroten, das wir zwar ebenfalls nicht sehen können aber immerhin recht gut als Wärmestrahlung spüren.

Die verschiedenen Wellenlängen im sichtbaren Bereich des elektromagnetischen Spektrums rufen bei uns unterschiedliche Farbempfindungen hervor. Strahlung von 390 bis 400 nm erzeugt einen violetten Eindruck, 450 bis 480 nm empfinden wir als blaues Licht, bei 500 nm sehen wir die Lichtquelle grün, 580 bis 600 nm bezeichnen wir als gelbes Licht, bei 650 nm erscheint ein Objekt orange und zwischen 700 und 760 nm liegt kräftiges Rot. Dazwischen gibt es Übergänge: Um 550 nm liegt der gelbgrüne Bereich. Verschiedene Wellenlängen in Kombination ergeben Farbmischungen, was unsere

*) 1 nm = 1 Nanometer = 1 Milliardstel Meter

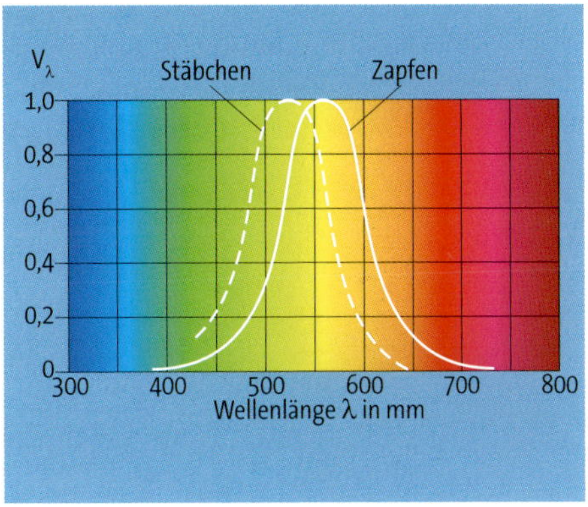

5.6 Helligkeitsempfindung des Stäbchen- und des Zapfenapparates im menschlichen Auge in Abhängigkeit von der Wellenlänge.

mit dem Sehsinn erfahrbare Welt so bunt erscheinen lässt!

Sehen wir eine Lichtquelle, die alle Wellenlängen des sichtbaren Lichtes ausstrahlt, so erscheint sie uns weiß.

Das Sehen ist ein komplizierter Prozess. Das Licht übermittelt die Informationen von der Außenwelt, die Bilder aber entstehen im Gehirn und zwar in einem Areal, das im Hinterkopf (Hinterhauptlappen) liegt und von den Physiologen Sulcus calcarinus genannt wird. Wird dieser Teil des Gehirns durch eine Verletzung zerstört, so erblinden wir trotz völlig intakter Augen (sogenannte Rindenblindheit).

Sehen mit Stäbchen und Zapfen

Das Licht trifft auf das menschliche Auge, wo es von der Augenlinse gesammelt und auf die Netzhaut fokussiert wird. Die Netzhaut ist ein vorgeschobener Teil des Gehirns. Sie setzt sich aus mehreren Schichten von Ganglienzellen unterschiedlicher Typen zusammen. Auf der obersten Schicht sitzen die Rezeptoren (Empfängerzellen). Diese Lichtsinneszellen kommen in zwei Arten vor, als Stäbchen und Zapfen. Die

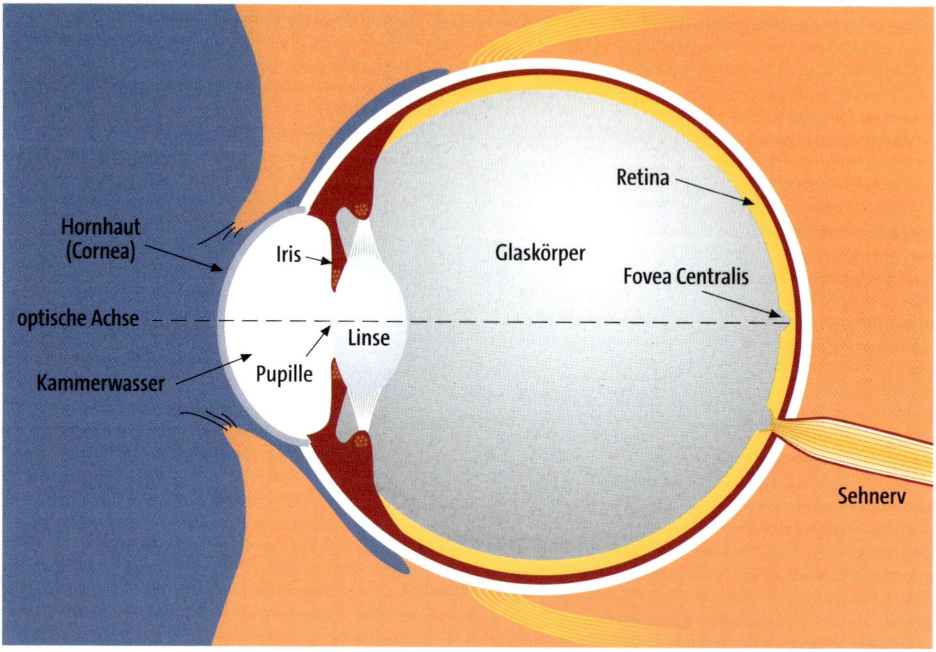

5.7 Querschnitt des menschlichen Auges mit der Fovea Centralis, der Netzhautgrube.

Stäbchen sind etwa 0,06 Millimeter lang aber nur 0,002 Millimeter dick. Auf einem Millimeter Länge finden rund fünfhundert Stäbchen Platz. Insgesamt enthält die Netzhaut an die hundert Millionen Stäbchen, die zur Peripherie hin dichter angeordnet sind. Die Zapfen sind 0,007 Millimeter dick und vor allem in der zentral liegenden Netzhautgrube (fovea centralis) vorhanden. Mit sechs bis sieben Millionen Zapfen sind sie deutlich weniger als die Stäbchen. In der physikalischen Literatur liest man meist von „Zäpfchen" während die Mediziner üblicherweise von „Zapfen" sprechen. Warum wohl? Für Astronomen und Physiker sind die Zapfen arg klein, daher heißt es bei ihnen „Zäpfchen". Mediziner denken bei dem Wort „Zäpfchen" nicht an Sinneszellen auf der Netzhaut ...

Die Stäbchen und Zapfen sind der Empfangsapparat für die einfallenden Lichtquanten (Photonen). Sie rufen jedoch nicht direkt einen Reiz hervor, der durch weitere Nervenzellen weitergeleitet wird. Vielmehr bewirken sie einen photochemischen Prozess.

Das in den Stäbchen vorhandene Rhodopsin (Sehpurpur) zerfällt in einzelne chemische Bestandteile, wenn es von Photonen getroffen wird. Die Zerfallsprodukte erzeugen ein elektrisches Potential, das mittels saltatorischer Erregungsleitungen über die Chiasma opticum (Sehnervenkreuzung) und den Tractus opticus zum Hinterhauptlappen geleitet wird, wo das eigentliche Bild bewusst wird, das wir „sehen". Der Zapfensehstoff wiederum ist das Jodopsin (und noch einige weitere Substanzen), das bei Lichteinfall zerfällt.

Die Stäbchen und Zapfen haben unterschiedliche Eigenschaften und Aufgaben. Der Stäbchenapparat ist deutlich lichtempfindlicher, kann jedoch nur hell und dunkel unterscheiden aber keine Farben. Mit ihm sieht man bei geringer Beleuchtungsstärke wie in der Dämmerung („Nachts sind alle Katzen grau."). Die Zapfen hingegen benötigen eine höhere Lichtintensität, um angeregt zu werden. In der Netzhautgrube, der Stelle des schärfsten Sehens, finden sich nur Zapfen. Weiter außen sind Zapfen und Stäbchen gemischt, wobei die Zapfendichte zum Rand hin abnimmt. Die höhere Zapfenreizschwelle ist auch der Grund, warum man im hellen Vollmondlicht den Eindruck hat, alles gut zu sehen, aber nicht lesen kann. Der Stäbchenapparat ermöglicht die großen Strukturen wie Häuser, Bäume, Straßen etc. zu erkennen. Sobald man aber eine Zeitung im Mondlicht lesen möchte, müsste der Zapfenapparat in der Netzhautgrube in Aktion treten. Die Stelle des schärfsten Sehens bleibt aber blind, die Intensität des Mondlichtes reicht nicht aus, um feine Details wie eine kleine Druckschrift auflösen zu können.

Der Zapfenapparat ermöglicht das Farbsehen. Dabei gibt es zwei verschiedene Typen von Zapfen: Die einen sind für Rot-Grün empfänglich, die anderen für Gelb-Blau. Bei Farbenblinden sind diese Funktionen nur sehr schwach ausgebildet. Häufig findet man auch eine partielle Farbblindheit, bei der nicht zwischen Rot und Grün unterschieden werden kann. Die Rot-Grün-Blindheit findet man fast ausschließlich bei Männern. Weshalb, ist noch unerforscht; sie wird häufig vererbt.

In der Psychologie nennt man die reinen Farben Rot, Gelb, Grün und Blau die Urfarben. Schon Leonardo da Vinci hatte erkannt, dass durch Mischen dieser Farben alle Nuancen von Farbtönen erzeugt werden können. Rot mit Violett vermengt ergibt Purpur. Die Erscheinung der farbigen Nachbilder ist ein Nachweis für die Funktion des Zapfenapparates. Blickt man auf eine intensiv leuchtende rote Fläche und danach schnell auf eine weiße, so erscheint Letztere leicht grünlich. Ähnlich verhält es sich mit einer gelben Tafel. Wenn man anschließend eine rein weiße Tafel betrachtet, so hat man den Eindruck eines Blaustiches. Im täglichen Leben gibt es kaum die reinen Urfarben zu sehen, fast alles ist ein Gemisch von Farben, was unser Auge erreicht.

Unterschiede in der Farbwahrnehmung

Der Zapfenapparat hat nicht nur eine höhere Reizschwelle, sondern auch ein anderes Empfindlichkeitsmaximum als der Stäbchenapparat (siehe Abb. auf Seite 111). Während die Zapfen im gelben Bereich (550 bis 570 nm Wellenlänge) am empfindlichsten sind, so werden die Stäbchen von grünem Licht (500 bis 520 nm) am stärksten erregt. Bei fortschreitender Abenddämmerung verschwinden nicht nur die Farben, da der Zapfenapparat immer weniger zum Erkennen beiträgt, sondern auch die Helligkeitseindrücke der verschiedenen Farben verändern sich. Helles Rot wird in der Dämmerung zu dunklem Grau, und was bei Tageslicht dunkelgrün erscheint, sieht plötzlich hellgrau aus. Dies hat bereits der böhmische Physiologe und Professor in Prag Johannes Evangelista Ritter von Purkinje (1787–1869) im Jahre 1825 erkannt. Noch heute spricht man vom Purkinjeschen Phänomen.

In noch einem Effekt unterscheiden sich Stäbchen und Zapfen. Die „Flimmergrenze“ ist bei den Stäbchen stärker ausgeprägt. Während der Zapfenapparat bei 20 bis 25 Einzelbildern pro Sekunde ein kontinuierliches Bild vermittelt, so liegt die Flimmergrenze beim Stäbchenapparat bei 35 bis 60 Hertz (Bilder pro Sekunde) – abhängig von der Helligkeit der Bilder. Man kann dies leicht nachprüfen: Blickt man an einem Fernsehbild vorbei, sieht also nicht mit der Fovea centralis und damit mit dem Zapfenapparat, so flimmert das Fernsehbild deutlich. Das Flimmern verschwindet (manchmal nur fast), wenn man das Bild wieder direkt anblickt. Ähnlich bei einer Niedervoltleuchtröhre („Energiesparlampe“): Lässt man ihr Licht auf ein weißes Blatt Papier fallen und sieht knapp daneben, so scheint es zu flimmern. Blickt man es direkt an, hört das Flimmern auf.

Die unterschiedlichen Reizschwellen von Zapfen und Stäbchen erkennt man auch, wenn man sehr schwache Sterne sucht oder in der Abenddämmerung nach den ersten Sternen Ausschau

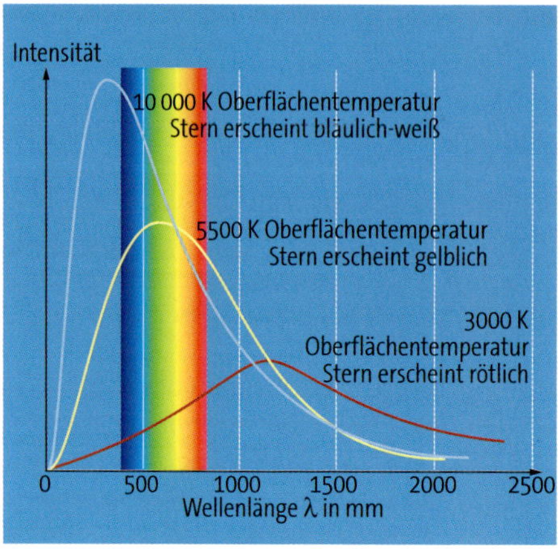

5.8 Zusammenhang zwischen Oberflächentemperatur eines Sternes und dem Farbeindruck.

hält. Plötzlich meint man, ein Lichtpünktchen zu sehen. Blickt man genau hin, ist es verschwunden, um kurz darauf wieder zu erscheinen, wenn man den Kopf wendet. Nimmt man den Stern nämlich ins Visier, so fällt das Licht in die Netzhautgrube, in der nur Zapfen sind. Für sie reicht das schwache Sternenlicht nicht, um sie zu erregen. Blickt man am Stern vorbei, so registriert der empfindlichere Stäbchenapparat das Sternenlicht. Welche Farbeindrücke haben nun die Augen von den Sternen?

Sterne sind glühende Gaskugeln. In erster Näherung sind sie „Schwarze Strahler", die ein kontinuierliches Spektrum gemäß dem Planckschen Strahlungsgesetz aussenden. Die gesamte Strahlungsenergie eines Sternes ist demnach proportional der vierten Potenz seiner effektiven Oberflächentemperatur. Je heißer er ist, desto mehr Energie gibt ein Stern ab. Da die allermeisten Sterne wie unsere Sonne auch ein kontinuierliches Spektrum zeigen, bedeutet dies, dass sie Strahlung aller Wellenlängen aussenden – somit auch Radiowellen. Im sichtbaren Bereich des elektromagnetischen Spektrums werden also bei allen Wellenlängen zwischen 400 und 800 nm Strahlen ausgesandt, allerdings in unterschiedlichen Intensitäten, denn eine Folgerung aus dem Planckschen Strahlungsgesetz ist das Wiensche Verschiebungsgesetz, so genannt nach dem Physiker Wilhelm Wien (1864–1928). Es besagt, dass die Wellenlänge, in der die Strahlung ihre maximale Energie erreicht, umso kürzer ist, je heißer der Stern (oder sonst ein Körper) ist. In eine Formel gebracht lautet das Wiensche Gesetz: $\lambda_{max} \cdot T = 0{,}2898\ \text{cm} \cdot \text{K}$ (K steht für Kelvin, Einheit der absoluten Temperaturskala: −273 °C = 0 K; 273 K = 0 °C).

Ein Stern mit 10 000 K Oberflächentemperatur sendet seine maximale Strahlungsenergie im Bereich von 300 nm Wellenlänge, also im ultravioletten Licht aus. Gemäß der Planckkurve ist seine Strahlung auch im blauen Spektralbereich viel intensiver als etwa im Roten. Deshalb erscheint uns ein solcher Stern bläulich.

Ein kühler M-Stern mit nur 3800 K hat ein Intensitätsmaximum seiner Strahlung bei 750 nm, also im roten Bereich. Zwar sendet auch er gelbes, blaues und ultraviolettes Licht aus, aber eben in geringerer Intensität. Deshalb empfinden wir einen rötlichen Farbton, wenn wir Antares im Skorpion oder Beteigeuze im Orion betrachten.

Und unsere Sonne? Ihre effektive Oberflächentemperatur beträgt 5780 K. Damit leuchtet sie am intensivsten bei ziemlich genau 500 nm Wellenlänge, und das ist dem physiologischen Farbempfinden nach – grün! Sehen wir die Sonne also grün? Natürlich nicht! Denn die Sonne sendet nicht nur grünes Licht aus, sondern auch jede Menge blaues, gelbes, oranges und rotes. Da die Sonne Licht aller Wellenlängen des elektromagnetischen Spektrums abstrahlt, leuchtet die Sonne für menschliche Augen schlicht weiß.

Farbeindrücke können täuschen

Allerdings wird das Sonnenlicht, bevor es unser Auge erreicht, durch die irdische Luft gefiltert und gestreut. Kurzwelligeres Licht wird wesentlich stärker gestreut als langwelligeres Licht ($1/\lambda^4$-Gesetz). Deshalb erscheint der Himmel blau. Dieses blaue Licht ist dem Sonnenlicht entzogen, weshalb dem irdischen Beobachter die Sonne leicht gelblich erscheint. Nimmt man ein weißes Blatt Papier und legt es an einem schönen Tag in die Sonne, so erscheint es blendend weiß. Es reflektiert nämlich das Sonnenlicht und ebenso das blaue Licht des Firmaments. Sinkt die Sonne tiefer, so wird der Weg, den das Sonnenlicht durch die Atmosphäre zurücklegen muss, bevor es in unser Auge fällt, immer länger. Dabei verliert es immer mehr von seinem Blauanteil. Die Sonne erscheint uns in immer tieferem Gelb, dann in Orange. Schließlich geht sie als glutroter Ball am Horizont unter.

Es gibt keine Sterne, die ausschließlich grünes Licht aussenden wie beispielsweise ein grünes Lichtsignal. Kühle Sterne emittieren blaues, grünes, gelbes und rotes Licht, wobei die maximale Ausstrahlung dabei im roten liegt. Wegen ihrer Lichtschwäche am irdischen Firmament nehmen wir hauptsächlich den roten Anteil wahr. Würden wir mit unserer Erde Antares umkreisen, so erschiene er uns aus der Nähe weiß leuchtend – genügend blaues und grünes Licht würde unseren Zapfenapparat ansprechen.

Bei gelben Sternen ist der Blauanteil geringer als der grüne, gelbe und rote Bereich. Heiße Sterne senden wesentlich intensiveres Blaulicht aus als gelbes oder rotes Licht. Deshalb erscheinen sie uns bläulich. Bei lichtschwachen Sternen reicht die Intensität der Strahlung nicht aus, um den Zapfenapparat zu erregen. Nur mit den Stäbchen sieht man diese Lichtpünktchen. Diese können nur Helligkeiten, aber keine Farben unterscheiden. Deshalb hat man gemeinhin schlicht den Eindruck, lichtschwache Sterne leuchten weiß. Zahlreiche Menschen haben jedoch infolge des Purkinjeschen Phänomens die Farb*empfindung* „grün", wenn bei schwachem Kontrast lediglich der Stäbchenapparat erregt wird. Hier spielt auch das Farbgedächtnis eine Rolle. So erscheint uns ein Stück Kohle bei hellem Tageslicht dennoch schwarz, obwohl es mehr Licht aller Spektralfarben aussendet als ein Stück weißes Papier in der fortgeschrittenen Dämmerung, das wir immer noch als „weiß" empfinden, obwohl es weniger Licht aussendet als die Kohle in der Tageshelle. Ähnlich wirkt sich das Farbgedächtnis aus: Bei hellem Licht werden Zapfen *und* Stäbchen erregt. Nimmt die Lichtintensität ab, so sieht man nur noch mit den Stäbchen, die aber im grünen Spektralbereich am empfindlichsten sind. Somit interpretiert das Gehirn bei einer unbekannten Lichtquelle, sie leuchte grünlich. In der Dunkelheit wird Sehpurpur in den Stäbchen gebildet (Vitamin A ist dabei sehr förderlich). Nach einiger Zeit sieht das Auge auch sehr schwache Lichtquellen. Tritt man aus einem verdunkelten Raum plötzlich ins helle Sonnenlicht oder schaltet nachts eine helle Lampe ein, so zerfällt das in größeren Mengen produzierte Sehpurpur fast augenblicklich und man hat einen grellweißen Eindruck. Man ist dann so geblendet, dass man fast Schmerzen spürt und die Augenlider unwillkürlich schließt. Es dauert dann bis zu einer halben Stunde, bis das Auge wieder voll an die Dunkelheit angepasst ist, sich also genügend Sehpurpur gebildet hat. Diesen Vorgang nennt man Adaption.

Grüne Sterne gibt es somit keine, bei lichtschwachen Sternen haben manche Menschen lediglich das Farbempfinden grünlich. Erhöht man die Lichtintensität, die ins Auge fällt, indem man durch ein Teleskop mit entsprechender Objektivöffnung blickt, um genügend Licht zu sammeln, dann sieht man auf einmal die echten Farben eines Sternes.

Als Testbeispiel nehme man den Stern μ Cephei. Mit bloßen Augen sieht man keine Farben, denn μ Cep ist 4. Größe. Aber durch ein Teleskop von 20 cm Objektivöffnung aufwärts erscheint er tiefrot, weshalb er auch als Granatstern bezeichnet wird (Spektralklasse M2, roter Überriese).

Juni 2009

- Am 19. kommt es zu einer Begegnung von Venus und Mars am Morgenhimmel
- Jupiter verlegt seine Aufgänge in die späten Abendstunden
- Die Sonne passiert am 21. um 7^h46^m Sommerzeit den höchsten Punkt ihrer Jahresbahn – der astronomische Sommer beginnt

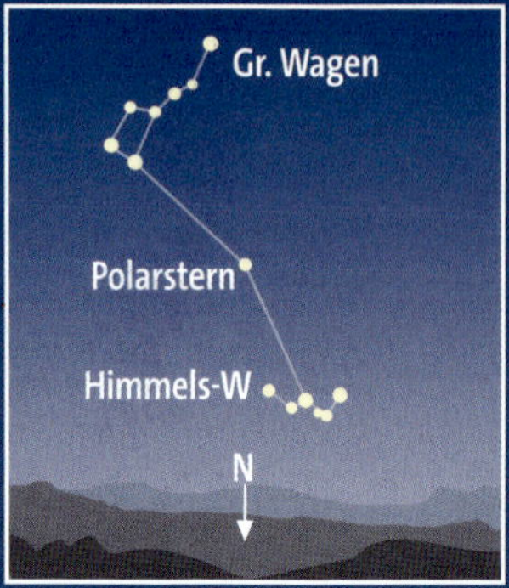

Großer Wagen und Himmels-W Anfang Juni um 22 Uhr

6.1 Himmelsanblick am 19. Juni gegen 2^h30^m MEZ (= 3^h30^m MESZ). Ganz knapp über dem Osthorizont sind eben die Planeten Venus und Mars aufgegangen. Etwas höher sieht man die Sichel des abnehmenden Mondes.

Tag	
1 Mo	Pfingstmontag
2 Di	Sternschnuppen Tau-Herkuliden
3 Mi	
4 Do	
5 Fr	Venus in größter westlicher Elongation (46°)
6 Sa	
7 So	**Vollmond**
8 Mo	Sternschnuppen Libriden
9 Di	
10 Mi	
11 Do	Fronleichnam Sternschnuppen Juni-Lyriden (bis 21.)
12 Fr	
13 Sa	Merkur in größter westlicher Elongation (23°) Mond bei Jupiter, Abstand 4,°8 um 24^{h}
14 So	
15 Mo	**Mond im letzten Viertel** Jupiter im Stillstand, dann rückläufig
16 Di	Mond bei Uranus, Abstand 5,°6 um 7^{h}

17 Mi	
18 Do	
19 Fr	Mond bei Mars u. Venus, Abst. 6,°1 um 18^{h}
20 Sa	Venus bei Mars, Abstand 2,°0 um 3^{h}
21 So	Sommeranfang, $6^{h}46^{m}$ Mond bei Merkur, Abstand 6,°6 um 10^{h}
22 Mo	**Neumond**
23 Di	Pluto in Opposition zur Sonne
24 Mi	
25 Do	
26 Fr	Sternschnuppen Corviden
27 Sa	Sternschnuppen Juni-Draconiden
28 So	Mond bei Saturn, Abstand 6,°5 um 3^{h}
29 Mo	**Mond im ersten Viertel**
30 Di	

Sonne – Sternbilder

21. 6. 6h46m:
Sonne tritt in das Tierkreiszeichen Krebs
21. 6. 14h:
Sonne tritt in das Sternbild Zwillinge
Julianisches Datum am
1. Juni, 1h MEZ: 2454983,5

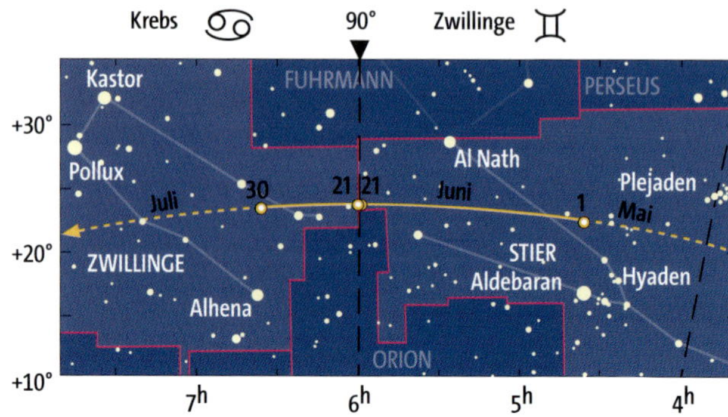

Tabelle Sonnenlauf

Tag	Dämmerg. Anfang	Aufgang MEZ	Kulmination	Untergang MEZ	Dämmerg. Ende	Mittagshöhe	Zeitgleichg.	Rektaszension	Deklination
	h m	h m	h m	h m	h m	°	m	h m	°
1.	2 33	4 16	12 18	20 20	22 04	62,1	+ 2	4 36	+22,0
5.	2 28	4 13	12 18	20 24	22 10	62,6	+ 2	4 52	+22,5
10.	2 23	4 11	12 19	20 28	22 16	63,0	+ 1	5 13	+23,0
15.	2 20	4 10	12 20	20 31	22 21	63,3	0	5 33	+23,3
20.	2 20	4 10	12 21	20 33	22 23	63,4	– 1	5 54	+23,4
25.	2 22	4 12	12 23	20 33	22 23	63,4	– 3	6 15	+23,4
30.	2 25	4 14	12 24	20 33	22 21	63,1	– 4	6 36	+23,2

Tages- und Nachtstunden

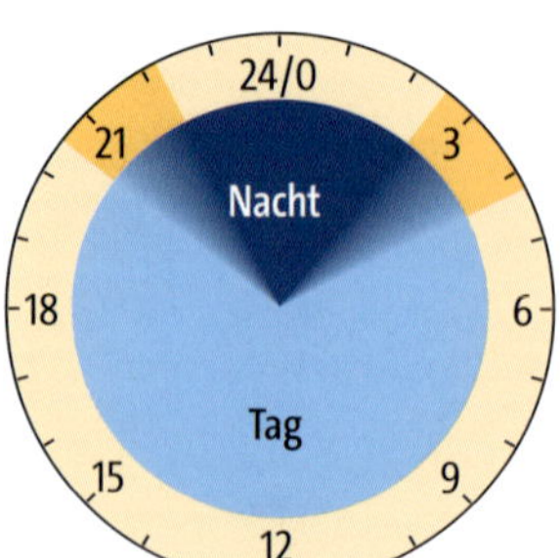

5. Juni

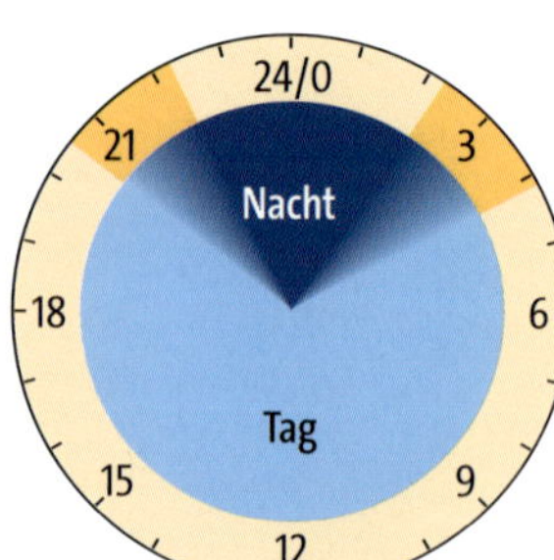

15. Juni

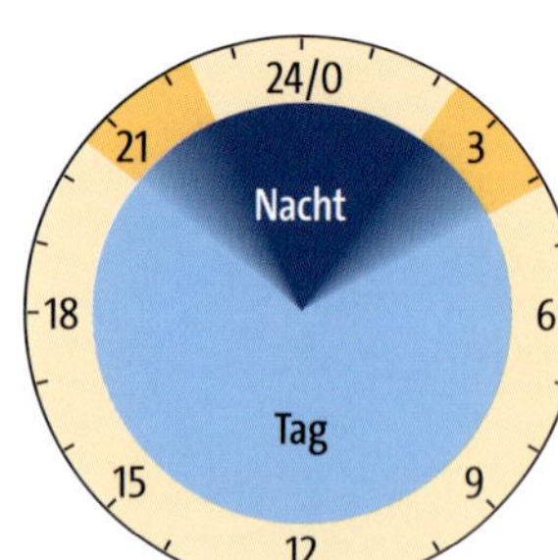

25. Juni

Tabelle Mondlauf

Datum		Aufg. MEZ	Kulmination	Unterg. MEZ	Rektaszension	Deklination	Sterne und Sternbilder	Phase	MEZ
		h m	h m	h m	h m	°			
Mo	1.	13 44	19 38	1 02	11 22	− 0,2	Löwe		
Di	2.	15 00	20 23	1 18	12 10	− 6,1	Jungfrau	Libration West	
Mi	3.	16 14	21 09	1 35	12 58	−11,6	Spica		
Do	4.	17 28	21 57	1 54	13 46	−16,5	Jungfrau	Größte Südbreite	
Fr	5.	18 40	22 46	2 17	14 36	−20,6	Waage		
Sa	6.	19 47	23 37	2 46	15 28	−23,7	Waage		
So	7.	20 47	–	3 23	16 21	−25,7	Antares	**Vollmond**	**19^h 12^m**
Mo	8.	21 35	0 28	4 10	17 15	−26,4	Schlangenträger		
Di	9.	22 14	1 19	5 06	18 08	−25,9	Schütze		
Mi	10.	22 43	2 09	6 10	19 00	−24,2	Schütze, Nunki	Erdferne 406/29',4	17^h
Do	11.	23 06	2 57	7 18	19 50	−21,5	Schütze	Aufsteigender Knoten	
Fr	12.	23 25	3 42	8 27	20 38	−17,9	Steinbock		
Sa	13.	23 41	4 25	9 35	21 24	−13,5	Wassermann		
So	14.	23 55	5 06	10 44	22 09	− 8,6	Wassermann		
Mo	15.	–	5 48	11 54	22 53	− 3,3	Fische	**Letztes Viertel**	**23^h 15^m**
Di	16.	0 10	6 30	13 05	23 37	+ 2,2	* Fische		
Mi	17.	0 25	7 14	14 19	0 24	+ 7,8	Fische	Libration Ost	
Do	18.	0 43	8 01	15 38	1 13	+13,2	Fische	Größte Nordbreite	
Fr	19.	1 05	8 53	17 00	2 05	+18,2	Widder, Hamal		
Sa	20.	1 34	9 51	18 23	3 03	+22,4	Widder		
So	21.	2 15	10 54	19 40	4 05	+25,2	Stier, Plejaden		
Mo	22.	3 12	12 00	20 43	5 11	+26,4	Stier, Al Nath	**Neumond**	**20^h 35^m**
Di	23.	4 26	13 05	21 30	6 18	+25,7	Zwillinge	Erdnähe 358/33',4	12^h
Mi	24.	5 52	14 08	22 05	7 24	+23,0	Pollux	Absteigender Knoten	
Do	25.	7 22	15 06	22 30	8 26	+18,8	Krebs, Krippe		
Fr	26.	8 49	15 59	22 51	9 24	+13,5	Löwe		
Sa	27.	10 12	16 48	23 08	10 18	+ 7,5	Löwe, Regulus		
So	28.	11 32	17 35	23 24	11 09	+ 1,3	Löwe		
Mo	29.	12 49	18 21	23 41	11 57	− 4,7	Jungfrau	**Erstes Viertel** Libration West	**12^h 28^m**
Di	30.	14 04	19 07	23 59	12 46	−10,4	* Jungfrau		

Der Mond zieht an Antares vorüber

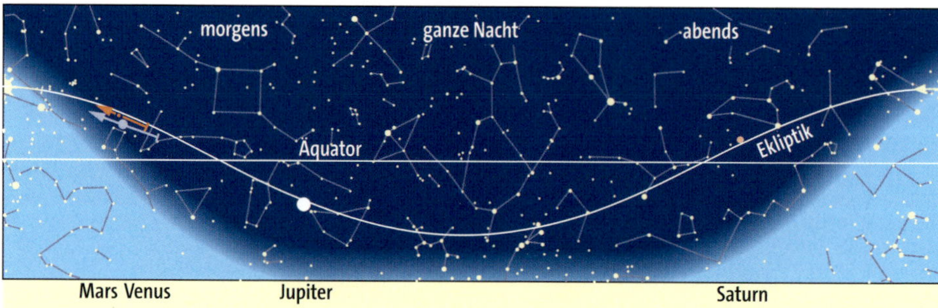

Merkur kommt am 13. mit 23°27′ Winkelabstand in maximale westliche Elongation von der Sonne. Dies reicht diesmal nicht für eine Morgensichtbarkeit. Am 13. geht der $0\overset{m}{,}6$ helle Merkur um 3^h18^m (= 4^h18^m Sommerzeit) auf. Zu dieser Zeit hat die nautische Dämmerung längst begonnen. Noch bevor Merkur über die dichtesten Dunstschichten am Osthorizont aufgestiegen ist, hat die Morgenhelle so weit zugenommen, dass Merkur mit bloßen Augen nicht erkannt werden kann. Fazit: Merkur bleibt im Juni unbeobachtbar.

Venus beherrscht mit ihrem Glanz den Morgenhimmel. Am 5. kommt sie mit 45°51′ Winkelabstand in größte westliche Elongation von der Sonne. Die Venusaufgänge verfrühen sich weiterhin. Der Morgenstern strebt immer nördlichere Bezirke des Tierkreises an. Am 28. wechselt Venus aus dem Sternbild Widder in das des Stieres. Zu Monatsanfang geht Venus um 2^h36^m auf, am Monatsende überschreitet sie bereits um 1^h52^m (= 2^h52^m Sommerzeit) die östliche Horizontlinie. Im Laufe des Monats sinkt die Venushelligkeit leicht um $0\overset{m}{,}2$ auf $-4\overset{m}{,}1$.

Am 6. zeigt sich das knapp 24″ große Venusscheibchen halb beleuchtet. Die Phase „Halbvenus" wird auch Dichotomie genannt. Am Tag der Dichotomie ist Venus 106 Millionen Kilometer (= 0,709 AE) von der Erde entfernt. Bis Monatsende schrumpft der Durchmesser des Venusscheibchens auf 19″, der Beleuchtungsgrad nimmt auf 62 Prozent zu.

Am 19. kommt es zu einer Begegnung mit Mars: Venus zieht 2° südlich am roten Planeten vorbei. Zu den beiden Nachbarplaneten der Erde gesellt sich noch die Sichel des abnehmen-

DER FOTOTIPP

Mit einem Teleobjektiv und einem Stativ lassen sich, von einem dunklen Standort aus, eindrucksvolle Strichspuraufnahmen des Sternenhimmels gewinnen. Mittlere ISO-Zahlen sind gut geeignet. Die Alternative zu einer sehr langen Belichtungszeit ist die Kombination vieler kurz belichteter Aufnahmen mittels Bildbearbeitung im Computer.

Sternspuren am Himmel

den Mondes – ein lohnender Himmelsanblick am frühen Morgenhimmel (siehe Abb. 6.1 auf Seite 116).

Ihr Aphel (Sonnenferne) passiert Venus am 13. abends, wobei sie 109 Millionen Kilometer (= 0,728 AE) von der Sonne entfernt ist.

Mars, rechtläufig im Widder, taucht endlich um die Monatsmitte am Morgenhimmel auf. Am 15. geht der $1^m{,}1$ helle Planet um 2^h06^m (= 3^h06^m Sommerzeit) auf. Etwa eine halbe Stunde später hat er sich so weit über die dichtesten Dunstschichten am Horizont erhoben, dass er sichtbar wird. Bald nach 3^h (= 4^h Sommerzeit) verblasst er in der zunehmenden Morgenhelle. Am 30. erfolgt der Marsaufgang bereits um 1^h32^m.

Am 19. kommt es zu einer Begegnung mit Venus. Auch die Sichel des abnehmenden Mondes ist mit von der Partie – ein hübscher Anblick am Morgenhimmel bei freier Sicht zum Osthorizont (siehe Abb. 6.1 auf Seite 116). Im Fernrohr erkennt man kaum Einzelheiten auf dem nur 5″ großen Marsscheibchen.

Jupiter im Steinbock wird am 15. stationär und setzt zu seiner Oppositionsschleife an. Dabei wandert er rückläufig durch den Tierkreis, wobei er nahe bei Neptun bleibt, da sich beide Planeten nur sehr langsam bewegen (siehe auch Abb. 6.2 oben und Abb. 8.5 auf Seite 162). Der Riesenplanet steigert seine Helligkeit auf $-2^m{,}7$. Damit wird

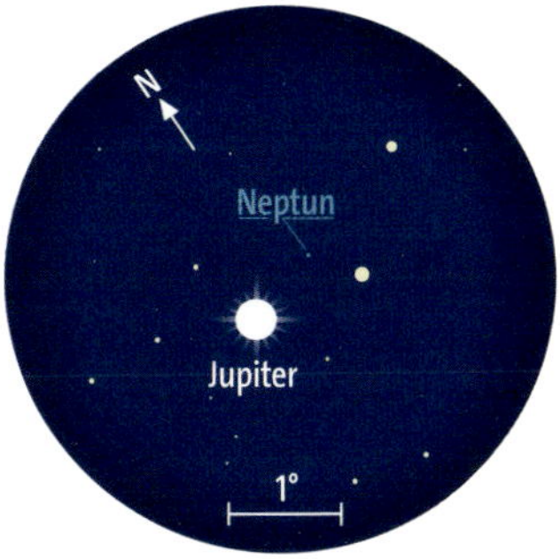

6.2 Jupiter trifft Neptun
Jupiter und Neptun bewegen sich im Juni kaum von der Stelle. Fernglasanblick bei 5° Gesichtsfelddurchmesser.

er nach Venus und Mond zum hellsten Gestirn des Nachthimmels.

Die Jupiteraufgänge verlagern sich in die späten Abendstunden, denn der Riesenplanet verlegt seine Aufgänge in die Zeit vor Mitternacht. Am 1. geht Jupiter um 0^h40^m (= 1^h40^m Sommerzeit) auf, am 15. um 23^h43^m und am 30. nochmals eine Stunde früher, nämlich schon um 22^h43^m.

Der Äquatordurchmesser des Jupiterscheibchens nimmt von $41''{,}7$ auf $45''{,}7$ zu.

Saturn, wieder rechtläufig im Löwen, ist Planet der ersten Nachthälfte. Mit Einbruch der Dunkelheit sieht man den Ringplaneten halbhoch im Südwesten. Die Saturnuntergänge erfolgen immer früher, am 1. um 1^h31^m (= 2^h31^m Sommerzeit), am 15. um 0^h37^m und am 30. bereits um 23^h36^m. Die Helligkeit des Ringplaneten geht weiter leicht zurück und erreicht zum Monatsende die $1^m{,}0$-Grenze.

Uranus kann unter günstigen Sichtbedingungen am Morgenhimmel tief im Osten mit lichtstarker Optik (Teleskop oder Fernglas auf stabilem Stativ) aufgesucht werden. Der grünliche Planet wandert langsam durch die Fische und bleibt zum Monatsende fast ganz stehen (siehe auch Abb. 9.5 auf Seite 180).

Am 1. geht Uranus um 1^h36^m auf, am 15. um 0^h41^m und am 30. bereits um 23^h39^m (= 0^h39^m Sommerzeit am 1. Juli). Die Uranushelligkeit steigt leicht um $0^m{,}1$ an und beträgt am Monatsende $5^m{,}8$. Jeweils eine Stunde nach dem Uranusaufgang macht es Sinn, nach dem grünlichen Planeten Ausschau zu halten.

Neptun, rückläufig im Sternbild Steinbock, verlegt seine Aufgänge in die Zeit vor Mitternacht. Der $7^m{,}9$ lichtschwache, bläuliche Planet geht am 1. um 0^h37^m (= 1^h37^m Sommerzeit) auf, am 15. um 23^h38^m und am 30. schon um 22^h39^m (= 23^h39^m Sommerzeit).

Seine Meridianpassagen verfrühen sich von 5^h36^m zu Monatsbeginn auf 3^h41^m (= 4^h41^m Sommerzeit) am Monatsletzten.

Wieder kann der strahlend helle Jupiter als Aufsuchhilfe dienen, um Neptun zu finden. Beide Planeten bewegen sich derzeit nur sehr langsam, so dass sich ihre gegenseitigen Abstände während des Monats kaum ändern (siehe Abb. 6.2 oben).

Pluto, der Zwergplanet, kommt am 23. morgens in **Opposition** zur Sonne. Zurzeit hält er sich im Sternbild Schütze auf. Als punktförmiges Objekt mit $13{,}^{m}9$ scheinbarer Helligkeit ist er nur in größeren Teleskopen visuell zu sehen. Mit Hilfe von CCD-Astrokameras kann man ihn auch mit Amateurfernrohren auf den Bildschirm bannen (siehe Abb. 6.3 unten).

Am Oppositionstag kulminiert Pluto um $0^{h}23^{m}$ (= $1^{h}23^{m}$ Sommerzeit). Von der Erde ist Pluto zur Opposition 4586 Millionen Kilometer (= 30,66 AE) entfernt. Das Licht ist somit von Pluto vier Stunden und fünfzehn Minuten zur Erde unterwegs. Von der Sonne ist Pluto am Oppositionstag 4737 Millionen Kilometer (= 31,66 AE) entfernt. Auch in großen Teleskopen zeigt sich Pluto lediglich als Lichtpünktchen, da sein scheinbarer Durchmesser stets kleiner als 0,″1 ist. Sein größter Mond Charon kann visuell selbst in Riesenteleskopen nicht von Pluto getrennt erkannt werden.

Planetoiden

Ceres (1) lässt sich noch nach Ende der Dämmerung zu Monatsanfang aufspüren. Sie beschleunigt ihren Lauf durch den Löwen und zieht rasch südostwärts (siehe Abb. 3.2 auf Seite 67). Am 1. passiert sie um $18^{h}34^{m}$ (= $19^{h}34^{m}$ Sommerzeit) den Meridian und am 15. um $17^{h}53^{m}$, wobei sie an diesem Tag um $1^{h}22^{m}$ untergeht. Am 30.

Konstellationen und Ereignisse

Datum	MEZ	Ereignis
5.	22^{h}	**Venus in größter westlicher Elongation (46°)**
13.	13	Merkur in größter westlicher Elongation (23°)
13.	17	Mond bei Neptun, Mond 2,°9 nördlich
13.	19	**Mond bei Jupiter**, Mond 3,°5 nördlich, **Abstand 4,°8 um 24^{h}**
13.	21	Venus im Aphel
15.	21	Jupiter im Stillstand, anschließend rückläufig
16.	7	Mond bei Uranus, Mond 5,°6 nördlich
19.	15	**Venus bei Mars**, Venus 2,°0 südlich, **Abstand 2,°0 um 3^{h} am 20.**
19.	18	Mond bei Mars, Mond 6,°1 nördlich
19.	18	Mond bei Venus, Mond 8,°1 nördlich
21.	$6^{h}46^{m}$	**Sonne im Sommerpunkt, Sommersonnenwende**
21.	10	Mond bei Merkur, Mond 6,°6 nördlich
23.	9	**Pluto in Opposition** zur Sonne
28.	3	Mond bei Saturn, Mond 6,°5 südlich

6.3 Bahn von Pluto (oben): Oppositionsschleife von Pluto im Sternbild Schütze im Jahr 2009.

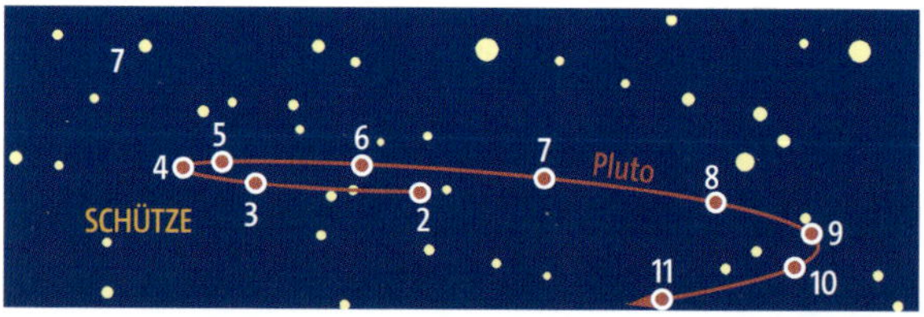

6.4 Bahn von Pluto (unten): Lage der Oppositionsschleife von Pluto im Sternbild Schütze.

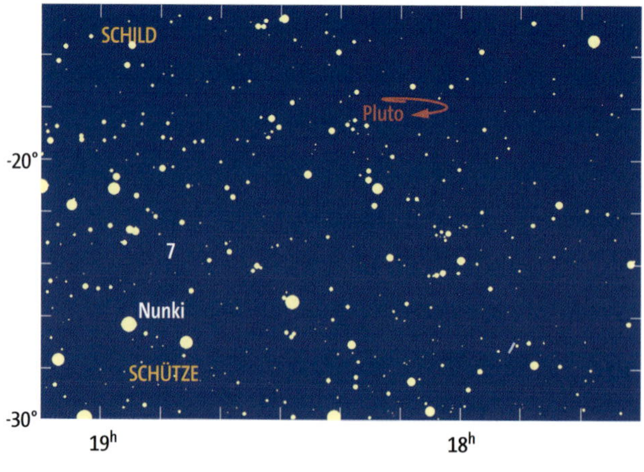

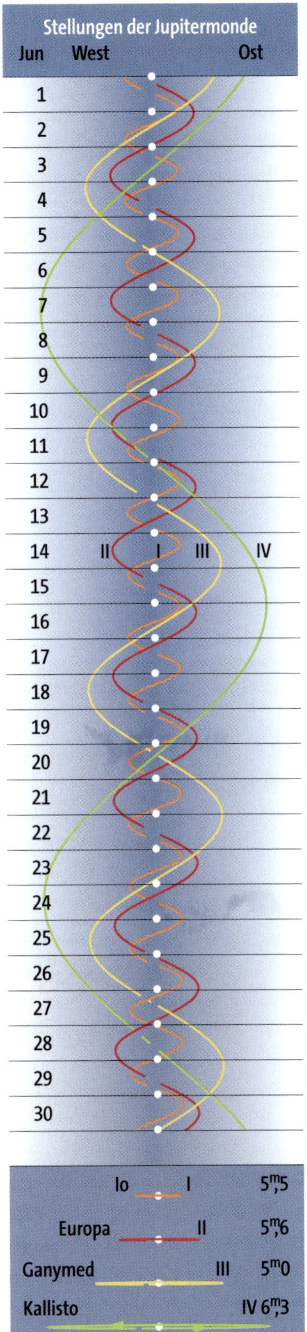

Jupitermonde

Tag	MEZ h	MEZ m	Vorgang	
1.	1	18	II	VA
2.	3	38	III	SA
3.	1	53	II	DE
	4	30	I	VA
	4	34	IV	SE
4.	1	39	I	SA
	2	56	I	DA
	3	56	I	SE
5.	2	34	I	BE
6.	2	29	III	BE
8.	3	54	II	VA
10.	1	30	II	DA
	1	52	II	SE
	4	21	II	DE
11.	3	33	I	SA
12.	0	52	I	VA
	2	27	IV	BE
13.	0	18	I	SE
	1	16	III	VE
	1	32	I	DE
	2	36	III	BA
17.	1	36	II	SA
	3	57	II	DA
19.	1	05	II	BE
	2	46	I	VA
	23	55	I	SA
20.	1	04	I	DA
	1	36	III	VA
	2	13	I	SE
	3	21	I	DE
21.	0	40	I	BE
23.	23	43	III	DE
26.	3	30	II	BE
27.	1	49	I	SA
	2	53	I	DA
	4	07	I	SE
	23	08	I	VA
28.	2	28	I	BE
	4	11	IV	VA
	23	37	I	DE
30.	23	16	III	SE
	23	41	III	DA

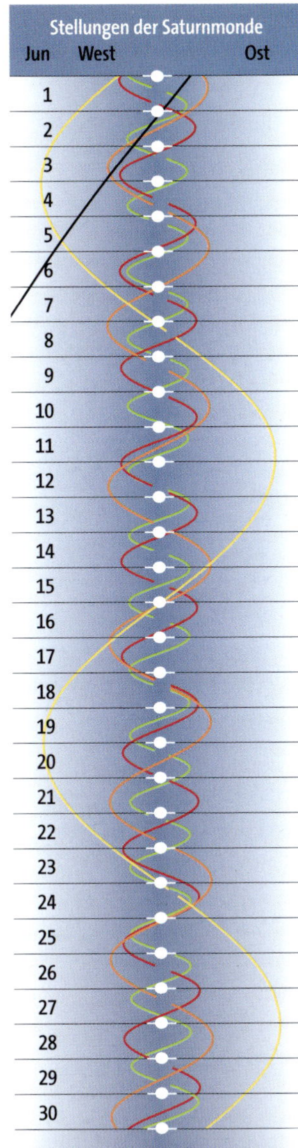

Japetus

5.	$10^{m},8$
10.	$10^{m},7$
15.	$10^{m},6$
20.	$10^{m},5$
25.	$10^{m},6$
30.	$10^{m},7$

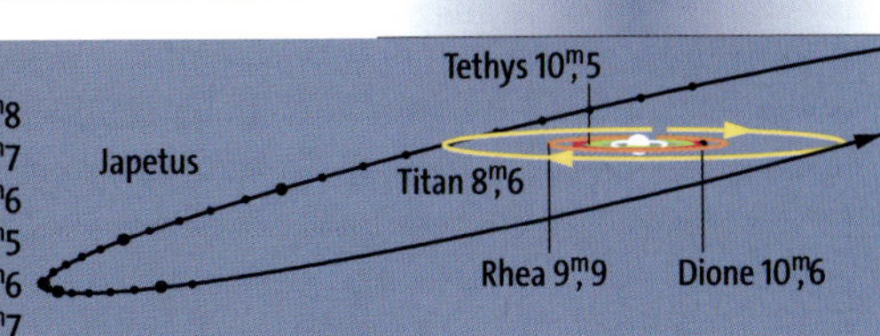

kulminiert die inzwischen $8^{m},7$ helle Ceres schon um $17^{h}12^{m}$ und geht um $0^{h}26^{m}$ (= $1^{h}26^{m}$ Sommerzeit) unter.

Vesta (4) kommt am 22. mittags im Sternbild Zwillinge in Konjunktion mit der Sonne. Von der Erde ist sie an diesem Tag 535 Millionen Kilometer (= 3,58 AE) entfernt, von der Sonne trennen sie 383 Millionen Kilometer (= 2,56 AE).

Periodische Sternschnuppenströme

Das zweite Maximum des **Scorpius-Sagittarius**-Stromes ist um den 14. Juni zu erwarten. Der Ausstrahlungspunkt oder Radiant liegt bei γ Sagittarii. Der Strom ist während des ganzen Monats aktiv. Wegen der geringen Höhe des Radianten sind Beobachtungen in unseren Breiten schwierig. Die beste Beobachtungszeit sind die Stunden um Mitternacht. Bei diesem Strom sind langsam fliegende Meteore (um 26 Kilometer pro Sekunde) zu registrieren.

Am 3. Juni erreichen die **Tau-Herkuliden** ihr Maximum. Dieser wenig bekannte und unauffällige Strom ist vom 19. Mai bis 14. Juni aktiv.

Am 8. und 9. Juni kann man nach den **Libriden** Ausschau halten. Der Radiant dieses Stromes liegt in der Waage.

Seit etwa fünfundzwanzig Jahren werden die **Juni-Lyriden** in der Zeit vom 10. bis 20. Juni beobachtet. Ihr Ausstrahlungspunkt liegt in der Leier. Ein Ursprungskomet ist nicht bekannt.

Zwischen dem 25. Juni und dem 1. Juli tauchen die **Corviden** auf, deren Radiant im Sternbild Rabe liegt. Am 27. Juni erreicht die Corviden-Aktivität ihr Maximum.

Um den 27. Juni sind auch die **Juni-Draconiden** zu erwarten. Der Radiant liegt im Sternbild des Drachen. Die Draconiden sind ein kometarischer Strom, der auf den Kometen 7P/Pons-Winnecke zurückgeht. Es ist mit lediglich rund fünf Meteoren pro Stunde zu rechnen.

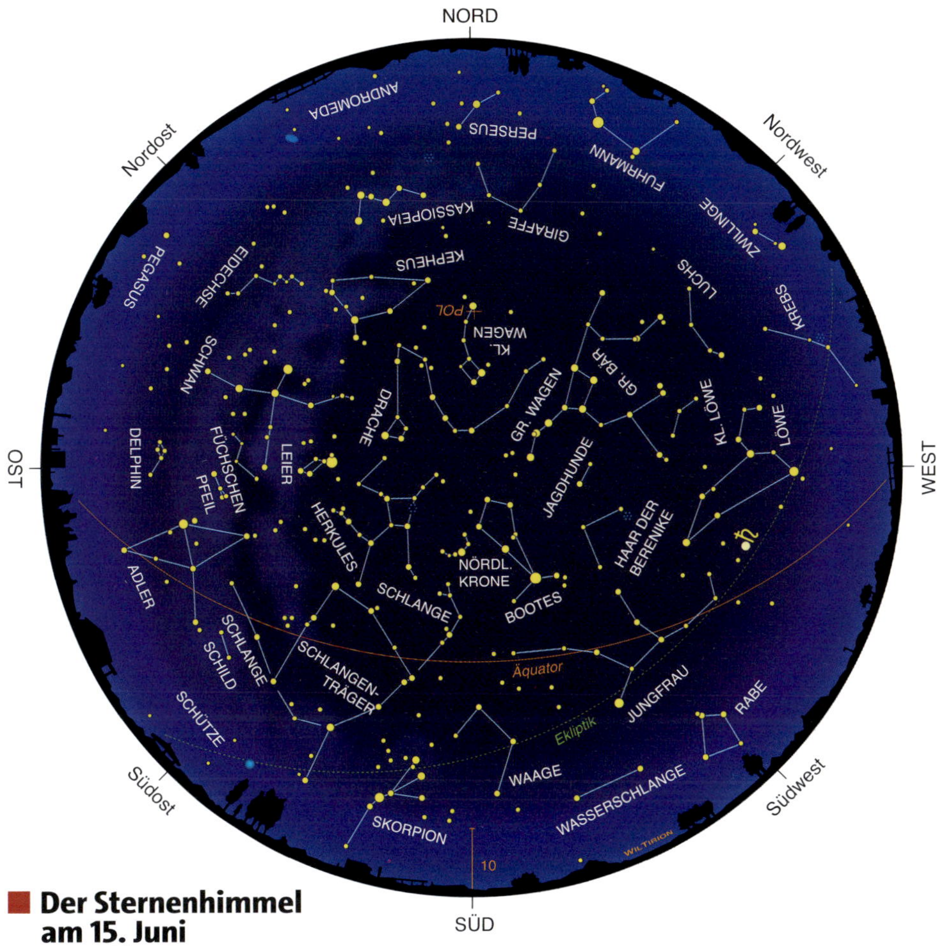

Der Sternenhimmel am 15. Juni um 22ʰ MEZ

Die Sternkarte ist auch gültig für:		
	MEZ	MESZ
15. 2.	6ʰ	
1. 3.	5	
15. 3.	4	
1. 4.	3	4ʰ
15. 4.	2	3
1. 5.	1	2
15. 5.	0	1
1. 6.	**23**	**24**
15. 6.	**22**	**23**

Die Frühlingssternbilder bestimmen nach wie vor den Charakter des abendlichen Sternenhimmels, wenn auch im Osten schon die Sommerbilder im Anmarsch sind.

Die Wintersternbilder sind fast vollständig von der Himmelsbühne abgetreten. Nur tief im Norden flackert die in unseren Breiten zirkumpolare Kapella im Fuhrmann.

Im Osten geht der Sommer auf

Das Frühlingsdreieck, das sich aus Arktur im Bootes, Regulus im Löwen und Spica in der Jungfrau zusammensetzt, ist in die westliche Hemisphäre des Firmaments gerückt. Im Osten ist dagegen das Sommerdreieck mit Wega, Deneb und Atair bereits komplett aufgegangen.

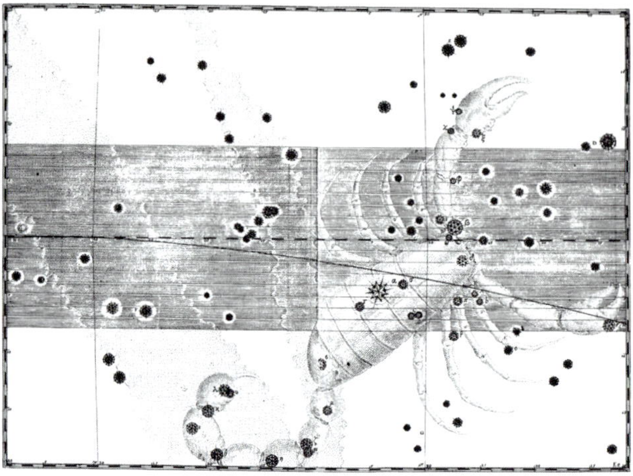

6.5 Das Sternbild Skorpion:
Figürliche Darstellung des Sternbildes Skorpion im Sternatlas von Johannes Bayer aus dem Jahre 1603.

Der Große Wagen steht immer noch hoch über unseren Köpfen. Seinen Meridiandurchgang hat er allerdings schon hinter sich. Er bereitet sich auf seinen Abstieg vor.

Als Erstes fällt in der nun spät einsetzenden Abenddämmerung hoch im Südwesten ein heller, deutlich orange-roter Stern auf. Es ist Arktur im Sternbild Bootes. Fast zeitgleich taucht in der hereinbrechenden Dunkelheit schon hoch im Osten die bläulich-weiß strahlende Wega auf. Die Wega ist der Hauptstern der Leier. Arktur und Wega sind somit die ersten Sterne, die in der beginnenden Dämmerung zu sehen sind.

Bei vielen Völkern wurde das Sternbild Bootes mit den sieben Sternen des Großen Wagens in Verbindung gebracht. Dies wird verständlich, wenn man einmal mit den Augen – dem Schwung der Wagendeichsel folgend – auf den hellen Arktur gestoßen ist.

Der Name Bootes kommt aus dem Griechischen: Βοωτης heißt Ochsentreiber oder Rinderhirt. Nach Ansicht der alten Römer treibt der Bootes die sieben Dreschochsen, nämlich die sieben Wagensterne, um den Göpel. Die sieben Dreschochsen hießen bei den Römern Septemtriones.

Einer anderen Version nach kommt die Bezeichnung Bootes vom griechischen Wort βοητης, der Brüller oder Schreier. Der Bootes wird als Führer der Jagdhunde angesehen, das Sternbild knapp südlich des Wagens. Sein Schreien soll die Jagdhunde anfeuern, sich auf den Großen Bären zu stürzen. Diese Vermutung wurde von Hevelius geäußert.

Bei den Arabern galt der Bootes als Schafhirte, die Herde bildeten die Sterne des Herkules und Ophiuchus (lat., Schlangenträger). Einer anderen alten arabischen Quelle zufolge gehörten die Sterne des Bootes zu einem riesigen Löwen namens Asad, der fast ein Drittel des Himmels einnahm. Arktur und Spica markierten daher die Schienbeine, Regulus die Stirn. Kleiner Wagen, Zwillinge und Rabe gehörten ebenfalls zu diesem Riesentier.

Der gelbrote Hauptstern des Bootes heißt Arktur (lat.: Arcturus), was so viel wie Bärenwächter oder Bärenführer heißt, denn er treibt gewissermaßen den Großen Bären einmal pro Tag um den Polarstern herum.

Veränderliche Sterne im Juni

Algol-Minima	13. 3^h03^m	15. 23^h51^m				
β-Lyrae-Minima	2. 2^hH	8. 14^hN	15. 1^hH	21. 12^hN	27. 24^hH	
δ-Cephei-Maxima	4. 0^h	9. 9^h	14. 18^h	20. 3^h	25. 11^h	30. 20^h

Ein ganzer Himmelszoo

Im Westen neigt sich der Löwe dem Untergang zu. Die Basislinie Regulus – Denebola steht schräg zum Horizont. Das Feld im Südwesten wird von der Jungfrau (lat.: Virgo) besetzt gehalten. Ihr Hauptstern Spica leuchtet leicht erkennbar in bläulichem Licht halbhoch über dem Südwesthorizont. Tief im Westen geht gerade der Krebs unter. Seine Sterne sind allesamt so lichtschwach, dass sie bereits im Horizontdunst verschwunden sind.

Tief im Süden krabbelt eben der Skorpion den Horizont entlang. Sein tiefroter Hauptstern Antares ist mit 1^m scheinbarer Helligkeit kaum zu übersehen. Antares, α Scorpii, ist ein roter Überriesenstern und wird manchmal als Cor Scorpii (lat., Herz des Skorpions) bezeichnet.

Nördlich des Skorpions, also „oberhalb" von unseren Breiten aus gesehen, wenn der Skorpion gerade im Süden steht, stößt man auf das umfangreiche aber nur aus lichtschwachen Sternen bestehende Bild des Schlangenträgers mit der Schlange. Die Schlange wird durch ihren Träger in zwei Teile zerlegt. Der östliche Teil markiert den Schwanz der Schlange (lat.: Serpens Cauda). Er wird durch eine Sternenkette markiert, die auf Atair im Adler deutet. Der westliche Teil bildet den Kopf (lat.: Serpens Caput). Der Schlangenkopf passiert gerade den Meridian und blickt nach Norden zum kleinen, aber einprägsamen Sternbild Nördliche Krone. Der hellste Stern in der Schlange, α Serpentis, leuchtet orange-rötlich ($2\overset{m}{,}6$), gehört zur Spektralklasse K2 III und ist 73 Lichtjahre entfernt. Sein Eigenname ist Unukalhai, was „Hals der Schlange" heißt.

Das Sternbild Skorpion

Der Skorpion (lat.: Scorpius) ist ein typisches Sommersternbild, das Anfang Juni um Mitternacht Ortszeit und zu Julibeginn gegen 22^h tief im Süden den Meridian passiert.

Der Skorpion ist Mitglied des Tierkreises, gehört also zu jenen Sternbildern, durch die Sonne, Mond und Planeten wandern. Vom 22. bis 29. November hält sich die Sonne im Sternbild Skorpion auf. Dies ist die kürzeste Zeitspanne, die die Sonne in einem Tierkreissternbild verbringt. Die nördlichen Teile des ehemals noch zum Skorpion zählenden Himmelsareals gehören heute zum Sternbild Schlangenträger (Ophiuchus). Die Ekliptik verläuft somit nur ein recht kurzes Stück im Skorpion. Steht ein Planet in Konjunktion mit Antares (α Scorpii), so befindet er sich ein wenig nördlich im Schlangenträger, obwohl er mitten im Skorpion zu stehen scheint.

In unseren Breiten ist der Skorpion nie vollständig zu sehen. Der lange Schwanz und der Giftstachel bleiben bei uns stets unter dem Horizont. Südlich von ε Scorpii bleibt dieses giftige Wüstentier unsichtbar. Zwar kulminiert λ Scorpii (Shaula, arabisch: Stachel), der nördlichste Stachelstern, in 50° nördlicher Breite in knapp 3° Höhe. Als Stern zweiter Größenklasse kann man ihn in den horizontnahen Dunstschichten aber kaum erkennen. Selbst bei klarem Himmel ist die Extinktion in dieser geringen Höhe so groß, dass sich Shaula freiäugig praktisch nicht zeigt.

Auch sonst ist der Skorpion beschnitten: Ursprünglich zählten auch die Waage-Sterne zu diesem Bild. α und β Librae markierten die südliche und nördliche Schere. Bei den Babyloniern war die Waage noch unbekannt. Durch die modernen Sternbildergrenzen wurde der Skorpion noch ein Stück verkleinert: Der Stern γ Scorpii firmiert heute beispielsweise unter σ Librae.

Aus der griechischen Sagenwelt wird uns überliefert: Einst jagten Artemis und Orion auf der Insel Kreta. Orion prahlt mit seinen Jagderfolgen. Die Erdmutter Gaia will ihn für seine Angeberei bestrafen und lässt aus der Unterwelt einen Skorpion emporsteigen, der Orion sticht und damit tötet. Die irdische Fauna ist von dem gefährlichen Jäger befreit. Beide werden unter die Sterne versetzt. Allerdings flieht Orion fortan stets vor dem Skorpion. Wenn Letzterer aufgeht, so ver-

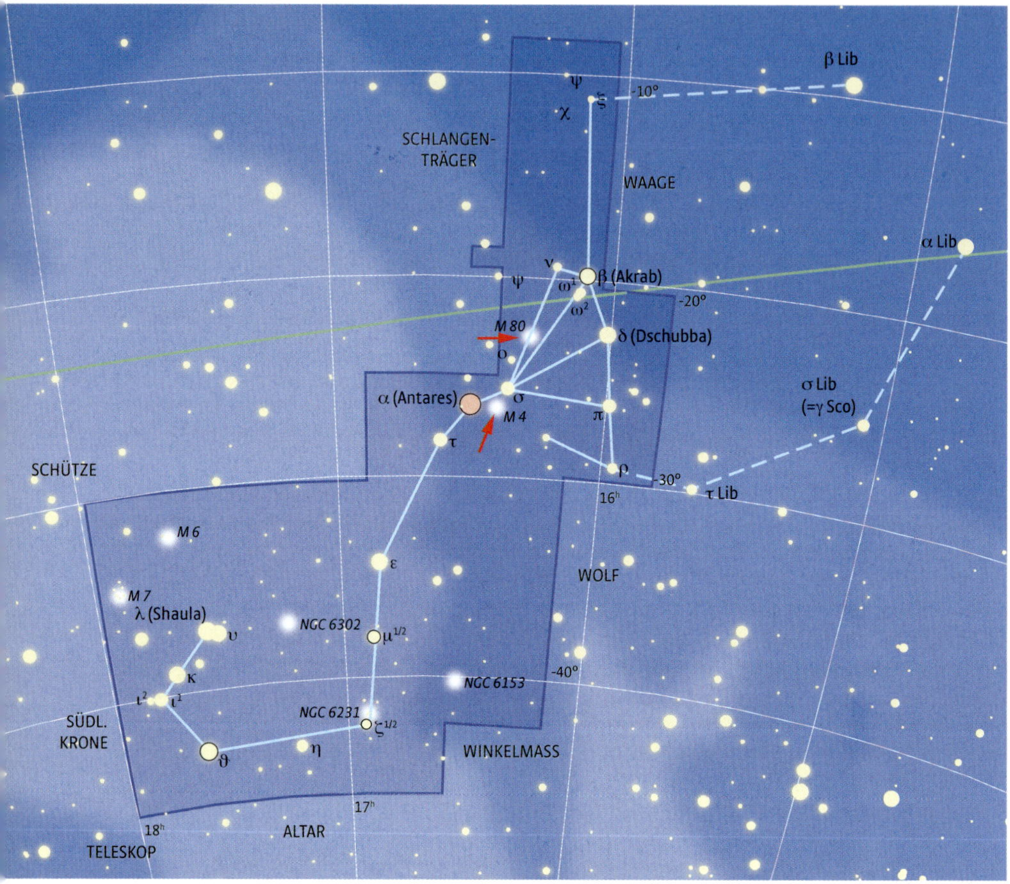

6.6 Das Sternbild Skorpion: **Skelettkarte des Sternbildes Skorpion. Ursprünglich gehörten die Sterne der Waage noch zum Skorpion. So ist beispielsweise γ Scorpii identisch mit σ Librae.**

schwindet Orion unter dem Horizont. Nie kann man beide gleichzeitig am Sternenhimmel erblicken. Der Skorpion ist auch schuld am Absturz des Phaeton, des Sohnes des Sonnengottes Helios. Als Phaeton auf dringendes Bitten für einen Tag den Sonnenwagen mit den vier feurigen Rossen selbst lenken darf, erschrickt er beim Anblick des Skorpions so sehr, dass er die Zügel schleifen lässt. Der Sonnenwagen gerät außer Kontrolle und Phaeton stürzt kopfüber in den Fluss Eridanus. Der Eridanus ist ebenfalls als Sternbild am Firmament verewigt.

Tatsächlich ist der Skorpion ein großes, beeindruckendes Sternbild, wenn man ihn von südlichen Gegenden aus hoch am Himmel sieht. Auch die alten Ägypter sahen in diesem Sternmuster einen Skorpion: Gott Horus, Sohn des Osiris, wurde vom Stich des Skorpions getötet. Seine Mutter Isis erweckt ihn mit Hilfe von Zauberformeln und mit Unterstützung von Thot, dem Gott der Weisheit, Wissenschaft und Astronomie, wieder zum Leben.

Bei den Babyloniern gab es neben der Bezeichnung Skorpion noch andere Namen wie Bila-sha-ziri, Herr der Saat, oder

Lugal Tudda, König der Blitze, Benennungen, die gut zu einem Sommerstern passen.

Für die Chinesen stellten die Skorpionsterne einen Drachen dar, und zwar Azur, den Drachen des Ostens, mit Antares (α Scorpii) als Stern des Feuers, was gut mit seiner roten Farbe in Einklang steht. Azur war kein scheußliches, mädchenverschlingendes Untier, sondern nach chinesischer Vorstellung die Inkarnation der Weisheit und Mächtigkeit.

In Australien sahen die Ureinwohner hier ein Mädchen, das mit einem Knaben flieht, der sich den schmerzhaften Einweihungsriten entziehen will und von zwei Wächtern verfolgt wird, die je einen Bumerang schleudern.

Bei den Assyrern hieß es, die Sonne stirbt im Skorpion. In jener Zeit (vor dem Jahre –1840) lag der Herbstpunkt im Skorpion und der Frühlingspunkt im Stier.

Die Perser sprachen von Kazhdum, dem Monster-Skorpion. Bei den Türken hieß das Sternbild Uzun Koirughi, der Langgeschwänzte. Die Phönizier erkannten hier einen „Skorpion-Mann", eine Gestalt halb Mensch, halb Spinnentier. Nach Hesiod entstammt der Skorpion dem Blute der Titanen, einer späteren Version nach dem Blut des Riesen Typhon. Den Indianern erschien die geschwungene Sternenkette des Skorpionschwanzes mit Stachel als Schlange.

Der Hauptstern, α Scorpii oder Antares mit Eigennamen, ist ein tiefroter Riesenstern in rund 600 Lichtjahren Entfernung.

Er ist leicht veränderlich ($0^m{,}86$ bis $1^m{,}06$) mit einer mittleren Periode von fast sechs Jahren, sein Spektraltyp ist M1 Ib. Antares hat in 3″ Distanz einen $5^m{,}4$ hellen Begleiter, der am 13. April 1819 von Professor Adam von Burg (1797–1882) in Wien bei einer Sternbedeckung durch den Mond entdeckt wurde (siehe auch Monatsthema Juni „Antares – der rote Überriese" auf Seite 130).

Antares – der rote Überriese

Am abendlichen Sommerhimmel fällt in südlicher Richtung ein heller, deutlich rötlicher Stern auf. Sein Name lautet Antares. Er ist der Hauptstern des Tierkreisbildes Skorpion. Als Stern erster Größenklasse zählt er zu den zwanzig hellsten Fixsternen des irdischen Firmaments. Ende Mai, Anfang Juni geht Antares mit Einbruch der Dunkelheit im Südosten auf und kulminiert um Mitternacht. Kulminieren heißt, die höchste Stellung im Süden erreichen. Dies ist gleichbedeutend mit der Passage des Meridians. Auch in seiner Kulminationsstellung erreicht Antares nur eine geringe Höhe über dem Südpunkt am Horizont. Da Antares 26,5° südlich des Himmelsäquators steht, erreicht er bei seinem Meridiandurchgang in 50° nördlicher

6.7 Der Emissionsnebel IC 4604, in den Antares eingebettet ist, leuchtet orange-rötlich (Foto: Bernd Koch, Astrofoto Bildagentur).

Breite – beispielsweise in Frankfurt/Main oder Prag – nur eine bescheidene Höhe von 13,5°.

Antares ist der Hauptstern des prominenten Sommersternbildes Skorpion. Der Skorpion ist auch verantwortlich für den Absturz des Sonnenwagens, als ihn einst Phaeton, Sohn des Sonnengottes, über den Himmel steuerte. Ein Stich des Skorpions lässt die Pferde durchgehen, Phaeton verliert die Herrschaft über den Sonnenwagen, der ins Schleudern gerät, bis das gesamte Gespann in die Tiefe stürzt. Die feurige

Schleifspur des verunglückten Sonnenwagens ist heute noch als Milchstraße zu erkennen. Auch Orion, der gewaltige Himmelsjäger, wurde ein Opfer des Skorpions, der ihn durch einen Stich in den Fuß tötete. Zur ewigen Erinnerung und Mahnung wurden beide vom Göttervater Zeus unter die Sterne versetzt. Dabei wurde darauf geachtet, dass sie sich in den himmlischen Gefilden nicht erneut ins Gehege kommen. Ihre Plätze liegen einander an der Himmelskugel diametral gegenüber. Geht der Skorpion im Osten auf, so sinkt Orion im Westen schleunigst unter die Horizontlinie. Wenn Orion die Himmelsbühne wieder betritt, so ist der Skorpion im Westen längst untergetaucht.

Der Skorpion ist ein Tierkreissternbild, das heißt Sonne, Mond und Planeten wandern durch ihn. So erklärt sich auch der Name für seinen Hauptstern, der aus dem Griechischen stammt. Antares (ἀντάρης - ἀντί Αρης) bedeutet soviel wie marsähnlicher Stern, aber auch Rivale oder Gegenspieler des Mars. Antares ist der griechische Name für den Kriegsgott, der bei den Römern Mars hieß. Antares ist ein rötlicher Stern vom Spektraltyp M und dem Farbindex B-V = $1^{m}_{,}83$. Es gibt nur zwei rote Sterne erster Größenklasse, nämlich außer Antares noch Beteigeuze im Orion. Beide haben eine ähnliche Farbe wie Mars, der bekanntlich als roter Planet bezeichnet wird (Farbindex von Mars: B-V = $1^{m}_{,}36$). Orion ist kein Tierkreisbild, der Skorpion schon. Antares steht somit nahe der Ekliptik, der scheinbaren Sonnenbahn, weshalb man ihn schon mal mit dem Planeten Mars verwechseln kann.

Verschiedene Namen für Antares

Nach Bayer lautet die Bezeichnung für Antares: α Scorpii. So wird er in Tabellen, Sternkarten und Katalogen häufig genannt, gelegentlich auch in der Kurzform α Sco. Im Katalog des britischen Astronomer Royal, John Flamsteed (1646–1719), trägt Antares die Nummer 21 Sco.

Beim römischen Naturforscher Plinius heißt der Hauptstern des Skorpions schlicht Rutilans, also „der Rötliche". So wird er auch in den berühmten Rudolphinischen Tafeln erwähnt, die von Johannes Kepler nach den Beobachtungen von Tycho Brahe 1627 veröffentlicht wurden.

Bei den Römern sprach man auch von Cor Scorpii, dem Herz des Skorpions, und im Französischen heißt er heute noch Le Coeur du Scorpion. Der arabische Name Kalb al Akrab für Antares bedeutet ebenfall Herz des Skorpions.

Bei den Babyloniern hieß er Bilu-sha-ziri, der Herr des Saatgutes. Auch die Bezeichnung Kakshisha, Erzeuger des Wohlstandes, Bringer des Wohlstandes, soll für Antares gelten, wenn auch einige Archäoastronomen davon ausgehen, dass der letztgenannte Name für Sirius steht.

In Ägypten war Antares die Gottheit Selkit, bei dessen Erscheinen im Osten Herbstbeginn war. Dies galt für die Zeit 3700 bis 3500 v. Chr. Nach dem englischen Archäologen F. C. Penrose waren einige frühe griechische Tempel nach dem Aufgangspunkt (-azimut) von Antares ausgerichtet, so der Apollo-Tempel in Delphi (um 630 v. Chr.), der Tempel von Korinth (etwa 750 v. Chr.) und das Heraeum auf Argos. Bei Sophokles wird der Hauptstern des Skorpions Vespertilio, der Abendstern, genannt.

Die Perser nannten den Hauptstern des Skorpions schon 3000 v. Chr. Satevis, den Wächter des Himmels. Er war einer ihrer vier Königssterne, zu denen außer Antares noch Regulus im Löwen, Aldebaran im Stier und Fomalhaut im Südlichen Fisch gehörten. Antares markierte damals das Herbstäquinox, er stand knapp südlich des Herbstpunktes.

Bei den alten Chinesen sprach man von Tsing Lang, dem azurblauen Drachen und meinte wohl damit den gesamten Skorpion. Im Jahre 531 v. Chr. sahen die Chinesen östlich von Ta Shin einen hellen Besenstern (Kometen). Außer Ta Shin nannten sie Antares auch Who Sing, den Feuerstern, was wegen seiner Farbe leicht verständlich ist. Die Bezeichnung „blauer Drache" bezieht sich wie gesagt auf das gesamte Bild des Skorpions, das bei den Chinesen den Beginn eines der vier großen Abschnitte des Tierkreises markierte. Auch die chinesische Bezeichnung Mingt'ang, des Kaisers Ratssaal, bezieht sich sowohl auf Antares als auch auf den gesamten Sternkomplex um ihn.

Bei den Hindus war Antares schlicht Rohini, der Rötliche. Im Mittelalter erwähnt der arabische Astronom Ahmad ibn Yusuf, das Bild des Skorpions mit Antares soll auf einen Stein graviert werden, wenn der Mond in diesem Tierkreisbild steht. Philipp Caesius nennt in seinem 1662 erschienenen Sternatlas *Coelum Astronomico Poeticum* Antares „Insidiata", den launischen, tückischen Stern. Andererseits herrschte bei den Sterndeutern des Mittelalters die Vorstellung, Antares sei Symbol für zuverlässige, nicht nachlassende Stärke.

Entfernung noch immer unsicher

Schwierig zu bestimmen war und ist immer noch die Entfernung von Antares. Aus der Messung der trigonometrischen Parallaxe durch den Astrometriesatelliten Hipparcos ergibt sich eine Distanz von 600 Lichtjahren. Allerdings ist infolge des stets unvermeidlichen Messfehlers diese Angabe um weit mehr als hundert Lichtjahre unsicher. Da Antares trotz seiner großen Entfernung am irdischen Himmel zu den hellsten Sternen zählt, muss seine wahre Leuchtkraft enorm sein. Tatsächlich strahlt Antares so hell wie 12 000 unserer Sonnen. Mit fast sechzehnfacher Sonnenmasse ist er ein echtes Schwergewicht. Interferometrisch wurde sein scheinbarer Durchmesser zu 0,"041 gemessen. Daraus folgt bei einer Entfernung von 600 Lichtjahren ein linearer Durchmesser vom 700-fachen unserer Sonne. Stünde Antares an der Stelle unserer Sonne, das gesamte innere Planetensystem einschließlich der Marsbahn fände bequem in dem gigantischen Antaresglobus Platz. Die Antaresoberfläche reichte dann bis zum Planetoidengürtel zwischen der Mars- und der Jupiterbahn. Zu Recht spricht man bei Antares deshalb von einem Überriesenstern (Leuchtkraftklasse Iab).

Mit einer Oberflächentemperatur von 3300 K ist Antares wesentlich kühler als unsere Sonne. Die meiste Energie strahlt dieser Überriesenstern daher im infraroten Spektralbereich aus. Die gesamte Strahlungsenergie, die Antares ins Weltall abgibt, übertrifft den Strahlungsstrom unserer Sonne um das 90 000-fache. Antares war einer der ersten Sterne, von denen Radiostrahlung empfangen wurde. Sie liegt im Wellenbereich von 11,1 cm und kommt aus seiner Atmosphäre.

Antares ist ein älterer Stern. Er hat sich inzwischen weit von der Hauptreihe im Hertzsprung-Russel-Diagramm entfernt. Im tiefen Inneren hat sich durch eine Reihe von Kernfusionsprozessen ein Eisenkern gebildet. Die Heliumbrennschale ist relativ weit vom Zentrum nach außen gewandert. Der Sternenglobus zeigt eine leichte Instabilität, er pulsiert ein wenig. Antares ist ein unregelmäßig Veränderlicher mit einer mittleren Amplitude von knapp zwei Zehntel Größenklassen. Seine Helligkeitsschwankungen erfolgen mit einer mittleren Periode von 4,75 bis 5,80 Jahren. Trotz seiner fast sechzehnfachen Sonnenmasse ist wegen seiner ungeheuren Größe seine mittlere Dichte nur ein Millionstel der Sonnendichte, die bei 1,4 Gramm pro Kubikzentimeter liegt. Dabei ist die Materie im Zentrum von Antares ungeheuer dicht gepackt, während die äußeren Schichten gerne als „rotes Vakuum" bezeichnet werden. Denn die Dichte der weit ausgedehnten Photosphäre von Antares ist tausendmal geringer als die der irdischen Luft. Ein intensiver Sternwind, der von Antares wegströmt, sorgt für einen Massenverlust von etwa einer Millionstel Sonnenmasse pro Jahr. Antares ist ähnlich wie Beteigeuze ein typischer Kandidat für eine Supernovadetonation. Vielleicht ist sie schon erfolgt und wir ahnen davon nichts, da das Licht rund 600 Jahre von Antares zu uns unterwegs ist. Vielleicht erfolgt die Detonation aber auch erst in einer Million Jahren, für ein Sternenleben eine relativ kurze Zeitspanne.

Antares nähert sich in jeder Sekunde der Erde um drei Kilometer. Gleichzeitig verschiebt sich seine Position unter den Sternen um 0,024 Bogensekunden in Richtung Südsüdwest. In 75.000 Jahren ergibt dies eine Positionsveränderung von einem Vollmonddurchmesser.

Physischer oder optischer Begleiter?

Bei einer Sternbedeckung am 13. April 1819 entdeckte Adam Freiherr von Burg, Professor für Astronomie an der Universität Wien, einen Begleiter von Antares, von dem er meinte, ihn grünlich zu sehen. Tatsächlich ist der nur $5^m{,}5$ helle Kompagnon von Antares ein heißer, blauer Stern des Spektraltypes B4e und der Leuchtkraftklasse V, also ein Hauptreihenstern. Der Begleiter zeigt Emissionslinien des doppelt ionisierten Eisens (Fe III), daher der Appendix „e" für „emission lines". Seine Leuchtkraft entspricht dem Fünfzigfachen unserer Sonne, seine Masse dem Achtfachen der Sonnenmasse.

Aus der Verbreiterung der Spektrallinien schließt man auf eine rasche Rotation des Antaresbegleiters.

Auch James W. Grant sah von Indien aus 1844 den Antaresbegleiter; Gleiches berichtete Ormsby M. Mitchel, der ihn 1845 mit dem 11,7-inch-Refraktor am Cincinnati-Observatorium beobachtete. Mit $2{,}''6$ Abstand (Positionswinkel: 270°) sollte man α Sco-B schon in einem Dreizöller einwandfrei erkennen können. Wegen des großen Helligkeitsunterschieds ist dieses allerdings schwierig. Mit einem Sechszöller jedoch trennt man Antares spielend.

Nach wie vor ungeklärt ist, ob Antares bloß ein optischer oder ein physischer Doppelstern ist, also ob Antares und sein Begleiter gravitativ aneinander gebunden sind. Beide zeigen fast die gleiche Eigenbewegung. Der bekannte Doppelsternforscher Wulff Dieter Heintz hat 1955 eine Umlaufszeit beider Komponenten um ihren gemeinsamen Schwerpunkt von 900 Jahren ermittelt. Zwei Jahre später gab Joseph Hopmann, Direktor der Universitäts-Sternwarte Wien, für die Umlaufsperiode 853 Jahre an und für den Periastrontermin 1888. Die numerische Exzentrizität soll bei e = 0,0 liegen, also fast Kreisbahnen, bei einem linearen Abstand von 500 AE. Diese Ergebnisse konnten allerdings bis dato nicht bestätigt werden. Neuere Untersuchungen gehen von einer Umlaufszeit von mindestens 2500 Jahren aus.

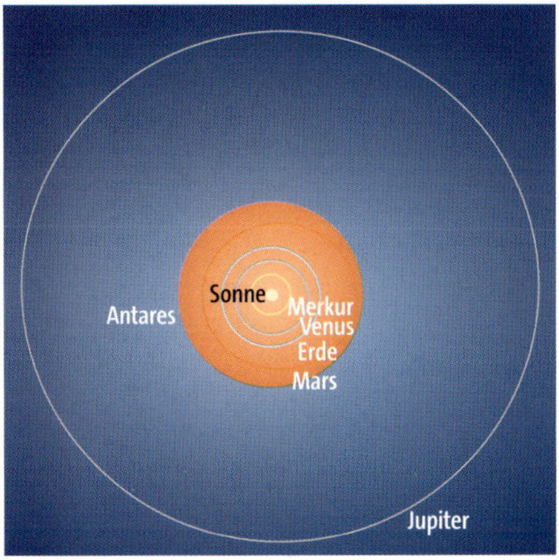

6.8 In den riesigen Antaresglobus würde bequem unsere Sonne samt dem inneren Planetensystem bis zur Marsbahn hineinpassen.

Antares ist in eine interstellare Gas- und Staubwolke eingebettet. Der Nebel IC 4604 leuchtet als Emissionsnebel rötlich, eingebettet in ihm findet sich auch ρ Ophiuchi. Ein wenig nördlich davon leuchtet IC 4603 bläulich, ein typischer Reflexionsnebel, der vom Licht heißer, junger, blauer Sterne beleuchtet wird. Das farbenreiche und komplexe Nebelsystem um Antares wurde erstmals von Edward Emerson Barnard im Jahr 1895 fotografiert.

Unmittelbar nördlich von Antares liegt eine große Dunkelwolke von etwa vier Grad Durchmesser, die manchmal als „Loch im Himmel" bezeichnet wird. Hier schattet interstellarer Staub das Licht ferner Sterne ab.

Etwa eineinhalb Grad westlich von Antares stößt man auf den Kugelsternhaufen M 4, der leicht mit einem Fernglas zu finden ist. Mit nur 7000 Lichtjahren Entfernung gehört M 4 zu den nächsten Kugelhaufen. Nur $0{,}^{\circ}7$ nordwestlich von Antares liegt der kleine Kugelhaufen NGC 6144. Um ihn zu sehen, benötigt man eine lichtstarke Optik von mindestens 15 cm freier Öffnung. Rund 150 000 Sonnen, alle rund zwölf Milliarden Jahre alt, leuchten hier in 30 000 Lichtjahren Entfernung.

Antares ist hellstes und prominentestes Mitglied der Scorpius-Centaurus-Assoziation, einer jungen Sterngesellschaft, die auseinanderläuft und sich allmählich in den Tiefen der Milchstraße verstreut.

Am 9. Juni 1898 wurde der Komet Coddington nur $2{,}^{\circ}5$ nördlich von Antares auf einer Fotoaufnahme gefunden. Es war dies der dritte Komet, der mittels der Himmelsfotografie entdeckt wurde.

Antares in Zahlen

Bezeichnungen:	α Scorpii, Antares, Cor Scorpii, Kalb al Akrab,Vespertilio	
Katalog-Nummern:	Flamsteed Nr. 21/ BD – 26°11399 / HD 148478 / HIP 80763 / SAO 184 415/ Yale BSC 6134 / GSC 68 03 21 511	
Äquatoriale Koordinaten:	**α (Rektaszension)**	**δ (Deklination)**
(J2000.0)	$16^{h}29^{m}24{,}^{s}4$	$-26°25'55''$
(B1900.0)	$16^{h}23^{m}16{,}^{s}4$	$-26°12'36''$
Scheinbare Helligkeit:	V = $0{,}^{m}96$ (variabel, Amplitude: ± $0{,}^{m}16$)	
Farbindices:	B-V = + 1,83 / U-B = + 1,34	
Spektraltyp:	M1 Iab	
Absolute Helligkeit:	$-5{,}^{M}28$	
Leuchtkraft:	12 000 Sonnenleuchtkräfte	
Durchmesser:	700 Sonnendurchmesser = 6,5 AE = $974 \cdot 10^6$ km	
Masse:	15,5 Sonnenmassen	
Trigonometrische Parallaxe:	π = = $0{,}''0054 \pm 0{,}0016$	
Entfernung:	185 ± 50 Parsec = 600 ± 160 Lichtjahre	
Eigenbewegung pro Jahr:	μ_α = $-0{,}''007$	
	μ_δ = $-0{,}''023$	
Radialgeschwindigkeit:	RG = – 3 km/s	
Raumgeschwindigkeit:	V_R = 5,4 km/s	
Begleiter		
Scheinbare Helligkeit:	$5{,}^{m}5$	
Spektraltyp:	B4e V	
Distanz:	$2{,}''60$	

Juli 2009

- Venus und Mars sind am Morgenhimmel vertreten
- Jupiter im Steinbock wird zum Planeten der ganzen Nacht
- Saturn verabschiedet sich vom Abendhimmel
- Die Erde passiert ihren sonnenfernsten Bahnpunkt am 4. Juli. An diesem Tag ist sie 152 Millionen Kilometer von der Sonne entfernt.

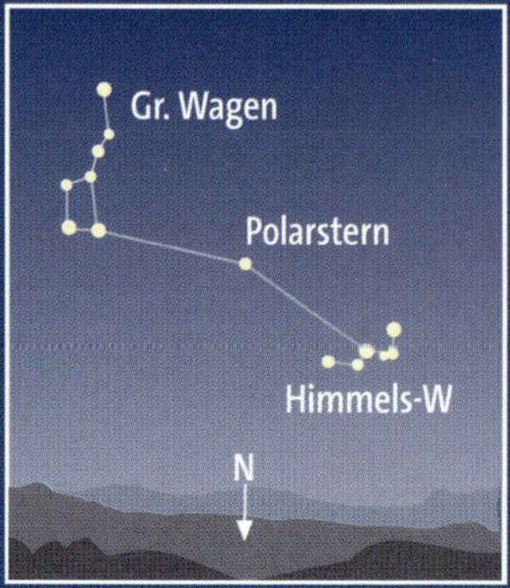

Großer Wagen und Himmels-W Anfang Juli um 22 Uhr

7.1 Planetentreffen am Morgenhimmel gegen 3h MEZ (= 4h MESZ): Tief am Osthorizont strahlt Venus neben Aldebaran im Stier und Mars passiert das Goldene Tor der Ekliptik. Der Mond wandert am 19. Juli an Venus vorbei.

1 Mi	Uranus im Stillstand, dann rückläufig
2 Do	
3 Fr	
4 Sa	Erde in Sonnenferne, 3h
5 So	
6 Mo	
7 Di	**Vollmond**
8 Mi	Merkur im Perihel
9 Do	
10 Fr	Mond bei Jupiter, Abstand 2,°9 um 23h Mond bei Neptun, Abstand 3,°0 um 23h
11 Sa	
12 So	
13 Mo	Mond bei Uranus, Abstand 5,°8 um 13h Jupiter bei Neptun, Abstand 0,°6 um 20h
14 Di	Merkur in oberer Konjunktion mit der Sonne
15 Mi	**Mond im letzten Viertel**
16 Do	
17 Fr	
18 Sa	Mond bei Mars, Abstand 5,°6 um 4h
19 So	Mond bei Venus, Abstand 5,°3 um 3h
20 Mo	
21 Di	
22 Mi	**Neumond** – Sonnenfinsternis Mond bei Merkur, Abstand 2,°9 um 21h
23 Do	
24 Fr	
25 Sa	Mond bei Saturn, Abstand 6,°7 um 16h
26 So	
27 Mo	Sternschnuppen Delta-Aquariden
28 Di	**Mond im ersten Viertel**
29 Mi	Sternschnuppen Alpha-Capricorniden
30 Do	
31 Fr	

Sonne – Sternbilder

20.7. 19^h:
Sonne tritt in das Sternbild Krebs
22.7. 18^h:
Sonne tritt in das Tierkreiszeichen Löwe
Julianisches Datum am
1. Juli, 1^h MEZ: 2455013,5

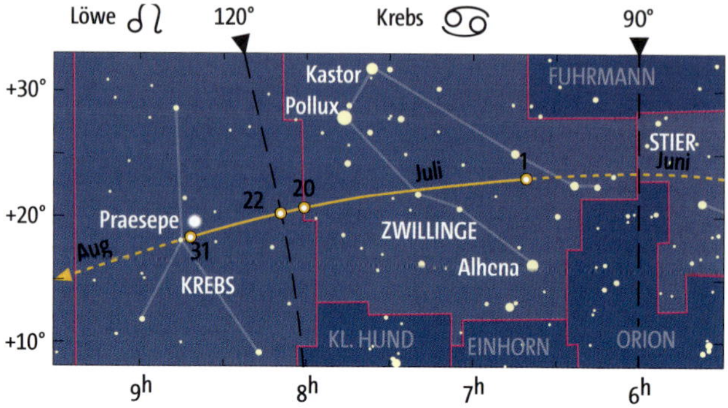

Tabelle Sonnenlauf

Tag	Dämmerg. Anfang	Aufgang MEZ	Kulmination	Untergang MEZ	Dämmerg. Ende	Mittagshöhe	Zeitgleichg.	Rektaszension	Deklination
	h m	h m	h m	h m	h m	°	m	h m	°
1.	2 26	4 15	12 24	20 32	22 21	63,1	– 4	6 40	+23,1
5.	2 31	4 18	12 24	20 31	22 17	62,8	– 4	6 56	+22,8
10.	2 38	4 22	12 25	20 28	22 11	62,2	– 5	7 17	+22,3
15.	2 46	4 27	12 26	20 24	22 04	61,5	– 6	7 37	+21,6
20.	2 56	4 33	12 26	20 19	21 56	60,6	– 6	7 57	+20,7
25.	3 05	4 40	12 26	20 12	21 46	59,6	– 6	8 17	+19,7
31.	3 17	4 48	12 26	20 04	21 34	58,2	– 6	8 41	+18,3

Tages- und Nachtstunden

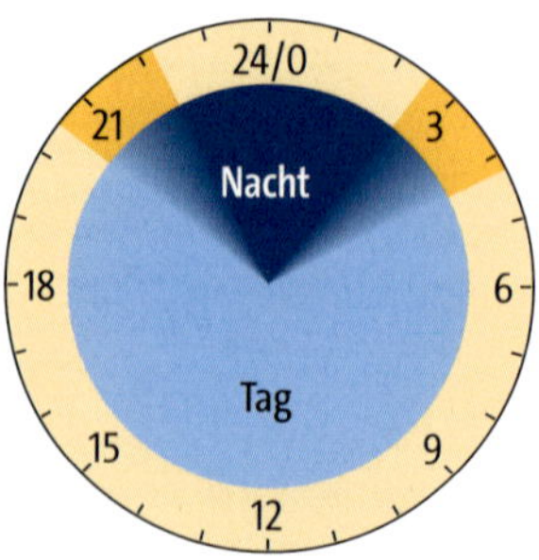

5. Juli

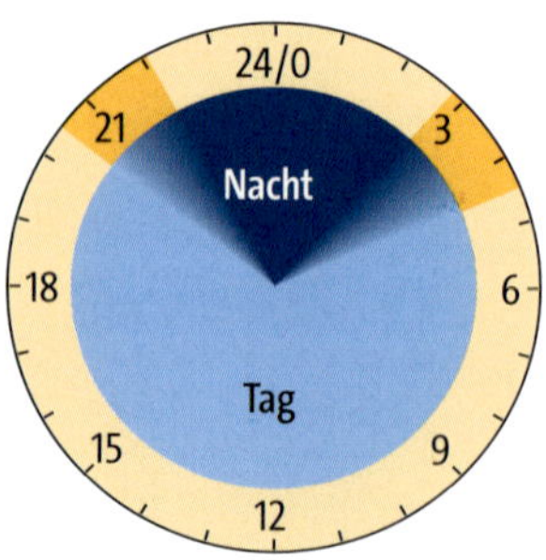

15. Juli

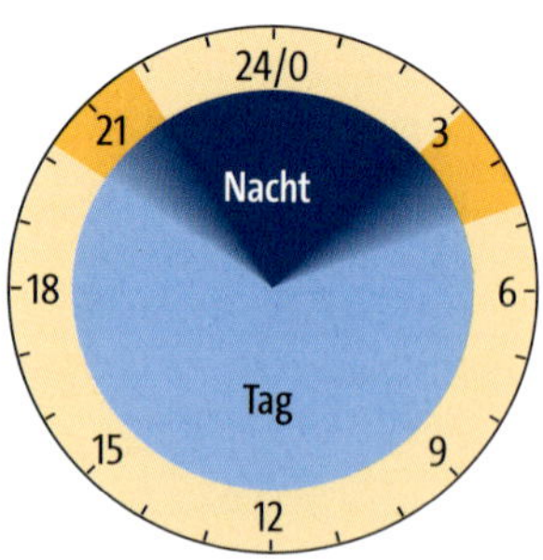

25. Juli

Tabelle Mondlauf

Datum	Aufg. MEZ	Kulmination	Unterg. MEZ	Rektaszension	Deklination	Sterne und Sternbilder	Phase	MEZ
	h m	h m	h m	h m	°			
Mi 1.	15 19	19 54	–	13 35	–15,5	Spica	Größte Südbreite	
Do 2.	16 31	20 43	0 21	14 24	–19,8	Waage		
Fr 3.	17 40	21 33	0 48	15 16	–23,1	* Waage		
Sa 4.	18 41	22 24	1 22	16 08	–25,4	Antares		
So 5.	19 33	23 15	2 06	17 01	–26,4	Antares		
Mo 6.	20 14	–	2 59	17 55	–26,2	Schütze		
Di 7.	20 46	0 05	4 01	18 47	–24,8	Schütze, Nunki	**Vollmond**	**$10^h\ 21^m$**
							Erdferne 406/29′,4	23^h
Mi 8.	21 11	0 54	5 08	19 38	–22,3	Schütze	Aufsteigender Knoten	
Do 9.	21 31	1 39	6 16	20 26	–18,8	Steinbock		
Fr 10.	21 48	2 23	7 25	21 12	–14,6	Steinbock		
Sa 11.	22 02	3 05	8 34	21 57	– 9,8	Steinbock		
So 12.	22 17	3 46	9 43	22 41	– 4,7	Wassermann		
Mo 13.	22 31	4 27	10 52	23 25	+ 0,8	Fische		
Di 14.	22 47	5 10	12 04	0 10	+ 6,3	Fische		
Mi 15.	23 07	5 54	13 18	0 57	+11,7	Fische	**Letztes Viertel**	**$10^h\ 53^m$**
							Libration Ost	
Do 16.	23 31	6 43	14 37	1 47	+16,7	Fische	Größte Nordbreite	
Fr 17.	–	7 36	15 57	2 41	+21,0	* Widder		
Sa 18.	0 05	8 35	17 15	3 39	+24,3	* Stier, Plejaden		
So 19.	0 53	9 38	18 24	4 43	+26,2	Stier		
Mo 20.	1 58	10 43	19 19	5 49	+26,3	Stier, Al Nath		
Di 21.	3 18	11 47	20 00	6 55	+24,4	Zwillinge	Erdnähe 357/33′,4	21^h
Mi 22.	4 47	12 49	20 30	7 59	+20,8	Zwillinge	**Neumond**	**$3^h\ 35^m$**
							Absteigender Knoten	
Do 23.	6 18	13 45	20 53	9 00	+15,8	Krebs, Krippe		
Fr 24.	7 46	14 38	21 12	9 56	+ 9,9	Löwe, Regulus		
Sa 25.	9 10	15 28	21 29	10 50	+ 3,6	Sextant		
So 26.	10 30	16 15	21 46	11 41	– 2,8	Jungfrau		
Mo 27.	11 49	17 03	22 04	12 31	– 8,8	Jungfrau		
Di 28.	13 05	17 50	22 25	13 20	–14,2	Spica	**Erstes Viertel**	**$23^h\ 00^m$**
							Größte Südbreite	
							Libration West	
Mi 29.	14 20	18 39	22 51	14 11	–18,8	Jungfrau		
Do 30.	15 31	19 29	23 22	15 02	–22,4	Waage		
Fr 31.	16 35	20 20	–	15 55	–24,9	Antares		

Der Mond begegnet Jupiter

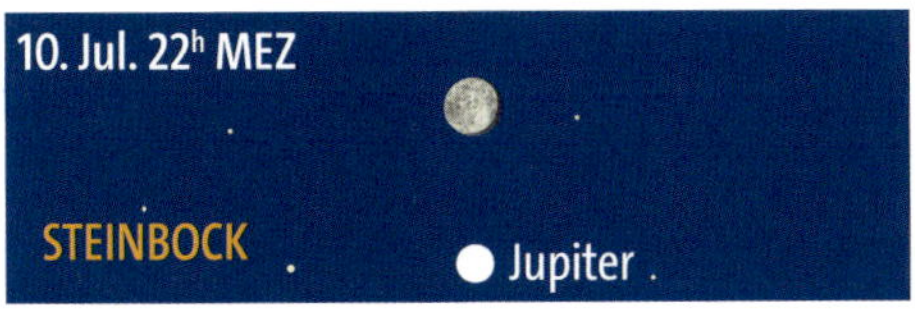

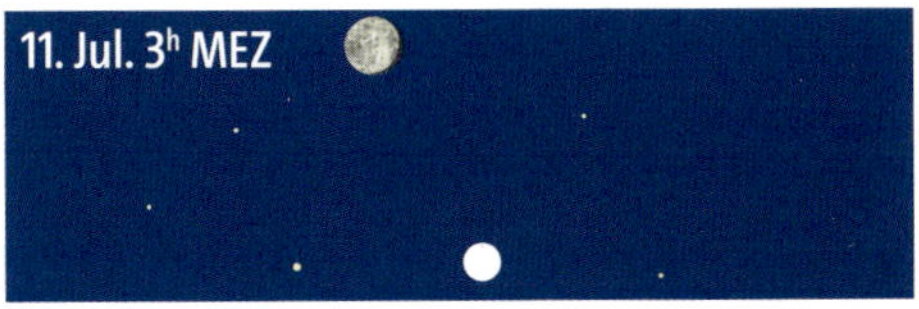

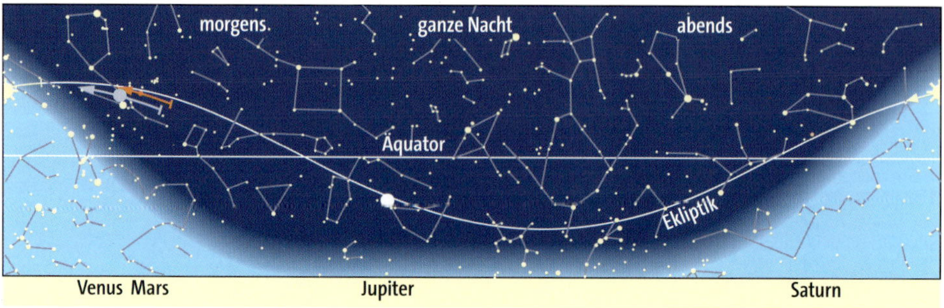

Merkur eilt der Sonne rechtläufig nach und überholt sie zur Monatsmitte. Am 14. steht er in oberer Konjunktion mit ihr. Bis Monatsende wächst Merkurs östlicher Winkelvorsprung vor der Sonne auf knapp 18° an. Für eine Abendsichtbarkeit reicht dies dennoch nicht; Merkur bleibt im Juli unsichtbar.

Sein Perihel durcheilt der flinke Planet am 8., wobei ihn 46 Millionen Kilometer (= 0,308 AE) von der Sonne trennen.

Venus kann am Morgenhimmel gesehen werden. Sie wandert durch das Sternbild Stier und passiert zur Monatsmitte Aldebaran 3° nördlich (siehe Abb. 9.3 auf Seite 179). Am 19. begegnet die schmale Sichel des abnehmenden Mondes dem Morgenstern. Venus, Mond,

7.2 Heliozentrischer Anblick des Planetensystems im dritten Jahresviertel 2009. Eingetragen sind im linken Teil die Positionen der inneren Planeten für den 1. Juli (7), 1. August (8), 1. September (9) und 1. Oktober (10). Der rechte Teil zeigt das äußere Planetensystem samt einiger Planetoiden zu Anfang und Ende des dritten Jahresviertels. Die Pfeile deuten die Richtungen zu den ferneren Planeten sowie zum Frühlingspunkt an.

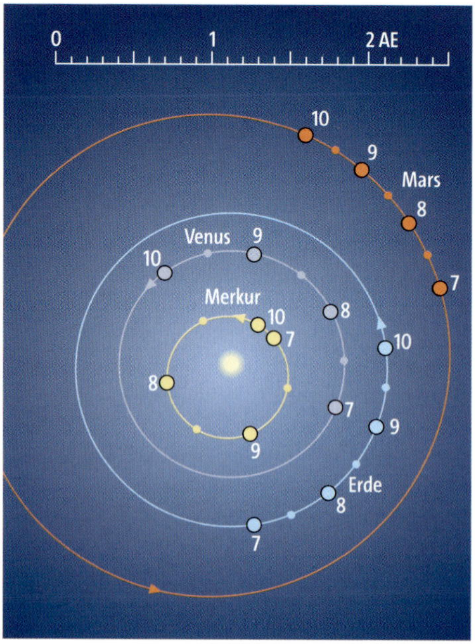

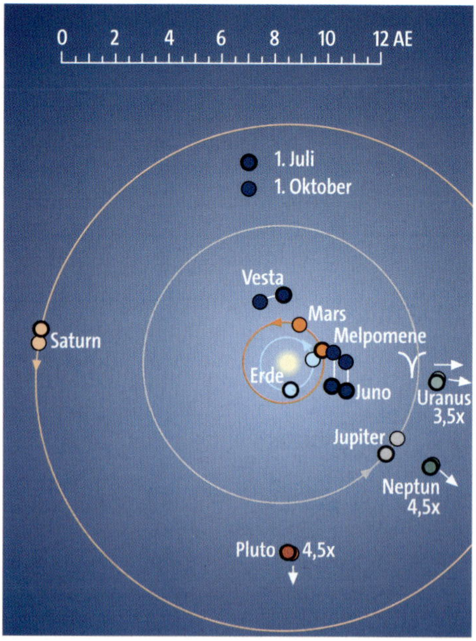

Aldebaran und Mars bilden eine sehenswerte Konstellation am Morgenhimmel gegen 4^h Sommerzeit (siehe Abb. 7.1 auf Seite 136).

Gegen Ende des Monats, nämlich am 30., verlässt Venus das Sternbild Stier. Auf ihrem Weg in die Zwillinge wandert sie zwei Tage lang durch die nördlichsten Gebiete des Orions.

Am 1. geht Venus um 1^h51^m (= 2^h51^m Sommerzeit) auf, am 31. um 1^h42^m. Bis Ende des Monats sinkt die Venushelligkeit auf $-4^m,0$. Damit ist sie um eine halbe Größenklasse lichtschwächer als zu ihrer Glanzzeit Anfang Mai. Dennoch bleibt Venus nach Sonne und Mond das hellste Gestirn am irdischen Firmament.

Im Fernrohr erkennt man, dass das Planetenscheibchen immer kleiner und rundlicher wird.

Mars kann am Morgenhimmel aufgefunden werden. Der rote Planet wandert durch das Sternbild Stier und passiert zur Monatsmitte das Goldene Tor der Ekliptik, das von den beiden offenen Sternhaufen Plejaden und Hyaden gebildet wird. Am 12. zieht Mars 5° südlich an den Plejaden vorbei und am 27. hält er sich 5° nördlich von Aldebaran (α Tauri) auf (siehe auch Abb. 9.3 auf Seite 179).

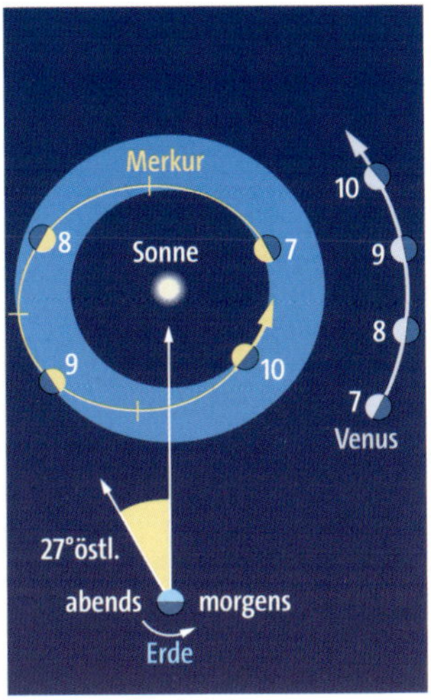

7.3 Bahnen von Merkur und Venus: **Heliozentrische Bewegungen von Merkur und Venus relativ zur Erde. In den dicker ausgezogenen Bahnteilen sind die Planeten beobachtbar. Die Zahlen geben die Positionen jeweils zum Monatsersten an. Östlicher Winkelabstand bedeutet Abendsichtbarkeit; westliche Elongation: Planet steht am Morgenhimmel.**

Die Aufgänge des roten Planeten verfrühen sich im Laufe des Juli um eine Stunde. Geht der $1^m,1$ helle Mars am 1. um 1^h30^m (= 2^h30^m Sommerzeit) auf, so steigt er am 31. bereits um 0^h32^m über die nordöstliche Horizontlinie.

Ein netter Himmelsanblick ergibt sich am 19. gegen 3^h morgens, wenn sich zu Mars und Venus die schmale Sichel des abnehmenden Mondes gesellt (siehe Abb. 7.1 auf Seite 136).

Im Teleskop erscheint die Marskugel unter einem Winkel von 5″. Bei einem so kleinen Planetenscheibchen wird man kaum Details auf der Marsoberfläche erkennen können.

Jupiter, rückläufig im Steinbock, nähert sich seiner Oppositionsstellung zur Sonne, die er Mitte nächsten Monats erreicht. Seine Helligkeit steigert er nochmals ein wenig auf $-2^m,8$. Gegen Monatsende wird Jupiter zum Planeten der ganzen Nacht. Die Aufgänge des Riesenplaneten verfrühen sich von 22^h39^m am Monatsbeginn auf 20^h36^m (= 21^h36^m Sommerzeit) am Monatsende. Damit geht er gerade auf, wenn die Dämmerung so weit fortgeschritten ist, dass man ihn erkennen kann.

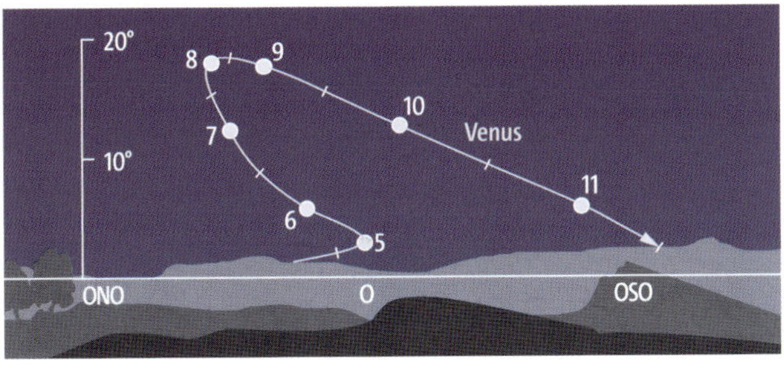

7.4 Venus am Morgenhimmel: **Stellung der Venus über dem Osthorizont jeweils eine Stunde vor Sonnenaufgang von Mai bis November 2009. Die Zahlen geben die Venusposition zum jeweiligen Monatsersten an (5 = 1. Mai).**

Um den 11. zieht Jupiter nur 18′ südlich an μ Capricorni ($5\overset{m}{,}1$) vorbei. Ein wenig nördlicher stößt man auf Neptun ($7\overset{m}{,}8$), an dem Jupiter am 13. nur 34′ südlich vorbeizieht (siehe Abb. 7.5 rechts und Abb. 8.5 auf S. 162).

Saturn, rechtläufig im Ostteil des Löwen, verabschiedet sich vom Abendhimmel und wird im Laufe des Monats unbeobachtbar. Geht der Ringplanet am 1. noch um 23^h32^m unter und am 15. um 22^h38^m, so sinkt er am 31. bereits um 21^h38^m (= 22^h38^m Sommerzeit) unter die westliche Horizontlinie. Dies ist gerade mal eineinhalb Stunden nach Sonnenuntergang. Deshalb wird es zu Monatsende schwierig, den $1\overset{m}{,}1$ hellen Saturn noch in der Abenddämmerung knapp über dem Westhorizont auszumachen.

Uranus kommt am 1. im Sternbild Fische zum Stillstand und setzt zu seiner Oppositionsschleife an. Anschließend wandert er kaum merklich rückläufig durch die Fische (siehe auch Abb. 8.2 auf Seite 159 und Abb. 9.5 auf Seite 180).

Seine Aufgänge verlagert der lichtschwache Planet deutlich in die Zeit vor Mitternacht. Der Uranusaufgang erfolgt am 1. um 23^h35^m und am 15. um 22^h40^m (= 23^h40^m Sommerzeit). Am Monatsletzten geht der $5\overset{m}{,}8$ helle, grünliche Planet schon um 21^h36^m (= 22^h36^m Sommerzeit) auf. Frühestens eine Stunde nach seinem Aufgang lohnt es sich, nach Uranus mit lichtstarker Optik Ausschau zu halten.

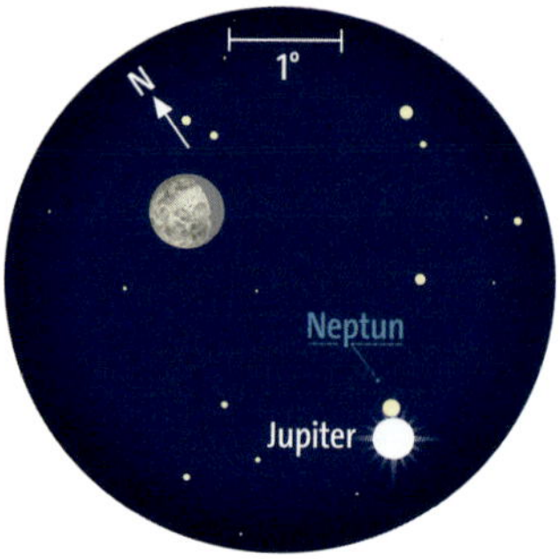

7.5 Mond, Jupiter und Neptun
An Jupiter und Neptun im Sternbild Steinbock zieht am 10. Juli der abnehmende Mond vorbei. Fernglasanblick gegen 23^h MEZ (= Mitternacht Sommerzeit) bei 5° Gesichtsfelddurchmesser.

Neptun, rückläufig im Steinbock, nähert sich seiner Opposition zur Sonne, die er Mitte August erreicht. Scinc Aufgänge verlagert der lichtschwache, bläuliche Planet in die Abendstunden.

Am 1. geht Neptun um 22^h35^m (= 23^h35^m Sommerzeit) auf, am 15. um 21^h39^m und am 31. bereits um 20^h36^m. Anfang Juli erfolgt Neptuns Meridiandurchgang um 3^h37^m, Ende des Monats kulminiert der mit $7\overset{m}{,}8$ recht lichtschwache Planet schon um 1^h37^m (= 2^h37^m Sommerzeit).

Konstellationen und Ereignisse

Datum	MEZ	Ereignis
1.	17^h	Uranus im Stillstand, anschließend rückläufig
4.	3	Erde im Aphel (Sonnenferne, Abstand Erde – Sonne 152,091 Millionen Kilometer)
7.	11	Halbschattenfinsternis des Mondes – unbeobachtbar (siehe Seite 16)
8.	13	Merkur im Perihel
10.	23	**Mond bei Jupiter**, Mond $3\overset{\circ}{,}6$ nördlich, **Abstand $2\overset{\circ}{,}9$ um 23^h**
10.	23	Mond bei Neptun, Mond $3\overset{\circ}{,}0$ nördlich
13.	13	Mond bei Uranus, Mond $5\overset{\circ}{,}8$ nördlich
13.	20	**Jupiter bei Neptun**, Jupiter $0\overset{\circ}{,}6$ südlich, **Abstand $0\overset{\circ}{,}6$ am 10.** (im Fernglas 34′)
14.	3	Merkur in oberer Konjunktion mit der Sonne
18.	13	**Mond bei Mars**, Mond $4\overset{\circ}{,}9$ nördlich, **Abstand $5\overset{\circ}{,}6$ um 4^h**
19.	6	**Mond bei Venus**, Mond $5\overset{\circ}{,}9$ nördlich, **Abstand $5\overset{\circ}{,}3$ um 3^h**
22.	4	Totale Sonnenfinsternis – von Mitteleuropa aus unbeobachtbar (siehe Seite 16)
22.	21	Mond bei Merkur, Mond $2,^{\circ}9$ südlich
25.	16	Mond bei Saturn, Mond $6\overset{\circ}{,}7$ südlich

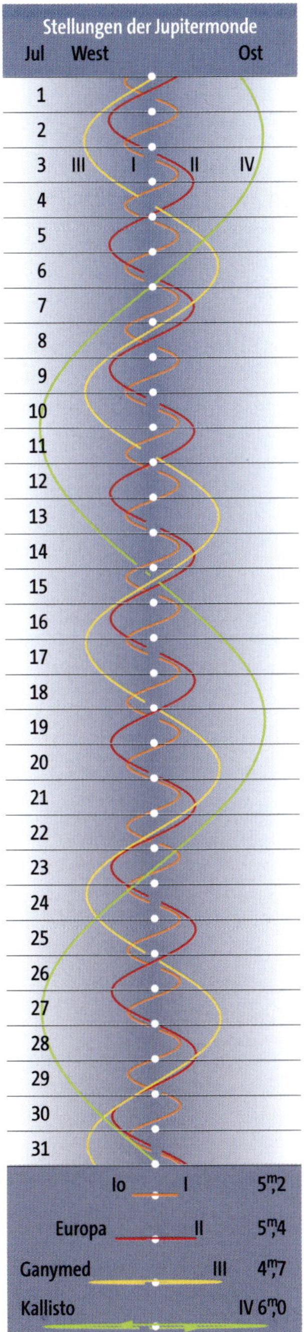

Jupitermonde

Tag	MEZ h m	Vorgang	
1.	3 18	III	DE
3.	1 01	II	VA
4.	3 43	I	SA
	22 53	II	SE
5.	0 43	II	DE
	1 02	I	VA
	23 07	I	DA
6.	0 29	I	SE
	1 24	I	DE
	22 41	I	BE
7.	1 21	IV	DE
	23 37	III	SA
8.	3 11	III	DA
	3 16	III	SE
10.	3 38	II	VA
11.	22 36	II	SA
12.	0 11	II	DA
	1 27	II	SE
	2 55	I	VA
	3 02	II	DE
13.	0 06	I	SA
	0 53	I	DA
	2 24	I	SE
	3 10	I	DE
14.	0 27	I	BE
	22 19	IV	VA
15.	3 08	IV	VE
	3 37	III	SA
18.	23 52	III	BE
19.	1 10	II	SA
	2 27	II	DA
	4 02	II	SE
20.	2 00	I	SA
	2 38	I	DA
	4 18	I	SE
	23 18	I	VA
	23 43	II	BE
21.	2 11	I	BE
	22 47	I	SE
	23 22	I	DE
25.	21 36	III	VA
26.	3 13	III	BE
	3 45	II	SA
27.	3 55	I	SA
	4 23	I	DA
	22 10	II	VA
28.	1 12	I	VA
	2 00	II	BE
	3 56	I	BE
	22 23	I	SA
	22 49	I	DA
29.	0 42	I	SE
	1 07	I	DE
	22 21	I	BE
	0 28	IV	BE

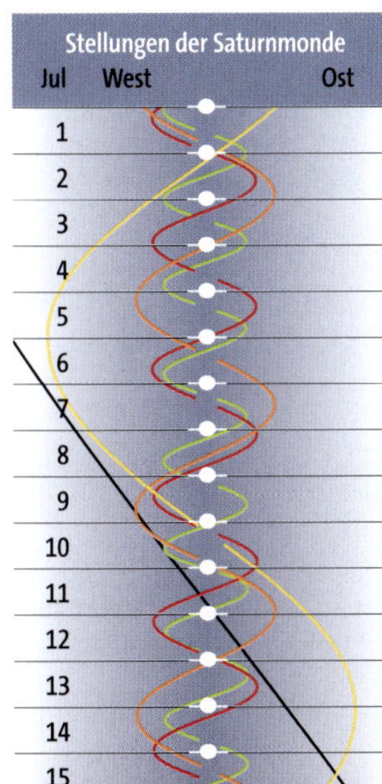

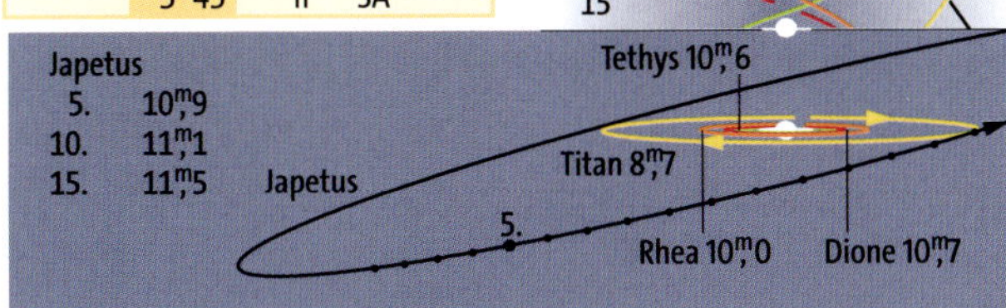

Um die Monatsmitte wandert der bläuliche Planet rückläufig in nur einer halben Vollmondbreite Abstand, nämlich 16′, nördlich an μ im Steinbock ($5\overset{\mathrm{m}}{,}1$) vorbei (siehe Abb. 8.5 auf Seite 162). Am 13. begegnet Neptun dem Riesenplaneten: Jupiter zieht nur 34′ südlich an Neptun vorbei (siehe Abb. 7.5 auf Seite 142).

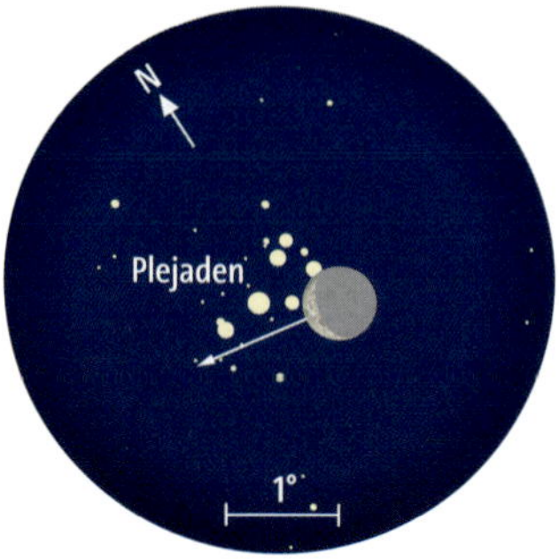

7.6 Mond bedeckt Plejaden: **Der zunehmende Mond steht am 18. Juli gegen 2^{h} MEZ (3^{h} MESZ Sommerzeit) vor dem offenen Sternhaufen der Plejaden. In der folgenden Stunde bedeckt er einige Plejadensterne (siehe Tabelle Sternenbedeckungen durch den Mond auf Seite 260).**

Periodische Sternschnuppenströme

Vom 12. Juli bis 19. August leuchten die **Delta-Aquariden** auf, die zwischen 3^{m} und 5^{m} hell sind, also nicht besonders auffällig. Sie heißen auch **Juli-Aquariden**. Ihr Radiant liegt etwa 3° westlich von δ Aquarii. Das Maximum ist nicht in jedem Jahr am selben Tag zu erwarten. In diesem Jahr dürfte es in den Stunden nach Mitternacht am 28. Juli auftreten. Die Geschwindigkeit der Sternschnuppen liegt um 40 Kilometer pro Sekunde. Im Maximum sind etwa zwanzig Sternschnuppen pro Stunde zu erwarten.

Vom 3. Juli bis 15. August treten die **Alpha-Capricorniden** (Radiant im Steinbock) auf. Sie sind die ganze Nacht über beobachtbar. Der Ursprungskomet ist 45P/Honda-Mrkoš-Pajdusáková (früher 1948 XII). Um das Maximum am 30. Juli sind höchstens zehn Objekte pro Stunde zu erwarten. Es handelt sich um recht langsame Meteore (im Mittel 25 Kilometer pro Sekunde).

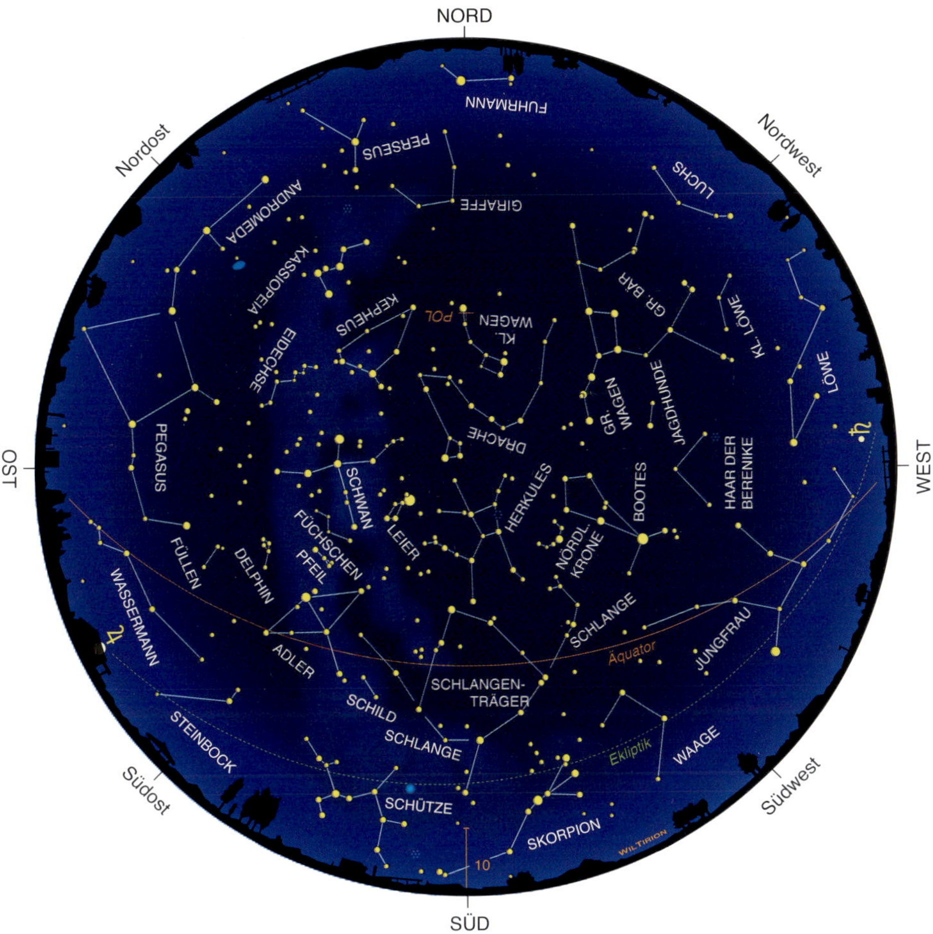

Der Sternenhimmel am 15. Juli um 22ʰ MEZ

Die Sternkarte ist auch gültig für:

	MEZ	MESZ
15. 4.	4^h	5^h
1. 5.	3	4
15. 5.	2	3
1. 6.	1	2
15. 6.	0	1
1. 7.	**23**	**24**
15. 7.	**22**	**23**

Ein Blick zum abendlichen Sternenhimmel zur Standardbeobachtungszeit (zu Monatsbeginn um 23^h MEZ = 24^h Sommerzeit, zur Monatsmitte um 22^h MEZ = 23^h Sommerzeit) lässt erkennen: Die Umstellung vom Frühlings- zum Sommersternenhimmel ist inzwischen vollzogen. Das Sommerdreieck, bestehend aus Wega, Deneb und Atair hat zwar seine Meridianstellung noch nicht ganz erreicht, aber die Sommerbilder sind bereits allesamt über dem Horizont, während sich die Frühlingsbilder im Westen verabschieden. Der Löwe ist im Untergang begriffen und kann als Figur nicht mehr erkannt werden, denn sein Hauptstern Regulus ist bereits unter den Horizont gesunken. Damit ist auch das Frühlingsdreieck aufgelöst, dessen beide anderen Eckpunkte allerdings noch zu sehen sind: Tief

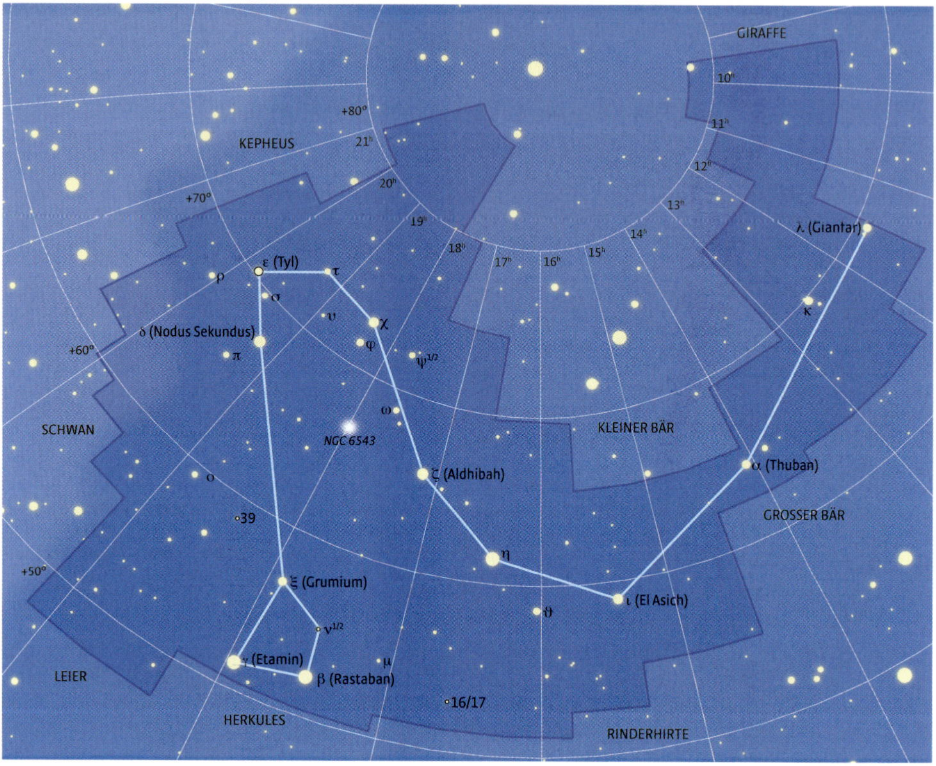

im Südwesten steht die bläulich-weiße Spica in der Jungfrau. Ihr Licht wird deutlich von den horizontnahen Dunstschichten geschwächt. Wesentlich höher findet man im Südwesten den hellen, orangeroten Arktur im Bootes, der den Helligkeitsschwerpunkt in der westlichen Hemisphäre bildet.

Ausgangspunkt Großer Wagen

Der Große Wagen hat mit seinem Abstieg begonnen. Seine Deichsel zeigt nach oben, der Wagenkasten hängt nach unten. Das Himmels-W, die Kassiopeia, hingegen hat die untere Kulmination hinter sich und beginnt mit dem Aufstieg zum Zenit.

Zwischen Zenit, Kleinem Wagen und Großem Wagen schlängelt sich der Drache (lat.: Draco) hindurch. Der Drache ist nicht leicht auszumachen. Am leichtesten ist noch der Drachenkopf zu erkennen, der von einem kleinen Sternenviereck gebildet wird, das zu unserer Beobachtungsstunde fast exakt im Zenit (Scheitelpunkt) steht.

Blickt man vom Zenit zum Südpunkt am Horizont hinunter, lässt also seinen Blick den Meridian (= Mittagslinie) hi-

7.7 Das Sternbild Drache:
Es schlängelt sich zwischen Großem und Kleinem Wagen hindurch.

nunter gleiten, so kommen nacheinander die Sternbilder Herkules und Schlangenträger mit der Schlange ins Gesichtsfeld. Der hellste Stern im Schlangenträger, α Ophiuchi, steht an der Nordspitze knapp südlich vom Herkules und heißt Ras Alhague, was arabisch ist und Kopf des Schlangenträgers bedeutet. Mit $2^{m}\!,1$ ist er relativ leicht zu sehen. Er leuchtet in einem weißen Licht und ist 47 Lichtjahre von uns entfernt. Im Süden des großen Sternenpolygons, das den Rumpf des Schlangenträgers andeutet, steht η Ophiuchi, Sabik mit Eigennamen. Mit $2^{m}\!,4$ ist auch er mühelos zu erkennen. Sabik strahlt ein weißes Licht aus, das 84 Jahre benötigt, um zur Erde zu gelangen.

Der Skorpion hat seinen Meridiandurchgang bereits absolviert und hält sich knapp über dem Südhorizont ein wenig westlich vom Südpunkt auf. Sein hellster Stern Antares ist kaum zu übersehen. Er leuchtet in einem rötlichen Licht und gehört zu den Überriesensternen. Antares ist so riesengroß, dass bequem unsere Sonne samt der Erdbahn in seinem Inneren Platz fände. Die Bezeichnung Antares stammt aus dem Griechischen und bedeutet Gegenspieler des Mars, weil er ihm an Farbe ähnlich ist und außerdem im Tierkreis steht, so dass es gelegentlich zu Verwechslungen mit dem roten Planeten kommt.

Der nördliche Teil des Skorpions gehört heute zum Sternbild Schlangenträger, durch den auch ein Teil der Ekliptik (= scheinbare Sonnenbahn) verläuft. Somit gibt es insgesamt dreizehn Tierkreissternbilder, aber nur zwölf Tierkreiszeichen.

In der östlichen Himmelshälfte wird der Helligkeitsschwerpunkt vom Sommerdreieck mit Wega in der Leier, Deneb im Schwan und Atair im Adler bestimmt.

Sommersternbilder

Die Leier ist ein leicht einprägsames Sternbild und nicht besonders groß. Neben der hellen Wega ist ein kleiner Sternenrhombus zu finden. Hinzu kommt noch das Sternenpärchen $\varepsilon_{1,2}$ Lyrae, der berühmte Vierfachstern in der Leier. Denn jede Komponente, sowohl ε_1 als auch ε_2 sind ihrerseits Doppelsterne, wie man sich mit einem Blick durch ein Teleskop ab 8 cm Öffnung überzeugen kann.

Wega, der Hauptstern der Leier, auch als α Lyrae bekannt, gehört mit $0^{m}\!,0$ zu den fünf hellsten Sternen am irdischen Firmament. Mit dem praktisch gleich hellen Arktur ist Wega der hellste Stern am nördlichen Himmel. Mit 25 Lichtjahren Distanz gehört Wega noch zur Nachbarschaft unserer Sonne. α Lyr ist ein typischer Hauptreihenstern der Spektralklasse A0 V. Wega leuchtet weiß mit einem bläulichen Schimmer. Die wahre Leuchtkraft von Wega entspricht etwa der von fünfzig unserer Sonnen.

Tief im Südosten sind die beiden Tierkreisbilder Schütze und Steinbock zu finden. Während der Schütze noch relativ leicht zu erkennen ist, so ist der Steinbock nur mit Mühe unter guten Sichtbedingungen auszumachen. Er gehört wie der Wassermann zu den ausgesprochen schwierigen Sternbildern.

Im Schützen finden sich viele interessante galaktische Objekte wie Gasnebel und Kugelsternhaufen, alles Objekte für Feldstecher- und Fernrohrbeobachter. Auch mit die hellsten Partien der sommerlichen Milchstraße ziehen durch den Schützen. In Richtung des Schützen liegt auch das Zentrum unseres Milchstraßensystems. Im sichtbaren Bereich des elektromagnetischen Spektrums bleibt es allerdings durch die Absorption des interstellaren Staubes unsichtbar. Aber im Radiowellenbereich, im infraroten Licht und im Bereich der Röntgenstrahlen lässt sich das rund 26 000 Lichtjahre entfernte Milchstraßenzentrum beobachten, in dem ein supermassereiches, riesiges Schwarzes Loch sitzt.

Veränderliche Sterne im Juli

Algol-Minima	5.	5^h10^m	8.	1^h59^m	10.	22^h48^m	28.	3^h39^m	31.	0^h28^m
β-Lyrae-Minima	1.	20^hN	8.	7^hH	14.	18^hN	21.	6^hH	27.	17^hN
δ-Cephei-Maxima	6.	3^h	11.	12^h	16.	20^h	22.	5^h	27.	14^h
Mira-Helligkeit	1.	9^m	10.	10^m	20.	10^m	31.	10^m		

Der Hitzetod der Erde

7.8 **Die zunehmende Sonnenhitze lässt die Erde zu einem tödlichen Glutball werden. (Illustration: Ralf Schoofs, Astrofoto Bildagentur)**

Der Klimawandel ist in aller Munde. Wir sollen das Klima schützen, sonst droht eine weltweite Katastrophe, die über kurz oder lang das Ende der Menschheit zur Folge hat, ja möglicherweise alles Leben auf dem Planeten Erde auslöschen wird. Können wir Menschen die drohende Erwärmung der Erde mit ihren negativen Folgen für Menschen, Tiere und Pflanzen verhindern? Gab es nicht in der Vergangenheit große Schwankungen im Erdklima ohne den Einfluss menschlichen Tuns? Warme Perioden wechselten mit Eiszeiten. Katastrophenartige Vorgänge wie Einschläge von Planetoiden, Vulkanausbrüche und riesige Überschwemmungen haben schon seit Äonen von Jahren das irdische Leben bedroht und oft in erheblichem Umfang ausgelöscht. Ganz sicher führt der anthropogene, also von Menschen verursachte Einfluss, in den letzten Jahren zur Erwärmung der Erdoberfläche und der Troposphäre. Die Verbrennung fossiler Brennstoffe durch Autos, Flugzeuge, kohle- und ölbefeuerte Kraftwerke führt zu einer Erhöhung der Kohlendioxid(CO_2)-Konzentration in unserer Lufthülle und damit zu einer Verstärkung des Treibhauseffektes. Es ist durchaus sinnvoll, die Anreicherung der Erdatmosphäre mit dem Treibhausgas CO_2 zu verringern. Wie viel elektrische Energie wird vergeudet, indem zahllose Gebäude Nacht für Nacht angestrahlt werden, Lichtreklamen aller Art den Himmel aufhellen und menschenleere Straßen exzessiv beleuchtet werden! Hier kann ein Wandel unserer Gewohnheiten einiges bewirken.

Doch nicht alle Klimafaktoren lassen sich von Menschen beeinflussen oder gar steuern. Geologische Vorgänge oder die Variation der Erdbahnelemente entziehen sich unseren Einwirkungsmöglichkeiten. So ändert sich die Schiefe der Ekliptik periodisch, die die jahreszeitlichen Temperaturdifferenzen ansteigen oder verringern lässt. Die numerische Exzentrizität variiert, sodass auch die Entfernung der Erde von der Sonne stärkeren Schwankungen ausgesetzt ist. Heute ist die Erde im Winter (auf der Nordhalbkugel) der Sonne fünf Millionen Kilometer näher als im Nordsommer. In der Vergangenheit war die Differenz zeitweilig achtzehn Millionen Kilometer groß – und wird dies auch in Zukunft wieder einmal werden. Durch die Präzession der Erdachse, die eine rückläufige Wanderung des Frühlingspunktes in 26 000 Jahren durch den gesamten Tierkreis zur Folge hat, und die prograde Bewegung des Erdbahnperihels, das in 111 000 Jahren einen vollen Umlauf zurücklegt, wird in gut zehntausend Jahren Nordwinter im Januar und Sonnenferne zusammenfallen, was die jahreszeitlichen Temperaturdifferenzen verstärken wird. All dies sind periodische Vorgänge, die Klimaveränderungen bewirken. Das Leben konnte sich stets anpassen und verschwand nicht von der Erdoberfläche.

Der Hauptklimafaktor ist jedoch die Wärmestrahlung der Sonne. Ohne Sonnenenergie gäbe es auf unserem Planeten kein Leben. Die Sonne ist der Stern des Lebens. Wir sind ihr auf Gedeih und Verderb ausgeliefert. In Science-Fiction-Romanen wird gelegentlich beschrieben, was passiert, wenn die Sonne eines Tages verlöscht. Ohne Sonnenenergie würde die Erde bald als toter, eisgepanzerter Felsklotz mit einer Oberflächentemperatur von maximal −200 °C durchs Weltall driften. Doch bald wäre auch der letzte Rest der inneren Erdwärme aufgezehrt und die Temperatur würde auf −260 °C sinken, also nur dreizehn Grad über den absoluten Nullpunkt. Längst wäre alles Leben in Eiseskälte erstarrt.

Feuriges Ende als unabwendbares Schicksal

So ein schlimmes Szenario erscheint uns gefühlsmäßig eher unwahrscheinlich. Seit knapp fünf Milliarden Jahren strahlt die Sonne Tag für Tag und erwärmt die Erde zuverlässig. Man hat den Eindruck, ihr Energievorrat sei unerschöpflich. Dies trifft klarerweise nicht zu. Zwar verfügt die Sonne über einen ungeheuren Energievorrat, sie ist ein außerordentlich leistungsfähiger Atomkernreaktor. Allerdings, jeder Ofen geht einmal aus. Auch die Energievorräte unseres Lebenssterns werden eines fernen Tages zur Neige gehen. Dennoch müssen wir uns nicht vor einem Kältetod der Erde fürchten. Denn Äonen von Jahren, bevor unsere Sonne als Weißer Zwergstern völlig ausgekühlt ist, werden dramatische Vorgänge der Erde den Hitzetod bescheren. Das feurige Ende unserer Heimat ist ein unabwendbares Schicksal. Doch noch lange bevor unser Planet im Sonnenfeuer zu einer glühend heißen Gesteinskugel wird, wird alles irdische Leben durch die stetig zunehmende Hitze ausgelöscht sein.

Aufbau und Entwicklung der Sterne lassen sich heutzutage mit schnellen Computern ziemlich präzise berechnen. Und unsere Sonne ist schließlich auch ein Stern, und zwar ein ziemlicher Durchschnittsstern, was ihre Größe, Masse und Leuchtkraft betrifft. Sie steht nach allen Beobachtungen und Berechnungen in der Blüte ihres Lebens. Ihre Geburt liegt knapp fünf Milliarden Jahre zurück. Seit dieser Zeit strahlt sie in verschwenderischer Weise Licht und Wärme ununterbrochen ins Weltall. Dabei hat ihre Strahlungsleistung im Laufe der Jahrmillionen zugenommen. Unsere Sonne leuchtet heute rund vierzig Prozent heller als zur Zeit ihrer Geburt.

Aufgrund innerer Vorgänge wird sich die Sonne in etwa fünf Milliarden Jahren zu einem Roten Riesenstern aufblähen. Ihre Oberflächentemperatur wird bei einem Sonnenalter von zwölf Milliarden Jahren nur noch 2800 °C betragen, ihr Durchmesser jedoch zweihundert Mal größer sein als heute. Dabei wird zunächst Merkur von der sich aufblähenden Sonne verschlungen. Das nächste Opfer wird unser innerer Nachbarplanet Venus sein, dem die rote Riesensonne ein feuriges Grab bereitet. Schließlich wird die Sonne so riesig, dass ihr Radius gleich dem heutigen Erdbahnradius wird. Damit stürzte auch die Erde in die Gluthölle der Sonne. Doch ein Effekt bewirkt, dass die Erde vor solch einem Schicksal entfliehen kann. Denn durch den immer heftiger wehenden Sonnenwind, einem Strom geladener Partikel, der von der

Sonne ins Weltall strömt, verliert die Sonne einen erheblichen Teil ihrer Masse. In einem Alter von zwölf Milliarden Jahren wird die Sonne nur noch 68 Prozent ihrer heutigen Masse besitzen. Damit nimmt aber auch die Schwerkraft der Sonne ab und die Erde driftet deshalb nach außen. Ihr mittlerer Abstand von der Sonne wächst auf rund 190 Millionen Kilometer an, während er heute bei knapp 150 Millionen Kilometer liegt. Damit erreicht die Erde fast die Marsbahn, wobei sich Mars ebenfalls weiter von der Sonne entfernt. Am irdischen Himmel leuchtet die Sonne dann als enorm großer, riesiger roter Glutball, der rund siebzig Prozent der Himmelsfläche bedeckt. Doch niemand wird seinen Blick zur Sonne richten. Denn noch viel früher wird alles Leben auf unserem Planeten den Hitzetod erleiden – die hochentwickelten Tiere und Menschen zuerst, die primitiven Lebewesen wie Einzeller zum Schluss.

Heute bemühen wir uns, den Anstieg des Kohlendioxidgehalts in der Atmosphäre der Erde zu begrenzen, um den Treibhauseffekt nicht dramatisch anschwellen zu lassen und der Erderwärmung vorzubeugen. Doch auf lange Frist betrachtet wird es zu einem Mangel an CO_2 in unserer Lufthülle kommen, was zum Aussterben fast aller Pflanzen führen wird. Damit wird die Nahrungskette unterbrochen, was das Ende von Tieren und Menschen bedeutet. Doch auch ohne Treibhauseffekt wird es auf der Erde dramatisch heiß werden. Denn die Sonnenleuchtkraft nimmt permanent zu, noch lange bevor unser Lebensstern zum Roten Riesen wird.

Positive Aspekte des Treibhauseffekts

Ohne Treibhauseffekt gäbe es auf der Erde kein Leben. Vor allem Wasserdampf (H_2O) und Kohlendioxid (CO_2) sowie in der Vergangenheit Methan (CH_4) absorbieren die langwellige Infrarotstrahlung und bewirken ein Aufheizen der unteren Atmosphärenschichten und des Erdbodens. Jeder kennt den Effekt: In einer bewölkten Nacht wird es längst nicht so kalt, als wenn der Himmel aufklart und die Sterne funkeln. Dann wird mehr Wärme ins Weltall abgestrahlt. Ohne Treibhauseffekt läge die Durchschnittstemperatur der Erdoberfläche bei −19 °C statt des heute gemessenen Wertes von +14 °C. Wegen des relativ hohen Methananteils in der Frühphase der Erde war damals die mittlere Oberflächentemperatur sogar noch deutlich höher als heute.

Hinzu kommt ein natürlicher Regelmechanismus, der für eine vergleichsweise konstante Temperatur sorgt. Man spricht vom sogenannten globalen Karbonat-Silikat-Kreislauf. Steigt die Temperatur, so verdunstet mehr Wasser, die Luft wird feuchter. Dies führt aber zu einer verstärkten Verwitterung von Silikatgesteinen, die zum Großteil die Erdkruste bilden. Das im Regenwasser gelöste atmosphärische CO_2 verbindet sich mit dem Kalzium der Gesteine zu Kalziumhydrogenkarbonat, das gelöst in Flüssen und Bächen ins Meer fließt, wo es sich als Kalziumkarbonat (Kalk) ablagert beziehungsweise von Lebewesen in Kalkschalen integriert wird. In solchen Sedimenten bleibt das CO_2 für längere Zeit gebunden.

Auf lange Frist wird das CO_2 durch Plattentektonik wieder frei. Kontinentalplatten stoßen zusammen. Dabei schiebt sich eine Platte unter ihren Widerpart, was man als Subduktion bezeichnet. Die Kalkablagerungen zersetzen sich aber bei hohen Drücken und Temperaturen. Fazit: CO_2 wird wieder freigesetzt, neues Silikatgestein bildet sich. Während der Verwitterungsprozess eine Abkühlung zur Folge hat, sorgt das erneut freigesetzte CO_2 wieder für eine Erwärmung. Dieser Regelprozess wird aber eines Tages unterbrochen, wenn die Sonneneinstrahlung zu hoch wird. Die Verwitterung wird durch die zunehmende Feuchtigkeit verstärkt. Hinzu kommen biogene Einflüsse: Algen, Flechten, Moose und höhere Pflanzen sorgen durch ausgeschiedene Säuren ebenfalls für Verwitterung und damit für sinkenden CO_2-Gehalt in der Lufthülle. Sinkt der atmosphärische CO_2-Gehalt unter einen bestimmten Wert (die Biologen schätzen den Schwellenwert auf 150 ppm –

7.9 Die Sonne wird zu einem roten Riesenstern und verschlingt dabei die inneren Planeten Merkur und Venus. (Illustration: Ralf Schoofs, Astrofoto Bildagentur)

parts per million – Millionstel Volumenanteil), so gehen die Pflanzen zugrunde, die für die lebensnotwendige Fotosynthese CO_2 benötigen. Die Nahrungskette wird unterbrochen, pflanzenfressende Tiere verhungern und damit auch die anderen Tiere – und die Menschen. Die steigenden Oberflächentemperaturen und der CO_2-Mangel setzen der Biosphäre arg zu. Er führt zu einem endgültigen Absterben allen Lebens. Noch schlimmer wirkt sich der totale Wasserverlust aus.

Eine Zeitlang wird CO_2 und H_2O noch von Vulkaneruptionen nachgeliefert. Doch auch die Aktivität der Vulkane erlahmt mit der Zeit. Denn das Innere der Erde, vor allem der Erdmantel, kühlt sich permanent ab. Die Plattentektonik kommt zum Stillstand, der Regelmechanismus des Thermostaten gerät außer Betrieb. Nach rund einer Milliarde Jahren wird die mittlere Erdoberflächentemperatur rund 50 °C betragen. Spätestens dann sind alle höheren Lebensformen von unserem Planeten verschwunden.

Nach nur weiteren wenigen hundert Millionen Jahren gehen auch die einzelligen Eukaryoten zugrunde. Die Temperaturen erreichen 100 °C, die Ozeane beginnen zu verdampfen und hüllen die Erde in eine dichte Wolkensuppe. Noch halten sich in Nischen die zellkernlosen Prokaryoten wie Bakterien und Cyanobakterien (Blaualgen). Doch auch ihr Ende naht.

Evolution verläuft quasi rückwärts

Das Ende der irdischen Lebensformen verläuft invers zur biologischen Evolution: Die ersten Lebensformen werden die letzten sein, die von dem immer heißer werdenden Erdkloß verschwinden. Die ersten Organismen waren die Prokaryoten, die schon vor drei Milliarden Jahren unseren Globus bewohnten. Sie sind einzellige Lebensformen ohne Zellkern. Zu ihnen zählen die Bakterien und die Blaualgen. Vor rund zwei Milliarden Jahren entwickelten sich die Eukaryoten, einzellige Lebensformen mit voll ausgebildetem Zellkern und innerer Struktur (Zytoskelett). Zu ihnen zählen verschiedene Algen und Amöben. Sie sorgten für eine verstärkte

Verwitterung, Bindung des Kohlendioxids und somit für eine Abkühlung der Erdatmosphäre. Erst relativ spät, nämlich zu Beginn des Kambriums vor 570 Millionen Jahren, erfolgte fast lawinenartig die Evolution von komplexen, vielzelligen Organismen wie Pflanzen, Pilzen und Tieren. Innerhalb von erdgeschichtlich gesehen nur knapp fünfzig Millionen Jahren tauchte eine Vielzahl von neuen, vielzelligen Lebewesen auf. In umgekehrter Reihenfolge werden sie in mehr oder minder ferner Zukunft ein Opfer der zunehmenden Hitze auf unserem Planeten werden. In rund 500 bis 800 Millionen Jahren werden alle höheren, vielzelligen Organismen von der Erdoberfläche verschwinden. Die nicht so empfindlichen Eukaryoten werden sich noch eine längere Zeitspanne halten. Aber nach mehr als einer Milliarde Jahren, wenn die globale mittlere Temperatur auf über 45 °C angestiegen ist, sind auch sie dem Untergang geweiht. Die Prokaryoten folgen schließlich als letzte, rund 300 Millionen Jahre später. Sie werden nicht in erster Linie Opfer der zunehmenden Hitze, sondern des abnehmenden Kohlendioxidgehalts. Nach rund 1,5 Milliarden Jahren wird sich der CO_2-Gehalt auf 10 ppm verringert haben. Die Cyanobakterien (Blaualgen) können keine Photosynthese mehr durchführen – ihre Lebensgrundlage ist zerstört.

Die Erde wird dann als heißer, steriler Planet um die immer heller strahlende Sonne taumeln. Längst gibt es keine grünen Landschaften mehr, sondern lediglich bräunlich-graues Ödland. Die Erosion nimmt gewaltig zu. Heftige Regenfälle und reißende Ströme tragen die letzten Gebirge ab. Die Erdoberfläche wird zu einem relativ flachen Gebilde aus nacktem Gestein. Noch am längsten überleben in der Tiefsee Organismen, die an großen Druck und Finsternis angepasst sind. Sie können sich noch eine Weile von dem absinkenden, abgestorbenen organischen Material einstiger Lebewesen ernähren. Nach 1,6 Milliarden Jahren ist die mittlere Oberflächentemperatur auf 70 °C angestiegen. Noch können in der Tiefsee einige Prokaryoten überleben. Doch die Ozeane beginnen zu verdampfen. Dadurch erhöht sich der Wasserdampfgehalt in der Atmosphäre dramatisch. Wasserdampf ist aber ein noch viel wirksameres Treibhausgas als Kohlendioxid. Innerhalb kurzer Zeit steigt die Temperatur dann auf 250 °C und die Erde besitzt kein flüssiges Wasser mehr, die Ozeane sind restlos verdampft. In höheren Atmosphärenschichten spaltet die intensive Ultraviolettstrahlung der Sonne die Wasserdampfmoleküle (H_2O) in Wasserstoff und Sauerstoff auf. Die Erdgravitation kann die leichten und darum schnellen Wasserstoffatome nicht halten, der Wasserstoff diffundiert ins Weltall. Der freie Sauerstoff wiederum verbindet sich mit dem Eisen in den Gesteinen, die Erdoberfläche wird rötlich. Sie verrostet buchstäblich und wird eine gewisse Ähnlichkeit mit Mars aufweisen, der heute schon als roter Planet gilt.

Schließlich entweicht die restliche Atmosphäre ins Weltall. Das nach rund fünf Milliarden Jahren weit über 1000 °C heiße Gestein beginnt zu schmelzen, riesige Magmaozeane entstehen. Längst ist die Erde ein toter, feurig-flüssiger Felsbrocken, der wegen der abnehmenden Sonnenmasse langsam nach außen driftet.

Dem Hitzetod der Erde können wir nicht entfliehen. Aber 500 Millionen Jahre, die den höheren Lebensformen noch bleiben, sind ein enorm langer Zeitraum – mit menschlichen Maßstäben betrachtet. Der Hitzetod sollte uns deshalb nicht bedrücken. Ob nach so langer Zeit überhaupt noch Menschen unseren Planeten bevölkern werden, ist mehr als zweifelhaft. Genetische Defekte, Viren und globale Katastrophen wie Impaktereignisse großer Meteoroide oder gar von Kleinplaneten bedrohen die Menschheit in so langer Zeitspanne viel mehr. Aber vielleicht katapultieren wir uns noch viel früher selbst aus der Evolution. Unser technischer Fortschritt ist ein grandioser Triumph des menschlichen Verstandes, aber ein tragisches Versagen unserer Vernunft kann ein schnelles Ende unserer Rasse herbeiführen. Für das teilnahmslose Universum wäre ein Verschwinden der Menschheit vom Planeten Erde jedoch ein völlig belangloses Ereignis.

Die Außerirdischen sind längst auf der Erde gelandet …
… und sie sind immer noch hier!
Perry Rhodan
Die größte Science-Fiction-Serie
Nr. 2448
Deutschland € 1,85
Österreich € 2,10
Schweiz CHF 3,60
Luxemburg € 2,20
www.Perry-Rhodan.net
Hubert Haensel
Tage der Angst
Erlebe die Erde im Jahr 4933:
Perry Rhodan
Die größte SF-Serie der Welt
Jede Woche neu im Zeitschriftenhandel
www.Perry-Rhodan.net
Kostenloses Infopaket inklusive Probeheft anfordern bei:
PERRY RHODAN-Kommunikation
Stichwort »Kosmos«, Postfach 2352, D-76413 Rastatt

August 2009

- Venus und Mars sind am Morgenhimmel zu sehen
- Jupiter steht Mitte August im Sternbild Steinbock in Opposition zur Sonne und ist somit die ganze Nacht über am Himmelszelt zu sehen
- In der Nacht vom 5. auf den 6. findet eine Halbschattenfinsternis des Mondes statt

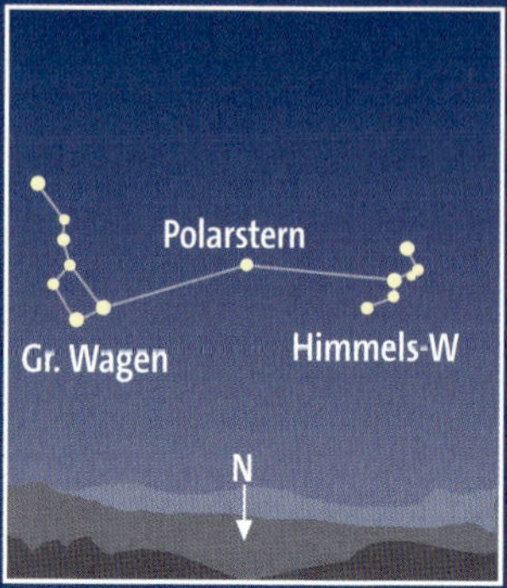

Großer Wagen und Himmels-W Anfang August um 22 Uhr

8.1 Anblick des morgendlichen Osthimmels am 18. August gegen 3h MEZ (= 4h MESZ). Mars steht im Stier, knapp über dem Nordosthorizont leuchten Venus und die extrem dünne Sichel des abnehmenden Mondes.

1 Sa		17 Mo	Neptun in Opposition; Mond bei Venus Sternschn. Kappa-Cygniden und Cepheiden
2 So		18 Di	Merkur bei Saturn, Abstand 3,°5 um 22^{h}
3 Mo		19 Mi	
4 Di		20 Do	**Neumond**
5 Mi		21 Fr	Merkur im Aphel
6 Do	**Vollmond** – Halbschattenfinsternis Mond bei Jupiter, Abstand 2,°3 um 21^{h}	22 Sa	Mond bei Saturn, Abstand 6,°8 um 7^{h} Mond bei Merkur, Abstand 2,°9 um 13^{h}
7 Fr	Mond bei Neptun, Abstand 2,°9 um 3^{h}	23 So	
8 Sa		24 Mo	Merkur in größter östlicher Elongation (27°)
9 So	Mond bei Uranus, Abstand 5,°7 um 18^{h}	25 Di	
10 Mo	Saturn: Passage der Ringebene	26 Mi	
11 Di	Sternschnuppen Perseiden	27 Do	**Mond im ersten Viertel**
12 Mi		28 Fr	
13 Do	**Mond im letzten Viertel**	29 Sa	
14 Fr	Jupiter in Opposition zur Sonne	30 So	Sternschnuppen Alpha-Aurigiden
15 Sa		31 Mo	
16 So	Mond bei Mars, Abstand 2,°6 um 3^{h}		

Sonne – Sternbilder

10. 8. 18h:
Sonne tritt in das Sternbild Löwe
22. 8. 2h:
Sonne tritt in das Tierkreiszeichen Jungfrau
Julianisches Datum am
1. August, 1h MEZ: 2455044,5

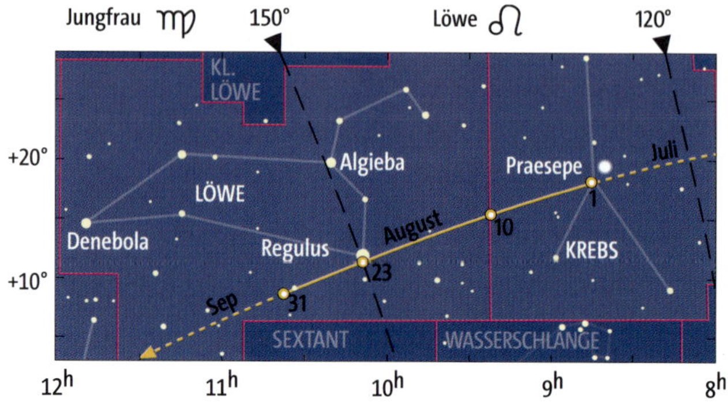

Tabelle Sonnenlauf

Tag	Dämmerg. Anfang	Aufgang MEZ	Kulmination	Untergang MEZ	Dämmerg. Ende	Mittagshöhe	Zeitgleichg.	Rektaszension	Deklination
	h m	h m	h m	h m	h m	°	m	h m	°
1.	3 19	4 49	12 26	20 02	21 31	57,9	– 6	8 45	+18,1
5.	3 28	4 55	12 26	19 56	21 23	56,9	– 6	9 00	+17,0
10.	3 38	5 02	12 25	19 47	21 11	55,5	– 5	9 19	+15,6
15.	3 48	5 09	12 24	19 38	20 59	53,9	– 4	9 38	+14,1
20.	3 58	5 17	12 23	19 29	20 47	52,3	– 3	9 57	+12,5
25.	4 07	5 24	12 22	19 18	20 35	50,6	– 2	10 15	+10,8
31.	4 18	5 33	12 20	19 06	20 21	48,5	0	10 37	+ 8,7

Tages- und Nachtstunden

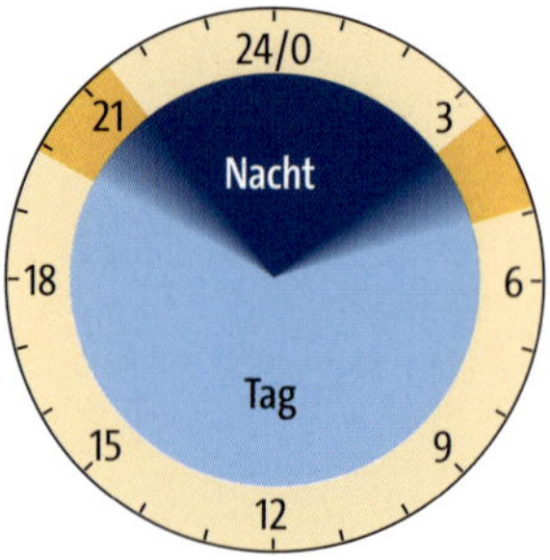

5. August

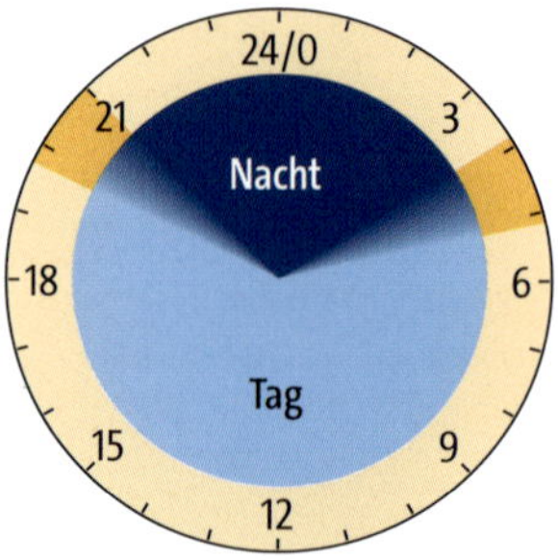

15. August

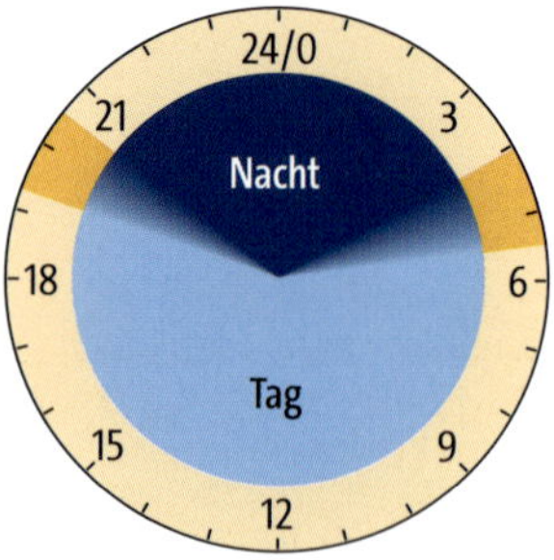

25. August

Tabelle Mondlauf

Datum		Aufg. MEZ	Kulmination	Unterg. MEZ	Rektaszension	Deklination	Sterne und Sternbilder	Phase	MEZ
		h m	h m	h m	h m	°			
Sa	1.	17 30	21 11	0 03	16 48	−26,3	Antares		
So	2.	18 15	22 02	0 53	17 41	−26,4	Schlangenträger		
Mo	3.	18 49	22 51	1 53	18 34	−25,2	Schütze, Nunki		
Di	4.	19 16	23 37	2 58	19 25	−23,0	Schütze, Nunki	Erdferne 406/29′,4 Aufsteigender Knoten	2^h
Mi	5.	19 38	–	4 06	20 14	−19,8	Steinbock		
Do	6.	19 55	0 22	5 16	21 01	−15,7	Steinbock	**Vollmond**	**1^h 55^m**
Fr	7.	20 11	1 04	6 25	21 46	−11,1	Steinbock		
Sa	8.	20 25	1 46	7 34	22 31	− 5,9	Wassermann		
So	9.	20 39	2 27	8 43	23 15	− 0,5	Fische		
Mo	10.	20 55	3 09	9 53	23 59	+ 4,9	Fische		
Di	11.	21 12	3 52	11 06	0 45	+10,3	Fische		
Mi	12.	21 35	4 39	12 22	1 33	+15,4	Fische	Größte Nordbreite Libration Ost	
Do	13.	22 04	5 29	13 40	2 25	+19,8	Widder, Hamal	**Letztes Viertel**	**19^h 55^m**
Fr	14.	22 44	6 23	14 57	3 21	+23,4	Stier, Plejaden		
Sa	15.	23 39	7 23	16 08	4 21	+25,7	Stier, Plejaden		
So	16.	–	8 25	17 07	5 24	+26,4	Stier, Al Nath		
Mo	17.	0 50	9 28	17 53	6 28	+25,4	Zwillinge		
Di	18.	2 14	10 30	18 27	7 32	+22,6	Pollux	Absteigender Knoten	
Mi	19.	3 43	11 28	18 53	8 33	+18,2	Krebs, Krippe	Erdnähe 360/33′,2	6^h
Do	20.	5 12	12 23	19 14	9 32	+12,7	Löwe	**Neumond**	**11^h 02^m**
Fr	21.	6 39	13 15	19 33	10 27	+ 6,4	Regulus		
Sa	22.	8 03	14 04	19 50	11 20	− 0,1	Löwe		
So	23.	9 25	14 53	20 08	12 11	− 6,4	Jungfrau		
Mo	24.	10 44	15 42	20 29	13 02	−12,2	Spica	Größte Südbreite	
Di	25.	12 02	16 32	20 53	13 54	−17,2	Jungfrau	Libration West	
Mi	26.	13 16	17 23	21 23	14 46	−21,3	Waage		
Do	27.	14 24	18 14	22 00	15 39	−24,2	Waage	**Erstes Viertel**	**12^h 42^m**
Fr	28.	15 24	19 06	22 48	16 33	−25,9	Antares		
Sa	29.	16 12	19 57	23 44	17 27	−26,4	Schlangenträger		
So	30.	16 50	20 46	–	18 20	−25,6	* Schütze, Nunki		
Mo	31.	17 20	21 34	0 47	19 11	−23,7	Schütze, Nunki	Erdferne 405/29′,5	12^h

Der Mond zieht an Jupiter vorbei

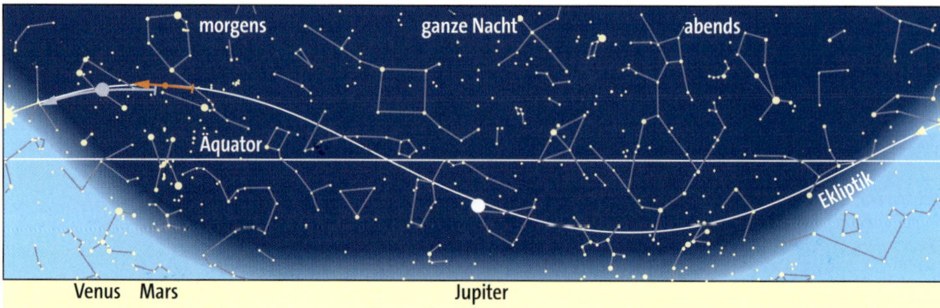

Merkur vergrößert seinen östlichen Winkelabstand von der Sonne. Am 2. läuft er nur 0°,6 nördlich an Regulus im Löwen vorbei. Seine größte östliche Elongation von der Sonne erreicht der flinke Planet schließlich am 24., wobei sie mit 27°22′ fast den maximalen Wert aufweist. Der große Elongationswinkel erklärt sich, weil Merkur nur drei Tage vorher durch sein Aphel läuft. Trotz des großen östlichen Winkelabstandes zeigt sich Merkur dennoch nicht am Abendhimmel. Die abendliche Ekliptik liegt flach zum Westhorizont, Merkurs Tagbogen fällt kleiner aus als der der Sonne, da er über 12° südlichere Deklination als die Sonne hat. Am 24. geht der $0^{m}{,}3$ helle Merkur um $19^{h}56^{m}$ (= $20^{h}56^{m}$ Sommerzeit) unter. Der Sonnenuntergang erfolgt aber erst um $19^{h}20^{m}$. Bevor es dunkel genug ist, um Merkur zu erkennen, ist er längst untergegangen. Für Urlauber in den Tropen oder auf der Südhalbkugel der Erde ist Merkur um den 24. gut in der fortgeschrittenen Abenddämmerung beobachtbar.

In unseren Breiten entgeht uns auch Merkurs Begegnung mit Saturn am 18., da beide Planeten nicht mehr in der Abenddämmerung freisichtig erkennbar sind.

Venus ist Planet am Morgenhimmel. Sie wandert durch das Sternbild Zwillinge und passiert gleich zu Monatsbeginn 1°,6 südlich den Sommerpunkt. An Pollux in den Zwillingen zieht Venus am 22. rund 7° südlich vorbei. Am 25. wechselt sie in das Sternbild Krebs. Die Venusaufgänge verspäten sich im Laufe des August um rund eine dreiviertel Stunde. Geht Venus am 1. noch um $1^{h}42^{m}$ auf, so erfolgt der Aufgang des $-4^{m}{,}0$ hel-

DER FOTOTIPP

Eine fotografische Herausforderung ist die Halbschattenfinsternis des Mondes am 6. August. Visuell wird sie nicht zu sehen sein, aber ein Vorher-Nachher-Vergleich von Fotos könnte die leichte Randverdunklung der Mondscheibe (rechtes Bild) sichtbar machen. Steigern Sie gegebenenfalls den Kontrast bei der Bildverarbeitung.

Der Vollmond bei einer Halbschattenfinsternis (rechts)

8.2 Jupiter, Neptun und Uranus: **Scheinbare Bahn des Planeten Jupiter von Januar bis März 2009 im Sternbild Steinbock. Eingetragen sind ferner die Lage der Neptunbahn im Steinbock und die Lage der Uranusbahn im Wassermann im Jahre 2009.**

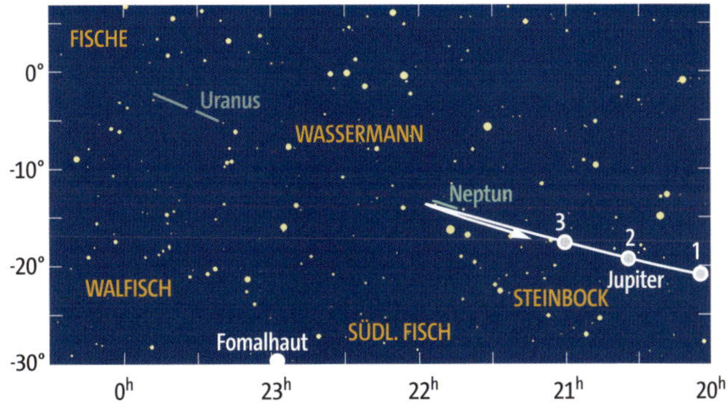

len Morgensterns am 31. erst um 2^h32^m (= 3^h32^m Sommerzeit).

Am 5. zeigt sich das knapp 15″ große Venusscheibchen im Teleskop zu 75 Prozent beleuchtet. An diesem Tag trennen uns 174 Millionen Kilometer (= 1,163 AE) von unserem inneren Nachbarplaneten.

Die dünne Sichel des abnehmenden Mondes ist am Morgenhimmel des 18. nahe Venus zu sehen (siehe Abb. 8.1 auf Seite 154).

Mars ist Planet am Morgenhimmel. Er passiert am 25. nur $0{,}^\circ1$ nördlich den Sommerpunkt und wechselt am nächsten Tag aus dem Stier in das Sternbild Zwillinge. Seine Aufgänge verlagert der $1{,}^m0$ helle Mars von 0^h30^m (= 1^h30^m Sommerzeit) zu Monatsbeginn auf 23^h46^m am Monatsende.

Am 16. passiert die Sichel des abnehmenden Mondes den roten Planeten (siehe Abb. 8.4 unten rechts).

Den aufsteigenden Knoten seiner um $1{,}^\circ8$ leicht zur Ekliptik geneigten Bahn passiert Mars am 20., wobei seine heliozentrischen ekliptikalen Breiten anschließend zunehmen.

8.3 Mond bei Jupiter und Neptun: **Zu Jupiter und Neptun im Steinbock gesellt sich am 6. August der hell glänzende Vollmond. Fernglasanblick bei 5° Gesichtsfelddurchmesser.**

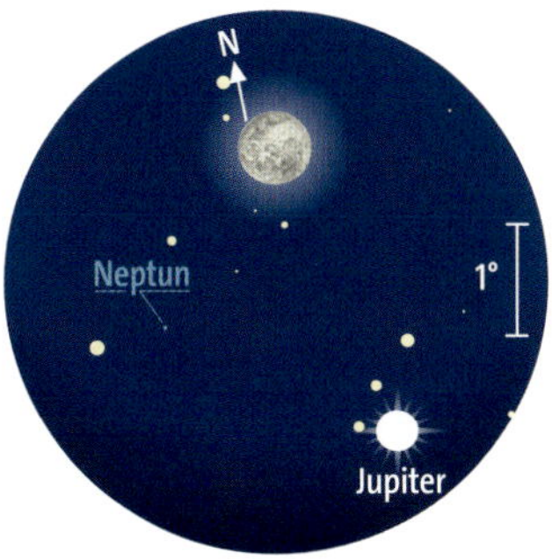

Jupiter kommt am 14. im Ostteil des Steinbocks in **Opposition** zur Sonne. Damit hat der Riesenplanet seine günstigste Beobachtungsposition erreicht. Er ist die gesamte Nacht über sichtbar, erreicht seine geringste Entfernung von der Erde und leuchtet deshalb mit maximaler Helligkeit und zeigt den größten scheinbaren Durchmesser.

Am Tag der Opposition geht der $-2{,}^m9$ helle Jupiter um 19^h38^m (= 20^h38^m Sommerzeit) auf, durchschreitet in dieser Nacht um 0^h25^m den Meridian und geht um 5^h13^m morgens wieder unter. Jupiter dominiert mit seinem Glanz unangefochten den Nachthimmel, bis ihn nach ihrem Aufgang am Morgenhimmel die Venus übertrumpft.

Seine geringste Distanz von der Erde erreicht Jupiter am 15. August um 5^h morgens mit 602,6 Millionen Kilometer. Damit ist er 4,03-mal weiter von uns entfernt als die Sonne. Das Licht benötigt 33 Minuten, um vom Riesenplaneten zur Erde

8.4 Mond bei Mars: **Die abnehmende Mondsichel begegnet am 16. August Mars im Sternbild Stier. Fernglasanblick gegen 4^h MEZ bei 5° Gesichtsfelddurchmesser.**

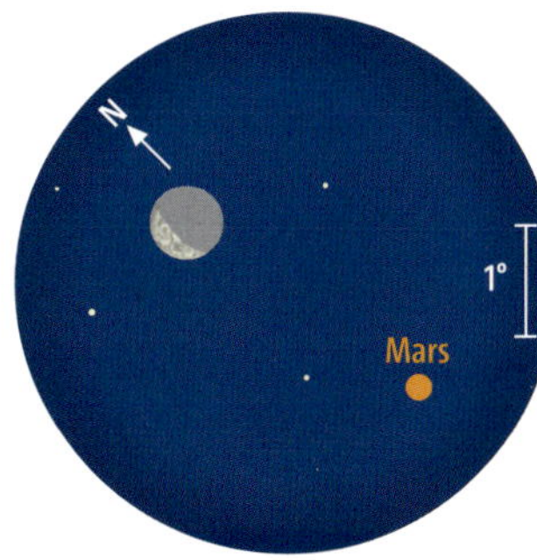

zu gelangen. Von der Sonne ist Jupiter 754 Millionen Kilometer (= 5,04 AE) entfernt.

Im Fernrohr zeigt Jupiter ein ovales Planetenscheibchen. Durch seine schnelle Rotation ist der Riesenplanet erheblich abgeplattet. Der scheinbare Äquatordurchmesser beträgt am Tag der Opposition 49",0; der Poldurchmesser ist mit 45",8 deutlich kleiner. Schon in kleinen Amateurfernrohren sind die Wolkenstreifen und der GRF (= Großer Roter Fleck, ein Wirbelsturm) auf Jupiter zu erkennen. Bereits in einem Fernglas sieht man die vier hellen Jupitermonde.

Bis Monatsende verfrüht sich der Jupiteruntergang auf 3^h58^m (= 4^h58^m Sommerzeit). Am 6. August zieht der Vollmond 3° nördlich an Jupiter vorbei (siehe Abb. 8.3 auf Seite 159). Der Wanderpfad des Riesenplaneten ist aus Abb. 8.5 zu ersehen.

Saturn im Löwen hat sich vom Abendhimmel zurückgezogen und bleibt unsichtbar. Mitte nächsten Monats wird er von der Sonne eingeholt und steht in Konjunktion mit ihr. Spezialisten mögen den Ringplaneten mit Ferngläsern noch zu Monatsbeginn tief am Westhimmel aufstöbern. Der Untergang des 1^m,1 hellen Saturn erfolgt am 1. um 21^h34^m (= 22^h34^m Sommerzeit) und am 10. schon um 21^h01^m. Die Begegnung des Ringplaneten mit Merkur am 18. bleibt unbeobachtbar.

Am 10. passiert die Sonne die Saturnringebene in nördlicher Richtung. Von da an liegt die Nordseite des Saturnringes im Sonnenlicht, bis die Sonne am 6. Mai 2025 wieder auf die Südseite des Saturnringes wechselt. Da die Erde erst Anfang September die Ringebene nach Norden durchstößt, blickt man solange auf die unbeleuchtete Ringseite. Man sieht dann lediglich die dunkle Silhouette des Saturnringes als dünnen schwarzen Strich auf dem sonnenbeschienenen Saturnglobus. Leider hält sich Saturn am Taghimmel auf, sodass größere Instrumente erforderlich sind, um ihn beobachten zu können. Am Monatsende beträgt die geozentrische Ringöffnung nur 0°,2 und die Dicke (senkrechter scheinbarer Durchmesser) des Ringes lediglich 0",1.

Uranus, rückläufig in den Fischen, strebt seiner Opposition mit der Sonne zu, die er Mitte nächsten Monats erreicht. Wer genau beobachtet, stellt fest, dass sich seine rückläufige Bewegung beschleunigt (siehe Abb. 9.5 auf Seite 180). Berücksichtigt man die spät einsetzende Dunkelheit, so wird Uranus allmählich zum Planeten der gesamten Nacht.

Am 1. geht der grünliche Planet um 21^h32^m (= 22^h32^m Sommerzeit) auf und am 15. um 20^h36^m. Am 31. erfolgt der Aufgang des 5^m,7 hellen Uranus bereits um 19^h33^m. Die beste Zeit,

Konstellationen und Ereignisse

Datum	MEZ	Ereignis
6.	2^h	**Halbschattenfinsternis** des Mondes – von Mitteleuropa aus schwierig beobachtbar (s. Seite 17)
6.	23	**Mond bei Jupiter**, Mond 3°,4 nördlich, **Abstand 2°,3 um 21^h**
7.	3	Mond bei Neptun, Mond 2°,9 nördlich
9.	18	Mond bei Uranus, Mond 5°,7 nördlich
10.	23	Passage der Sonne von der Süd- auf die Nordseite der Saturnringebene
14.	19	**Jupiter in Opposition** zur Sonne
16.	4	**Mond bei Mars**, Mond 3°,2 nördlich, **Abstand 2°,6 um 3^h**
17.	22	**Neptun in Opposition** zur Sonne
17.	22	**Mond bei Venus**, Mond 1°,7 nördlich, **Abstand 3°,6 um 3^h am 18.**
18.	22	Merkur bei Saturn, Merkur 3°,5 südlich
21.	14	Merkur im Aphel
22.	7	Mond bei Saturn, Mond 6°,8 südlich
22.	13	Mond bei Merkur, Mond 2°,9 südlich
24.	17	Merkur in größter östlicher Elongation (27°)

Jupitermonde

Tag	MEZ		Vorgang	
	h	m		
2.	1	36	III	VA
4.	0	47	II	VA
	3	06	I	VA
	4	16	II	BE
5.	0	18	I	SA
	0	33	I	DA
	2	36	I	SE
	2	51	I	DE
	21	34	I	VA
	22	28	II	SE
	22	55	II	DE
6.	0	05	I	BE
	21	05	I	SE
	21	17	I	DE
9.	0	24	IV	SA
	1	52	IV	DA
11.	3	25	II	VA
12.	2	13	I	SA
	2	17	I	DA
	4	31	I	SE
	4	35	I	DE
	22	11	II	SA
	22	16	II	DA
	23	18	III	SE
	23	29	I	VA
	23	29	III	DE
13.	1	03	II	SE
	1	08	II	DE
	1	49	I	BE
	20	41	I	SA
	20	43	I	DA
	23	00	I	SE
	23	01	I	DE
14.	20	15	I	VE
19.	4	01	I	DA
	4	08	I	SA
	23	08	III	DA
	23	40	III	SA
20.	0	30	II	DA
	0	46	II	SA
	1	15	I	BA
	2	45	III	DE
	3	20	III	SE
	3	21	II	DE
	3	38	II	SE
	3	40	I	VE
	22	27	I	DA
	22	36	I	SA
21.	0	45	I	DE
	0	55	I	SE

Tag	MEZ		Vorgang	
	h	m		
21.	22	09	I	VE
	22	17	II	VE
25.	20	38	IV	DE
	23	24	IV	SE
27.	2	24	III	DA
	2	43	II	DA
	2	59	I	BA
	3	21	II	SA
	3	41	III	SA
28.	0	11	I	DA
	0	32	I	SA
	2	29	I	DE
	2	50	I	SE
	21	16	II	BA
	21	25	I	BA
29.	0	04	I	VE
	0	55	II	VE
	20	56	I	DE
	21	19	I	SE
30.	21	16	III	VE

Uranus aufzusuchen, ist die Zeit um seine Kulmination. Sie erfolgt am 1. um 3^h28^m, am 15. um 2^h32^m und am 31. schon um 1^h27^m (= 2^h27^m Sommerzeit).

Neptun kommt am 17. spätabends im Sternbild Steinbock in **Opposition** zur Sonne. Mit maximal $7{,}^m8$ Oppositionshelligkeit ist der bläuliche Planet der lichtschwächste und sonnenfernste aller acht Planeten unseres Sonnensystems. (Pluto zählt bekanntlich seit August 2006 zu den Zwergplaneten.)

Am Oppositionstag geht Neptun um 19^h28^m (= 20^h28^m) auf, kulminiert in der Oppositionsnacht um 0^h24^m und geht am Morgen um 5^h20^m unter. Bis Monatsende verfrühen sich die Neptununtergänge auf 4^h27^m

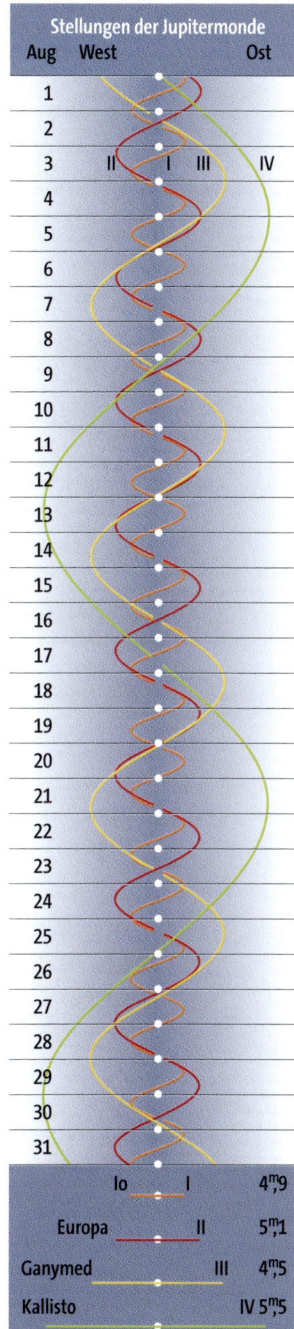

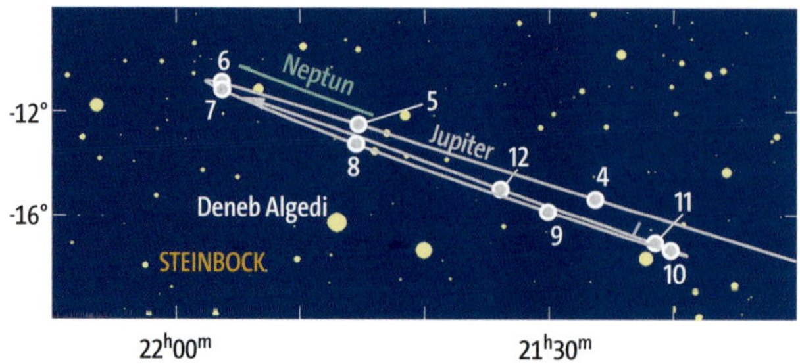

8.5 Scheinbare Bahn von Jupiter von April bis Dezember 2009 im Sternbild Steinbock. Eingetragen ist ferner die Lage der Neptunbahn 2009.

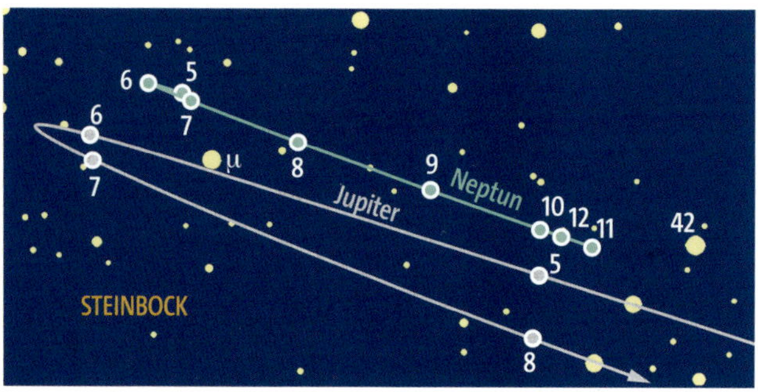

8.6 Scheinbare Bahn von Neptun im Sternbild Steinbock im Jahre 2009. Jupiter zieht seine Oppositionsschleife parallel zur Neptunbahn. Die Zahlen geben die Planetenpositionen zum jeweiligen Monatsersten an (6 = 1. Juni).

(= $5^{h}27^{m}$ Sommerzeit). Die Kulmination von Neptun erfolgt zu Monatsende bereits um $23^{h}28^{m}$.

Diesmal stört in der Oppositionsnacht kein Mondlicht die Beobachtung von Neptun. Jupiter kann wieder als Wegweiser dienen, um Neptun aufzuspüren (siehe Abb. 8.3 auf Seite 159). Bereits am 6. zieht der Vollmond an beiden Planeten vorbei. Um Neptun unter den zahlreichen Sternen zu finden, benutze man das Aufsuchkärtchen Abb. 8.5 oben.

Im Teleskop zeigt sich ein winziges, bläuliches Planetenscheibchen von gerade mal 2″,4 scheinbarem Durchmesser, auf dem keine Details zu erkennen sind. Zur Opposition trennen Neptun 4341 Millionen Kilometer (= 29,02 AE) von der Erde. Das Licht ist somit von Neptun zu uns vier Stunden und eine Minute unterwegs. Von der Sonne ist Neptun zur Opposition 4492 Millionen Kilometer (= 30,03 AE) entfernt.

Planetoiden

Juno – Planetoid Nr. 3 – zieht ihre Bahn durch das Sternbild Fische. Am 15. wird sie stationär und leitet damit ihre Oppositionsperiode ein. Anschließend eilt sie rückläufig rasch südwärts (siehe Abb. 9.5 auf Seite 180). Die bevorstehende Opposition macht sich auch durch einen kräftigen Helligkeitsanstieg bemerkbar. Zu Monatsbeginn noch $9^{m},0$ hell, nimmt ihre Helligkeit bis Monatsende um fast eine ganze Größenklasse auf $8^{m},2$ zu.

Juno kulminiert am 1. um $3^{h}53^{m}$ (= $4^{h}53^{m}$ Sommerzeit), wobei sie schon um $21^{h}29^{m}$ (= $22^{h}29^{m}$ Sommerzeit) aufgeht. Am 15. passiert sie um $3^{h}00^{m}$ den Meridian und am 31. bereits um $1^{h}55^{m}$.

Melpomene – Planetoid Nr. 18 – wandert rechtläufig im Grenzgebiet der Sternbilder Fische und Walfisch. Ihre Helligkeit nimmt von $9^{m},5$ zu Monatsbeginn auf $8^{m},7$ am 31. zu.

Gegen Monatsende sollte man sie auffinden können (siehe auch Aufsuchkärtchen Abb. 9.6 auf Seite 182).

Am 1. kulminiert Melpomene um $4^{h}51^{m}$, am 15. um $4^{h}11^{m}$ und am 31. bereits um $3^{h}20^{m}$ (= $4^{h}20^{m}$ Sommerzeit). In Opposition kommt Melpomene im ersten Oktoberdrittel, wobei sie dann $7^{m},9$ hell wird.

Periodische Sternschnuppenströme

Der wohl aktivste Sternschnuppenmonat ist der August. In seinen lauen Sommernächten sind besonders viele Sternschnuppen zu sehen. Die Ursache sind die **Perseïden**, deren maximale Tätigkeit zwischen dem 10. und 14. August liegt. Helle Objekte (um 0^m und heller, sogenannte Feuerkugeln oder Boliden) sind keine Seltenheit. Das Maximum ist in der Nacht vom 12. auf 13. August zu erwarten. Als schönster und reichster Strom des Jahres bescheren die Perseïden bis zu hundert Sternschnuppen pro Stunde. Ihren Ursprung führen die Perseïden auf den Kometen 109P/Swift-Tuttle (früher: 1862 III) zurück. Die beste Beobachtungszeit liegt zwischen 22^h und 4^h morgens. Die Perseïden-Sternschnuppen sind mit 60 Kilometer pro Sekunde recht schnelle Objekte.

Zu erwähnen sind noch die **Kappa-Cygniden**, deren Radiant im Sternbild Schwan liegt. Sie sind vom 3. bis 25. August aktiv, allerdings sind sie kein besonders reicher Strom. Zur Zeit des Maximums um den 18. August ist nur mit etwa fünf Meteoren pro Stunde zu rechnen. Mit 25 Kilometer pro Sekunde mittlerer Geschwindigkeit zählen die Cygniden zu den langsamen Sternschnuppen. Die Umlaufszeit dieses Stromes beträgt sieben Jahre. Der Ursprungskomet dürfte sich aufgelöst haben. Mit Überraschungen ist zu rechnen. Am 13. August 2007 gab es um Mitternacht einige sehr helle Exemplare. Eine der Cygniden erreichte -6^m (!) und war damit heller als Venus. Etliche Meteore leuchteten mit -4^m und -5^m.

Der wenig bekannte Strom der **Cepheïden** macht sich um den 17. August bemerkbar. Die Frequenz ist gering, nämlich nur zehn Objekte pro Stunde. Vermutlich sind die Cepheïden ein Zweigstrom der Cygniden.

Vom 25. August bis 5. September tauchen die **Alpha-Aurigiden** abermals auf (siehe auch „Periodische Sternschnuppenströme“ im Februar). Auch das Maximum am 31. August ist nicht sehr ausgeprägt. Pro Stunde ist mit etwa zehn Meteoren zu rechnen.

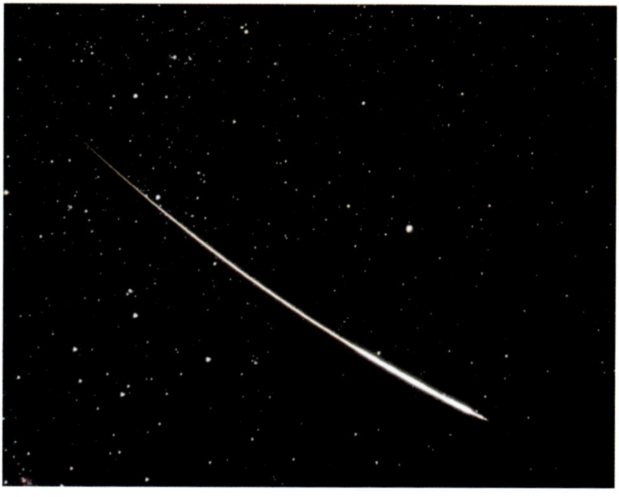

8.7 Feuerwerk am Himmel
Besonders viele Sternschnuppen sind jedes Jahr um den 12. August zu sehen. (Foto: Werner E. Celnik)

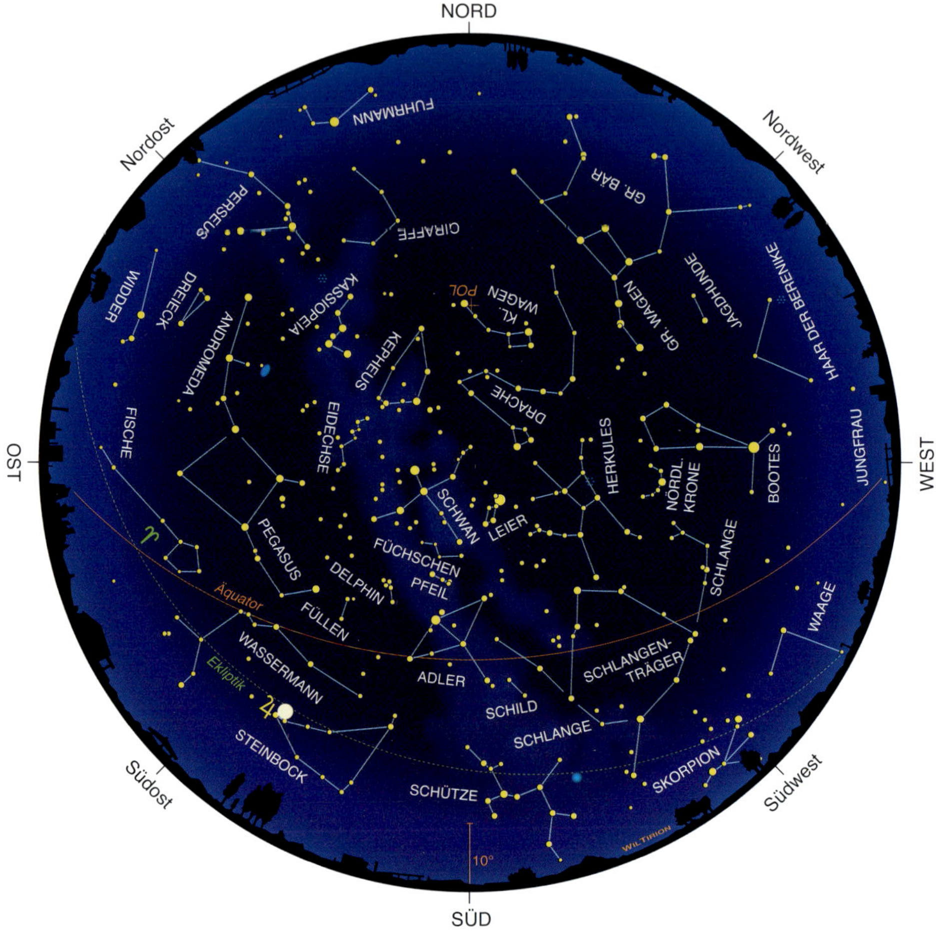

Der Sternenhimmel am 15. August um 22^{h} MEZ

Die Sternkarte ist auch gültig für:		
	MEZ	MESZ
15. 6.	2^{h}	3^{h}
1. 7.	1	2
15. 7.	0	1
1. 8.	**23**	**24**
15. 8.	**22**	**23**
31. 8.	**21**	**22**
15. 9.	20	21
30. 9.	19	20

Nun entfaltet der Sommersternenhimmel seine volle Pracht. Hoch im Süden steht das Sommerdreieck mit Wega in der Leier, Deneb im Schwan und Atair im Adler. Die Frühlingssternbilder wie Löwe und Jungfrau sind von der Himmelsbühne abgetreten.

Weit im Westen funkelt der Bärenhüter, unter dem Namen Arktur besser bekannt. Der Skorpion bereitet sich im Südwesten auf seinen Untergang vor. Sein Hauptstern Antares zieht noch die Blicke auf sich.

Dem Skorpion folgt im Tierkreis der Schütze, den die Amerikaner Teapot (Teekessel) nennen. Östlich vom Schützen nimmt der lichtschwache Steinbock seinen Platz ein. Im Ostteil des Steinbocks glänzt in diesem Jahr ein helles Gestirn: der Riesenplanet Jupiter. Dem Steinbock folgt im Südosten der Wassermann, der ebenfalls recht lichtschwach ist.

Das Sternbild Pegasus

Das markante Sternenviereck des Pegasus steigt im Osten empor. Mit seiner unteren Spitze deutet das Pegasusquadrat zum Ostpunkt am Horizont. Man gewinnt dabei den Eindruck einer überdimensionalen Vorfahrtstafel. Der griechischen Mythologie nach ist der Pegasus ein geflügeltes Pferd. Zum Pegasus zählt nicht nur das auffallende Sternenviereck, sondern auch eine leicht abgeknickte Sternenkette, die sich bis hin zum kleinen Bild des Delfins erstreckt. Sie markiert den vorderen Teil des geflügelten Dichterrosses. Das Pegasusquadrat wird auch gerne als Herbstviereck bezeichnet.

Der Pegasus soll den Poeten zu ihren Gedankenflügen verhelfen und ihrer Fantasie Luftreisen ermöglichen. Als der schrecklichen Medusa, einer der Gorgonen, von Perseus das Haupt abgeschlagen wurde, entwich ihrem Leib im Todeskampf das Flügelross.

Schon die Babylonier sahen in dieser Sternenfigur ein Pferd. Bei den Juden war es ein Jagdpferd, schneller als ein Adler. Der christliche Sternbilderhimmel übernahm die Flügel – aus dem Pegasus wurde der Erzengel Gabriel. Erhard Weigel (1625–1699) aus Jena machte aus Pegasus in seinem Coelum Heraldicum das Braunschweig-Lüneburgische Pferd. Die Araber wiederum sahen hier durstige Kamele, andere Darstellungen zeigen einen Vogel Strauß.

Der Hauptstern, α Pegasi, heißt Markab vom Arabischen Mankib al Faras – Schulter des Pferdes. Markab leuchtet mit $2^m{,}5$ Helligkeit in einem bläulichen Licht (Spektralklasse B9 III). Seine Entfernung beträgt 140 Lichtjahre. β Pegasi heißt Scheat vom Arabischen Al Sag – das Schienbein. Scheat ist ein roter, veränderlicher Stern (Spektralklasse M2 II) von $2^m{,}3$ bis $2^m{,}7$ scheinbarer Helligkeit. Er steht in einer Entfernung von 200 Lichtjahren. Ebenfalls aus dem Arabischen stammt der Name Algenib für γ Pegasi. Al Janb heißt die Flanke, Seite und war einmal für α Pegasi in Gebrauch. Algenib ist $2^m{,}8$ hell und leuchtet bläulich weiß (Spektraltyp B2 IV). Etwa 340 Lichtjahre ist Algenib von uns entfernt. Der vierte Stern im Pegasusquadrat, Sirrah, gehört schon zur Andromeda und trägt deshalb die Bezeichnung α Andromedae. Sirrah ist $2^m{,}1$ hell und leuchtet weißlich blau. Fast hundert Jahre ist sein Licht zur Erde unterwegs.

Den Kopf des Pegasus markiert Enif, ε Pegasi. Der Name stammt vom Arabischen Anf, was Nase bedeutet. Mit $2^m{,}4$ ist Enif leicht zusehen. Er leuchtet orange (Spektralklasse K2 Ib). Als roter Überriesenstern ist seine Entfernung schwer zu bestimmen. Sie liegt bei 700 Lichtjahren plus/minus hundert.

Im Norden wird das Sternbild Pegasus durch den Schwan und das kleine Bild Eidechse (lat.: Lacerta) begrenzt. In östlicher Richtung schließt sich die Sternenkette der Andromeda an. Ein wenig nördlich der Prinzessin Andromeda stößt man auf ihre Mutter, die Königin Kassiopeia, dargestellt durch ein großes Sternen-W. Während der Große Wagen im Nordwesten herabsinkt, steigt das Himmels-W jetzt immer höher.

In Zenitnähe findet man das kleine, aber markante Bild der Leier. Nahe der Leier ist das einprägsame Sternenkreuz des Schwans auszumachen. Der Schwan fliegt mit ausgebreiteten Flügeln in südwestlicher

Veränderliche Sterne im August

Algol-Minima	2.	21^h17^m	17.	5^h19^m	20.	2^h08^m	22.	22^h57^m	25.	19^h45^m		
β-Lyrae-Minima	3.	4^hH	9.	15^hN	16.	3^hH	22.	14^hN	29.	1^hH		
δ-Cephei-Maxima	1.	23^h	7.	8^h	12.	16^h	18.	1^h	23.	10^h	28.	19^h
Mira-Helligkeit	1.	10^m	10.	10^m	20.	10^m	31.	9^m				

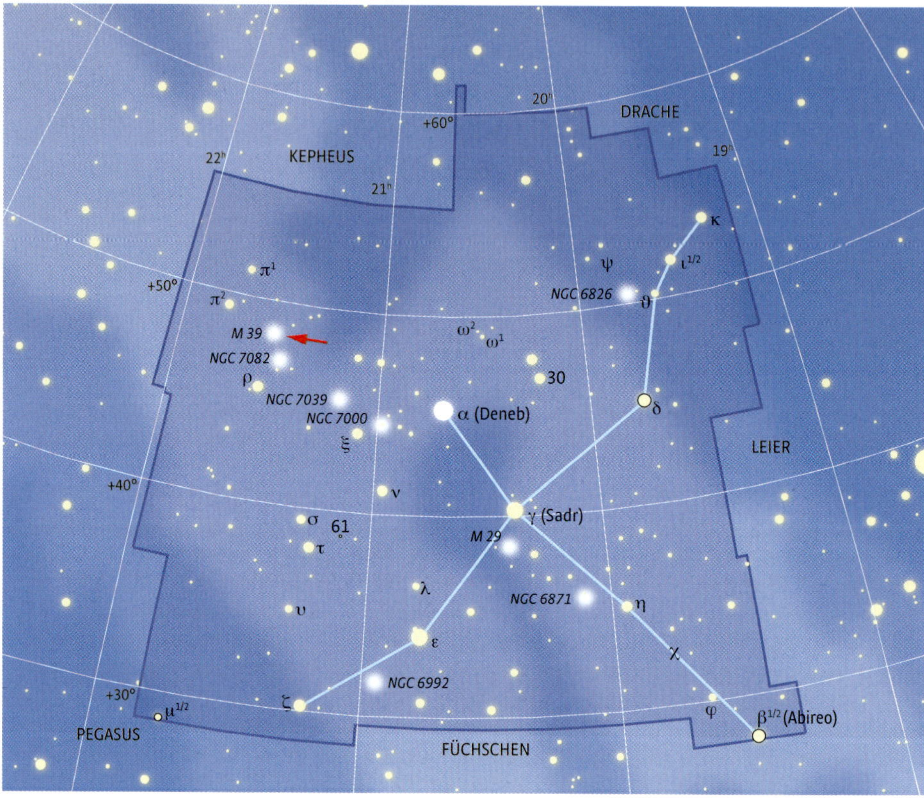

8.8 Das Sternbild Schwan:
Die Position des offenen Sternhaufens M 39 im Sternbild Schwan.

Richtung durch die Milchstraße. Deneb bildet den Schwanz und Albireo (β Cygni) den Kopf. Gelegentlich wird diese Sternenfigur auch als „Kreuz des Nordens" bezeichnet.

Als drittes Sternbild dieser Sommergruppe ist das Sternbild Adler zu nennen, dessen Hauptstern α Aquilae den Namen Atair trägt, was der herabstürzende (auf seine Beute) Adler bedeutet. Atair ist ein bläulich weißer Stern (Spektralklasse: A7 IV-V) der mit 17 Lichtjahren Entfernung noch zu den Nachbarsternen unserer Sonne zählt. Mit $0^{\mathrm{m}},8$ scheinbarer Helligkeit gehört er zu den hellsten Sternen in der Sonnenumgebung.

Das schimmernde Lichtband der sommerlichen Milchstraße zieht sich in hohem Bogen über das vormitternächtliche Himmelsgewölbe. Allerdings bietet sich in unseren lichtüberfluteten Siedlungen nur noch selten die Gelegenheit, dieses beeindruckende Naturphänomen zu bewundern.

Objekte für Feldstecher und Fernrohr

Zu den populären Objekten, die bei keiner sommerlichen Führung auf einer Sternwarte fehlen sollten, gehört der Kopfstern des Schwans, β Cygni oder Albireo genannt. Er liegt etwa im Schwerpunkt des Sommerdreiecks und zeigt einen beeindruckenden Farbkontrast. Die $3^{\mathrm{m}},1$ helle, rötliche Hauptkomponente hat in $34'',5$ Distanz einen $5^{\mathrm{m}},1$ hellen, bläulich weißen Begleiter. Jedes gute Fernglas kann Albireo trennen. Die beiden Albireo-Sonnen sind 390 Lichtjahre entfernt.

Ebenfalls im Fernglas zu trennen ist ν Draconis (Kuma), ein ausgesprochen leichtes Objekt: In 62″ Abstand stehen zwei weiße, je $4^{m}_{,}9$ helle Komponenten. ν Draconis ist rund hundert Lichtjahre entfernt.

Schwieriger aufzulösen sind schon ε und η im Drachen. Die 4^{m} helle Hauptkomponente von ε Draconis hat in $3''_{,}2$ einen 7^{m} hellen Begleiter. η Draconis wiederum hat mit $5''_{,}3$ Separation einen etwas größeren Abstand, allerdings ist der Begleiter der 3^{m} hellen Hauptkomponente lediglich 9. Größe.

Wer im Bereich des Drachen die Gegend nach Doppelsternen abgrast, kann auch noch den Katzenaugennebel ins Visier nehmen. Seine Katalogbezeichnung lautet NGC 6543. Als Nebel 9. Größenklasse ist er nicht leicht aufzuspüren. Auch in größeren Teleskopen sieht man keine „Katzenaugen". Diesen Eindruck haben lediglich Aufnahmen hervorgerufen, die mit dem Hubble-Weltraumteleskop gewonnen wurden. Die Entfernung von NGC 6543 wird auf 3500 Lichtjahre geschätzt. Der Katzenaugennebel zählt zu den Planetarischen Nebeln. In seinem Zentrum sitzt ein extrem heißer Zentralstern, der die expandierende Gashülle des Nebels durch seine intensive Ultraviolett-Strahlung zum Leuchten anregt.

Das prominenteste Doppelsternsystem am Sommerhimmel ist der Vierfachstern in der Leier, $\varepsilon_{1,2}$ Lyrae mit der Fachbezeichnung. Sehr gute Augen erkennen, dass ε Lyrae länglich erscheint. Schon in jedem kleinen Fernglas sieht man ε_1 und ε_2 Lyr getrennt, beträgt doch ihr Abstand voneinander 209″. Beide Komponenten sind ihrerseits wiederum doppelt, wovon man sich bereits mit einem Dreizöller überzeugen kann, da die Separation von ε1 immerhin $2''_{,}4$ und von ε_2 $2''_{,}3$ beträgt. Alle vier Sterne gehören dem Spektraltyp A an, leuchten also weiß, und sind 160 Lichtjahre entfernt. Die beiden Sonnen von ε_1 Lyr umkreisen einander in 1800 Jahren, während die Umlaufzeit von ε_2 Lyr mit 720 Jahren erheblich kürzer ist.

Im Schwan stößt man auf den offenen Sternhaufen M 39 (= NGC 7092), der nordöstlich von Deneb (α Cygni) liegt und im Fernglas auszumachen ist. Etwa 25 Sterne mit Helligkeiten von 7^{m} und schwächer lassen sich beobachten. Mit 900 Lichtjahren Entfernung ist M 39 doppelt so weit weg wie die Plejaden im Stier. Im Fernglas hat man eher den Eindruck eines Sternhaufens, im Teleskop reicht meist die Größe des Gesichtsfeldes nicht aus, um den gesamten Haufen zu erfassen. Da er nur wenige Sterne enthält, verliert sich der Eindruck eines Sternhaufens.

Als Kugelhaufen bietet sich M 4 (= NGC 6121) im Skorpion an. Er ist knapp westlich von Antares zu finden. Im Fernglas sieht M 4 wie ein kreisrundes, diffuses Lichtfleckchen aus. Die Gesamthelligkeit von 6^{m} lässt ihn im Fernglas auch nicht besonders zur Geltung kommen. Erst im Teleskop wirkt M 4 beeindruckend. Ab einer Öffnung von 10 cm (also im Vierzöller) lassen sich in den Randpartien einzelne Sterne erkennen. Der scheinbare Durchmesser von M 4 ist etwa halb so groß wie der Vollmond. Mit 7000 Lichtjahren Entfernung ist M 4 einer der nächsten Kugelhaufen. Entdeckt wurde M 4 von dem Schweizer Astronomen Jean-Philippe Loys de Cheseaux (1718–1751) im Jahre 1746. Er beschreibt ihn: „... nahe bei Antares, weiß und rund, kleiner als die anderen [Kugelhaufen]. Ich glaube nicht, dass ihn jemand vor mir gefunden hat."

Mit 27.000 Lichtjahren Distanz rund viermal weiter weg ist der Kugelhaufen M 80, ebenfalls im Skorpion gelegen und zwar nordwestlich von Antares, etwa auf der Linie zwischen ρ Ophiuchi und δ Scorpii, ziemlich in der Mitte zwischen diesen beiden Sternen, eine Spur näher an ρ Oph. M 80 ist erheblich lichtschwächer als M 4 und mit nur 5′ scheinbarem Durchmesser auch viermal kleiner. Ihn zu finden (ohne ein „Go to"-Teleskop) erfordert schon etwas Erfahrung.

Simon Marius – der vergessene Astronom

8.9 Simon Marius (1573 – 1624)

Wenn Jupiter Mitte August in Oppositionsstellung zur Sonne kommt, dann ist er ein beliebtes Beobachtungsobjekt für Sternfreunde und Amateurastronomen. Auch bei Sternführungen in öffentlichen Sternwarten ist er der Höhepunkt des abendlichen Beobachtungsprogramms.

Selbst wer nicht eine Sternwarte aufsucht und nur seinen bescheidenen Operngucker auf Jupiter richtet, sieht neben ihm vier, gelegentlich drei oder auch nur zwei „Sternchen“. Manchmal stehen alle vier nur auf einer Seite des Riesenplaneten, manchmal verteilen sie sich symmetrisch zu beiden Seiten. Diese „Sternchen“ verändern schnell ihre Positionen relativ zum Jupiter. Täglich bieten sie einen anderen Anblick im Teleskop. Sie umkreisen offenbar den Riesenplaneten. Tatsächlich handelt es sich bei ihnen um die vier größten und damit auch hellsten Monde des Jupiters.

Entdeckt wurden die vier hellen Jupitermonde schon vor vierhundert Jahren zu Beginn des teleskopischen Zeitalters der Astronomie. Mit Erfindung des Fernrohres im Jahre 1609 nahm die astronomische Forschung einen ungeheuren Aufschwung. Deshalb hat auch die Weltorganisation UNO das Jahr 2009 zum „Jahr der Astronomie“ deklariert.

Als Entdecker der vier großen Jupitermonde wird stets der italienische Physiker und Astronom Galileo Galilei genannt. Man spricht deshalb auch von den Galileischen Jupitermonden. Galilei selbst nannte sie zu Ehren seiner Förderer die Mediceischen Gestirne. In seinem *Sidereus Nuncius* (Sternenbote) berichtet Galilei, dass er mit seinem kleinen, selbst gefertigten Fernrohr erstmals am 7. Januar 1610 die hellen Lichtpünktchen neben dem strahlenden Jupiter erkannte. Bereits am 8. Januar bemerkte er eine Positionsveränderung. Bald war ihm klar, dass diese Lichtpünktchen keine Sterne sondern Trabanten des Riesenplaneten sind. Dies bestärkte ihn in seiner Auffassung, dass das von Nikolaus Kopernikus beschriebene heliozentrische System richtig sei. Denn in Jupiter und seinen vier Monden sah er ein Modell des Sonnensystems. Galilei war sehr stolz auf seine Entdeckung und beanspruchte auch den Ruhm und die Anerkennung als Erstentdecker durch die Fachwelt.

Doch Galilei war nicht der erste Fernrohrbeobachter, der die Jupitermonde fand. Fast gleichzeitig hatte auch Simon Mayr im fränkischen Ansbach die vier hellen Jupitermonde gesehen. Mayr, der sich, wie seinerzeit üblich, latinisiert Marius nannte, war fürstlicher Hofastronom und Mathematiker der Markgrafen von Brandenburg in Franken.

8.10 Jupiter mit seinen vier hellen Monden (Foto: Stefan Seip/www.astromeeting.de)

Begeisterung für Astronomie und Mathematik

Simon Marius wurde am 10. Januar des Jahres 1573 im bayrischen Gunzenhausen als achtes Kind des Büttners Reichart Mayr geboren. Sein Vater wurde drei Jahre nach seiner Geburt auch Bürgermeister von Gunzenhausen. In Gunzenhausen besaß auch Markgraf Georg Friedrich von Ansbach (1543–1603) ein Jagdschloss. Eines Tages hörte der Markgraf den Knaben Simon ein Lied schmettern, worauf er beschloss, ihm eine gute Ausbildung zukommen zu lassen, und zwar auf der fürstlichen Schule zu Heilsbronn bei Ansbach. Bald durfte Simon im Chor der Hofkapelle in Ansbach mitsingen. Schon früh ließ Simon ein ausgeprägtes Interesse an Astronomie und Mathematik erkennen. Nach seiner Schulzeit begann er in Nürnberg zu studieren, wobei er auch regelmäßige Himmelsbeobachtungen vornahm. Unter anderem beschrieb er ausführlich die Erscheinung des hellen Kometen von 1596. Seine Kometenbeobachtungen wurden als Bericht gedruckt, wovon sein Gönner, der Markgraf Georg Friedrich, sehr angetan war. Der junge Astronom fand Gefallen am Tychonischen Weltsystem, ein Zwitter zwischen dem geozentrischen Weltbild des Claudius Ptolemäus und dem heliozentrischen von Nikolaus Kopernikus. Auch berechnete Marius selbst Planetentafeln, die 1599 unter dem Titel *Tabulae directionum novae* erschienen. Ab 1601 publizierte er ferner 28 Jahre lang sein astronomisches Jahrbuch *Prognosticum Astrologicum*. In ihm veröffentlichte er seine Himmelsbeobachtungen, wozu auch Wetteraufzeichnungen zählten. Der Almanach stieß auf großes Interesse und Marius verdiente nicht schlecht an seinem Verkauf.

Marius suchte Kontakt zu dem damals schon weithin berühmten Astronomen Tycho Brahe am Kaiserhof in Prag, wo Rudolph II. residierte. Er sollte in Prag als Assistent Brahes eine Stelle annehmen. Doch kurz nach seiner Ankunft in Prag starb Brahe im Oktober 1601. Deshalb ist es nicht zutreffend, Marius als Schüler Brahes zu bezeichnen, wie dies in manchen Lexika zu lesen ist. In Prag traf Marius übrigens mit David Fabricius zusammen, einem der Entdecker der Sonnenflecken.

1602 erhielt Marius ein markgräfliches Stipendium, um in Padua und Venedig Medizin zu studieren. Zum Studium in Padua soll ihm sein Landsmann, der Artillerieoberst Hans Philipp Fuchs von Bimbach zu Möhren geraten haben, der selbst ebendort studiert hatte und ebenfalls im Dienst des Markgrafen von Ansbach stand.

Marius hörte bei Galilei etliche Vorlesungen, die seine Kenntnisse auf dem Gebiet der Astronomie und Physik wesentlich erweiterten. Als 1603 sein Gönner und Mäzen, der Markgraf von Brandenburg in Franken zu Ansbach Georg Friedrich, stirbt, blieben die Stipendienzahlungen für etliche Monate aus. Marius war gezwungen, durch Privatunterricht und astrologische Gutachten seinen Lebensunterhalt zu sichern. In diese Zeit fällt auch ein unglücklicher Sturz, dessen Folgen Marius ein Leben lang ertragen musste. Von Padua aus sieht Marius noch vor Galilei das Aufleuchten eines neuen Sterns im Oktober 1604 im Sternbild Schlan-

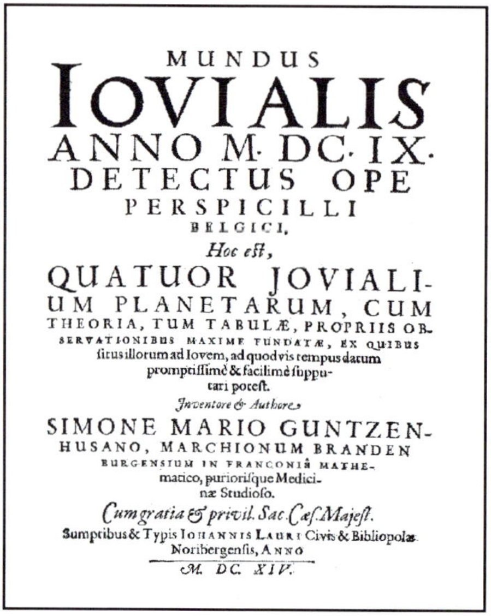
MUNDUS
IOVIALIS
ANNO M. DC. IX.
DETECTUS OPE
PERSPICILLI
BELGICI,
Hoc est,
QUATUOR JOVIALIUM PLANETARUM, CUM
THEORIA, TUM TABULÆ, PROPRIIS OBSERVATIONIBUS MAXIME FUNDATÆ, EX QUIBUS
situs illorum ad Iovem, ad quodvis tempus datum
promptissimè & facilimè supputari potest.
Inventore & Authore
SIMONE MARIO GUNTZENHUSANO, MARCHIONUM BRANDENBURGENSIUM IN FRANCONIÂ MATHEmatico, puriorisque Medicinæ Studioso.
Cum gratia & privil. Sac. Cæs. Majest.
Sumptibus & Typis IOHANNIS LAURI Civis & Bibliopolæ
Noribergensis, ANNO
M. DC. XIV.

8.11 Das Titelblatt von „Mundus Iovialis", Simon Marius' Buch.

genträger. Die Supernova 1604 im Ophiuchus wird heute auch als Keplersche Supernova bezeichnet.

Ende 1605 kehrt Marius nach Ansbach zurück und wird vom Nachfolger des Markgrafen Georg Friedrich, dem Markgrafen Joachim Ernst, zum fürstlichen Hofastronom ernannt und mit einem Jahresgehalt von 150 Talern ausgestattet. Damit waren Marius seine wirtschaftlichen Sorgen genommen. Neben Johannes Kepler und Tycho Brahe war Marius damit einer der ersten Berufsastronomen der Neuzeit.

Im Jahre 1606 heiratet er Felicitas Lauer, Tochter des Nürnberger Verlegers Johann Lauer. Felicitas gebar ihm zehn Kinder, von denen allerdings fünf Söhne früh starben, während alle fünf Töchter den Vater Simon überlebten.

Oberst Fuchs von Bimbach besichtigte 1608 auf der Frankfurter Messe ein Fernrohr, das Hans Lippershey in den Niederlanden kurz zuvor erfunden hatte. Für das Militär war eine solche Erfindung von großem Interesse. Allerdings, dem Oberst von Bimbach war der geforderte Preis viel zu hoch. Aber er berichtete Marius begeistert von der Vorführung dieses neuen Instruments in Frankfurt am Main. Nürnberger Glasschleifer versuchten, das Gerät nachzubauen, doch sie scheiterten.

Das Fernrohr eröffnet neue Horizonte

Mit markgräflicher Unterstützung traf schließlich ein solches Instrument aus Holland im Sommer 1609 in Ansbach ein. Oberst von Bimbach und Simon Marius benutzten es eifrig. Während von Bimbach hauptsächlich terrestrische Objekte ins Visier nahm, begann Marius mit dem neuen Instrument den gesamten Himmel abzusuchen. Ende Dezember 1609 entdeckte Marius die vier Jupitertrabanten und erkannte richtig, dass sie den Riesenplaneten umrunden. In seinem Buch *Mundus Iovialis* (Die Welt des Jupiters) beschreibt Marius, dass er erstmals am 29. Dezember 1609 die Begleiter des Jupiters durch sein Fernrohr erkannte. Allerdings erschien dieses Buch erst 1614, während Galilei seine Entdeckung der Jupitermonde bereits 1610 im *Nuncius Sidereus*, dem Sternenboten, bekannt gab. Demnach sah Galilei erstmals am 7. Januar 1610 die Begleiter des Jupiters.

Marius war damit wohl etwas früher dran. Allerdings gilt es zu bedenken: Als guter Katholik folgte Galilei dem Papst in Rom, zumindest in folgendem Punkt: Er verwendete den damals brandneuen Gregorianischen Kalender. Marius hingegen war Protestant. In ketzerischer Manier hielten die Protestanten am Julianischen Kalender fest – sogar bis 1700. Der 29. Dezember 1609 des Julianischen Kalenders entspricht aber dem 9. Januar 1610 im Gregorianischen Kalender. Somit entdeckten Marius und Galilei die Jupitertrabanten praktisch gleichzeitig und unabhängig voneinander. Galilei hatte aber – und das ist entscheidend für seinen Ruhm – seine Entdeckung viel früher publiziert. So kam es dann auch zu einem heftig geführten Prioritätsstreit. Vor allem behauptete Galilei, dass in Marius' Buch *Mundus Iovialis*, das im Februar 1914 in Nürnberg von seinem Schwiegervater Lauer auf dessen Kosten gedruckte wurde, seine – nämlich Galilcis – Beobachtungen enthalte. Während Galilei seine Entdeckung „Mediceische Gestirne" nannte, widmete Marius die Jupitermonde seinem fürstlichen Gönner, dem Markgrafen Joachim Ernst von Brandenburg zu Ansbach und bezeichnete sie als „Sidera Brandenburgice", also als „Brandenburgische Gestirne". Doch nicht nur das. Auf Marius geht auch die noch heute übliche Benennung der vier großen Jupitertrabanten nach Gestalten aus der klassischen Mythologie zurück: Io, Europa, Ganymed und Kallisto, die Gespielinnen des Göttervaters und dem Mundschenk Ganymed. Die ursprüngliche Idee, die Jupitertrabanten nach den Geliebten des Götterbosses zu benennen, dürfte wohl Johannes Kepler gehabt haben, der im Oktober 1613 am Reichstag zu Regensburg mit Marius noch vor Drucklegung seines Buches *Mundus Iovialis* über dessen Beobachtungen diskutierte. In seinem Werk bezeichnet Marius seinen Freund Kepler als Taufpaten der Brandenburgischen Gestirne. Kepler hat dies nie bestritten. Wörtlich schreibt Marius in seinem Werk Mundus Iovialis (in deutscher Übersetzung – das Original ist in lateinischer Sprache abgefasst):

„Io, Europa, der Knabe Ganymed und Kallisto haben dem ausschweifenden Jupiter sehr gefallen. Zu diesem Einfall und dieser Benennung mit Eigennamen hat der kaiserliche Mathematiker Herr Kepler Anlass gegeben, als wir im Monat Oktober des Jahres 1613 bei einem Treffen in Regensburg waren. Deswegen tue ich wohl gut daran, ihn scherzhaft und in Freundschaft, die wir damals schlossen, als Mitpaten der vier Gestirne zu begrüßen.

Aber wie ich alle diese Namen ohne tieferen Ernst ausgedacht habe, soll es auch jedem überlassen bleiben, diese entweder zurückzuweisen oder zu akzeptieren."

Marius war also sehr tolerant, was die Benennung seiner entdeckten Gestirne betrifft. Inzwischen sind seine Vorschläge längst zur offiziellen Bezeichnung der vier hellen Jupitermonde geworden.

8.12 Die Bahnen der vier hellen Jupitermonde um den Riesenplaneten

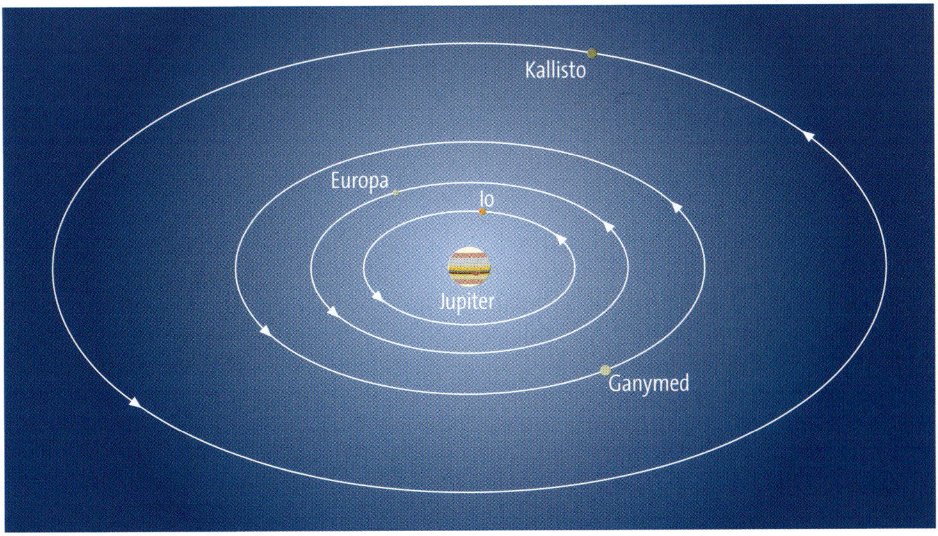

Weitere wissenschaftliche Verdienste

Der fränkische Hofastronom hat noch mehr geleistet. Er bestimmte die Umlaufszeiten der Jupitermonde genauer als Galilei. Ferner zählt Marius zu den Mitentdeckern der Sonnenflecken. Schließlich gilt er als Erstentdecker des großen Andromedanebels (M 31) in der Neuzeit (M 31 wurde bereits von dem arabischen Astronomen Al Sufi im Jahre 964 erwähnt). Marius beschreibt den Andromedanebel: Er sähe aus wie ein Rinderhorn, durch das das Licht einer Kerze scheint. Bei nächtlichen Wanderungen steckte man zu seiner Zeit tatsächlich Kerzen in ausgehöhlte Rinderhörner, um zu verhindern, dass sie der Wind ausbläst.

Marius hat zeitlebens Galileis Verdienste anerkannt und gewürdigt. Galilei reagierte jedoch recht ungehalten auf Marius' Buch *Mundus Iovialis*. Galilei bezeichnete Marius denn als „Usurpator des Jupitersystems". Noch lange stritten die Gelehrten, wer von beiden denn eigentlich die Jupitertrabanten zuerst gesehen hat. Es ist müßig, darüber zu grübeln, ob Marius nicht schon im November 1609 die Begleiter des Riesenplaneten erspäht hat und nur seine Aufzeichnungen verloren gegangen sind oder ob er sich bei der Abfassung seines Werkes fünf Jahre später nur noch an den 29. Dezember 1609 (julianisch) erinnerte. Fest steht, dass beide völlig unabhängig voneinander die vier großen Jupitermonde mit dem eben erst erfundenen Teleskop entdeckt haben. Ein Prioritätsstreit in dieser Sache ist somit überflüssig.

Marius nahm auch die Venus ins Visier. Im Februar 1610 entdeckte er ihre Sichelgestalt und meint dazu, dass Venus wie der Mond erscheine, da sie von der Sonne beleuchtet wird und auf einer engeren Bahn die Sonne umrunde als die Erde. Auch vermutete er, dass Merkur Phasen zeige, da die Merkurhelligkeit sich verändere. Gesehen hat er die Merkurphasen mit seinem Spektiv ebenso wenig wie Galilei. Erst der neapolitanische Pfarrer Giovanni Zupus konnte 1639 die Lichtgestalten von Merkur einwandfrei ausmachen.

Aus der Beobachtung der Sonnenflecken schloss Marius sowohl auf die Rotation der Sonne als auch auf die Neigung des Sonnenäquators zur Ekliptik. Auch weist er darauf hin, dass die Zahl der Sonnenflecken offensichtlich im Laufe der Jahre abnehme. Eine seiner letzten Beobachtungen galt dem dritten Kometen des Jahres 1618. Auch seine theoretischen Arbeiten sind von großer Bedeutung. So fertigte er eine Schrift zur Widerlegung der Epizykeltheorie von Claudius Ptolemäus an und übernimmt die Erklärung der Planetenschleifen von Johannes Kepler.

Am Stephanietag (26. Dezember) des Jahres 1624 schließt Simon Mayr, genannt Marius, seine Augen für immer. Er war tief enttäuscht, dass er nie die Anerkennung erfahren hatte, die Galilei zu unsterblichem Ruhm verhalf. Im Jahr der Astronomie sollte man die Leistungen Simon Marius' für die Astronomie nicht vergessen und auch diesen hervorragenden Astronomen würdigen.

Kosmos
Himmels
jahr 2010
100
JAHRE
Kosmos
Himmels-
jahr
Jubiläumsausgabe
„Sternbüchlein“ von 1910
STERNBUCHLEIN
FUR DAS JAHR 1910
VON R·HENSELING
STUTTGART·FRANCKHSCHE VERLAGSHANDLUNG
Das Jubiläums-Himmelsjahr.
Ab September 2009 im Handel.
Lassen Sie sich überraschen.

September 2009

- Mars kann in der zweiten Nachthälfte gesehen werden
- Jupiter dominiert die erste Nachthälfte
- Die Sonne überschreitet am 22. exakt um 23h19m Sommerzeit den Himmelsäquator und wechselt somit von der Nord- auf die Südhalbkugel des Firmaments – der astronomische Herbst beginnt

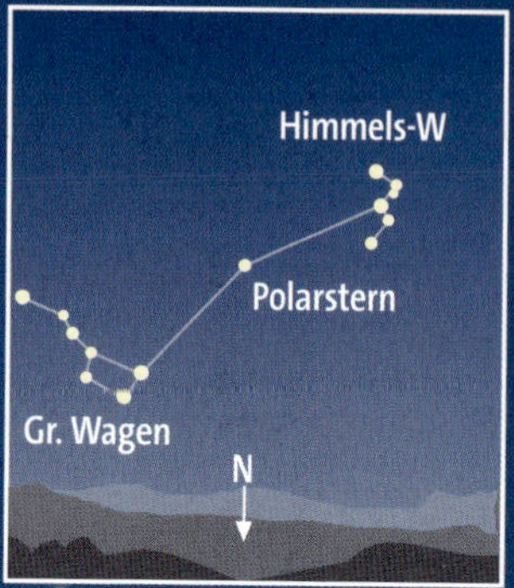

Großer Wagen und Himmels-W Anfang September um 22 Uhr

9.1 Himmelsanblick am 29. September gegen 22h MEZ (= 23h MESZ). Tief am Südhorizont steht Jupiter im Steinbock. An ihm zieht der zunehmende Mond vorbei.

1 Di		**17 Do**	Uranus in Opposition zur Sonne Saturn in Konjunktion mit der Sonne
2 Mi	Mond bei Jupiter, Abstand 2,°0 um 20^h	**18 Fr**	**Neumond** Mond bei Saturn, Abstand 6,°9 um 23^h
3 Do	Mond bei Neptun, Abstand 2,°8 um 8^h	**19 Sa**	Mond bei Merkur, Abstand 1,°2 um 2^h Sternschnuppen Pisciden
4 Fr	**Vollmond** Saturn: Erde kreuzt Ringebene	**20 So**	Merkur in unterer Konjunktion Merkur bei Saturn, Abstand 5,°4 um 13^h
5 Sa	Mond bei Uranus, Abstand 5,°6 um 22^h	**21 Mo**	
6 So	Merkur im Stillstand, dann rückläufig	**22 Di**	Herbstanfang, 22^h19^m
7 Mo		**23 Mi**	
8 Di		**24 Do**	
9 Mi		**25 Fr**	
10 Do		**26 Sa**	**Mond im ersten Viertel**
11 Fr	Pluto im Stillstand, dann rechtläufig	**27 So**	
12 Sa	**Mond im letzten Viertel**	**28 Mo**	Merkur im Stillstand, dann rechtläufig
13 So	Mond bei Mars, Abstand 4,°5 um 24^h	**29 Di**	
14 Mo		**30 Mi**	Mond bei Jupiter, Abstand 2,°2 um 0^h Mond bei Neptun, Abstand 2,°9 um 14^h
15 Di			
16 Mi	Mond bei Venus, Abstand 3,°3 um 19^h		

Sonne – Sternbilder

16.9. 19^h:
Sonne tritt in das Sternbild Jungfrau
22.9. 22^{h}19^m:
Sonne tritt in das Tierkreiszeichen Waage
Julianisches Datum am
1. September, 1^h MEZ: 2455075,5

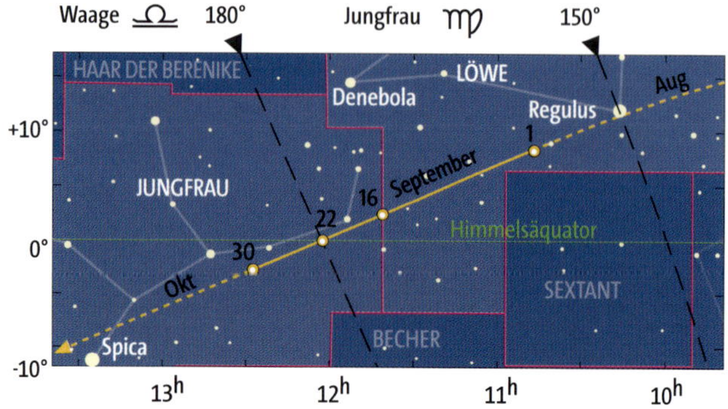

Tabelle Sonnenlauf

Tag	Dämmerg. Anfang	Aufgang MEZ	Kulmination	Untergang MEZ	Dämmerg. Ende	Mittagshöhe	Zeitgleichg.	Rektaszension	Deklination
	h m	h m	h m	h m	h m	°	m	h m	°
1.	4 20	5 35	12 20	19 04	20 18	48,1	0	10 41	+ 8,4
5.	4 27	5 41	12 19	18 55	20 09	46,7	+ 1	10 55	+ 6,9
10.	4 36	5 48	12 17	18 44	19 57	44,8	+ 3	11 13	+ 5,0
15.	4 44	5 56	12 15	18 33	19 45	42,9	+ 5	11 31	+ 3,1
20.	4 52	6 03	12 13	18 22	19 33	41,0	+ 7	11 49	+ 1,2
25.	5 01	6 11	12 12	18 11	19 21	39,0	+ 8	12 07	− 0,8
30.	5 08	6 18	12 10	18 00	19 10	37,1	+10	12 25	− 2,7

Tages- und Nachtstunden

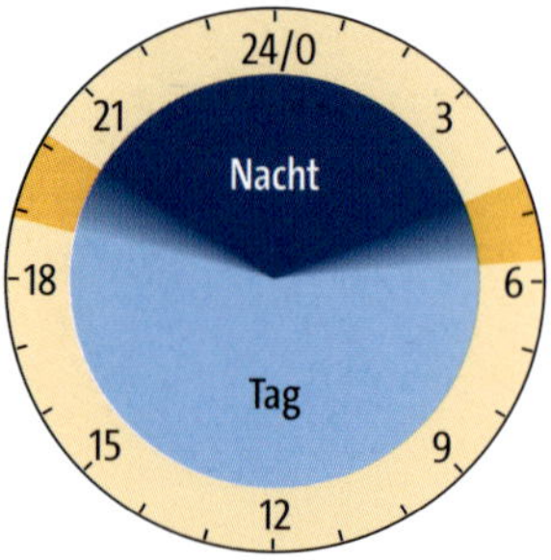

5. September

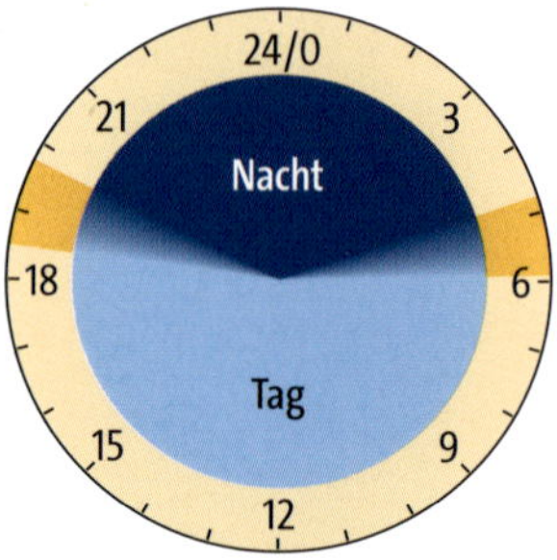

15. September

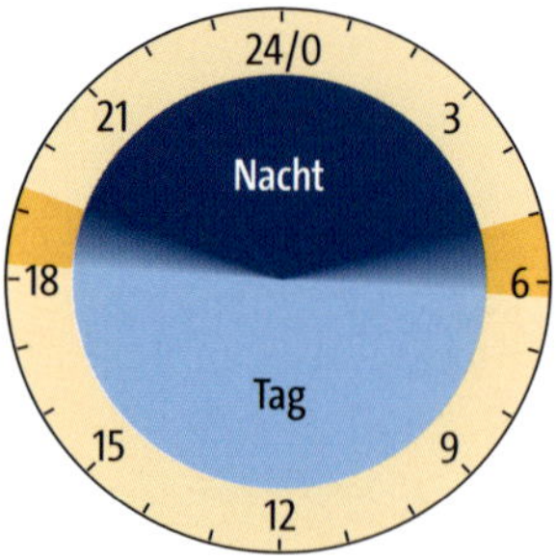

25. September

Tabelle Mondlauf

Datum		Aufg. MEZ	Kulmination	Unterg. MEZ	Rektaszension	Deklination	Sterne und Sternbilder	Phase	MEZ
		h m	h m	h m	h m	°			
Di	1.	17 43	22 19	1 55	20 01	−20,7	Schütze	Aufsteigender Knoten	
Mi	2.	18 02	23 02	3 04	20 48	−16,9	Steinbock		
Do	3.	18 18	23 44	4 14	21 34	−12,4	Steinbock		
Fr	4.	18 33	–	5 23	22 19	− 7,3	Wassermann	**Vollmond**	**17^h 03^m**
Sa	5.	18 47	0 26	6 32	23 03	− 2,0	Fische		
So	6.	19 03	1 08	7 43	23 48	+ 3,5	Fische		
Mo	7.	19 20	1 51	8 56	0 34	+ 9,0	Fische		
Di	8.	19 41	2 37	10 11	1 22	+14,2	Fische	Größte Nordbreite Libration Ost	
Mi	9.	20 08	3 26	11 28	2 13	+18,8	* Widder, Hamal		
Do	10.	20 43	4 19	12 45	3 08	+22,5	* Widder		
Fr	11.	21 32	5 16	13 57	4 06	+25,1	Stier, Plejaden		
Sa	12.	22 35	6 15	14 59	5 07	+26,3	Stier, Al Nath	**Letztes Viertel**	**3^h 16^m**
So	13.	23 52	7 16	15 48	6 09	+25,8	Zwillinge		
Mo	14.	–	8 17	16 25	7 11	+23,6	Zwillinge	Absteigender Knoten	
Di	15.	1 16	9 14	16 54	8 11	+19,8	* Krebs, Krippe		
Mi	16.	2 43	10 09	17 16	9 09	+14,9	Krebs	Erdnähe 364/32′,8	9^h
Do	17.	4 09	11 01	17 36	10 04	+ 9,0	Löwe, Regulus		
Fr	18.	5 33	11 51	17 54	10 57	+ 2,7	Löwe	**Neumond**	**19^h 44^m**
Sa	19.	6 56	12 41	18 12	11 49	− 3,7	Jungfrau		
So	20.	8 17	13 30	18 31	12 41	− 9,7	Jungfrau		
Mo	21.	9 37	14 21	18 54	13 33	−15,2	Spica	Größte Südbreite Libration West	
Di	22.	10 55	15 12	19 22	14 26	−19,7	Waage		
Mi	23.	12 07	16 05	19 57	15 20	−23,1	Waage		
Do	24.	13 12	16 57	20 41	16 15	−25,3	Antares		
Fr	25.	14 05	17 49	21 35	17 09	−26,2	Schlangenträger		
Sa	26.	14 48	18 40	22 36	18 03	−25,8	Schütze	**Erstes Viertel**	**5^h 50^m**
So	27.	15 20	19 28	23 42	18 55	−24,2	Schütze, Nunki		
Mo	28.	15 46	20 14	–	19 45	−21,5	Schütze	Erdferne 404/29′,5 Aufsteigender Knoten	4^h
Di	29.	16 06	20 58	0 51	20 34	−18,0	Steinbock		
Mi	30.	16 24	21 40	2 00	21 20	−13,7	Wassermann		

Der Mond begegnet Jupiter

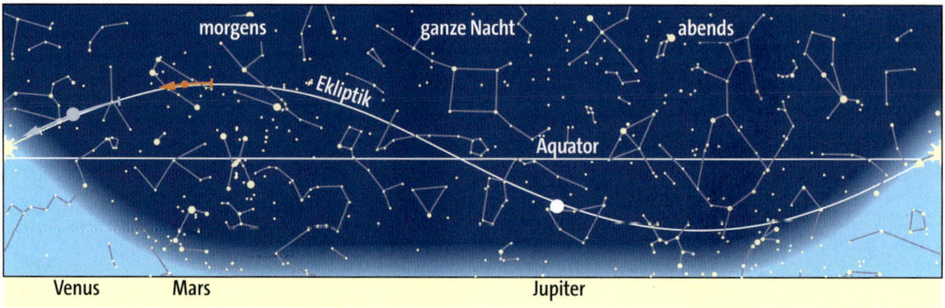

Merkur hat seine größte östliche Elongation von der Sonne gerade hinter sich. Am 6. wird er stationär und steuert anschließend rückläufig auf die entgegenkommende Sonne zu. Am 20. kommt er in untere Konjunktion mit der Sonne. Anschließend wachsen seine westlichen Winkelabstände von der Sonne rasch an und erreichen bis Monatsende gut 16°. Dabei beginnt Merkur seine erste und einzige Morgensichtbarkeit in diesem Jahr. Der Aufgang des $0^{m}\!.7$ hellen Planeten erfolgt am 30. um $4^{h}53^{m}$ (= $5^{h}53^{m}$ Sommerzeit). Rund eine halbe Stunde später kann man mit Aussicht auf Erfolg bei guten Sichtbedingungen das unauffällige Lichtpünktchen Merkurs tief am Osthimmel erspähen. Eine Viertelstunde später verblasst Merkur in der heller werdenden Morgendämmerung (siehe auch Abb. 10.4 und 10.5 auf Seite 197).

Seine Rückläufigkeit beendet Merkur am 28., er wird wieder rechtläufig. Seine Konjunktionsschleife zieht er im Gebiet der Sternbilder Löwe und Jungfrau (siehe Abb. 9.2 unten).

Merkurs Begegnung mit Saturn am 20., dem Tag seiner unteren Konjunktion, bleibt unbeobachtbar. Beide Planeten halten sich am Taghimmel auf und bleiben nachts unter dem Horizont verborgen.

Venus spielt nach wie vor ihre Rolle als Morgenstern, auch wenn sich ihre Sichtbarkeitszeiten verkürzen, denn der Morgenstern wandert entlang des absteigenden Astes der Sonnenbahn. Er verlässt am 10. den Krebs und wechselt in das Sternbild Löwe. Am 20. passiert Venus nur eine Vollmondbreite nördlich den Löwenhauptstern Regulus (siehe Abb. 9.4 auf Seite 179).

Im Laufe des Monats verspäten sich die Venusaufgänge erheblich. Geht Venus am 1. um $2^{h}32^{m}$ (= $3^{h}32^{m}$ Sommerzeit) auf und am 15. um $3^{h}12^{m}$, so erfolgt der Aufgang der $-3^{m}\!.9$ hellen Venus am 30. um $3^{h}55^{m}$ (= $4^{h}55^{m}$ Sommerzeit). Bis Monatsende schrumpft das Venusscheibchen auf 11″ scheinbaren Durchmesser, der Beleuchtungsgrad nimmt auf 90 % zu; Venus strebt ihrer oberen Konjunktion mit der Sonne zu. Da die Sonne im Tierkreis der Venus davonläuft, dauert es relativ lange, bis Venus die Sonne einholen kann. In diesem Jahr gelingt ihr dies nicht mehr. Erst Mitte Januar 2010 wird Venus in oberer Konjunktion mit der Sonne stehen.

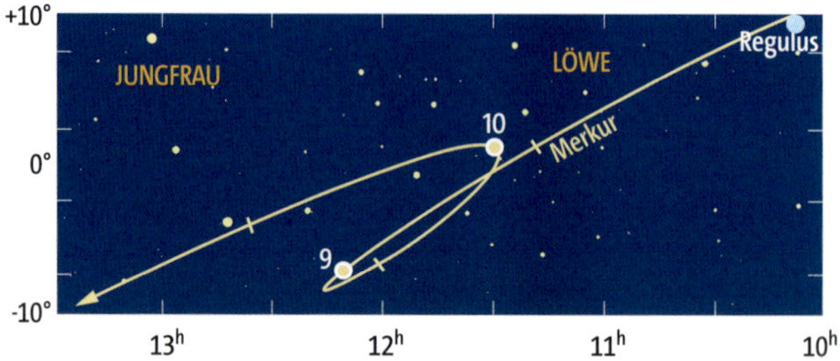

9.2 Bahn von Merkur:
Scheinbare Konjunktionsschleife von Merkur im Gebiet der Sternbilder Löwe und Jungfrau.

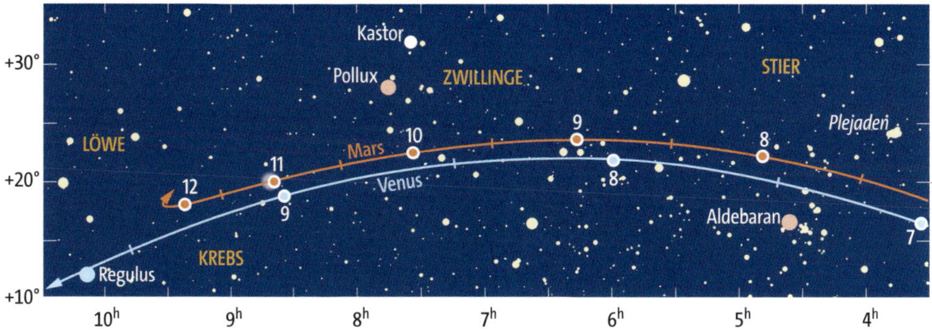

9.3 Bahnen von Venus und Mars: **Scheinbare Bahnen der Planeten Venus und Mars durch die Sternbilder Stier, Zwillinge, Krebs und Löwe. Die Zahlen geben die Planetenpositionen zum jeweiligen Monatsersten an (8 = 1. August).**

Mars kann in der zweiten Nachthälfte beobachtet werden. Seine Aufgänge verlagert der rote Planet in die Zeit um Mitternacht. Am 1. geht Mars um 23^h45^m (= 0^h45^m Sommerzeit am 2.) auf, am 30. bereits um 23^h13^m. Seine Helligkeit nimmt leicht um $0^m,2$ auf $0^m,8$ zu. Mars wandert rechtläufig durch die Zwillinge und bildet um die Monatsmitte fast ein rechtwinkliges Dreieck mit deren Hauptsternen Kastor und Pollux.

Am 13. kommt routinemäßig der Mond beim roten Planeten vorbei. Dabei kommt es zu einer Bedeckung des Mars durch den Mond, die allerdings von Mitteleuropa aus unbeobachtbar bleibt. Vom Norden Skandinaviens, von Island, Grönland, dem nördlichen Kanada, der Arktis und Zentralsibirien lässt sich die Mars-Okkultation jedoch verfolgen.

9.4 Venus begegnet Regulus: **Venus zieht am 20. September an Regulus vorbei. Fernglasanblick bei 5° Gesichtsfelddurchmesser.**

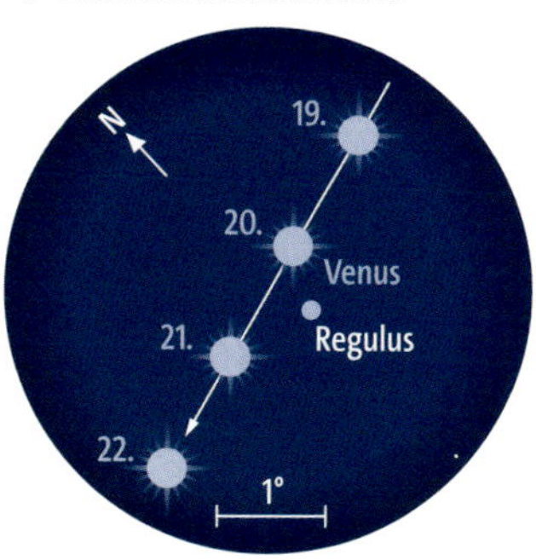

Jupiter stand Mitte des Vormonats in Opposition zur Sonne und ist vor Aufgang der Venus am Morgenhimmel das bei Weitem auffälligste Gestirn am Nachthimmel. Doch wenn Venus am Nordosthimmel erscheint, verabschiedet sich der Riesenplanet bereits im Südwesten. Jupiter wandert rückläufig durch den Steinbock und steuert auf ι Capricorni ($4^m,3$) zu, wobei er seine Geschwindigkeit deutlich verringert – sein zweiter Stillstand in diesem Jahr ist nicht mehr fern (siehe Abb. 8.5 auf Seite 162).

Während des Monats geht die Jupiterhelligkeit leicht auf $-2^m,7$ zurück. Der scheinbare Äquatordurchmesser nimmt auf $45'',5$ leicht ab.

Zweimal, am 2. und am 30., kommt der zunehmende Mond an Jupiter vorbei (siehe auch Abb. 9.1 auf Seite 174).

Vom Morgenhimmel zieht sich der Riesenplanet zurück. Geht Jupiter am 1. um 3^h54^m (= 4^h54^m Sommerzeit) unter und am 15. um 2^h50^m, so erfolgt sein Untergang am 30. schon um 1^h46^m (= 2^h46^m Sommerzeit). Jupiter verkürzt somit seine Sichtbarkeitsdauer um gut eine Stunde.

Zum Monatsende ist Jupiter 648 Millionen Kilometer (= 4,33 AE) von der Erde entfernt.

Saturn verlässt am 2. den Löwen und wechselt in das Sternbild Jungfrau (siehe auch Abb. 3.2 auf Seite 67). Am 17. steht er in Konjunktion mit der Sonne. Er hält sich somit am Taghimmel auf und bleibt dem Nachthimmel fern. Auch die Begeg-

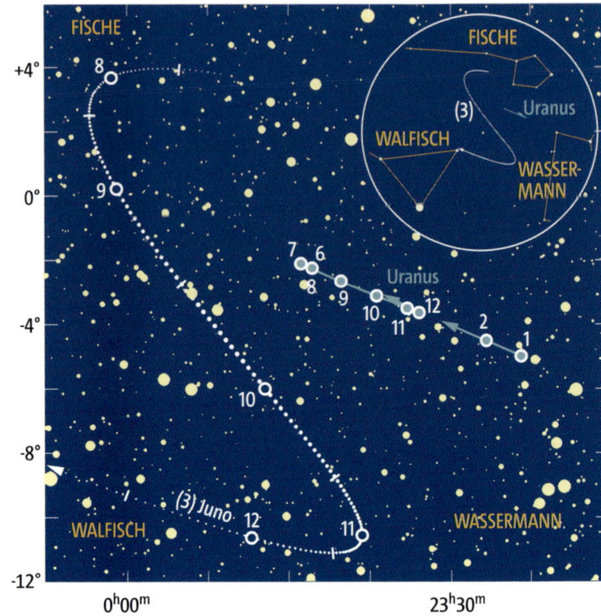

9.5 Bahnen von Uranus und Juno: Scheinbare Bahn des Planeten Uranus im Sternbild Wassermann von Januar bis März 2009 sowie von Juni bis Dezember 2009. Außerdem ist die Oppositionsschleife des Kleinplaneten (3) Juno eingetragen. Die Zahlen geben die Positionen zum jeweiligen Monatsersten an.

nung mit Merkur am 20. entgeht uns.

Zur Konjunktion ist Saturn 1563 Millionen Kilometer (= 10,45 AE) von der Erde entfernt. Am 4. kreuzt die Erde die Ringebene in Richtung Nord. Bis 23. März 2025 blicken wir dann auf die Nordseite des Ringes.

Uranus kommt am 17. im Sternbild Fische in **Opposition** zur Sonne. Dies ist die günstigste Gelegenheit, um den fernen, lichtschwachen Planeten ins Visier zu nehmen, zumal um die Monatsmitte auch kein Mondlicht stört.

Mit $5^{m}{,}7$ Oppositionshelligkeit kann Uranus theoretisch mit bloßen Augen gesehen werden. In der Praxis gelingt dies nur selten. Aber ein einfaches Fernglas reicht, um den grünlichen Planeten aufzusuchen. Dabei wird auch das Aufsuchkärtchen Abb. 9.5 oben hilfreich sein.

Im Teleskop zeigt sich Uranus als winzige Murmel von nur $3''{,}7$ scheinbarem Äquatordurchmesser. Da Uranus abgeplattet ist, erscheint der Poldurchmesser mit $3''{,}6$ eine Spur kleiner. Der Uranusäquator steht fast senkrecht auf der Bahnebene.

Am Oppositionstag geht Uranus um 18^h25^m (= 19^h25^m Sommerzeit) auf, kulminiert um 0^h14^m in der Oppositionsnacht und geht am nächsten Morgen um 6^h02^m unter. Bis Monatsende verfrühen sich die Uranusuntergänge auf 5^h12^m (= 6^h12^m Sommerzeit).

Die Kulminationshöhe von Uranus erreicht in diesem Jahr für die Standardbreite 50° Nord immerhin 37°.

Zur Opposition beträgt die Uranusentfernung von der Erde 2856 Millionen Kilometer (= 19,09 AE).

Von Uranus erreicht uns daher sein reflektiertes Sonnenlicht erst nach zwei Stunden und 39 Minuten. Von der Sonne trennen Uranus am Oppositionstag 3007 Millionen Kilometer (= 20,10 AE).

Neptun, rückläufig im Sternbild Steinbock, hat seine Opposition zur Sonne gerade hinter sich. Er ist Planet der ersten Nachthälfte. Um ihn mit Fernglas oder Teleskop zu finden, benutze man das Aufsuchkärtchen Abb. 8.5 auf Seite 162.

Seine Meridiandurchgänge verlegt der bläuliche Planet, der den Namen des Meeresgottes trägt, in die späten Abendstunden. Am 1. kulminiert Neptun um 23^h24^m, am 15. um 22^h27^m und am 30. schon um 21^h27^m (= 22^h27^m Sommerzeit). Die Neptununtergänge verfrühen sich um fast zwei Stunden. Erfolgt der Neptununtergang am 1. um 4^h23^m, so sinkt der nur $7^{m}{,}9$ helle Planet am 30. schon um 2^h25^m (= 3^h25^m Sommerzeit) unter die südwestliche Horizontlinie. Etwa zwei Stunden vor Unter-

Jupitermonde

Tag	MEZ h m	Vorgang	
3.	0 19	IV	BA
4.	1 56	I	DA
	2 27	I	SA
	23 09	I	BA
	23 33	II	BA
5.	1 58	I	VE
	20 23	I	DA
	20 56	I	SA
	22 41	I	DE
	23 14	I	SE
6.	19 13	II	SA
	19 19	III	BA
	20 27	I	VE
	20 57	II	DE
	22 05	II	SE
7.	1 17	III	VE
12.	0 54	I	BA
	1 52	II	BA
	22 09	I	DA
	22 51	I	SA
13.	0 27	I	DE
	1 09	I	SE
	19 21	I	BA
	20 22	II	DA
	21 48	II	SA
	22 22	I	VE
	22 42	III	BA
	23 14	II	DE
14.	0 40	II	SE
	19 38	I	SE
15.	19 30	II	VE
17.	19 23	III	SE
19.	19 48	IV	BE
	23 03	IV	VA
	23 56	I	DA
20.	0 47	I	SA
	21 07	I	BA
	22 41	II	DA
21.	0 17	I	VE
	0 24	II	SA
	1 32	II	DE
	19 16	I	SA
	20 40	I	DE
	21 33	I	SE
22.	18 45	I	VE
	22 09	II	VE
24.	19 36	III	DE
	19 47	III	SA
	23 24	III	SE
27.	21 35	IV	DA
	22 55	I	BA
28.	1 02	II	DA
	20 11	I	DA
	21 11	I	SA
	22 29	I	DE
	23 29	I	SE
29.	19 46	II	BA
	20 40	I	VE
30.	0 47	II	VE

gang wird Neptun unbeobachtbar.

Pluto, der Zwergplanet, wird am 11. im Sternbild Schütze stationär und beendet damit seine Rückläufigkeit. Anschließend wandert Pluto wieder mit zunehmenden Rektaszensionswerten durch die Sternenwelt (siehe auch Abb. 6.3 auf Seite 122).

Planetoiden

Pallas (2) kommt am 13. in Konjunktion mit der Sonne. An diesem Tag trennen sie 489 Millionen Kilometer (= 3,27 AE) von der Erde. Ihre Sonnendistanz beträgt zu diesem Zeitpunkt 339 Millionen Kilometer (= 2,27 AE).

Juno (3), rückläufig in den Fischen, erreicht am 21. ihre **Oppositionsstellung** zur Sonne. Mit $7^{m}{,}6$ Oppositionshelligkeit kann sie auch mit kleineren Instrumenten ohne besondere

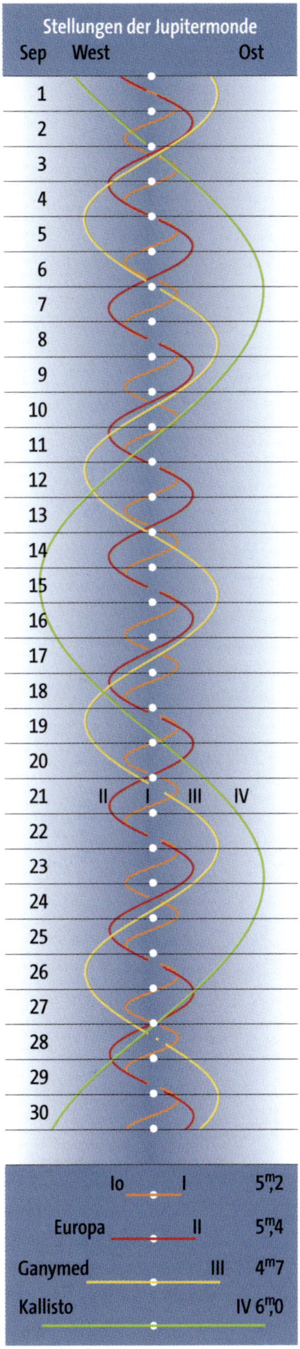

Mühen aufgefunden werden. Am Monatsbeginn noch $8^{\mathrm{m}},2$ hell, sinkt ihre Helligkeit nach der Opposition bis Monatsende auf $7^{\mathrm{m}},8$ wieder leicht. Um Juno aufzuspüren, benutze man das Aufsuchkärtchen 9.5 auf Seite 180.

Am 1. kulminiert Juno um $1^{h}50^{m}$, am Oppositionstag um $0^{h}20^{m}$ und am 30. bereits um $23^{h}34^{m}$ (= $0^{h}34^{m}$ Sommerzeit am 1. Oktober).

Melpomene (18) wird am 14. im Walfisch stationär, was ihre Bewegung in Rektaszension betrifft. In Deklination eilt sie rasch südwärts, wodurch sie ihre Kulminationshöhen und Tagbögen verkleinert (siehe Abb. 9.6 rechts). Melpomenes Helligkeit steigt kräftig: Am Monatsbeginn noch $8^{\mathrm{m}},7$ hell, nimmt ihre scheinbare Helligkeit bis Ende September auf $7^{\mathrm{m}},9$ zu.

Am 1. geht Melpomene um $21^{h}11^{m}$ (= $22^{h}11^{m}$ Sommerzeit) auf und kulminiert um $3^{h}17^{m}$. Ihre Meridiandurchgänge verfrühen sich bis 15. auf $2^{h}25^{m}$ und bis 30. auf $1^{h}22^{m}$ (= $2^{h}22^{m}$ Sommerzeit). Beste Beobachtungszeit sind stets die Stunden um die Kulmination.

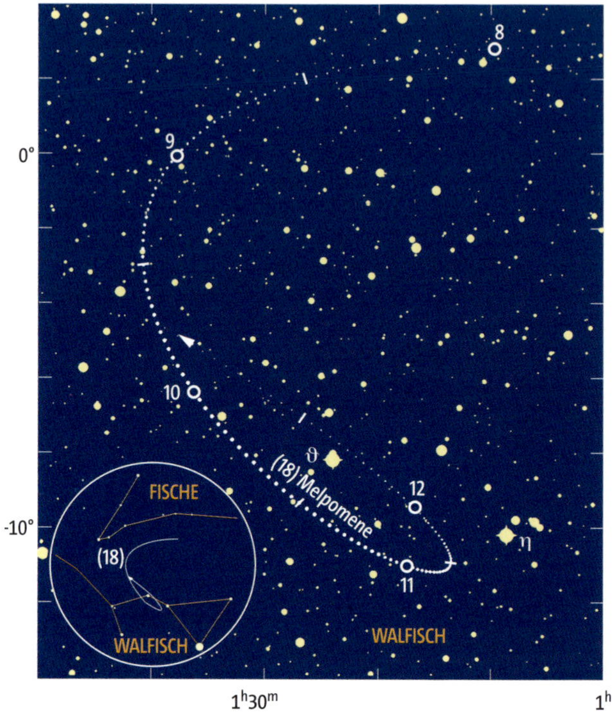

9.6 Bahn von Melpomene: **Scheinbare Bahn des Kleinplaneten Melpomene im Sternbild Walfisch von August bis Dezember 2009. Die Zahlen geben die Positionen zum jeweiligen Monatsersten an.**

Periodische Sternschnuppenströme

In den ersten Septembertagen sind noch einige Nachzügler der **Alpha-Aurigiden** zu erwarten. Es handelt sich um recht schnelle Sternschnuppen – um die 65 Kilometer pro Sekunde. Der Radiant liegt nahe Kapella im Fuhrmann. Am 1. September 2007 gab es gegen $12^{h}30^{m}$ MEZ einen regelrechten Aurigidenschauer für etwa zehn Minuten, wobei die Meteore zwischen 3^{m} und -2^{m} hell wurden. In Mitteleuropa war das Ereignis nicht beobachtbar, da es in die Mittagsstunden fiel. Die Erde raste durch einen Ausläufer des Staubschweifes vom Kometen Kiess (C/1911 N1). Solche plötzlichen Aurigidenausbrüche wurden schon 1935, 1986 und 1994 beobachtet.

Die **Pisciden** sind im gesamten September aktiv. Ihr Ausstrahlungspunkt liegt in den Fischen. Beste Beobachtungszeit ist zwischen 22^{h} und 4^{h} morgens. Das Maximum ist um den 19. September zu erwarten, wobei nur etwa fünf bis zehn Meteore pro Stunde auftauchen. Die Geschwindigkeit der Meteorite liegt um 25 Kilometer pro Sekunde. Die Pisciden zerfallen in mehrere Teilströme, von denen einer bis Mitte Oktober aktiv ist.

Die **Tauriden** tauchen vom letzten Septemberdrittel bis

Ende November auf. Ihr Radiant liegt im Stier. Der Tauriden-Strom geht wahrscheinlich auf den Kometen 2P/Encke zurück. Das wenig ausgeprägte Maximum fällt auf den 12. November. Die Objekte sind um 30 Kilometer pro Sekunde schnell, haben also mittlere Geschwindigkeiten. Manchmal unterscheidet man zwischen Süd- und Nordtauriden. Die Südtauriden erreichen ihr Maximum schon am 5. November.

Ein relativ neuer Strom sind die **Delta-Aurigiden**, deren Radiant im Fuhrmann nahe δ Aurigae zu finden ist. Es sind schnelle, aber seltene Objekte. Ihre Geschwindigkeit liegt bei 60 Kilometer pro Sekunde. Sie erscheinen vom 18. September bis etwa 10. Oktober, wobei das wenig ausgeprägte Maximum um den 4. Oktober zu erwarten ist. Nur etwa fünf Meteore sind pro Stunde zu erwarten.

Konstellationen und Ereignisse

Datum	MEZ	Ereignis
2.	22^h	**Mond bei Jupiter**, Mond 3°,1 nördlich, **Abstand 2°,0 um 20^h**
3.	8	Mond bei Neptun, Mond 2°,8 nördlich
4.	16	Erde kreuzt Ringebene des Saturns von Süd nach Nord
5.	22	Mond bei Uranus, Mond 5°,6 nördlich
6.	21	Merkur im Stillstand, anschließend rückläufig
11.	17	Pluto im Stillstand, anschließend rechtläufig
13.	17	**Mond bei Mars**, Mond 1°,1 nördlich, **Abstand 4°,5 um 24^h**
16.	19	Mond bei Venus, Mond 3°,3 südlich
17.	11	**Uranus in Opposition** zur Sonne
17.	19	Saturn in Konjunktion mit der Sonne
18.	23	Mond bei Saturn, Mond 6°,9 südlich
19.	2	Mond bei Merkur, Mond 1°,2 südlich
20.	11	Merkur in unterer Konjunktion
20.	13	Merkur bei Saturn, Merkur 5°,4 südlich
22.	22^h19^m	**Sonne im Herbstpunkt, Tagundnachtgleiche**
28.	19	Merkur im Stillstand, anschließend rechtläufig
30.	1	**Mond bei Jupiter**, Mond 3°,0 nördlich, **Abstand 2°,2 um 0^h**
30.	14	Mond bei Neptun, Mond 2°,9 nördlich

DER FOTOTIPP

Nehmen Sie den Kleinplaneten Melpomene im Zeitraum von ein paar Tagen auf, um seine Bewegung relativ zu den Sternen zu erkennen. Mit einem lichtstarken Objektiv, einem Stativ und wenigen Sekunden Belichtungszeit können Sie ihn erwischen.

Ein Kleinplanet bewegt sich innerhalb von Tagen deutlich relativ zu den Sternen

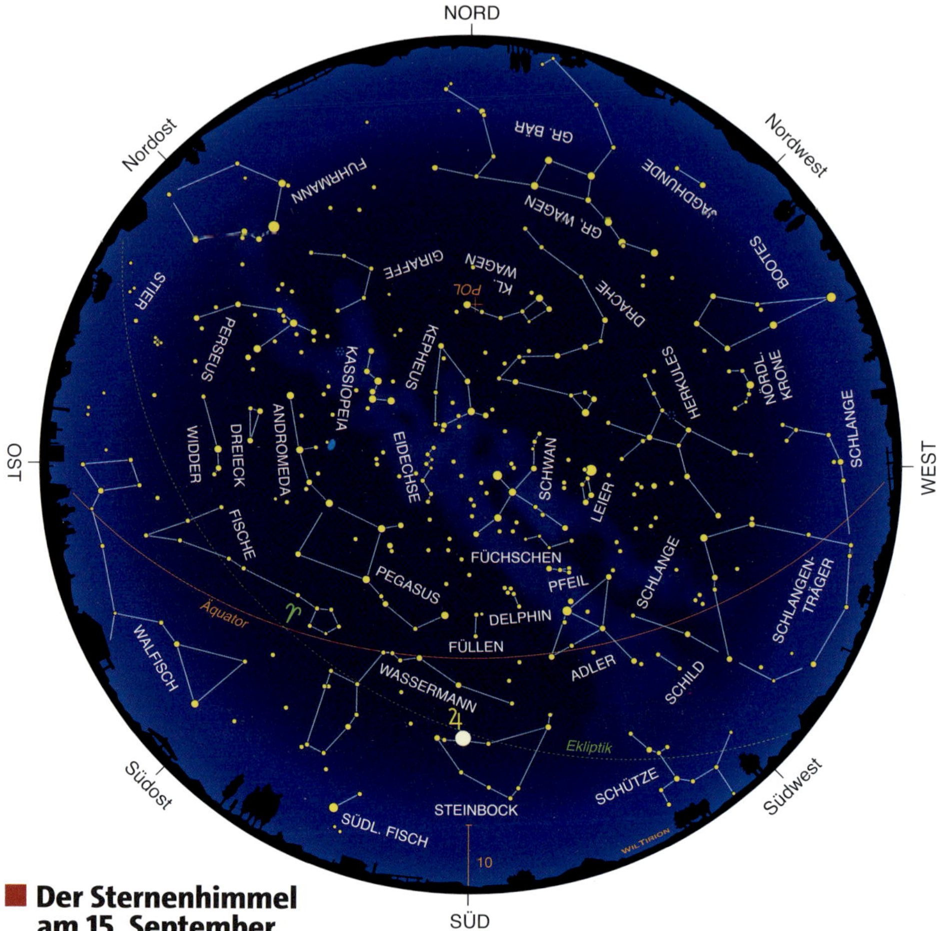

Der Sternenhimmel am 15. September um 22ʰ MEZ

Die Sternkarte ist auch gültig für:

	MEZ	MESZ
15. 7.	2^h	3^h
1. 8.	1	2
15. 8.	0	1
1. 9.	**23**	**24**
15. 9.	**22**	**23**
30. 9.	**21**	**22**
15.10.	20	21
31.10.	19	
15.11.	18	

Der abendliche Anblick des Sternenhimmels hat sich gegenüber dem Augusthimmel nicht allzu sehr verändert. Noch beherrschen die Sommersternbilder die Himmelsszene. Die wieder früher einsetzende Abenddämmerung lässt den Blick eher zum Sternenhimmel schweifen. Hält man sich aber an die Standardbeobachtungszeit (am 1. um 23^h MEZ, am 15. um 22^h MEZ = 23^h Sommerzeit), so bemerkt man eine leichte Verschiebung des Sommerdreiecks nach Westen. Deneb steht nun fast im Zenit, während Wega und Atair den Meridian schon durchschritten haben. Der Skorpion ist ebenso wie die Jungfrau längst untergegangen. Arktur steht recht horizontnah in westlicher Richtung.

Im Südwesten schickt sich der Schütze ebenfalls an, die Himmelsbühne zu verlassen, während der Steinbock gerade den Meridian passiert. Ihm folgt im

Tierkreis der Wassermann, ein bekanntes, aber unscheinbares Sternbild.

Aufzug der Herbststernbilder

Viele Völker sahen im Steinbock einen Ziegenbock. Die Bezeichnung „Südliches Tor der Sonne“ erinnert daran, dass einst das Wintersolstitium (Winterpunkt) im Steinbock lag. Durch die Präzessionsbewegung der Erde liegt der Winterpunkt inzwischen im Sternbild Schütze nahe dem Stern μ Sagittarii. Noch heute spricht man deshalb vom „Wendekreis des Steinbocks“. In unserer Zeit wandert die Sonne vom 19./20. Januar bis 15./16. Februar durch den Steinbock. Zurzeit hält sich der strahlend helle Jupiter im Steinbock auf. Auch den sonnenfernen Neptun findet man in diesen Jahren im Steinbock.

Tief im Südosten flackert ein Stern erster Größe, nämlich Fomalhaut im südlichen Fisch (lat.: Piscis Austrinus), der eben aufgegangen ist. Fomalhaut (α Piscis Austrini) erreicht bei uns nie große Höhen. Er ist ein weißer Hauptreihenstern (Spektralklasse A3 V) in 25 Lichtjahren Entfernung, also etwa gleich weit entfernt wie Wega in der Leier.

Auf halber Höhe zwischen Steinbock und Schwan stößt man auf das kleine, aber sehr markante und leicht einprägsame Bild des Delfins. Es liegt östlich von Atair im Adler.

9.7 Das Sternbild Leier als figürliche Darstellung in einem Sternbildatlas.

Zwischen Zenit und Polarstern durchschneidet der Meridian gerade den Kepheus, der jetzt seine höchste Position erklommen hat. Die lichtschwachen Sterne, die den König von Äthiopien darstellen sollen, sind nicht leicht auszumachen. Erfahrene Sternfreunde finden sich dennoch zurecht und können auch den berühmten veränderlichen Stern δ Cepheï identifizieren. Er ist der Prototyp einer Klasse von Veränderlichen, den sogenannten Cepheïden oder Delta-Cepheï-Sternen. Die Cepheïden gehören zu den leuchtkräftigsten Sternen im Universum

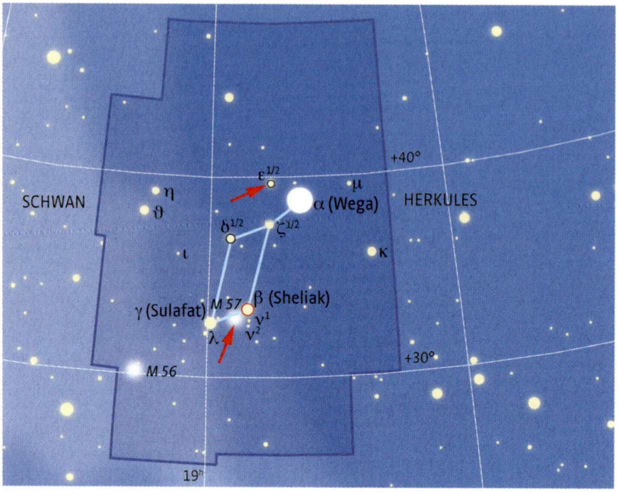

9.8 Das Sternbild Leier
Skelettkarte des Sternbildes Leier mit dem Vierfachstern $\varepsilon_{1,2}$ Lyr und dem Ringnebel M 57.

überhaupt. Aus ihrer Blinkperiode kann man auf ihre absolute Helligkeit schließen. Diese Perioden-Leuchtkraft-Beziehung macht sie zu Meilensteinen im Universum. Die Cepheïden ermöglichen es, die Entfernung anderer Milchstraßensysteme zu bestimmen. Sie gelten als Leuchttürme des Kosmos. Die Entfernung von δ Cepheï selbst beträgt tausend Lichtjahre.

Der Pegasus steht schon hoch im Osten. Der zentrale Teil des Pegasus wird durch ein mächtiges Sternenquadrat markiert, zu dem man auch Herbstviereck sagt. An der einen Ecke des Pegasusquadrats hängt die Sternenkette der Andromeda. Ihr folgt halbhoch im Nordosten der Perseus, strahlender Held und Retter der Andromeda. Im Perseus findet man den Teufelsstern Algol (β Perseï). Algol ist ein prominenter Bedeckungsveränderlicher und Prototyp der Algol-Variablen.

Im Osten hat sich das kleine Bild des Widders emporgeschwungen. Der Widder (lat.: Aries) setzt sich im Wesentlichen aus drei Sternen zusammen, die ein stumpfwinkliges Dreieck bilden. Der Hauptstern des Widders (α Arietis) heißt Hamal, was arabisch so viel wie Lamm bedeutet. Mit $2\overset{m}{,}0$ scheinbarer Helligkeit ist Hamal etwa so hell wie der Polarstern. Seine Entfernung von uns misst 66 Lichtjahre. Er leuchtet in einem orangen Licht (Spektraltyp: K2 III).

Im Südosten ist das ausgedehnte, aber lichtschwache Sternbild der Fische aufgetaucht.

Das Sternbild Leier

Die Leier ist ein kleines, aber sehr markantes und leicht zu findendes Sternbild, gehört doch ihr Hauptstern Wega (α Lyrae) mit Sirius, Kanopus, Toliman und Arktur zu den hellsten Fixsternen des Himmels. Die strahlende, blau-weiß funkelnde Wega steht am abendlichen Sommerhimmel bei uns hoch über unseren Köpfen und bildet mit Deneb im Schwan sowie Atair im Adler das bekannte Sommerdreieck.

Neben der strahlenden Wega findet sich ein kleiner Sternenrhombus, der der Leier ihre charakteristische, leicht einprägsame Figur verleiht. Außerdem ist noch ε Lyr zu sehen, den sehr gute Augen als Doppelstern erkennen, zumindest erscheint er ihnen länglich.

Nach einer griechischen Sage ist die Leier das Musikinstrument Apollos. Erfunden hat sie Hermes, der flinke Götterbote und Beschützer der Diebe. Er war Sohn des Göttervaters Zeus und seiner heimlichen Geliebten, der Nymphe Maja, die einst in den Wäldern Arkadiens lebte und nach der ein Stern im Sternhaufen der Plejaden benannt ist. Hermes wurde eines frühen Morgens in einer Höhle des Kyllenen-Gebirges geboren. Wie bei Göttern üblich wächst er schnell heran und bereits gegen Mittag verlässt er die Höhle, um von der Weide Apollos Rinder zu stehlen. Vor der Höhle trifft Hermes jedoch auf eine

Schildkröte. Er tötet sie und nimmt sie aus, reinigt den Panzer und spannt sieben Saiten aus Schafsdarm über ihn. Bald schlägt er mit seinen Stäbchen gegen die Saiten, und das neu geschaffene Instrument erfüllt die Höhle mit lieblichen Tönen. Nun aber macht sich Hermes endgültig auf den Weg und entwendet fünfzig Rinder, die seinem Halbbruder Apollo gehören. Als dieser ihn zur Rede stellt, versucht Hermes ihn zu besänftigen, indem er ihm sein eben erfundenes Saiteninstrument schenkt. Apollo ist hell begeistert von diesem Instrument, mit dem er die Welt durch frohe Klänge beglückt. Später vermacht er die Leier seinem Sohn Orpheus, der die Zahl der Saiten auf neun erhöht, entsprechend der Zahl der Musen. Die Sage berichtet dann weiter über die Heldentaten des Sängers Orpheus, über seine Teilnahme am Argonautenzug und seinem Besuch in der Unterwelt, wo er sogar Persephone, die Gattin des Pluto, mit seiner Musik bezaubert. Nach dem Tode von Orpheus wird die Leier zur ewigen Erinnerung unter die Sterne versetzt, wo sie noch heute bewundert werden kann.

Bei Cicero findet man die Bezeichnung Lyra Mercurialis. Der Beiname bezieht sich auf Hermes (römisch: Mercurius). In griechischen Quellen findet man die Bezeichnungen Κιθάρα und Φόρμιγξ. Der zweite Name ist älter und steht für das erste Saiteninstrument der hellenischen Barden.

Die Perser nannten dieses Sternbild Sanji Rumi, was Leier heißt. Bei den Teutonen sprach man von Harapha (die Harfe) und die Juden sahen hier die Harfe König Davids. Im christlichen Sternbilderhimmel glaubte man hier die Wiege des Heilands (Praesepe Salvatoris) zu erkennen.

Bei den Arabern findet man verschiedene Bezeichnungen für die Leier: Albegala von Al Baghl, das Maultier, sowie Al Jwazz, die Gans (nach Al Sufis Sternverzeichnis). Al Nasr al Waki wieder heißt der zupackende, herabstürzende Steinadler im Gegensatz zum fliegenden Adler (Sternbild Aquila) Al Nasr al Tair. Auch indische Quellen sprechen von einem Adler. Das arabische Wort Waki ist auf den hellsten Stern der Leier übergegangen, der nun Wega (englische Bezeichnung: Vega) heißt.

Die Wega strahlt als Stern 0. Größe ein intensiv-bläuliches Licht aus (Spektraltyp A0 V) und ist 25 Lichtjahre von uns entfernt. Bei den Babyloniern hieß sie Dilgan, was Botschafter des Lichts bedeutet. Die alten Ägypter nannten sie Maat (der Geier), schon zu einer Zeit, als sie noch nahe dem Himmelsnordpol stand, also 12 000 bis 11 000 Jahre vor unserer Zeitrechnung.

Der Stern β Lyrae trägt die Bezeichnung Sheliak, was sich vom Arabischen Al Shilyak ableitet und so viel wie Leier heißt. Sheliak ist 880 Lichtjahre entfernt. John Goodricke entdeckte 1784 die Veränderlichkeit von β Lyr. Die Helligkeit von β Lyr schwankt zwischen $3^{\mathrm{m}}{,}3$ und $4^{\mathrm{m}}{,}2$. Die Minima-Zeiten von β Lyr sind in der monatlichen Tabelle „Veränderliche Sterne“ angegeben.

Die Leier beherbergt eine Reihe interessanter Objekte: $\varepsilon_{1,2}$ Lyrae, den berühmten Vierfachstern, M 57, den bekannten Ringnebel, M 56, einen kugelförmigen Sternhaufen, und RR Lyrae, den Prototyp einer Klasse von Pulsationsvariablen, die bei der Entfernungsbestimmung von Kugelhaufen eine wichtige Rolle spielen.

Veränderliche Sterne im September

Algol-Minima	6.	6^h59^m	9.	3^h49^m	12.	0^h37^m	14.	21^h25^m	17.	18^h14^m	29.	5^h29^m
β-Lyrae-Minima	4.	13^hN	10.	24^hH	17.	11^hN	23.	23^hH	30.	10^hN		
δ-Cephei-Maxima	3.	4^h	8.	12^h	13.	21^h	19.	6^h	24.	15^h	29.	24^h
Mira-Helligkeit	1.	9^m	10.	9^m	20.	9^m	30.	8^m				

Der Hantel-Nebel im Sternbild Füchschen

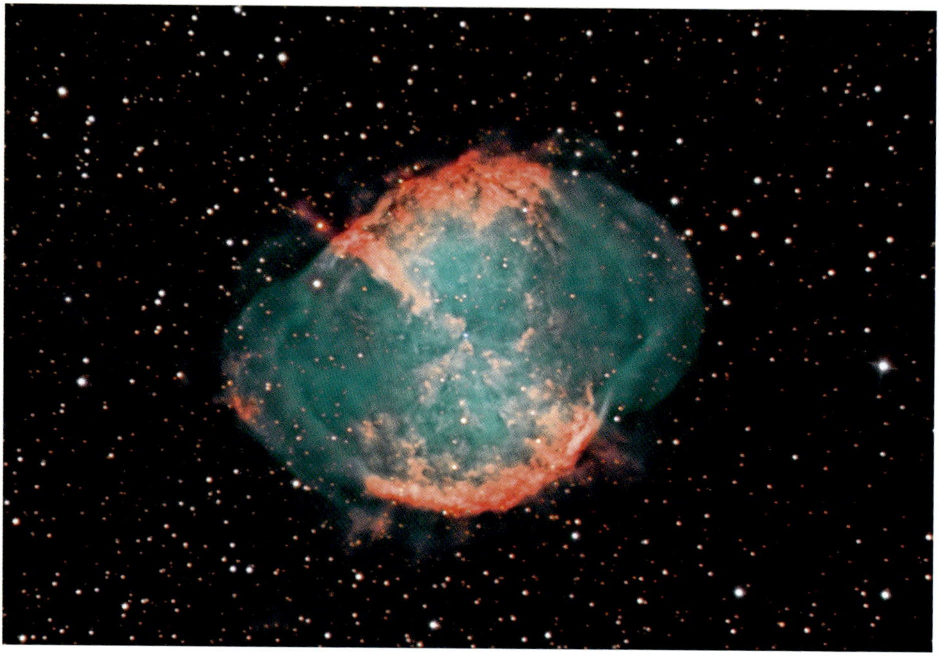

9.9 Der Hantel-Nebel, aufgenommen von Stefan Seip auf der Sternwarte Welzheim mit dem 90-cm-Spiegelteleskop.

Zu den interessantesten schon im Fernglas und erst recht im kleinen Teleskop erkennbaren Himmelsobjekten gehört der Hantel-Nebel im Sternbild Füchschen. Seinen Namen verdankt er seinem Aussehen, das an das Sportgerät erinnert. Das Füchschen zählt zu den kleinen und unauffälligen Sternbildern, die man kaum findet und erkennt. Es war auch im Altertum und Mittelalter gar nicht bekannt und wurde erst in der Neuzeit eingeführt, und zwar von dem Danziger Ratsherren und weithin bekannten Amateurastronomen Johannes Hevelius (1611–1687). Insgesamt sieben neue Sternbilder hat Hevelius an das Firmament versetzt. Das Sternbild Füchschen liegt südlich vom Schwan und nördlich vom kleinen Bild Delfin, das aber im Gegensatz zum Füchschen sehr markant und darum leicht zu finden ist. Nur Sterne vierter Größe und schwächer zählen zum Füchschen, das außer dem Hantel-Nebel noch zwei prominente Objekte in seinen Grenzen aufweist, nämlich den offenen Sternhaufen Collinder 399, auch als Brocchi-Haufen bekannt, und den erstentdeckten Pulsar, einen rasch rotierenden Neutronenstern, der erstmals von der jungen Doktorandin der Universität Cambridge, Susan Jocelyn Bell-Burnham, im Jahre 1967 mit dem Radioteleskop von Jodrell Bank aufgespürt wurde.

Entdeckt wurde der Hantel-Nebel von dem Kometenjäger Charles Messier am 12. Juli 1764. In seinem Nebelkatalog erhielt dieser Nebel die

Nr. 27. Messier berichtet, es handele sich um einen „Nebel ohne Stern mit ovaler Form und einem Durchmesser von vier Bogenminuten (4′)“, der schon in einem „einfachen Refraktor von dreieinhalb Fuß“ (Brennweite!) leicht zu erkennen ist. Tatsächlich ist M 27 der auffälligste und hellste Planetarische Nebel (scheinbare Gesamthelligkeit: $7^{\mathrm{m}},4$) des Firmaments. Neben dem Ring-Nebel in der Leier (M 57) und dem Sonnenblumen-Nebel (Helix-Nebel, NGC 7293) im Wassermann zählt M 27 zu den prominentesten Vertretern der Planetarischen Nebel.

Schon mit einem Fernglas ist M 27 relativ leicht am Sternenhimmel zu finden. Er liegt ziemlich genau zwischen den Sternen Sadr (γ Cygni) und Atair (α Aquilae), $3^{\circ},3$ nördlich von γ Sagittae und 25′ südlich von 14 Vulpeculae (siehe Abb. 9.10 auf Seite 191).

Hantelform bereits im Teleskop erkennbar

Ende Juli kulminiert M 27 um Mitternacht, weshalb man ihn im Spätsommer und Anfang Herbst am besten am Abendhimmel beobachten kann. Im lichtstarken Fernglas oder kleinen Teleskop ist die Hantelform zu erkennen, in größeren Fernrohren (ab etwa 20 cm freier Öffnung) sieht man deutliche Strukturen. Um den relativ hellen, grünlich erscheinenden Bereich ist ein lichtschwächerer, länglicher Halo auszumachen. Ein geeigneter Nebelfilter lässt die Strukturen richtig deutlich werden.

Wilhelm (William) Herschel (1738–1822), bekannt als Entdecker des Planeten Uranus, beschreibt M 27 als doppelte Wolke aus dicht gedrängten Sternen, wobei der eine Teil uns näher als der andere Teil liegt. Sein Sohn John Herschel (1792–1871) gab dem Nebel seinen Namen. Er nannte ihn „Dumbbell Nebula“ (engl., Hantel, wörtlich: „stumme Glocke“), wegen seines Erscheinungsbildes und publizierte eine Zeichnung, die tatsächlich ein hantelartiges Gebilde zeigt (*Philosophical Transactions of the Royal Society*, Vol. 123, 1833). Andere Beobachter hatten eher den Eindruck, M 27 sehe aus wie ein Stundenglas (Sanduhr). Thomas W. Webb, der auch auf die deutlich grünliche Farbe hinwies, meinte, M 27 sehe aus wie ein „bow tie“ (engl., Fliege oder Mascherl als Krawattenersatz).

Der Hantel-Nebel war der erste Planetarische Nebel, der entdeckt wurde. Die Natur des Hantel-Nebels (und der anderen Planetarischen Nebel) blieb lange verborgen. Planetarische Nebel haben nichts mit Planeten zu tun, sie heißen nur so, weil die meisten von ihnen als kleine, rundliche Scheibchen erscheinen, ähnlich wie die sonnenfernen Planeten Uranus und Neptun im Teleskop. Wilhelm Herschel war der Auffassung, alle Nebel seien aus Sternen zusammengesetzt, die nur sein Teleskop nicht in einzelne Lichtpunkte auflösen könne. Nachdem man im Zentrum von M 27 einen Stern entdeckt hatte, war man der Auffassung, hier handle es sich um einen neuen, heißen Stern, der sich eben aus einer Gaswolke, die man noch als Hantel-Nebel sieht, gebildet hatte. Tatsächlich ist der Zentralstern mit der Spektralklasse O7 ein mit 85 000 °C Oberflächentemperatur außerordentlich heißer Stern. Im Vergleich mit unserer Sonne mit knapp 6000 °C ist dieser Zentralstern wirklich extrem heiß. Da seine scheinbare Helligkeit nur $13^{\mathrm{m}},5$ beträgt, kann man ihn im Fernglas oder kleinen Teleskop nicht sehen. Allerdings ist der Zentralstern kein junges Gebilde, sondern eine alternde Sonne, genauer: ein sterbender Stern.

William Huggins (1824–1910) gelang erstmals der exakte Nachweis, dass der Hantel-Nebel eine Gaswolke und keine Anhäufung von Sternen ist. Er spektroskopierte M 27 und fand eine intensive, helle Emissionslinie bei einer Wellenlänge von 5007 Å (1 Ångström = 0,1 Nanometer oder ein Zehnmilliardstel Meter), jedoch kein Kontinuum wie bei der Sonne oder den meisten Sternen auch. Daraus schloss er richtig, dass der Hantel-Nebel eine riesige, aber äußerst dünne Gashülle um einen heißen Zentralstern ist. Unklar war, welch chemisches Element diese Spektrallinie erzeugt. Man konnte sie keinem der bekannten irdischen Elemente zuordnen und er-

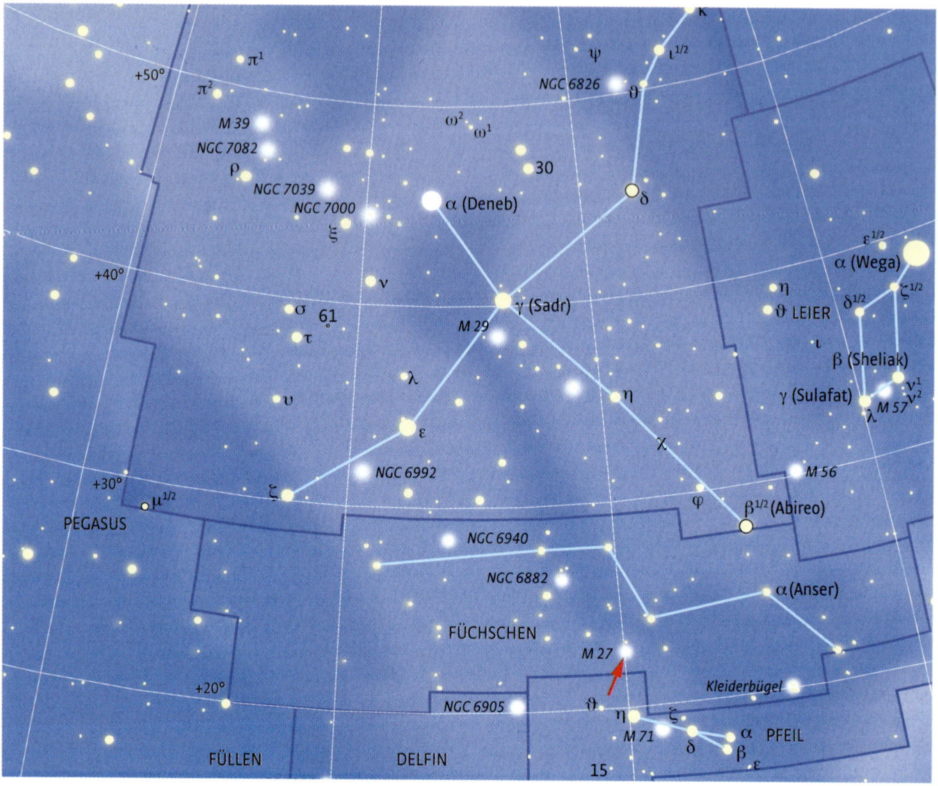

fand daher die Bezeichnung „Nebulium". Doch dieses vermeintlich neue Element „Nebelstoff" existiert gar nicht. Erst später stellte sich heraus, dass diese Emissionslinie von doppelt ionisierten Sauerstoffatomen (OIII) hervorgerufen wird. Lange galt diese Sauerstofflinie als „verbotene" Linie, da sie niemals im irdischen Labor erzeugt beziehungsweise beobachtet werden konnte. Sie entsteht nur in Gasen mit extrem geringen Dichten wie eben im Hantel-Nebel. Die intensive Ultraviolettstrahlung des Zentralsterns entreißt den Sauerstoffatomen je zwei Elektronen, ein Prozess, den man Ionisation nennt. Diese Atome strahlen die empfangene Energie wieder im grünen Bereich des sichtbaren Lichtes aus, weshalb Planetarische Nebel in unseren Augen grünlich erscheinen. Doch die „Nebulium-Linie" ist nicht die einzige Emissionslinie, in der M 27 leuchtet. Mit 4330 Å strahlt der neutrale, also nicht ionisierte, Sauerstoff, was unseren Empfindungen nach blaues Licht ist. Rot wiederum erscheint der Nebel im Licht des Wasserstoffs, dessen Balmer-Linie Hα eine Wellenlänge von 6563 Å besitzt. Während das menschliche Auge beim Betrachten des Hantel-Nebels nur einen grünlich bläulichen Eindruck gewinnt, so zeigen Aufnahmen auch andere Farben wie rötliche oder gelbe Strukturen.

Kurzes kosmisches Gastspiel

Die Ausdehnung von M 27 misst $6' \times 8'$, dies ist etwa ein Fünftel der Fläche des Vollmondes. Abgestoßen hat die Gashülle des Hantel-Nebels

9.10 Die Lage des Hantel-Nebels (M 27) im Sternbild Füchschen

der Zentralstern in seinem Todeskampf. Man beobachtet, dass sich der Hantel-Nebel ausdehnt, und zwar vergrößert er sich mit 2,″3 bis knapp 7″ pro Jahrhundert. Dies entspricht einer linearen Expansionsgeschwindigkeit von 12 bis 37 Kilometer pro Sekunde. Dabei expandieren die inneren Partien rascher als die äußersten Schichten. Wie Rauchringe pustet der alternde Zentralstern Gasströme ins All. Aus der Expansionsrate ergibt sich ein Alter des Hantel-Nebels von rund zehntausend Jahren. In weiteren zehn- bis zwanzigtausend Jahren wird man keinen Hantel-Nebel mehr sehen, die Gas- und Staubwolke ist dann ins Weltall hinaus diffundiert.

Vor rund 50 000 Jahren wurde der Zentralstern des Hantel-Nebels instabil. In seinem tiefen Inneren hatte die Heliumfusion begonnen. Bei Temperaturen von mehr als 120 Millionen Grad wurden aus je drei Heliumatomkernen über das Zwischenstadium eines Berylliumkerns Kohlenstoffatomkerne gebacken. Der Zentralstern begann anzuschwellen und sich zu einem Roten Riesen aufzublähen. Als letzte, kurzfristige Energiequelle wurde auch noch Sauerstoff produziert, bis der Energiefluss versiegte, es zum Kollaps kam und die äußere Sternhülle abgesprengt wurde. Wir sehen diese expandierende Hülle heute als Hantel-Nebel. Im Unterschied zu manch anderem Planetarischen Nebel wie dem Ring-Nebel in der Leier (M 57), erfolgte das Abschleudern der äußeren Sternhülle mit immerhin 50 Prozent seiner Masse nicht kugelsymmetrisch sondern radialsymmetrisch, nämlich bevorzugt in beide Richtungen der verlängerten Rotationsachse – daher die Form einer Hantel oder Sanduhr. Man spricht deshalb auch von einem bipolaren Nebel. Der übrig gebliebene Zentralstern hat nur noch halbe Sonnenleuchtkraft. Seine Leuchtkraftklasse VI charakterisiert ihn als Unterzwerg. Auch unserer Sonne steht ein ähnliches Schicksal bevor. In fünf Milliarden Jahren wird sie sich als roter Riesenstern ihrer äußeren Hülle entledigen und sie weit ins Weltall schleudern. Für einige tausend Jahre wird man dann aus den Tiefen des Alls einen Planetarischen Nebel sehen können, sofern es irgendwo Beobachter gibt. Das irdische Leben wird schon lange vorher zugrunde gegangen sein.

Zentralstern ist ein Doppelstern

Der Zentralstern hat in 6,″5 Distanz in südwestlicher Richtung (Positionswinkel: 215°) einen gelblichen, nur 17^{m} hellen Begleitstern. Die lineare Entfernung beider Sterne liegt bei 300 Milliarden Kilometer (= 2000 AE).

Die bisher beste Entfernungsschätzung für den Hantel-Nebel liegt bei 1200 Lichtjahren mit einer Unsicherheit von plus/minus 150 Lichtjahren. Entfernungsbestimmungen von Planetarischen Nebeln sind schwierig und durchweg nur grobe Schätzungen. Alte Angaben schwanken zwischen 500 und 1000 Lichtjahren.

Bei der Distanz von 1200 Lichtjahren hat der leuchtende und gut sichtbare innere Teil des Hantel-Nebels einen Durchmesser von rund drei Lichtjahren.

Bei stärkerer Vergrößerung und auf hoch aufgelösten Aufnahmen erkennt man filamentartige Strukturen und Verdichtungen, sogenannte Knoten. Diese Knoten sind Strukturen von einigen Dutzend Millionen Kilometer Ausmaß und enthalten einige Erdmassen. Sie entstehen durch Grenzschichtphänomene: Heißes, ionisiertes Gas trifft auf kühleres, neutrales Gas und formt runde und längliche Gebilde.

Um den Hantel-Nebel zu finden, gehe man am besten von Atair im Adler aus. Zehn Grad nördlich von Atair stößt man auf γ Sagittae (Gamma im Pfeil, $3\overset{m}{,}7$). Weitere $3\overset{\circ}{,}5$ nördlich steht 14 Vulpeculae (14 im Füchschen, $5\overset{m}{,}7$). Kurz davor sollte M 27 im Gesichtsfeld des Feldstechers oder Teleskops als runder Nebel erscheinen.

Oktober 2009

- Merkur bietet die einzige Morgensichtbarkeit des Jahres
- Am 13. kommt es zu einer engen Begegnung von Venus mit Saturn am Morgenhimmel
- Mars wird zu einem auffälligen Gestirn in der zweiten Nachthälfte
- Jupiter ist Planet der ersten Nachthälfte

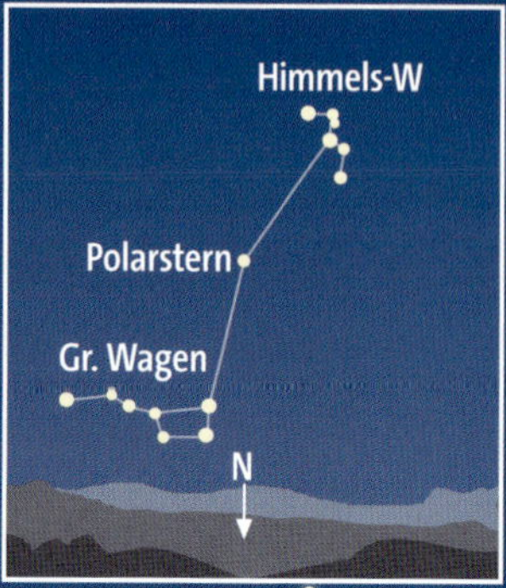

Großer Wagen und Himmels-W
Anfang Oktober um 22 Uhr

10.1 Planetenrendezvous am Morgenhimmel: Saturn, Venus und Merkur sind am 16. Oktober gegen 6^h^ MEZ (= 7^h^ MESZ) knapp über dem Osthorizont zu erspähen. Zum Planetentrio gesellt sich die schmale Sichel des abnehmenden Mondes.

1 Do	
2 Fr	
3 Sa	Tag der deutschen Einheit Mond bei Uranus, Abstand 5,°6 um 3^{h}
4 So	**Vollmond** Venus und Merkur im Perihel
5 Mo	Sternschnuppen Giacobiniden (bis 9.)
6 Di	Merkur in größter westlicher Elongation (18°)
7 Mi	
8 Do	Merkur bei Saturn, Abstand 0,°3 um 6^{h}
9 Fr	
10 Sa	
11 So	**Mond im letzten Viertel**
12 Mo	Mond bei Mars, Abstand 1,°6 um 1^{h}
13 Di	Jupiter im Stillstand, dann rechtläufig Venus bei Saturn, Abstand 0,°6 um 6^{h}
14 Mi	
15 Do	
16 Fr	Mond bei Saturn, Abstand 7,°2 um 14^{h} Mond bei Venus, Abstand 6,°8 um 20^{h}
17 Sa	Mond bei Merkur, Abstand 7,°4 um 12^{h}
18 So	**Neumond**
19 Mo	
20 Di	Sternschnuppen Orioniden
21 Mi	
22 Do	
23 Fr	
24 Sa	
25 So	Ende der Sommerzeit, 3^{h}
26 Mo	**Mond im ersten Viertel** Mond bei Jupiter, Abstand 5,°4 um 23^{h}
27 Di	Mond bei Neptun, Abstand 3,°1 um 22^{h}
28 Mi	
29 Do	
30 Fr	Mond bei Uranus, Abstand 5,°6 um 10^{h}
31 Sa	

Sonne – Sternbilder

23.10. 9^h:
Sonne tritt in das Tierkreiszeichen Skorpion
31.10. 8^h:
Sonne tritt in das Sternbild Waage
Julianisches Datum am
1. Oktober, 1^h MEZ: 2455105,5

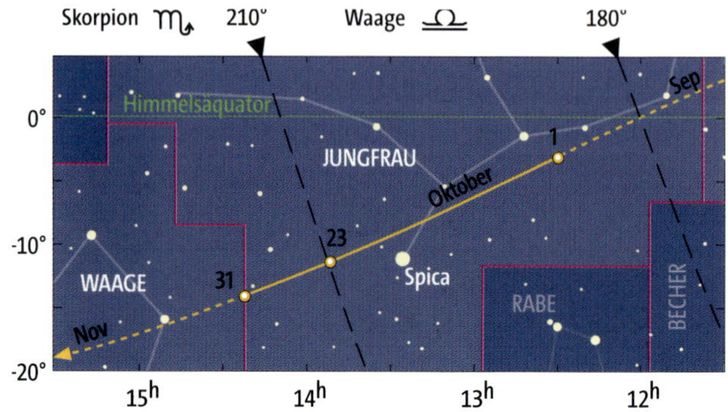

Tabelle Sonnenlauf

Tag	Dämmerg. Anfang	Aufgang MEZ	Kulmination	Untergang MEZ	Dämmerg. Ende	Mittagshöhe	Zeitgleichg.	Rektaszension	Deklination
	h m	h m	h m	h m	h m	o	m	h m	o
1.	5 10	6 20	12 10	17 58	19 08	36,7	+10	12 29	– 3,1
5.	5 16	6 26	12 08	17 50	18 59	35,1	+12	12 43	– 4,6
10.	5 24	6 34	12 07	17 39	18 49	33,2	+13	13 01	– 6,5
15.	5 32	6 42	12 06	17 29	18 39	31,4	+14	13 20	– 8,4
20.	5 39	6 50	12 05	17 19	18 29	29,5	+15	13 39	–10,2
25.	5 47	6 58	12 04	17 09	18 20	27,8	+16	13 58	–12,0
31.	5 56	7 08	12 03	16 58	18 10	25,8	+17	14 21	–14,0

Sonntag, 25. Oktober: Ende der Sommerzeit!

Tages- und Nachtstunden

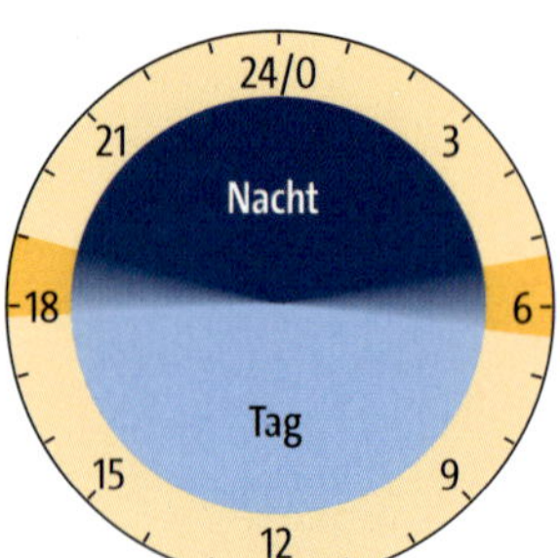

5. Oktober

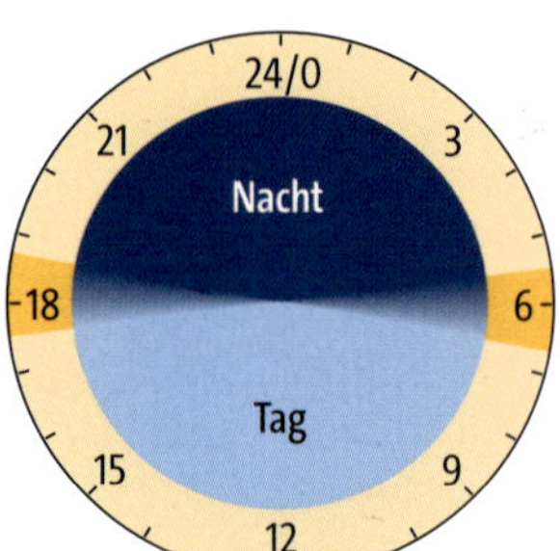

15. Oktober

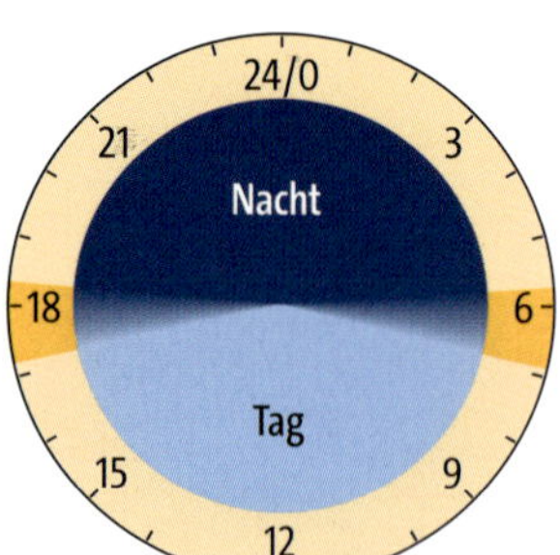

25. Oktober

Tabelle Mondlauf

Datum		Aufg. MEZ	Kulmination	Unterg. MEZ	Rektaszension	Deklination	Sterne und Sternbilder	Phase	MEZ
		h m	h m	h m	h m	o			
Do	1.	16 39	22 22	3 09	22 05	− 8,9	Wassermann		
Fr	2.	16 54	23 04	4 18	22 50	− 3,6	Wassermann		
Sa	3.	17 10	23 48	5 29	23 35	+ 1,9	Fische		
So	4.	17 27	–	6 42	0 21	+ 7,4	Fische	**Vollmond**	**$7^h\ 10^m$**
Mo	5.	17 47	0 33	7 57	1 09	+12,7	Fische	Größte Nordbreite Libration Ost	
Di	6.	18 12	1 22	9 15	2 00	+17,5	Widder, Hamal		
Mi	7.	18 45	2 15	10 33	2 54	+21,6	* Widder		
Do	8.	19 30	3 11	11 47	3 52	+24,4	Stier, Plejaden		
Fr.	9.	20 29	4 10	12 52	4 53	+25,9	Stier, Al Nath		
Sa	10.	21 41	5 10	13 45	5 55	+25,8	Stier, Al Nath		
So	11.	23 01	6 10	14 25	6 56	+24,0	Zwillinge	**Letztes Viertel**	**$9^h\ 56^m$**
Mo	12.	–	7 07	14 56	7 56	+20,7	* Zwillinge	Absteigender Knoten	
Di	13.	0 24	8 01	15 20	8 53	+16,2	* Krebs, Krippe	Erdnähe 369/32,′4	13^h
Mi	14.	1 48	8 53	15 40	9 47	+10,8	Löwe, Regulus		
Do	15.	3 10	9 42	15 58	10 39	+ 4,8	Sextant		
Fr	16.	4 31	10 31	16 15	11 30	− 1,4	Löwe		
Sa	17.	5 51	11 19	16 34	12 21	− 7,5	Jungfrau		
So	18.	7 11	12 09	16 55	13 12	−13,1	Spica	**Neumond** Größte Südbreite	**$6^h\ 33^m$**
Mo	19.	8 30	13 00	17 21	14 05	−17,9	Jungfrau	Libration West	
Di	20.	9 46	13 53	17 53	14 59	−21,8	Waage		
Mi	21.	10 55	14 46	18 34	15 54	−24,4	* Antares		
Do	22.	11 54	15 39	19 25	16 50	−25,8	Antares		
Fr	23.	12 41	16 31	20 24	17 44	−25,8	Schütze		
Sa	24.	13 18	17 20	21 28	18 38	−24,6	Schütze, Nunki		
So	25.	13 47	18 07	22 36	19 29	−22,3	Schütze	Aufsteigender Knoten	
Mo	26.	14 09	18 52	23 44	20 17	−19,0	* Steinbock	**Erstes Viertel** Erdferne 404/29,′6	**$1^h\ 42^m$** 0^h
Di	27.	14 28	19 35	–	21 04	−15,0	Steinbock		
Mi	28.	14 44	20 16	0 53	21 49	−10,4	* Steinbock		
Do	29.	14 59	20 58	2 01	22 34	− 5,3	Wassermann		
Fr	30.	15 14	21 41	3 11	23 18	0,0	Fische		
Sa	31.	15 31	22 26	4 22	0 04	+ 5,5	Fische		

Der Mond zieht nah an Mars vorbei

12. Okt. 0^h MEZ

12. Okt. 6^h MEZ

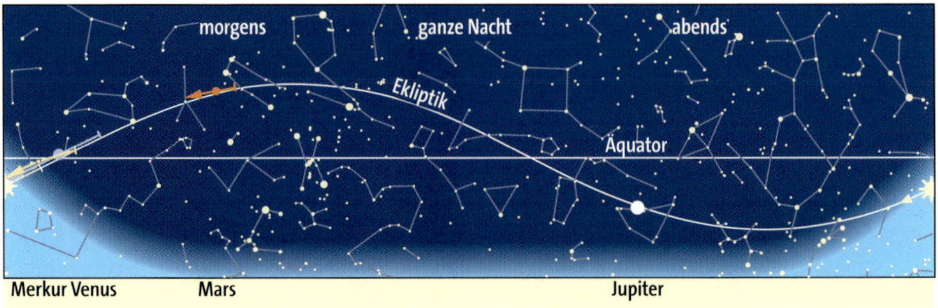

Merkur bietet in diesem Monat die einzige Morgensichtbarkeit des ganzen Jahres. Bereits am 6. erreicht der sonnennahe Planet seine größte westliche Elongation mit 17°57′ Winkelabstand von der Sonne. Sein maximaler Elongationswinkel fällt so klein aus, da er nur zwei Tage zuvor durch sein Perihel geht.

Merkur zeigt sich von Monatsanfang bis über die Monatsmitte am Morgenhimmel, wobei die günstigste Beobachtungsspanne zwischen dem 4. und dem 13. liegt. Davor und danach ist Merkur nur unter günstigen Sichtbedingungen knapp über dem Osthorizont auszumachen (siehe auch Abb. 10.4 und 10.5 auf Seite 197).

Der $0^m{,}5$ helle Merkur geht am 1. um 4^h50^m (= 5^h50^m Sommerzeit) auf. Seine Helligkeit steigt

10.2 Heliozentrischer Anblick des Planetensystems im letzten Jahresviertel 2009. Eingetragen sind im linken Teil die Positionen der inneren Planeten für den 1. Oktober (10), den 1. November (11), den 1. Dezember 2009 (12) und den 1. Januar 2010 (1). Der rechte Teil zeigt das äußere Planetensystem samt einiger Planetoiden. Die Pfeile deuten die Richtungen zu den ferneren Planeten sowie zum Frühlingspunkt an.

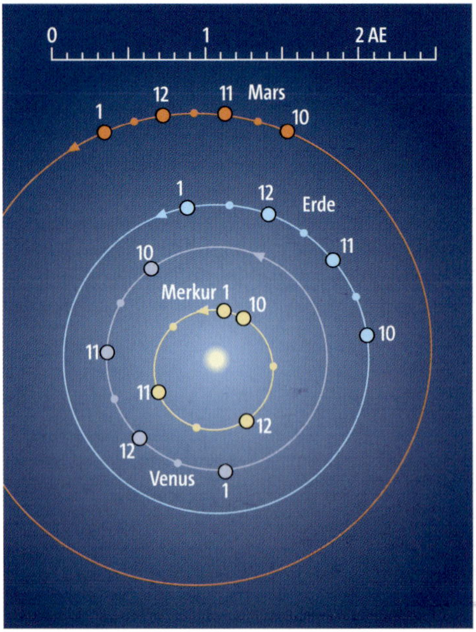

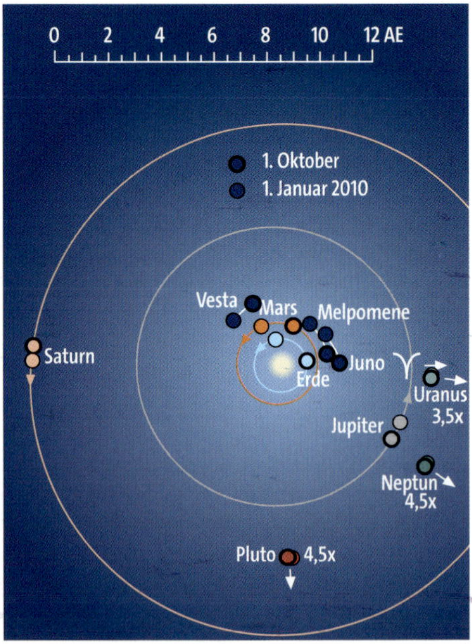

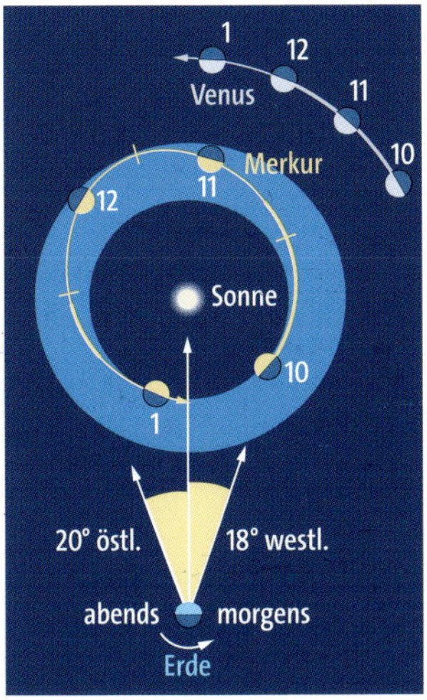

10.3 Bahnen von Merkur und Venus: **Heliozentrische Bewegungen von Merkur und Venus relativ zur Erde. In den dicker ausgezogenen Bahnteilen sind die Planeten beobachtbar. Die Zahlen geben die Positionen jeweils zum Monatsersten an. Östlicher Winkelabstand bedeutet Abendsichtbarkeit; westliche Elongation: Planet steht am Morgenhimmel.**

schnell kräftig an. Am Tag der größten westlichen Elongation leuchtet Merkur bereits mit $-0^{\mathrm{m}}{,}5$, also eine ganze Größenklasse heller als am Monatsanfang. Sein Aufgang verfrüht sich allerdings nur geringfügig auf $4^{\mathrm{h}}45^{\mathrm{m}}$ am 6. Bis 15. nimmt die Merkurhelligkeit auf $-1^{\mathrm{m}}{,}0$ zu, die Aufgänge verspäten sich auf $5^{\mathrm{h}}18^{\mathrm{m}}$ (= $6^{\mathrm{h}}18^{\mathrm{m}}$ Sommerzeit). Nach dem 15. wird es schwierig, Merkur noch zu finden. Letztmals dürfte man Merkur noch am 19. aufstöbern können. An diesem Tag erfolgt der Aufgang des $-1^{\mathrm{m}}{,}0$ hellen Planeten erst um $5^{\mathrm{h}}40^{\mathrm{m}}$ (= $6^{\mathrm{h}}40^{\mathrm{m}}$ Sommerzeit).

Am 8. zieht Merkur nur $0{,}^{\circ}3$ südlich an Saturn vorbei. Auch die Venus hält sich in der Nähe auf. Es ist reizvoll, die Bewegungen dieses Dreigestirns während des Monats zu verfolgen (siehe auch Abb. 10.6 auf Seite 199 und 10.9 auf Seite 200). Am 16. gesellt sich die schmale Sichel des abnehmenden Mondes zu dem Dreigestirn Merkur, Venus und Saturn – ein hübscher Anblick am Morgenhimmel (siehe Abb. 10.1 auf Seite 192). Am 9. passiert Merkur $2{,}^{\circ}0$ nördlich den Herbstpunkt im Sternbild Jungfrau.

Am 5. zeigt sich das $7{,}''1$ große Merkurscheibchen halb beleuchtet, die Dichotomie tritt ein. Danach schrumpft es, der Beleuchtungsgrad nimmt zu.

Am Tag der größten westlichen Elongation, also am 6., ist Merkur 144 Millionen Kilometer (= 0,963 AE) von der Erde entfernt.

Venus ist noch am Morgenhimmel vertreten. Ihre Glanz-

10.4 Merkur am Morgenhimmel: **Stellung von Merkur über dem Osthorizont zu den angegebenen Daten jeweils eine Stunde vor Sonnenaufgang. Die Pfeile deuten die Bewegungen von Merkur und Sonne in der folgenden halben Stunde an.**

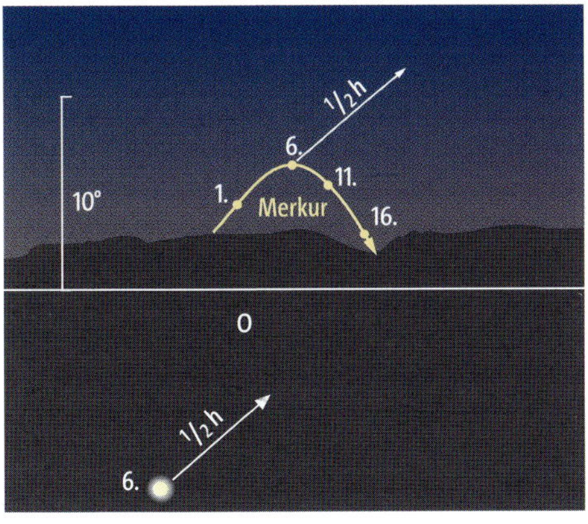

10.5 Sichtbarkeitsdiagramm für Merkur: **Es gilt genau für 50° nördlicher Breite und 10° östlicher Länge. Dunkelgelbe Fläche: Unter günstigen Sichtbedingungen kann man Merkur mit bloßen Augen erkennen, hellgelbe Fläche: Merkur ist leicht zu sehen.**

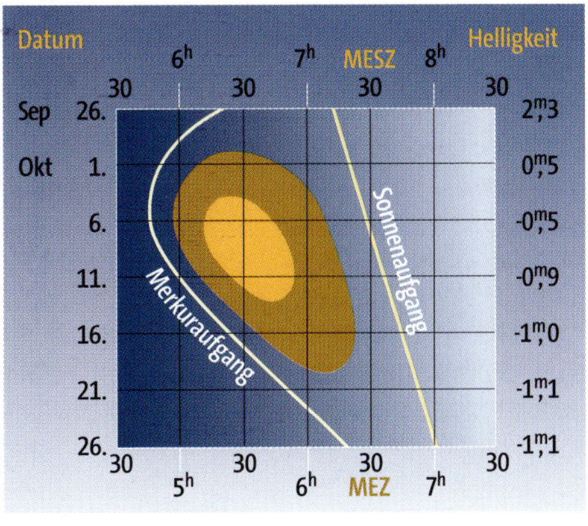

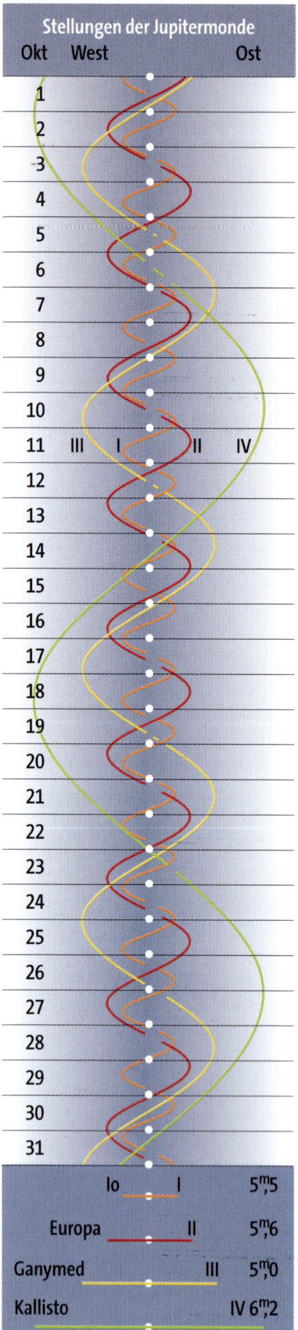

Jupitermonde

Tag	MEZ h m		Vorgang	
1.	19	08	II	SE
	19	32	III	DA
	23	09	III	DE
	23	49	III	SA
5.	0	44	I	BA
	22	01	I	DA
	23	07	I	SA
6.	0	18	I	DE
	19	11	I	BA
	21	55	IV	VE
	22	12	II	BA
	22	35	I	VE
7.	18	46	I	DE
	19	53	I	SE
8.	18	53	II	SA
	19	28	II	DE
	21	44	II	SE
	23	11	III	DA
12.	21	22	III	VE
	23	51	I	DA
13.	21	01	I	BA
14.	18	19	I	DA
	18	27	IV	DE
	19	32	I	SA
	20	37	I	DE
	21	49	I	SE
15.	18	59	I	VE
	19	05	II	DA
	21	29	II	SA
	21	55	II	DE
16.	0	20	II	SE
17.	19	23	II	VE
19.	20	19	III	BE
	21	46	III	VA
20.	20	53	I	BA
21.	20	12	I	DA
	21	28	I	SA
	22	29	I	DE
	23	45	I	SE
22.	20	55	I	VE
	21	34	II	DA
	23	24	IV	BA
23.	18	13	I	SE
24.	22	01	II	VE
26.	20	30	III	BA
28.	22	05	I	DA
	23	24	I	SA
29.	19	14	I	BA
	22	50	I	VE 30.
	17	52	I	SA
	18	51	I	DE
	19	31	III	SE
	20	09	I	SE
31.	19	03	II	BA
	19	40	IV	SA

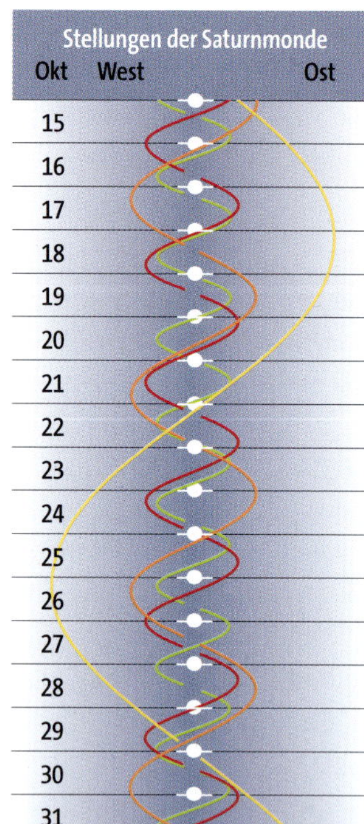

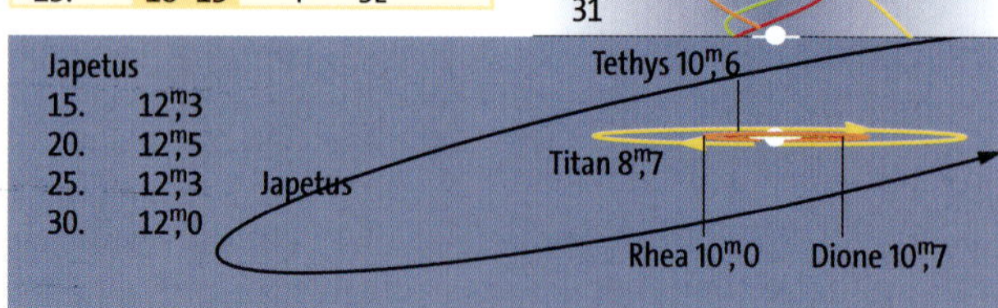

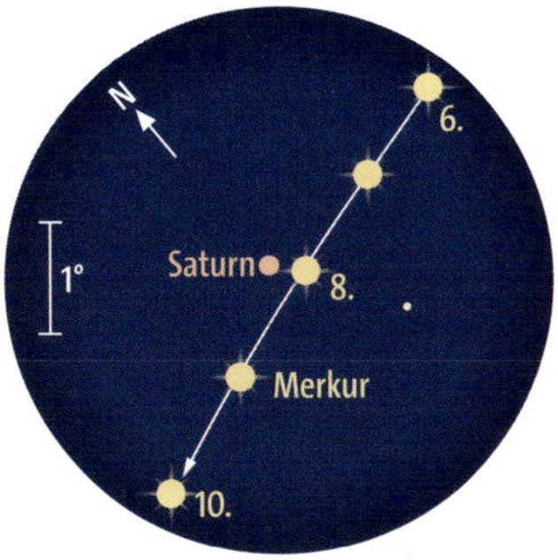

10.6 Merkur begegnet Saturn: **Merkur zieht am 8. Oktober knapp an Saturn vorbei. Fernglasanblick bei 5° Gesichtsfelddurchmesser.**

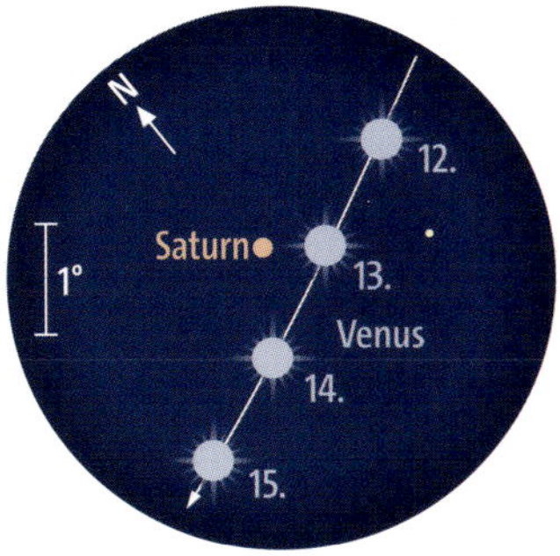

10.7 Venus trifft Saturn **Fernglasanblick der Begegnung von Venus und Saturn am 13. Oktober 2009.**

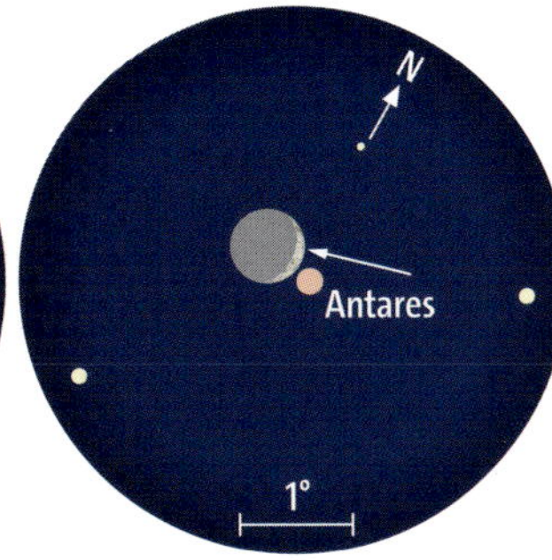

10.8 Der Mond bedeckt Antares **Die schmale Sichel des Mondes kurz nach der Bedeckung des hellen Antares im Skorpion am 21. Oktober gegen 18^h MEZ (= 19^h MESZ). Die Bedeckung von Antares durch den Mond erfolgt am Taghimmel (siehe auch Tabelle „Sternbedeckungen" auf Seite 260). In einem Teleskop ist Antares auch am Taghimmel auszumachen.**

zeit ist aber vorbei. Ihre Sichtbarkeit verkürzt sich drastisch. Die Venusaufgänge verspäten sich um eineinhalb Stunden. Geht die $-3{,}^{m}9$ helle Venus am 1. noch um 3^h58^m (= 4^h58^m Sommerzeit) auf, so erfolgt ihr Aufgang am 31. erst um 5^h26^m. Venus strebt immer weiter nach Süden. Am 14. passiert sie den Herbstpunkt $1{,}^{\circ}6$ nördlich. Drei Tage später überschreitet sie den Himmelsäquator in südlicher Richtung. Am 10. verlässt sie das Sternbild Löwe und wechselt in das Sternbild Jungfrau.

Den Ringplaneten Saturn passiert Venus am 13. nur 0°34′ südlich (siehe Abb. 10.7 oben). Bereits im ersten Monatsdrittel kommt es zu interessanten Konstellationen mit Saturn und Merkur (siehe Abb. 10.9 auf Seite 200). Zu dem Dreigestirn Saturn – Venus – Merkur am Osthimmel knapp über dem Horizont gesellt sich am 16. die extrem schmale Sichel des abnehmenden Mondes (siehe Abb. 10.1 auf Seite 192).

Im Teleskop erscheint das nur noch knapp 11″ große Venusscheibchen fast voll beleuchtet. Am 31. beträgt der Beleuchtungsgrad 95 Prozent.

Ihr Bahnperihel durchläuft Venus am 4., wobei sie von der Sonne 107 Millionen Kilometer (= 0,718 AE) entfernt ist.

Mars wird zu einem auffälligen Gestirn der zweiten Nachthälfte. Seine Helligkeit steigert sich deutlich von $0{,}^{m}8$ auf $0{,}^{m}4$. An Pollux in den Zwillingen wandert Mars am 5. rund 6° südlich vorbei. Er verlässt am 12. die Zwillinge und begibt sich in das Sternbild Krebs, wobei er auf den offenen Sternhaufen Krippe (oder Praesepe, M 44) zusteuert, den er am Monatsende fast erreicht (siehe Abb. 9.3 auf Seite 179).

Die Aufgänge des roten Planeten verfrühen sich von 23^h12^m (= 0^h12^m Sommerzeit) Anfang Oktober auf 22^h32^m zum Monatsende. Die Scheibchengröße des Mars wächst auf knapp 8″ an. Am 26. beginnt auf der Nordhalbkugel der Marsfrühling.

Jupiter im Steinbock tritt fast auf der Stelle. Am 13. kommt er vollends zum Stillstand und kehrt seine Bewegungsrichtung um, er wird wieder rechtläufig. Zunächst scheint er jedoch kaum vom Fleck zu kommen (siehe auch Abb. 8.5 auf Seite 162).

Mit seinem zweiten Stillstand in diesem Jahr beendet Jupiter seine diesjährige Oppositionsperiode. Aus der zweiten Nachthälfte zieht sich der Riesenplanet völlig zurück und verlagert seine Untergänge in die Zeit vor Mitternacht.

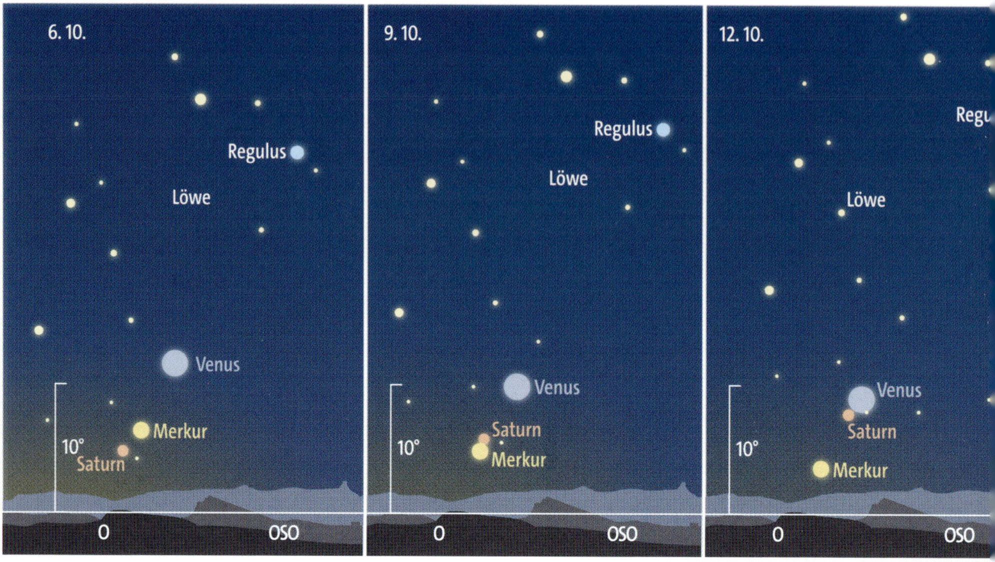

10.9 Merkur, Venus und Saturn: Das Dreigestirn Merkur, Venus und Saturn. Eingetragen sind in den Himmelskarten ihre relativen Positionen zueinander am 6., 9. und 12. Oktober. Himmelsanblick am Morgenhimmel jeweils gegen 5^h30^m MEZ (= 6^h30m Sommerzeit).

Geht Jupiter am 1. noch um 1^h42^m (= 2^h42^m Sommerzeit) unter, so verschwindet er am 31. schon um 23^h42^m unter der Horizontlinie. Während des Monats sinkt die Helligkeit des Riesenplaneten um weitere $0^m,2$ auf $-2^m,5$. Fernrohrbeobachter registrieren den Rückgang des scheinbaren Äquatordurchmessers von $45'',5$ auf $41'',4$.

Saturn, rechtläufig im Sternbild Jungfrau, macht sich um die Monatsmitte am Morgenhimmel bemerkbar. Unter sehr guten Sichtbedingungen kann der Ringplanet bereits am 8. tief am Osthorizont vor Sonnenaufgang erkannt werden. Die helle Venus kann dabei als Aufsuchhilfe dienen. Sie zieht am 13. nur $34'$ südlich an Saturn vorbei (siehe Abb. 10.7 auf Seite 199). Bereits am 8. kommt es zu einer Konjunktion mit Merkur, der ebenfalls am Morgenhimmel vertreten ist (siehe Abb. 10.6 auf Seite 199). Es ist recht reizvoll, die täglichen gegenseitigen Positionsveränderungen der Planeten Saturn, Venus und Merkur im ersten Monatsdrittel zu verfolgen (siehe auch Abb. 10.9 oben). Am 16. gesellt sich die extrem schmale Sichel des abnehmenden Mondes zu Saturn und Venus, ein hübscher Anblick am Morgenhimmel gegen 6^h (= 7^h Sommerzeit). Um Saturn und Merkur leichter zu finden, ist ein Fernglas nützlich.

Der Aufgang des $1^m,1$ hellen Ringplaneten erfolgt am 10. um 4^h43^m und am 20. um 4^h10^m (= 5^h10^m Sommerzeit). Am Monatsletzten geht der inzwischen $1^m,0$ helle Saturn bereits um 3^h33^m auf.

Im Teleskop zeigt sich der Saturnring als schmaler, leuchtender Strich, wobei die Ringöffnung im Laufe des Monats von $1^\circ,5$ auf $3^\circ,1$ zunimmt. Der senkrechte scheinbare Ringdurchmesser wächst von $1'',0$ auf $2'',0$ an, während der scheinbare Längsdurchmesser des Ringes sich nur geringfügig von $36'',2$ auf $36'',9$ vergrößert.

Am 21. passiert Saturn $2^\circ,2$ nördlich den Herbstpunkt.

Uranus stand Mitte des Vormonats in Opposition zur Sonne. Er wandert rückläufig durch das Sternbild Fische und wechselt am 13. abermals in das

DER FOTOTIPP

Frühaufsteher haben die Chance, die Konstellation dreier Planeten mit der Mondsichel am 16.10. zu fotografieren (siehe auch Seite 192). Mit einem Normalobjektiv (bezogen auf Kleinbild also 50 mm Brennweite) haben Sie den passenden Bildwinkel. Suchen Sie sich am besten schon einen Tag vorher einen guten Standort.

Sternbild Wassermann (siehe Abb. 9.5 auf Seite 180).

Mit Einbruch der Dunkelheit ist der grünliche Planet bereits am Osthimmel mit einem Fernglas oder Teleskop auffindbar. Vom Morgenhimmel zieht sich Uranus zurück. Der Uranusuntergang erfolgt am 1. um 5^h08^m (= 6^h08^m Sommerzeit) und am 15. um 4^h10^m. Am Monatsletzten geht der grünliche, nur $5^m{,}8$ helle Planet schon um 3^h05^m unter. Jeweils rund eine Stunde vor seinem Untergang wird Uranus unbeobachtbar. Am Monatsende kulminiert Uranus bereits um 21^h15^m. Dies ist die günstigste Stunde, um nach ihm zu suchen.

Neptun bremst seine langsame, rückläufige Bewegung im Steinbock ab und kommt Ende Oktober fast zum Stillstand (siehe Abb. 8.6 auf Seite 162).

Wegen der nun immer früher einsetzenden Dunkelheit bietet sich noch die Chance, den $7^m{,}9$ hellen Neptun mit lichtstarker Optik aufzuspüren.

Am 1. kulminiert Neptun um 21^h23^m (= 22^h23^m Sommerzeit) und geht um 2^h21^m unter. Ende Oktober passiert Neptun bereits um 19^h24^m den Meridian und geht um 0^h22^m unter.

Planetoiden

Juno (3) hat ihre Opposition gerade hinter sich. Sie zieht weiterhin südwärts, wobei sie ihren Lauf stark abbremst. Am 31. wird sie stationär und wandert anschließend wieder rechtläufig durch den Walfisch (siehe Abb. 9.5 auf Seite 180). Damit endet ihre Oppositionsperiode, was sich auch an der um $0^m{,}6$ abnehmenden Helligkeit bemerkbar macht. Am Monatsende ist Juno nur noch $8^m{,}4$ hell.

Die Meridiandurchgänge von Juno verfrühen sich von 23^h30^m am 1. auf 22^h27^m am 15. und auf 21^h20^m am Monatsende.

Vesta (4) wandert rechtläufig durch das Sternbild Löwe, wobei ihre Helligkeit leicht um $0^m{,}2$ auf $8^m{,}1$ zunimmt. Sie geht erst nach Mitternacht auf, am 1. um 1^h11^m (= 2^h11^m Sommerzeit) und am 31. um 0^h10^m. Ihre Kulminationen erfolgen am 1. um 8^h45^m, am 15. um 8^h11^m (= 9^h11^m Sommerzeit) und am 31. schon um 7^h30^m. Die beste Beobachtungszeit ist die Stunde vor Dämmerungsbeginn. Ab der zweiten Monatshälfte lohnt es sich, nach Vesta Ausschau zu halten. Dazu wird die Aufsuchkarte Abb. 3.2 auf Seite 67 dienlich sein.

Melpomene (18) kommt am 11. in **Opposition** zur Sonne. Mit $7^m{,}9$ Oppositionshelligkeit ist sie dem durchschnittlich ausgerüsteten Sternfreund oder der Sternfreundin mit gutem Fernglas oder kleinem Teleskop zugänglich. Melpomene wandert rückläufig in südwestlicher Richtung durch den Walfisch (lat.: Cetus) und passiert am 15. etwa $1^{\circ}{,}3$ südöstlich ϑ Ceti ($3^m{,}6$). Um Melpomene aufzufinden, benutze man die Aufsuchkarte Abb. 9.6 auf Seite 182.

Am 1. kulminiert Melpomene um 1^h17^m und in der Oppositionsnacht um 0^h37^m (= 1^h37^m Sommerzeit). Am 31. passiert die inzwischen $8^m{,}2$ helle Melpomene um 22^h57^m den Meridian.

Konstellationen und Ereignisse

Datum	MEZ	Ereignis
3.	3^h	Mond bei Uranus, Mond 5°,6 nördlich
4.	5	Venus im Perihel
4.	14	Merkur im Perihel
6.	3	Merkur in größter westlicher Elongation (18°)
8.	10	**Merkur bei Saturn**, Merkur 0°,3 südlich, **Abstand 0°,3 um 6^h** (20′)
12.	2	**Mond bei Mars**, Mond 1°,2 südlich, **Abstand 1°,6 um 1^h**
13.	10	Jupiter im Stillstand, anschließend rechtläufig
13.	17	**Venus bei Saturn**, Venus 0°,6 südlich, **Abstand 0°,6 um 6^h** (35′)
16.	14	Mond bei Saturn, Mond 7°,2 südlich
16.	20	Mond bei Venus, Mond 6°,8 südlich
17.	12	Mond bei Merkur, Mond 7°,4 südlich
27.	10	**Mond bei Jupiter**, Mond 3°,2 nördlich, **Abstand 5°,4 um 23^h am 26.**
27.	22	Mond bei Neptun, Mond 3°,1 nördlich
30.	10	Mond bei Uranus, Mond 5°,6 nördlich

Periodische Sternschnuppenströme

Die **Delta-Draconiden**, auch **Oktober-Draconiden** genannt, sind ein temporärer Strom, deren Radiant im Sternbild des Drachen, etwa 3° östlich von γ Draconis liegt. Die Oktober-Draconiden führen ihren Ursprung auf den Kometen 21P/Giacobini-Zinner (alte Bezeichnung: 1900 III) zurück, weshalb dieser Meteorstrom auch **Giacobiniden** heißt. Vom 7. bis 11. Oktober passiert die Erde relativ nahe den absteigenden Knoten der Bahn des Kometen 21P. Seine Umlaufszeit beträgt 6,5 Jahre. Da die Trümmerwolke schon recht lang gezogen ist und die Meteoroide sich dadurch entlang der Bahn verteilt haben, ist mit Überraschungen zu rechnen. Die Meteorhäufigkeit schwankt von Jahr zu Jahr erheblich.

Von Anfang Oktober bis in die erste Novemberwoche sind die **Orioniden** aktiv, deren Ursprung auf den Halleyschen Kometen hindeutet. Mit dem Maximum ist am 21. Oktober zu rechnen, wobei etwa zwanzig bis dreißig Meteore pro Stunde zu erwarten sind. Die Frequenz ist von Jahr zu Jahr verschieden. Im Jahre 2007 wurden am 22. Oktober immerhin 45 Meteore pro Stunde gesichtet, darunter auch Feuerkugeln oder Boliden. In manchen Jahren wurden schon Fallraten von 60 und mehr pro Stunde registriert. Manche Orioniden-Feuerkugeln waren so hell, dass sie auch tagsüber gesichtet wurden.

Die beste Beobachtungszeit ist Mitternacht bis 5^h morgens. Der Radiant liegt etwa 10° nordöstlich von Beteigeuze. Es handelt sich bei den Orioniden um sehr schnelle Objekte (etwa 65 Kilometer pro Sekunde).

Veränderliche Sterne im Oktober

Algol-Minima	2. 2^h17^m	4. 23^h06^m	7. 19^h55^m	19. 7^h10^m	22. 3^h58^m	25. 0^h48^m	27. 21^h37^m	30. 18^h25^m
β-Lyrae-Minima	6. 21^hH	13. 8^hN	19. 20^hH	26. 7^hN				
δ-Cephei-Maxima	5. 8^h	10. 17^h	16. 2^h	21. 11^h	26. 19^h			
Mira-Helligkeit	1. 8^m	10. 8^m	20. 7^m	31. 6^m				

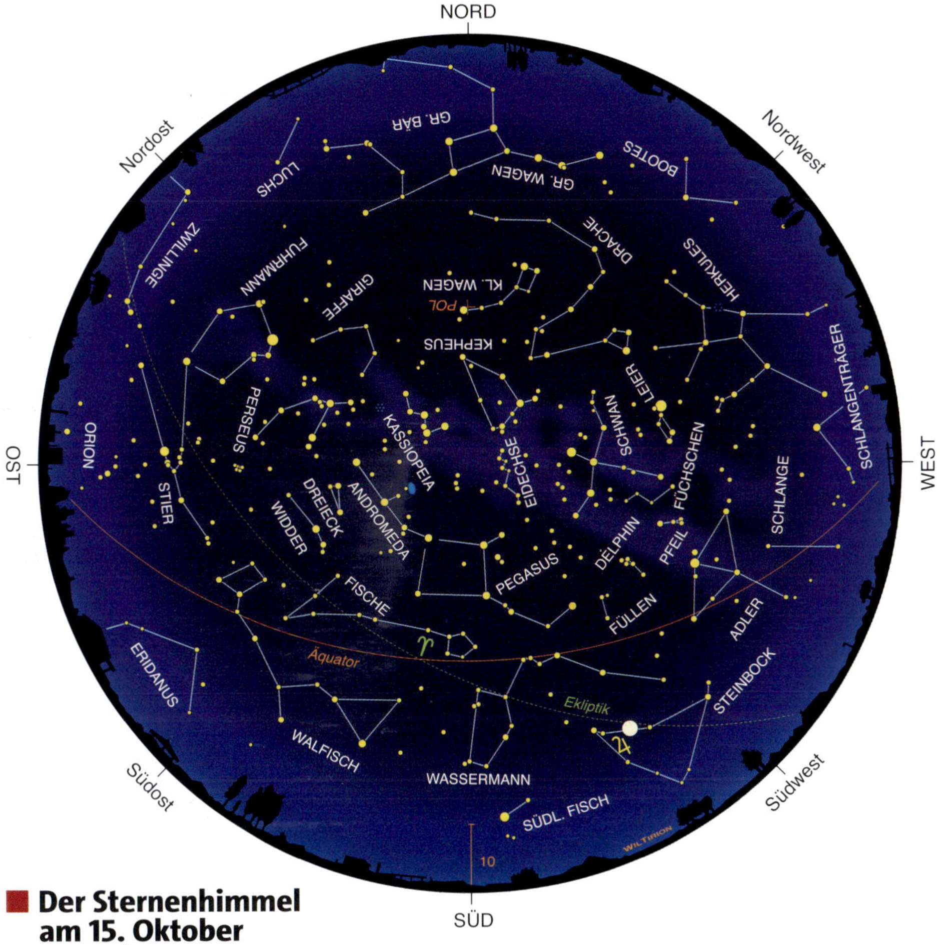

Der Sternenhimmel am 15. Oktober um 22^h MEZ

Die Sternkarte ist auch gültig für:		
	MEZ	MESZ
1. 8.	3^h	4^h
15. 8.	2	3
1. 9.	1	2
15. 9.	0	1
1.10.	**23**	**24**
15.10.	**22**	**23**
31.10.	**21**	
15.11.	20	
30.11.	19	
15.12.	18	

Der Herbst hat nun am Sternenhimmel seinen Einzug gehalten. Alle Herbstbilder sind inzwischen zur abendlichen Beobachtungsstunde in günstige Positionen gerückt. Die Himmelsbühne zeigt ihre Herbstkulissen. In der westlichen Himmelshälfte dominiert zwar noch das Sommerdreieck, Arktur im Bootes ist aber schon untergegangen. Auch der ausgedehnte und lichtschwache Herkules nähert sich dem Nordwesthorizont.

Die Andromeda-Gruppe

Der Himmelsanblick wird von der Andromeda-Gruppe charakterisiert. Diese Sternbildergruppe, die fast den gesamten Ost-

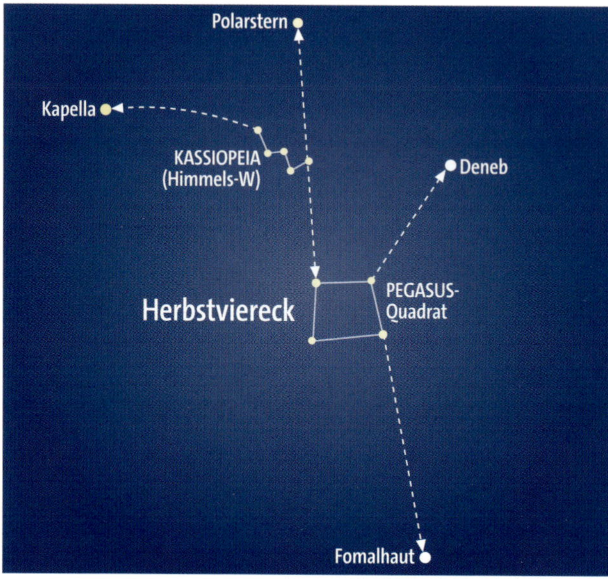

10.10 Das Herbstviereck:
Vom Herbstviereck (Pegasusquadrat) ausgehend findet man schnell die Kassiopeia, den Polarstern, Deneb und Fomalhaut, Hauptstern des Sternbildes Südlicher Fisch.

himmel einnimmt, setzt sich aus den Bildern Kassiopeia, Kepheus, Andromeda, Pegasus, Perseus und Walfisch zusammen. Zwar sind diese Herbstbilder längst nicht so hell wie die leuchtkräftigen Wintersternbilder, denn es fehlen Sterne erster Größenklasse. Aber sie haben ihren eigenen Reiz und sind mit Ausnahme des Walfisches alle verhältnismäßig leicht auszumachen.

Beginnen wir unseren Streifzug über den Herbsthimmel mit der Kassiopeia, denn sie ist leicht zu entdecken. Die charakteristische Sternenfigur des Himmels-Ws steht zurzeit hoch über dem Beobachter, fast im Zenit. Die mittlere Spitze des Ws deutet ungefähr in Richtung des Polarsterns. Verlängert man diese Sichtlinie zum Nordhorizont hinunter, so trifft man auf den Großen Wagen, der jetzt seine tiefste Stellung knapp über dem Nordhorizont einnimmt. Deshalb ist er an Herbstabenden nicht so leicht zu entdecken. Oftmals ist er auch durch Häuser, Bäume oder Berge verdeckt.

Zwischen Polarstern und Zenit nimmt der Kepheus seinen Platz ein. König Kepheus ist der Gemahl der Kassiopeia. Im Gegensatz zur Kassiopeia ist die Figur des Kepheus nicht so leicht zu erfassen. Kassiopeia und Kepheus sind die Eltern der Prinzessin Andromeda, die jetzt ebenfalls am Herbsthimmel vertreten ist. Die Andromeda ist als Sternenkette südlich der Kassiopeia leicht zu erkennen. Die Sternenkette hängt gewissermaßen am Pegasusquadrat, dem Herbstviereck.

Der Pegasus nimmt nun hoch im Süden seinen Platz ein. Auch der Einsteiger in die Himmelskunde erkennt das markante Sternenquadrat des Pegasus leicht. Die westliche Kante markiert zur Standardbeobachtungszeit ziemlich genau den Himmelsmeridian. Zum Pegasus gehört noch sein Kopf mit der Schnauze, der den Meridian schon passiert hat.

Der heldenhafte Retter der Andromeda, der Perseus mit seinen Flügelschuhen, dem Schwert in der einen und dem abgeschlagenen Haupt der Medusa in der anderen Hand, gehört ebenfalls zu den Herbstbildern.

Das Sternbild Perseus steht jetzt hoch im Osten zwischen der Andromeda und dem Hauptstern im Fuhrmann, der gelblichen Kapella, die unübersehbar im Nordosten strahlt.

Am schwierigsten zu identifizieren von den Bildern um die Andromedasage ist sicher der Walfisch, lateinisch Cetus genannt. Der Cetus ist jedoch kein Tier aus der Zoologie, sondern ein Fabelwesen. Abgesehen davon sind Wale keine Fische; sie gehören zu den Säugetieren. Der Cetus jedoch ist das schreckliche Meeresungeheuer vor der Küste Äthiopiens, dem die Prinzessin Andromeda ge-

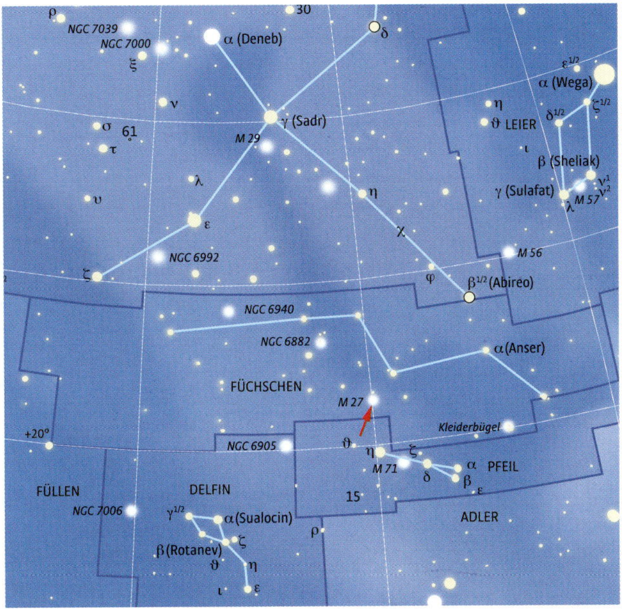

10.11 Das Sternbild Füchschen:
Lage des Sternbildes Füchschen (lat.: Vulpecula) zwischen den Sternbildern Schwan, Leier, Delfin und Pfeil.

opfert werden soll. Zum Glück eilt Perseus durch die Lüfte herbei und tötet den Cetus, indem er ihm das abgeschlagene Medusenhaupt präsentiert. Augenblicklich erstarrt der Cetus beim fürchterlichen Anblick der Medusa zu Stein.

Im Walfisch findet sich der berühmte veränderliche Stern Mira (o Ceti), ein langperiodischer Pulsationsvariabler, dessen Helligkeitsdaten unter der monatlichen Rubrik „Veränderliche Sterne" verzeichnet sind.

Unscheinbare Sternbilder

Nördlich des Cetus und südlich von Andromeda und Pegasus sind die beiden Fische beheimatet. Als Tierkreisbild sind sie wohlbekannt, am Himmel entdeckt man sie nicht so leicht, da sie nur aus lichtschwächeren Sternen gebildet werden und deshalb am Firmament kaum auffallen. Vor allem bei aufgehelltem Nachthimmel sind die Fische-Sterne mit bloßen Augen kaum mehr zu sehen.

Tief im Osten kündet der eben aufgegangene Stier (lat.: Taurus) vom nahen Winter. Außer Aldebaran, dem Hauptstern des Stiers (α Tauri), fällt noch das Siebengestirn, der offene Sternhaufen der Plejaden auf.

Knapp über dem Südhorizont, noch in Meridiannähe, funkelt ein Stern erster Größe. Es handelt sich um Fomalhaut im Sternbild Südlicher Fisch (lat.: Piscis Austrinus). Der Name Fomalhaut kommt aus dem Arabischen und heißt „Maul des Fisches".

Erfahrene Sternfreunde sollten dann und wann versuchen, auch unscheinbare und weniger bekannte Sternbilder auszumachen. Dazu zählt das Sternbild Füchschen (lat.: Vulpecula). Es liegt südlich von Schwan und Leier sowie nördlich von Delfin und Pfeil. Das Füchschen ist ein neuzeitliches Sternbild. Es wurde erst von Johannes Hevelius in seinem Sternatlas *Firmamentum Sobiescianum* eingeführt. Der Sternatlas erschien 1687 im Todesjahr von Hevelius. Er selbst nannte dieses Bild „Vulpecula cum Ansere", also Füchschen mit der Gans. Hevelius wollte die Lücke zwischen den klassischen Sternbildern füllen. Mit bloßen Augen sieht man 16 Sterne, Hevelius gibt 27 an, F. W. Argelander katalogisierte 37. In den meisten Darstellungen fehlt die Gans. Heute spricht man schlicht vom „Füchschen".

Die Sterne in diesem kleinen Bild haben keine Eigennamen. α Vulpeculae ist mit $4\overset{\text{m}}{,}4$ noch der hellste Stern im Füchschen und ein tiefroter Stern (Spektraltyp: M0) in 300 Lichtjahren Entfernung.

Das prominenteste Objekt im Füchschen ist der Dumbbell-Nebel (engl., Hantel), M 27 mit seiner Katalogbezeichnung (siehe dazu auch Seite 188).

Giant Magellan – das größte Teleskop der Welt

10.12 **Die Anordnung der sieben 8,4-m-Spiegel beim Giant Magellan Telescope.**

Vor vierhundert Jahren richteten erstmals Astronomen kurz nach Erfindung des Fernrohres dieses auch gen Himmel. Das teleskopische Zeitalter der Himmelskunde begann. Mit Hilfe von Teleskopen wurde das Tor zu den Tiefen des Universums aufgestoßen. Schon die ersten Fernrohrbeobachter sahen die Gebirge auf dem Mond, die Lichtgestalten der Venus, die Monde des Jupiters und die Ringe des Saturns. Sie erkannten, dass das schimmernde Band der Milchstraße von Abermillionen Sternen hervorgerufen wird, so wie es bereits vor mehr als zweitausend Jahren der ionische Naturphilosoph Demokrit von Abdera vermutet hatte. Der Einsatz von Fernrohren brachte der Astronomie einen ungeheuren Fortschritt. Bald war das neue Gerät aus der astronomischen Forschung nicht mehr wegzudenken, ja es wurde das klassische Beobachtungsinstrument der Himmelskunde schlechthin. So bemühte man sich, immer bessere und leistungsfähigere Teleskope herzustellen. Die Leistung eines Fernrohres hängt entscheidend vom Durchmesser seines Objektivs ab, denn die Größe des Objektivs bestimmt die grundsätzlich erreichbare Auflösung beziehungsweise Trennschärfe und den Lichtgewinn gegenüber dem bloßen Auge. Je größer der Objektivdurchmesser, desto mehr

Details werden erkennbar und umso lichtschwächere Himmelsobjekte werden sichtbar. Dabei nimmt das Auflösungsvermögen mit dem Objektivdurchmesser linear zu, die lichtsammelnde Wirkung jedoch mit dem Quadrat der freien Öffnung. Die freie Öffnung entspricht dem Objektivdurchmesser, durch den das Licht ohne Abschattung durch die Fassung am Objektivrand ungehindert hindurchgehen kann.

Im Klartext heißt dies: Ein Teleskop mit dreifachem Objektivdurchmesser gegenüber einem kleineren hat eine dreifach höhere Auflösung und lässt neunmal lichtschwächere Sterne erkennen. Ziel der Teleskophersteller und deren Auftraggeber war es dabei stets, Fernrohre mit möglichst großen Objektiven herzustellen. Bei Linsenfernrohren stößt man dabei schnell an eine technologische Grenze. Das größte je hergestellte Linsenfernrohr befindet sich im Yerkes-Observatorium in Williams Bay nahe Chicago. Der Yerkes-Refraktor hat eine freie Öffnung von 102 cm und 19,8 m Brennweite. Er wurde bereits im Jahre 1897 vollendet.

Der Palomar-Spiegel hielt lange den Rekord

Spiegelteleskope, auch Reflektoren genannt, lassen sich in wesentlich größeren Dimensionen herstellen. Lange Zeit war der 200-Zöller des Palomar-Observatoriums das größte Teleskop der Erde. Mit einem Objektivdurchmesser von 508 cm ging der gewaltige Reflektor im Juni 1948 in Betrieb. Erst 1976 sah ein noch größeres Spiegelteleskop „erstes Sternenlicht", nämlich der 6-Meter-Reflektor auf dem Mt. Pastukow nahe der Ortschaft Selentschukskaja im Kaukasus. Dieses russische Teleskop, das hauptsächlich für spektroskopische Zwecke eingesetzt wurde, bekam in den 1990er-Jahren gewaltige Konkurrenz, als die echten Riesenteleskope der 8- und 10-Meter-Klasse fertiggestellt wurden. 1991 ging das Keck-I-Teleskop mit knapp 10 m freier Öffnung auf dem erloschenen Vulkan Mauna Kea auf Hawaii in Betrieb, 1996 folgte das baugleiche zweite 10-m-Teleskop (Keck II). Ebenfalls fast 10 m freie Öffnung besitzt das Hobby-Eberly-Teleskop des McDonald-Observatoriums in Texas, das 1997 fertiggestellt wurde. Seit 1998 steht den Japanern ihr 8,3-m-Subaru-Teleskop auf dem Mauna Kea zur Verfügung und die Europäer nahmen in den Jahren 1998 bis 2001 ihre vier Spiegelteleskope der 8-Meter-Klasse auf dem Cerro Paranal in Chile in Betrieb, die als VLT (**V**ery **L**arge **T**elescope – Sehr großes Teleskop) bezeichnet werden, da sie optisch zusammengeschaltet einem Teleskop von 16 m freier Öffnung entsprechen (was die lichtsammelnde Wirkung betrifft). In diesem Zeitraum entstanden auch einige Teleskope der 6-Meter-Klasse, die technologisch dem 6-m-Reflektor von Selentschukskaja weit überlegen sind.

Schließlich sah 2002 auf dem Mt. Graham in Arizona das LBT – Large Binocular Telescope („Großes Fernglas") mit zwei 8,4-m-Spiegeln auf einer gemeinsamen azimutalen Montierung erstes Licht. Seine lichtsammelnde Wirkung entspricht fast der eines 12-m-Teleskops, die Auflösung sogar einem 23-m-Objektiv. Im Jahre 2007 ging auf der Kanareninsel La Palma letztendlich das spanische 10,4-m-Teleskop in Betrieb (Gran Telescopio Canarias).

Von der europäischen Öffentlichkeit jedoch weitgehend unbeachtet, entsteht in den USA ein wahrhaft gigantisches Teleskop, das nach seiner Fertigstellung das mit Abstand größte Einzelteleskop der Erde sein wird. Sein Projektname: Giant Magellan Telescope (engl., Riesen-Magellan-Teleskop). Es soll zehnmal schärfere Bilder als das berühmte Hubble-Weltraumteleskop liefern, das in 500 km Höhe die Erde umkreist und frei von Luftturbulenzen beobachten kann. Mit seiner vollen Inbetriebnahme, voraussichtlich im Jahre 2016, wird es ein neues Fenster zum Universum öffnen.

Zwei Magellan-Telekope der 6,5-Meter-Klasse der Carnegie Institution (Washington) gingen bereits im Jahre 2000 und 2002 auf dem Las Campanas Observatory nahe La Serena in Chile in Betrieb. Sie sind nicht zu verwechseln mit der

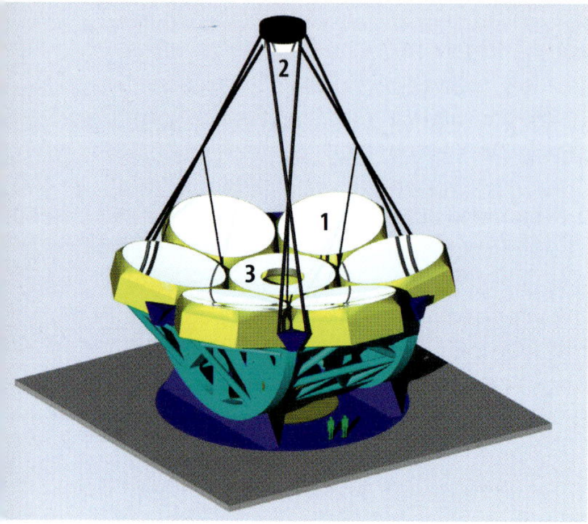

10.13 Skizze des Giant Magellan Telescope auf einer azimutalen Montierung. (1) Einer von sieben 8,4-Meter-Spiegeln. (2) Sekundärspiegel. (3) durchbohrter Zentralspiegel.

Magellan-Mission der NASA. Die Raumsonde Magellan flog 1989 zur Venus und kartografierte als künstlicher Venusmond bis 1992 die Venusoberfläche zu fast hundert Prozent.

Acht renommierte amerikanische Institutionen haben ein Konsortium gebildet, um das Giant Magellan Telescope, kurz GMT, zu realisieren und die benötigten 500 Millionen Dollar aufzubringen. Zu ihnen gehören die Carnegie Institution, die Harvard University, das Massachusetts Institute of Technology (MIT), das Smithsonian Astrophysical Observatory (SAO), die Universitäten von Arizona, Michigan und Texas sowie die Texas A&M-Universität.

Das GMT-Projekt sieht vor, sieben einzelne Spiegel von je 8,4 m Durchmesser auf einer gemeinsamen azimutalen Montierung zu einem Riesenteleskop zusammenzuschmieden. Dabei werden sechs Spiegel symmetrisch um einen siebenten Spiegel im Zentrum der Konstruktion angeordnet (siehe Abb. oben). Der Durchmesser der Konstruktion beträgt von Rand zu Rand 25,2 m und hat eine Höhe von 36,4 m. Die zu bewegenden Massen wiegen knapp tausend Tonnen. Das GMT steht auf einem Teller, der um eine senkrechte Achse zu drehen ist, um den Azimutwinkel einzustellen. Die sieben Spiegel sitzen auf zwei halbkreisförmigen Segmenten, die eine Höheneinstellung von 25° bis 89° erlauben. Als optisches System wurde eine Gregory-Konstruktion gewählt. Der 3,2 m große Sekundärspiegel wirft das von den sieben Hauptspiegeln gesammelte Licht durch den durchbohrten zentralen Hauptspiegel. Das primäre Öffnungsverhältnis beträgt f/0,7, was einer Primärbrennweite von 18 m entspricht. Das Öffnungsverhältnis des Gregory-Systems ergibt f/8,4. Die lichtsammelnde Wirkung entspricht einem Teleskop von 22 m freier Öffnung, das Auflösungsvermögen ist äquivalent einer Apertur von 24,5 m.

Es handelt sich beim GMT um eine sehr gewagte und höchst anspruchsvolle optische Konstruktion. Alle sieben Spiegel zusammen sollen ein großes Paraboloid ergeben. Der Spiegel in der Mitte ist ein klassischer, rotationssymmetrischer Parabolreflektor. Die sechs peripheren Spiegel haben eine recht komplizierte Oberflächenform. Sie müssen so geschliffen werden, dass sie je ein Sechstel eines Paraboloids darstellen, dessen optische Achse mit der optischen Achse des Zentralspiegels zusammenfällt.

Ehrgeizig ist auch die zu erreichende Oberflächengenauigkeit von $\lambda/20$ im sichtbaren Bereich des elektromagnetischen Spektrums. Dies entspricht einer Abweichung von maximal einem Zehntel Millimeter auf einer Fläche von 35 Kilometer Durchmesser.

Extrem hohes Auflösungsvermögen

Die Spiegel werden aus Borsilikatglas gefertigt, das einen geringen Wärmeausdehnungskoeffizienten aufweist. Auf der Rückseite besitzen sie eine honigwabenartige Struktur, die für eine Gewichtsminimierung sorgt und dennoch die erforderliche Steifigkeit liefert. Auch leichte

Temperaturschwankungen werden mit dieser Bauweise schnell ausgeglichen.

Die erhoffte und rechnerisch schon ermittelte Winkelauflösung erreicht 0,"0054 bei einer Wellenlänge von 500 Nanometer. Das nutzbare, abschattungsfreie Bildfeld erreicht 20′ im Durchmesser, dies entspricht zwei Drittel des Mondscheibendurchmessers. Um die erwünschte Auflösung zu erhalten, wird auch das technologisch anspruchsvolle Verfahren der adaptiven und aktiven Optik genutzt, ein heute unverzichtbares Werkzeug zur Reduzierung von Bildverzerrungen, die durch atmosphärische Turbulenzen entstehen. Der extrem dünne Sekundär-(Gegen)Spiegel mit einem Durchmesser von 3,2 m ist äußerst biegsam und wird permanent durch 4000 Aktuatoren (Stellglieder) in die beste Form gebracht, wobei als Referenz ein künstlicher Leitstern dient, der durch einen Natriumlaser in der irdischen Atmosphäre erzeugt wird. An ihm werden die atmosphärischen Turbulenzen registriert, die sich durch eine Störung der Wellenfront bemerkbar machen. Ein schneller Computer bestimmt dann die erforderlichen Verformungen des Sekundärspiegels, um die Störungen weitgehend zu beseitigen.

Aufgestellt wird das GMT in einem zylinderförmigen Schutzbau von 65 m Höhe und einem Durchmesser von 54 m. Als Standort für das Riesenteleskop wurde das Las Campanas Observatorium im Norden Chiles ausgewählt. In der unglaublich klaren und trockenen Luft der Atacama-Wüste bieten sich die besten Beobachtungsbedingungen. Federführend für Konstruk-

10.14 Das Giant Magellan Telescope in seinem zylinderförmigen Schutzbau.

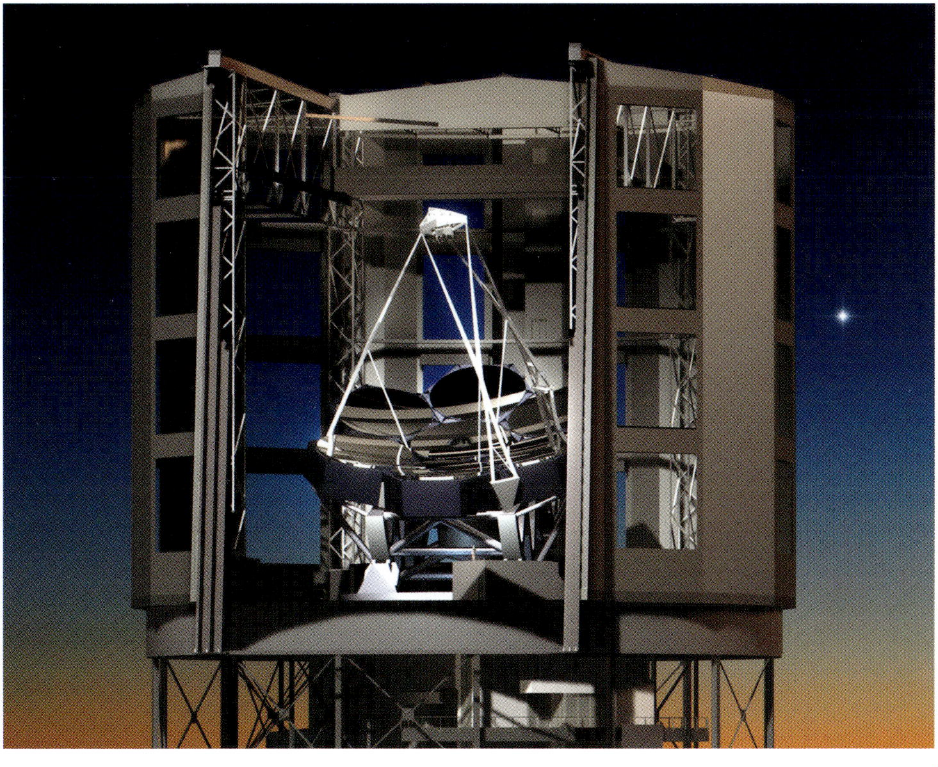

tion und Herstellung der optischen Komponenten ist das Steward Observatory der Universität von Arizona in Tucson. Im „Spiegel-Laboratorium (Mirror Lab)“ hat man bereits Erfahrungen in der Herstellung großer Spiegelobjektive mit Durchmessern von 3,5 m, 6,5 m und 8,4 m. Der erste Spiegel für das GMT wurde bereits 2007 fertig gestellt. Eine Reporterin berichtet von einem Besuch im Steward Mirror Laboratory in Tucson: „ In den hohlen Eingeweiden des Football-Stadions der Universität von Arizona rotiert der riesige Glasschmelzofen ähnlich einer eingefangenen, fliegenden Untertasse von neun Meter Durchmesser und einer Höhe von drei Metern. Fünfmal in der Minute rotiert die Glasmasse, eingeschlossen in roten, gepanzerten Behältern, Stahlstreben und schwarzen Kabeln. Blitzende Lichter geben der Szene ein gespenstisches Aussehen. Metallene Luftröhren schlängeln sich wie ein Krake um das Zentrum des überdimensionalen Schmelztiegels. Aus ihren Öffnungen dringt das orange Leuchten von sechzehn Tonnen geschmolzenem Glas bei einer Temperatur von 1150 °C. Die Glasmassen sind auf dem Weg, zum größten Teleskop der Erde verarbeitet zu werden. Sie sind dazu bestimmt, eines Tages Sternenlicht einzufangen, das Milliarden Jahre zur Erde unterwegs war. Durch die bei der Rotation auftretende Fliehkraft erhält die Glasmasse ihre primäre parabolische Form.“

Direkte Beobachtung von Exoplaneten

Verschiedene Empfänger werden gegenwärtig entwickelt, um das eingesammelte Sternenlicht optimal zu untersuchen. Dazu zählen Spektrografen für sichtbares und infrarotes Licht, eine hochauflösende Kamera und ein Bildverarbeiter für extrem hohe Auflösung und hohen Kontrast in einem kleinen Bildfeld ausgerüstet mit einer „Koronografenfunktion“. Damit soll es möglich werden, Planeten anderer Sterne direkt zu beobachten. Bisher konnten Exoplaneten nur durch indirekte Methoden gefunden werden wie bei Transiten von Planeten, wo die Sternhelligkeit geringfügig abnimmt oder durch Radialgeschwindigkeitsvariationen, wenn der Stern um den gemeinsamen Schwerpunkt kreist (Doppler-Wobble-Methode). Der Koronografenmodus dagegen erlaubt es, die helle Komponente des Sterns auszublenden, sodass der zu beobachtende Planet nicht in den Strahlen des Muttersterns verschwindet. Man hofft damit, auch erdähnliche Planeten zu finden und ferner die Chemie ihrer Atmosphären zu analysieren.

Weitere wissenschaftlich ehrgeizige Ziele sind neben der Entdeckung und Beobachtung von Exoplaneten die Bildung neuer Sterne und Planetensysteme, die Entstehung der ersten Galaxien und die Bildung von supermassereichen Schwarzen Löchern in den Kernen von Galaxien zu erforschen. Einer der führenden Astronomen dieses anspruchsvollen Teleskopprojektes sagte: „Wenn das GMT im Jahre 2016 seinen vollen Betrieb aufnehmen wird, wird es astronomische Fragestellungen beantworten helfen, von denen wir heute noch gar nichts ahnen.“ Der Zusammenbau der ersten Komponenten des GMT erfolgt bereits 2009. Mitte 2010 wird mit der Errichtung des Schutzbaus begonnen. Mitte 2013 wird das Teleskop darin aufgestellt, ein Jahr später die Optik eingebaut und 2015 soll der Probebetrieb („First Light“) beginnen.

Nach seiner endgültigen Inbetriebnahme wird das Giant Magellan Telescope zu den leistungsfähigsten Beobachtungsinstrumenten zählen, die den Astronomen dann zur Verfügung stehen. Viele heute ungelöste Fragen werden zu klären sein. Auch auf die Frage nach der Natur der immer noch rätselhaften Dunklen Materie und Dunklen Energie, die das Schicksal des Universums letztendlich maßgeblich bestimmen, wird es voraussichtlich schlüssige Antworten geben.

Doch die letzten Rätsel werden wohl auch mit diesem Riesenteleskop nicht geklärt werden. Denn jede neue Erkenntnis wirft wieder weitere Fragen auf.

November 2009

- Venus gibt ihre Abschiedsvorstellung am Morgenhimmel
- Mars zieht zu Monatsbeginn vor den Sternen der Krippe im Krebs vorbei
- Jupiter ist am Abendhimmel vertreten
- Saturn baut seine Stellung am Morgenhimmel aus

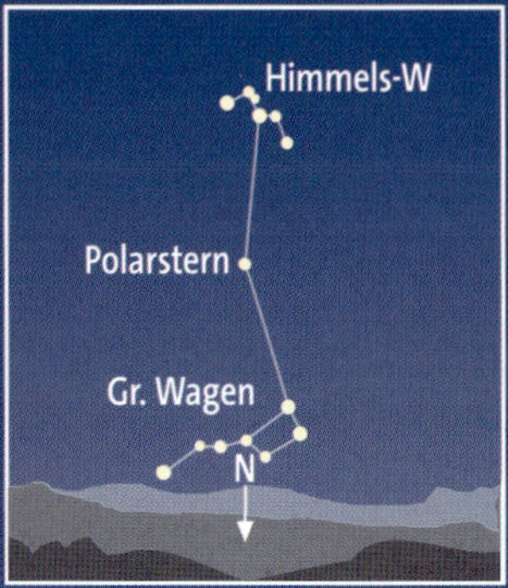

Großer Wagen und Himmels-W Anfang November um 22 Uhr

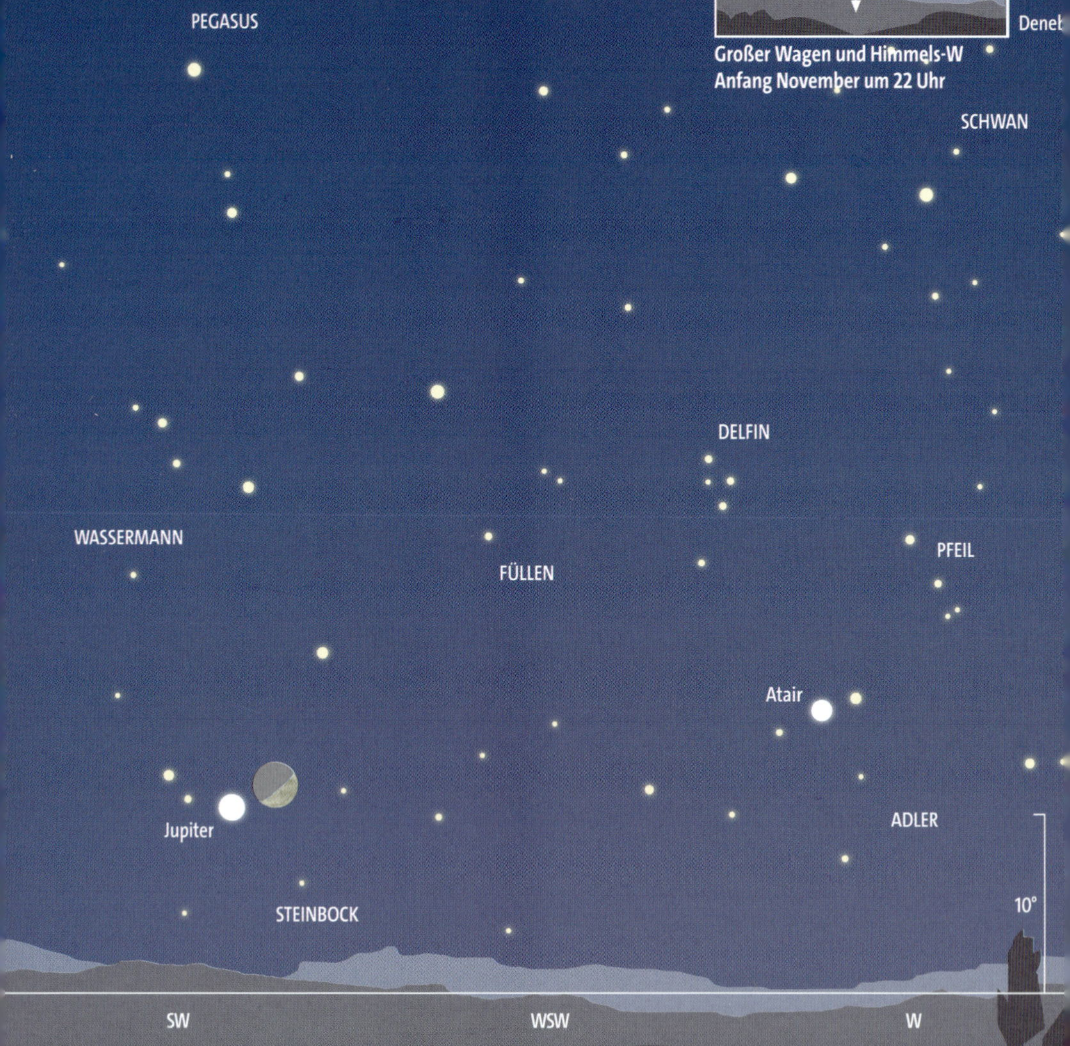

11.1 Abendlicher Himmelsanblick am 23. November gegen 21h MEZ. Über dem Südwesthorizont begegnet der zunehmende Halbmond dem Riesenplaneten Jupiter.

1	So	Allerheiligen
2	Mo	**Vollmond**
3	Di	
4	Mi	Neptun im Stillstand, dann rechtläufig
5	Do	Merkur in oberer Konjunktion m. d. Sonne
6	Fr	
7	Sa	
8	So	
9	Mo	**Mond im letzten Viertel** Mond bei Mars, Abstand 3,°7 um 4^h
10	Di	
11	Mi	Sternschnuppen Tauriden
12	Do	
13	Fr	Mond bei Saturn, Abstand 7,°5 um 2^h
14	Sa	
15	So	Mond bei Venus, Abstand 6,°4 um 21^h
16	Mo	**Neumond**

17	Di	Sternschnuppen Leoniden Mond bei Merkur, Abstand 2,°8 um 12^h
18	Mi	Buß- und Bettag
19	Do	
20	Fr	
21	Sa	
22	So	Totensonntag
23	Mo	Mond bei Jupiter, Abstand 2,°9 um 21^h
24	Di	**Mond im ersten Viertel** Mond bei Neptun, Abstand 3,°4 um 7^h
25	Mi	
26	Do	Mond bei Uranus, Abstand 5,°8 um 19^h
27	Fr	
28	Sa	
29	So	1. Advent
30	Mo	

Sonne – Sternbilder

22. 11. 6^h:
Sonne tritt in das Tierkreiszeichen Schütze
23. 11. 10^h:
Sonne tritt in das Sternbild Skorpion
29. 11. 23^h:
Sonne tritt in das Sternbild Schlangenträger
Julianisches Datum am
1. November, 1^h MEZ: 2455136,5

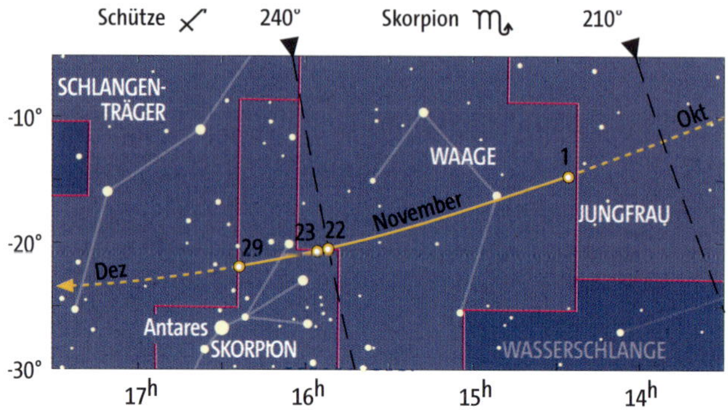

Tabelle Sonnenlauf

Tag	Dämmerg. Anfang	Aufgang MEZ	Kulmination	Untergang MEZ	Dämmerg. Ende	Mittagshöhe	Zeitgleichg.	Rektaszension	Deklination
	h m	h m	h m	h m	h m	°	m	h m	°
1.	5 57	7 10	12 03	16 57	18 09	25,5	+17	14 25	−14,3
5.	6 03	7 16	12 03	16 50	18 03	24,2	+17	14 40	−15,6
10.	6 11	7 24	12 04	16 43	17 56	22,8	+16	15 00	−17,1
15.	6 18	7 33	12 04	16 36	17 51	21,4	+16	15 21	−18,4
20.	6 25	7 41	12 06	16 30	17 46	20,2	+14	15 41	−19,6
25.	6 31	7 48	12 07	16 25	17 42	19,2	+13	16 02	−20,7
30.	6 37	7 55	12 09	16 22	17 39	18,3	+11	16 24	−21,6

Tages- und Nachtstunden

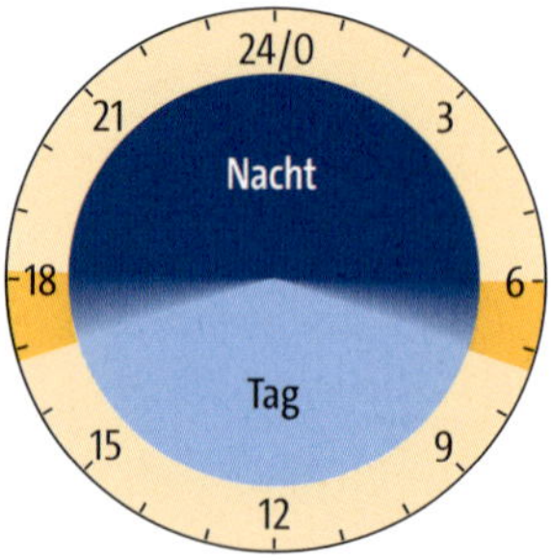

5. November

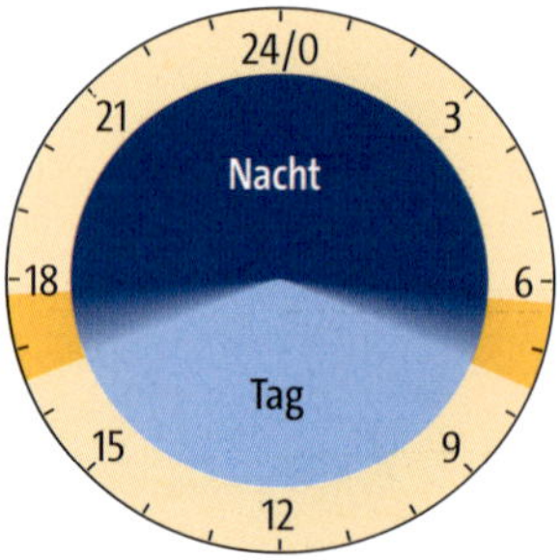

15. November

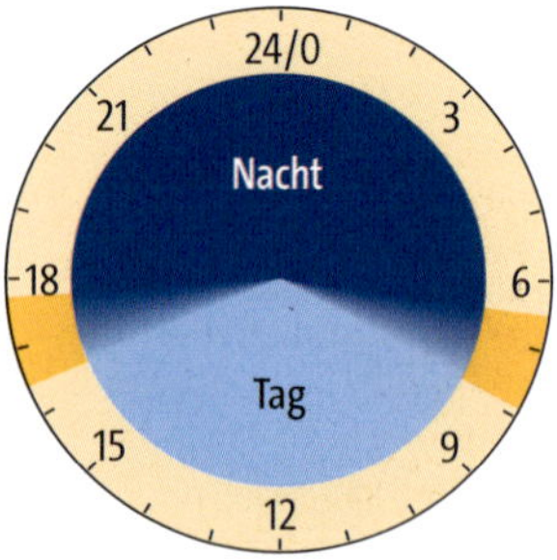

25. November

Tabelle Mondlauf

Datum		Aufg. MEZ	Kulmination	Unterg. MEZ	Rektaszension	Deklination	Sterne und Sternbilder	Phase	MEZ
		h m	h m	h m	h m	o			
So	1.	15 50	23 14	5 37	0 52	+10,9	Fische	Größte Nordbreite Libration Ost	
Mo	2.	16 14	–	6 54	1 42	+15,9	Fische	**Vollmond**	**20^h 14^m**
Di	3.	16 45	0 06	8 14	2 36	+20,3	Widder, Hamal		
Mi	4.	17 26	1 02	9 32	3 35	+23,6	Stier, Plejaden		
Do	5.	18 22	2 02	10 43	4 36	+25,5	Stier		
Fr	6.	19 32	3 03	11 41	5 39	+25,7	Stier, Al Nath		
Sa	7.	20 51	4 04	12 25	6 42	+24,3	Alhena	Erdnähe 369/32′,4	8^h
So	8.	22 14	5 03	12 58	7 42	+21,3	Pollux	Absteigender Knoten	
Mo	9.	23 36	5 58	13 24	8 40	+17,1	Krebs, Krippe	**Letztes Viertel**	**16^h 56^m**
Di	10.	–	6 49	13 45	9 34	+11,9	Löwe		
Mi	11.	0 57	7 38	14 03	10 26	+ 6,1	Regulus		
Do	12.	2 16	8 26	14 20	11 16	+ 0,1	Löwe		
Fr	13.	3 34	9 13	14 38	12 06	– 5,8	Jungfrau		
Sa	14.	4 52	10 01	14 58	12 56	–11,4	Spica	Größte Südbreite	
So	15.	6 10	10 51	15 22	13 47	–16,4	Jungfrau	Libration West	
Mo	16.	7 26	11 42	15 51	14 40	–20,5	Waage	**Neumond**	**20^h 14^m**
Di	17.	8 38	12 35	16 28	15 35	–23,6	Waage		
Mi	18.	9 41	13 29	17 15	16 30	–25,3	Antares		
Do	19.	10 34	14 21	18 11	17 25	–25,8	Schlangenträger		
Fr	20.	11 15	15 12	19 15	18 19	–24,9	Schütze, Nunki		
Sa	21.	11 46	16 00	20 22	19 12	–22,9	Schütze, Nunki	Aufsteigender Knoten	
So	22.	12 11	16 46	21 30	20 01	–20,0	Schütze	Erdferne 405/29′,5	21^h
Mo	23.	12 31	17 29	22 37	20 48	–16,2	Steinbock		
Di	24.	12 48	18 11	23 45	21 34	–11,8	Steinbock	**Erstes Viertel**	**22^h 39^m**
Mi	25.	13 03	18 52	–	22 18	– 6,9	Wassermann		
Do	26.	13 18	19 33	0 53	23 01	– 1,8	* Fische		
Fr	27.	13 34	20 16	2 02	23 46	+ 3,6	Fische		
Sa	28.	13 51	21 02	3 14	0 32	+ 8,9	Fische	Größte Nordbreite Libration Ost	
So	29.	14 13	21 52	4 29	1 21	+14,1	Fische		
Mo	30.	14 40	22 46	5 48	2 14	+18,7	* Widder, Hamal		

Der Mond passiert den Mars

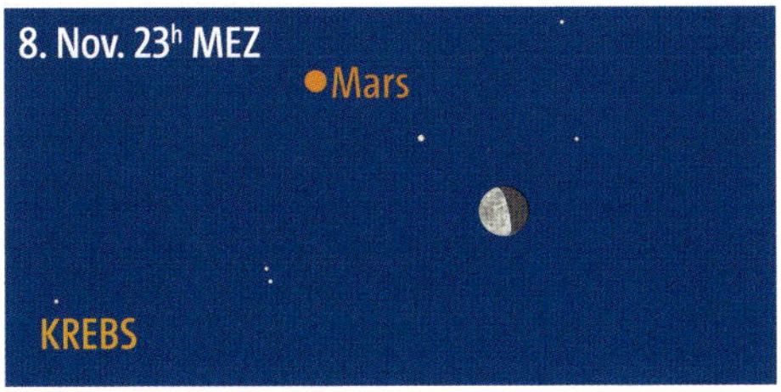

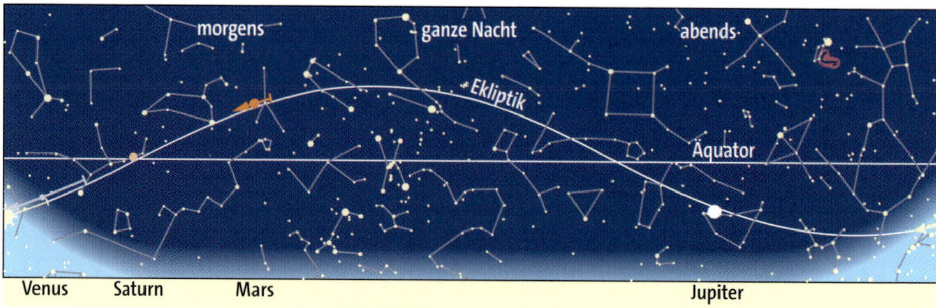

Merkur kommt am 5. in obere Konjunktion mit der Sonne. Da er am 7. durch den absteigenden Knoten seiner Bahn läuft, verschwindet er zur oberen Konjunktion hinter der Sonne. Merkur wird von der Sonne bedeckt, ein Ereignis, das im Visuellen allerdings unbeobachtbar bleibt.

Merkur hält sich am Taghimmel auf und bleibt unbeobachtbar, auch wenn sein östlicher Winkelabstand von der Sonne bis Monatsende auf 14° wächst. Am 17. passiert der flinke Planet sein Aphel.

Venus gibt ihre Abschiedsvorstellung am Morgenhimmel. Sie strebt immer südlicheren Gefilden des Tierkreises zu. Am 2. zieht sie 4° nördlich an Spica, dem Jungfrau-Hauptstern, vorbei. Sie verlässt das Sternbild Jungfrau am 14. und wechselt in die Waage.

Die Venusaufgänge verspäten sich weiterhin erheblich. Zum Monatsende geht sie nur noch eine knappe Stunde vor der Sonne auf. Am 1. erscheint Venus um 5^h29^m über der Horizontlinie. Am 30. erfolgt der Aufgang der $-3{,}^m9$ hellen Venus erst um 6^h59^m.

Im Teleskop sieht man ein kleines, voll beleuchtetes Venusscheibchen von nur 10″ scheinbarem Durchmesser. Bis Monatsende ist ihr Abstand von der Erde auf 250 Millionen Kilometer (= 1,671 AE) angewachsen. Fast vierzehn Minuten ist das Licht von Venus dann zur Erde unterwegs.

Mars begegnet gleich am Monatsersten dem offenen Sternhaufen M 44 (Krippe oder Praesepe) in den Zwillingen. Vor allem im Fernglas oder Teleskop bei großem Gesichtsfeld ist diese Passage von Mars durch die zahlreichen glitzernden Lichtpünktchen der Praesepe-Sterne ein Leckerbissen (siehe Abb. 11.2 rechts). Ende November verlässt Mars das Sternbild Krebs und wechselt in den Löwen, wobei er deutlich seine rechtläufige Bewegung abbremst (siehe Abb. 9.3 auf Seite 179).

Während des Monats steigert der rote Planet seine Helligkeit kräftig von $0{,}^m4$ auf $-0{,}^m1$, womit er zu einem auffälligen Objekt am Nachthimmel wird. Um Mitternacht sieht man den roten Planeten am Osthimmel, gegen Morgen steht er hoch im Süden.

Mars geht am 1. um 22^h30^m auf, am 15. um 22^h04^m und am 30. bereits um 21^h28^m. Bis zum 30. wächst der scheinbare Marsdurchmesser auf knapp 10″ an. Details sind nur schwer auf dem Marsscheibchen auszumachen, aber die Nordpolarkappe ist schon zu erkennen.

11.2 Mars durchquert die Krippe: Mars wandert vom 30. Oktober bis 3. November vor dem offenen Sternhaufen Krippe im Krebs (M 44) vorbei. Abendlicher Fernglasanblick bei 5° Gesichtsfelddurchmesser.

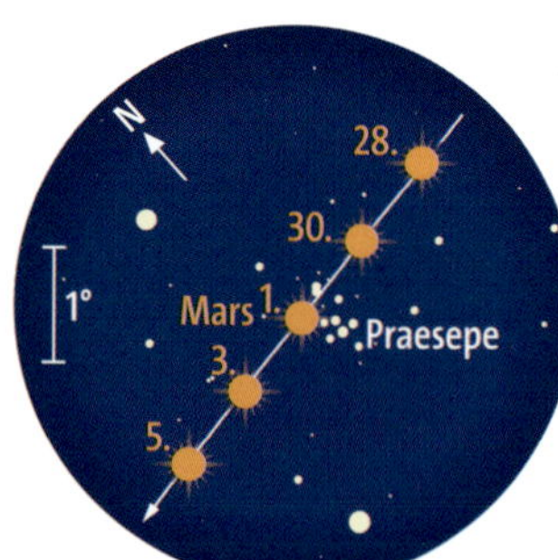

Jupiter, wieder rechtläufig im Steinbock, beschleunigt merklich seine Bewegung (siehe Abb. 8.5 auf Seite 162). Am Ende des ersten Monatsdrittels steht Jupiter in östlicher Quadratur zur Sonne, das heißt, sein östlicher Winkelabstand von der Sonne beträgt genau 90°.

Der Riesenplanet verkürzt drastisch seine Sichtbarkeitsdauer und wird zum Planeten des Abendhimmels. Am 1. erfolgt der Jupiteruntergang um 23^h38^m, am 15. um 22^h50^m und am 30. bereits um 22^h02^m. Die jetzt früh einsetzende abendliche Dunkelheit ermöglicht noch eine Sichtbarkeitsdauer von knapp fünf Stunden.

Die Helligkeit des Riesenplaneten nimmt weiter leicht um $0^m,2$ ab und beträgt Ende November $-2^m,3$. Der Äquatordurchmesser des Planetenscheibchens geht von $41'',4$ auf $37'',7$ zurück.

Am Abend des 23. November gesellt sich der zunehmende Halbmond zu Jupiter (siehe Abb. 11.1 auf Seite 212 und Abb. 11.3 oben).

Saturn, rechtläufig in der Jungfrau, baut seine Stellung am Morgenhimmel aus. Am 1. geht der $1^m,0$ helle Ringplanet um 3^h30^m auf, am 15. um 2^h43^m und am 30. schon um 1^h51^m.

Die Neigung (Öffnung) des Saturnringes nimmt von $3^\circ,1$ auf $4^\circ,3$ zu. Den Teleskopbeobachtern erscheint der Ring nun deutlich als zwei helle Spitzen links und rechts des Saturnglobus.

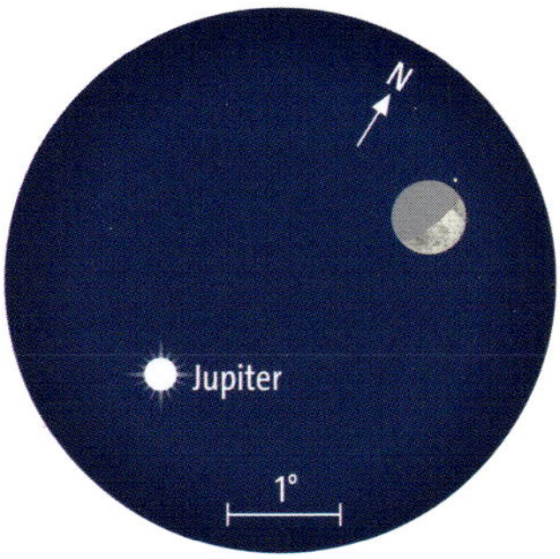

11.3 Der Mond begegnet Jupiter: **Der zunehmende Mond zieht am 23. November abends am Riesenplaneten Jupiter vorbei (Fernglasanblick).**

Uranus bremst seine ohnehin langsame, rückläufige Wanderung durch den Wassermann stark ab und kommt am Monatsende fast zum Stillstand (siehe auch Abb. 9.5 auf Seite 180).

Aus der zweiten Nachthälfte zieht sich Uranus ganz zurück. Der $5^m,8$ lichtschwache, grünliche Planet sinkt am 1. um 3^h01^m unter die Horizontlinie, am 15. um 2^h04^m und am 30. bereits um 1^h05^m. Seine Kulminationszeiten verlagern sich von 21^h11^m zu Monatsbeginn auf 19^h15^m zu Monatsende. Am Monatsanfang stört Mondlicht die Beobachtung des Uranus.

Neptun wird am 4. im Sternbild Steinbock stationär. Damit beendet er seine diesjährige Oppositionsperiode. Anschließend bewegt sich der sonnenferne Planet wieder rechtläufig durch den Steinbock, allerdings zunächst noch unauffällig langsam. In den ersten Tagen kann man kaum eine Bewegung ausmachen (siehe Abb. 8.6 auf Seite 162).

Neptun verkürzt erheblich seine Sichtbarkeitszeit. Am Abendhimmel kann er aber noch den ganzen November hindurch aufgesucht werden. Am 1. geht der $7^m,9$ lichtschwache, bläuliche Planet um 19^h20^m

Konstellationen und Ereignisse

Datum	MEZ	Ereignis
4.	20^h	Neptun im Stillstand, anschließend rechtläufig
5.	9	Merkur in oberer Konjunktion mit der Sonne
9.	7	**Mond bei Mars**, Mond $3^\circ,5$ südlich, **Abstand $3^\circ,7$ um 4^h**
13.	2	Mond bei Saturn, Mond $7^\circ,5$ südlich
15.	21	Mond bei Venus, Mond $6^\circ,4$ südlich
17.	12	Mond bei Merkur, Mond $2^\circ,8$ südlich
17.	13	Merkur im Aphel
23.	23	**Mond bei Jupiter**, Mond $3^\circ,7$ nördlich, **Abstand $2^\circ,9$ um 21^h**
24.	7	Mond bei Neptun, Mond $3^\circ,4$ nördlich
26.	19	Mond bei Uranus, Mond $5^\circ,8$ nördlich

durch den Meridian. Sein Untergang erfolgt am 1. um 0^h18^m. Zur Monatsmitte (15.) kulminiert er um 18^h25^m und sinkt um 23^h19^m unter den Horizont.

Am Monatsletzten passiert Neptun schon um 17^h27^m den Meridian, gefolgt von seinem Untergang um 22^h21^m. Erst gegen 17^h30^m ist es dunkel genug, um Neptun aufspüren zu können.

Planetoiden

Juno (3) kann vom Beobachtungsprogramm gestrichen werden. Wieder rechtläufig, beschleunigt sie ihren Lauf durch den Wassermann (siehe Abb. 9.5 auf Seite 180). Ihre Helligkeit sinkt von $8^m{,}4$ auf $8^m{,}9$ während des Monats.

Am 1. passiert Juno um 21^h17^m den Meridian, am 15. um 20^h25^m und am 30. schon um 19^h36^m.

Vesta (4) bremst ihre rechtläufige Wanderung durch den Löwen merkbar. Am 16. zieht sie $2^\circ{,}3$ nördlich an Regulus vorbei. Sie läuft dabei ziemlich genau zwischen Regulus und dem Bruststern des Löwen, η Leonis, hindurch (siehe Abb. 3.2 auf Seite 67).

Die Vestahelligkeit steigt merklich um $0^m{,}4$ auf $7^m{,}7$, was sie für Fernglasbeobachter interessant werden lässt.

Am 1. geht Vesta um 7^h28^m durch den Meridian, nachdem sie um 0^h08^m aufging. Bis Ende November verfrühen sich die Vesta-Kulminationen auf 6^h06^m und ihre Aufgänge auf 22^h53^m.

Melpomene (18) wird am 16. im Walfisch stationär und zieht ihre Oppositionssschleife in Richtung Nordost (siehe Abb. 9.6 auf Seite 182). Ihre Helligkeit sinkt drastisch von $8^m{,}2$ auf $9^m{,}1$.

Außerdem kulminiert sie immer früher: Am 1. um 22^h52^m, am 15. um 21^h54^m und am 30. schon um 20^h58^m. Nach der Monatsmitte wird man kaum mehr nach Melpomene Ausschau halten.

Periodische Sternschnuppenströme

Die **Leoniden** treten vom 10. November an am Morgenhimmel in Aktion. Ihr Radiant liegt im Löwen rund 10° nordöstlich von Regulus. Das spitze Maximum ist in der Nacht vom 18. auf 19. November zu erwarten (gegen 3^h MEZ). Die Sternschnuppen sind außerordentlich schnell (um 70 Kilometer pro Sekunde). Das Erscheinen der Leoniden geht auf den Kometen 55P/Tempel-Tuttle (alte Bezeichnung: 1866 I) zurück. In den letzten Jahren waren die Leoniden besonders aktiv. Es war ein regelrechter „Leoniden-Sturm" zu beobachten mit tausenden Sternschnuppen pro Stunde.

Nur alle 33 Jahre kollidiert die Erde mit dem Zentrum der Leoniden-Trümmerwolke. In diesem Jahr ist mit einer eher bescheidenen Leoniden-Aktivität zu rechnen. Immerhin sind etwa fünfzig Sternschnuppen pro Stunde am Morgenhimmel zu erwarten, wobei ihre Helligkeiten gering bleiben.

Auf die **Tauriden**, deren Maximum auf den 12. November fällt, wurde schon im September hingewiesen. Zwischen 20^h und 4^h morgens ist mit etwa fünf bis zehn Meteoren pro Stunde zu rechnen. In den letzten Jahren hat sich gezeigt, dass die **Tauriden** eigentlich in zwei Teilströme zerfallen. Die **N-Tauriden** haben ihr Maximum am 12. November, die **S-Tauriden** sind etwas früher dran, ihr Höhepunkt fällt auf den 5. November.

Veränderliche Sterne im November

Algol-Minima	11. 5^h40^m	14. 2^h30^m	16. 23^h19^m	19. 20^h07^m		
β-Lyrae-Minima	1. 18^hH	8. 6^hN	14. 17^hH	21. 4^hN	27. 16^hH	
δ-Cephei-Maxima	1. 4^h	6. 13^h	11. 22^h	17. 7^h	22. 15^h	28. 0^h
Mira-Helligkeit	1. 6^m	10. 4^m	20. 4^m	30. 3^m		

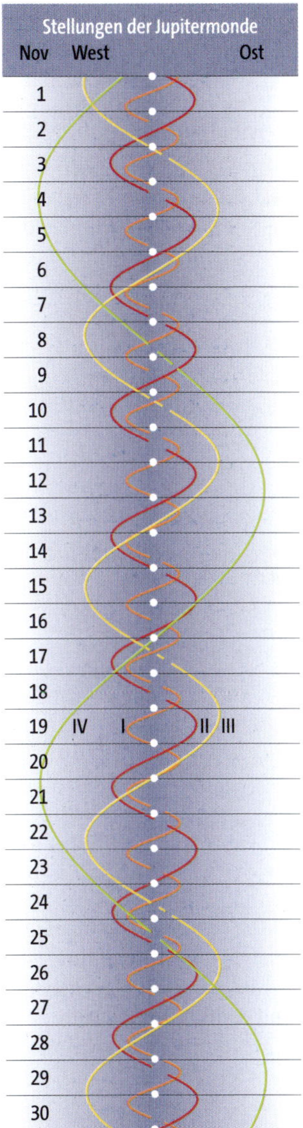

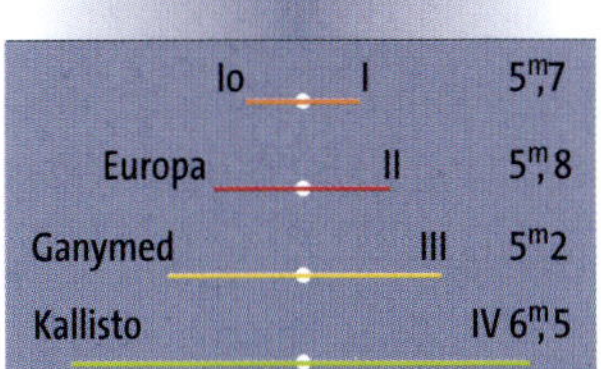

Jupitermonde

Tag	MEZ h m		Vorgang	
2.	18	50	II	SE
5.	21	08	I	BA
6.	18	09	III	DE
	18	29	I	DA
	19	48	I	SA
	19	58	III	SA
	20	45	I	DE
	22	05	I	SE
7.	19	15	I	VE
	21	39	II	BA
8.	21	50	IV	BE
9.	18	36	II	SA
	18	48	II	DE
	21	27	II	SE
13.	18	34	III	DA
	20	24	I	DA
	21	44	I	SA
	22	12	III	DE
14.	17	32	I	BA
	21	10	I	VE
15.	17	10	I	DE
	18	29	I	SE
16.	18	34	II	DA
	21	12	II	SA
	21	25	II	DE
17.	17	29	III	VE
	18	26	IV	SE
18.	19	13	II	VE
21.	19	29	I	BA
22.	18	09	I	SA
	19	08	I	DE
	20	25	I	SE
23.	17	34	I	VE
	21	14	II	DA
24.	17	54	III	VA
	21	31	III	VE
25.	21	51	II	VE
28.	21	26	I	BA
29.	18	49	I	DA
	20	05	I	SA
	21	05	I	DE
30.	19	30	I	VE

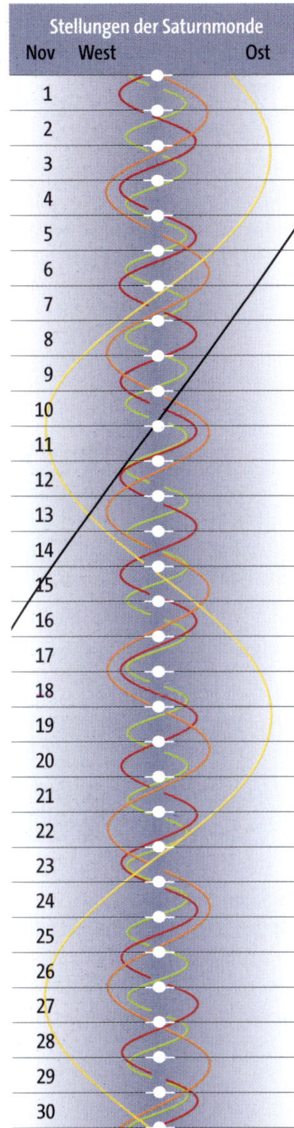

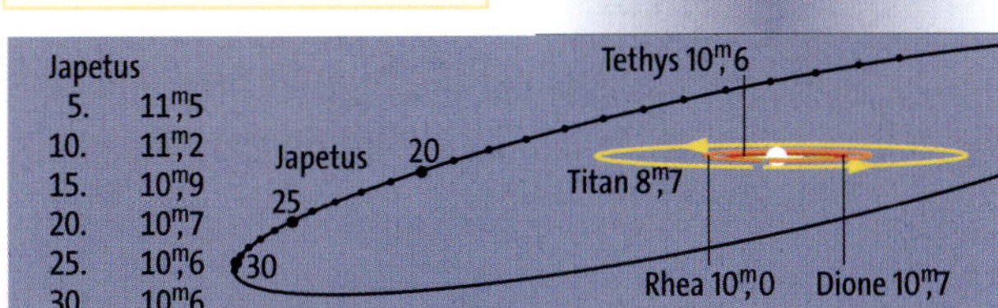

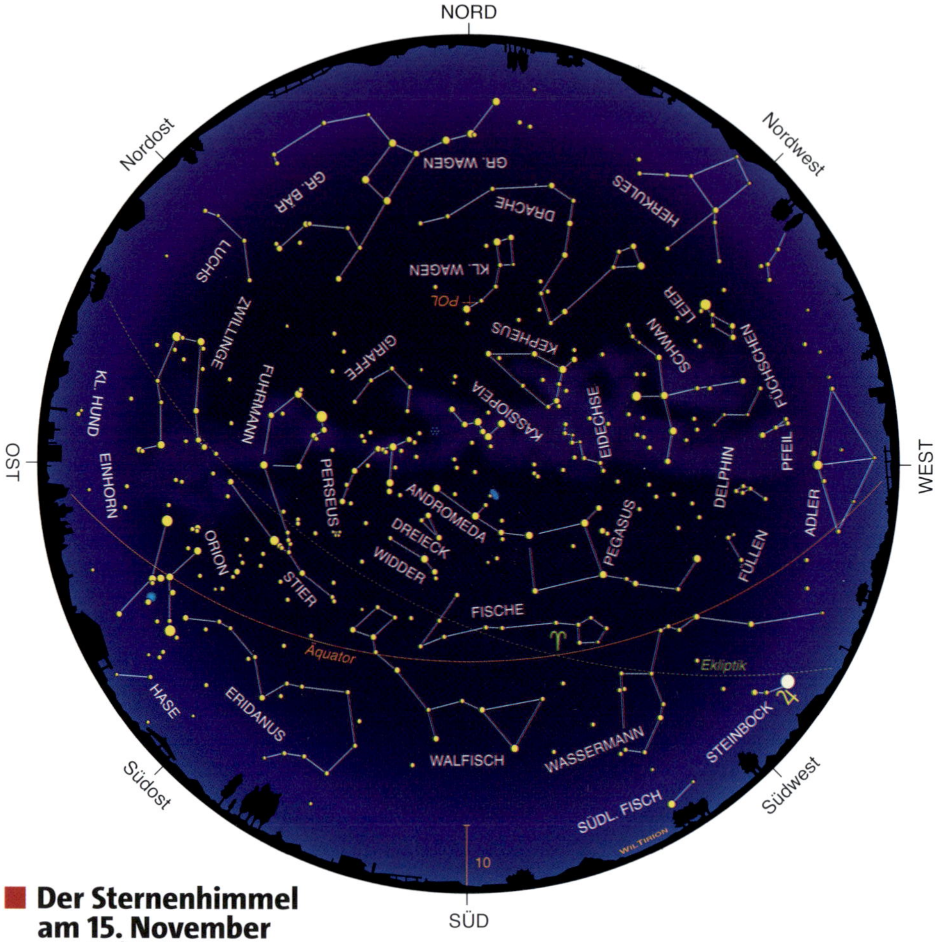

Der Sternenhimmel am 15. November um 22^h MEZ

Die Sternkarte ist auch gültig für:		
	MEZ	MESZ
1. 9.	3^h	4^h
15. 9.	2	3
1.10.	1	2
15.10.	0	1
1.11.	**23**	
15.11.	**22**	
30.11.	**21**	
15.12.	20	
31.12.	19	
15. 1.	18	

Ein Blick zum abendlichen Sternenhimmel belehrt uns: Die Sommernächte sind endgültig vorbei für dieses Jahr. Das Sommerdreieck ist weit nach Westen gerückt. Sein südlichster Punkt, Atair im Adler, steht vor seinem Untergang. Die Bilder hoch im Süden und die um den Zenit wie Kassiopeia, Andromeda, Pegasus, Perseus und Widder prägen den typischen Herbstcharakter des gestirnten Firmaments. Im Osten hingegen kündigt sich der Winter durch eine Reihe heller Sterne an: Kapella im Fuhrmann, Aldebaran im Stier, Beteigeuze und Rigel im Orion, Kastor und Pollux in den Zwillingen. Lediglich der strahlend helle Sirius im Großen Hund und der ebenfalls recht helle Prokyon im Kleinen Hund sind zur Standardbeobachtungszeit (23^h zu Monatsbeginn, 22^h zur Monatsmitte) noch nicht auf der Himmelsbühne erschienen.

Eine praktische Himmelsuhr

Die Kassiopeia durchschreitet gerade in oberer Kulmination, also zwischen Zenit und Polarstern, den Meridian. Die Kassiopeia, das Himmels-W, hilft nicht nur den Polarstern zu finden, sondern erlaubt auch die Sternzeit grob zu schätzen. Dazu bedient man sich des sogenannten Kolursternes, der von β Cassiopeiae dargestellt wird. Steht der Kolurstern in oberer Kulmination, so ist es 0^h Sternzeit. Zieht man vom Polarstern eine Linie über den Kolurstern, also β Cas, bis hin zum Himmelsäquator – diese Linie ist Teil eines Stundenkreises – so markiert der Schnittpunkt dieser Linie mit dem Himmelsäquator ziemlich genau den Frühlingspunkt, der in den Fischen liegt, ein wenig südöstlich der ersten Fischellipse.

Die Sternenkette der Andromeda geht ebenfalls gerade hoch über unseren Köpfen durch den Meridian. Der berühmte Andromedanebel (M 31), unsere Nachbarmilchstraße in rund drei Millionen Lichtjahren Entfernung, steht recht zenitnah und kann unter günstigen Sichtbedingungen schon mit bloßen Augen als mattes Lichtfleckchen ausgemacht werden. Auch die Fische haben nun ihre höchste Stellung im Süden erreicht. Sie sind nicht leicht zu erkennen, da sie sich nur aus Sternen vierter Größe und schwächer zusammensetzen. Dem Namen nach ist das Sternbild Fische zwar jedermann gut bekannt, weil es zum Tierkreis (Zodiak) gehört, aber wegen seiner lichtschwachen Sterne haben es nur wenige mit eigenen Augen bewusst am Himmel gesehen. Vermutlich wegen seiner geringen Helligkeit hat man dieses Bild fast immer mit den Mächten der Finsternis oder der Erdmutter Gaia in Verbindung gebracht.

Im Südwesten nimmt noch der ebenfalls lichtschwache Wassermann seinen Platz ein.

Südlich der Fische passiert der Walfisch (lat.: Cetus) eben den Meridian. Es ist nicht ganz einfach, den Cetus als Sternbild zu erkennen, da er ein ausgedehntes und lichtschwaches Sternbild ist.

Das Sternbild Eridanus

Tief im Südosten ist der Himmelsjäger Orion bereits erschienen, das prominenteste aller Wintersternbilder. Von seinem hellen, bläulichen Fußstern Rigel zieht sich das ausgedehnte Sternbild Fluss Eridanus in Richtung Westen und knickt dann kurz vor dem Meridian in Südrichtung ab.

Der Eridanus schlängelt sich weit nach Süden und ist von unseren Breiten aus nie vollständig zu sehen. Auch sein Hauptstern Achernar (α Eridani), mit $0^{m}{,}5$ scheinbarer Helligkeit einer der zehn hellsten Sterne am irdischen Firmament, steht so weit südlich, dass er bei uns nie den Horizont übersteigt.

Die bei uns sichtbaren Sterne des Eridanus sind dritter und vierter Größenklasse, sodass der Eridanus in Mitteleuropa recht unauffällig bleibt. Am hellsten ist noch β Eridani oder Cursa bzw. Dhalim genannt, dessen scheinbare Helligkeit zu $2^{m}{,}8$ gemessen wurde. Cursa leuchtet weißlich (Spektralklasse: A3 III) und ist 89 Lichtjahre von uns entfernt. Cursa liegt in unmittelbarer Nachbarschaft von Rigel im Orion. Mit ihm beginnt der Eridanus seinen Lauf.

Bei den alten Ägyptern war der Eridanus der Totenfluss. Er beginnt bei Osiris, dem Richter der Toten, dargestellt durch das Sternbild Orion. Teilweise war der Fluss Eridanus aber auch das himmlische Gegenstück zum Nil. Die Griechen übernahmen die Vorstellung von einem Fluss. Er wird für den mit dem Sonnenwagen abstürzenden Phaeton zum nassen Grab.

Mit $3^{m}{,}7$ Helligkeit gehört ε Eridani zu den lichtschwächeren Sternen, die noch bei uns in Mitteleuropa sichtbar sind. Als K2 V-Stern ist er noch einigermaßen sonnenähnlich und ebenfalls ein Einzelstern. Mit zehn Lichtjahren Distanz ist er ein Stern der engeren Sonnenumgebung. Vor über dreißig Jahren hat man mit dem Projekt OZMA versucht, Radiosignale eventueller Bewohner eines Planeten von ε Eridani zu empfangen. Nach einigen Jahren wurde die Suche allerdings ohne Erfolg eingestellt.

Objekte für Feldstecher und Fernrohr

Einst war eine Reihe von Himmelsobjekten mit bloßen Augen leicht erkennbar, die man heute infolge der zunehmenden Luftverschmutzung und rapide ansteigender Störung durch künstliche Beleuchtung nur noch im Fernglas zu sehen bekommt. Selbst in einsamen Gegenden Mitteleuropas, wo man nicht unmittelbar durch irdische Lichter geblendet wird, ist der Himmel nicht mehr nachtdunkel, sondern bleibt aufgehellt. Wenn nachts Wolken aufziehen, so sind sie nicht als dunkle Flecken zu erkennen, in denen Sterne fehlen, sondern sie leuchten heller als die klaren Gebiete, in denen Sterne zu sehen sind.

Der große Andromedanebel M 31, unsere Nachbarmilchstraße, war früher leicht mit unbewaffneten Augen zu sehen. M 31 zählt zu den prominenten Objekten des Herbsthimmels. Er ist jetzt leicht mit einem Fernglas zu finden, steht er doch zu unserer Standardbeobachtungszeit fast im Zenit. Man sieht ein matt schimmerndes Lichtfleckchen, hervorgerufen von mehr als 200 Milliarden Sternen in fast drei Millionen Lichtjahren Entfernung. In einem größeren Teleskop zeigt M 31 einen kleinen, runden Kern mit einem spindelförmigen Lichtschleier. Spiralarme, wie sie auf Aufnahmen großer Teleskope zu erkennen sind, wird man jedoch nicht ausmachen können.

Nicht weit von M 31 entfernt trifft man auf die Triangulum-Galaxie M 33. Sie steht im Sternbild Dreieck, wie ihr Name andeutet und ist deutlich kleiner als M 31 und lichtschwächer, aber dennoch im Fernglas zu erkennen. M 33 ist fast genauso weit wie M 31 entfernt. Beide Galaxien gehören zur sogenannten Lokalen Galaxiengruppe, ebenso wie unsere eigene Milchstraße. Es sind dies die drei großen Welteninseln, während noch mehr als zwei Dutzend Zwerggalaxien Mitglieder der Lokalen Gruppe sind.

Unbedingt zum Programm einer Himmelsdurchmusterung gehören die beiden offenen Sternhaufen h + χ im Perseus. Sie wurden so im Sternatlas von Johannes Bayer aus dem Jahre 1603 benannt. Doch schon 130 v. Chr. hat sie Hipparkos von Nikaia (190–120 v. Chr.) in seinen Sternkatalog aufgenommen. Auch in Tycho Brahes (1546–1601) Katalog sind sie vermerkt, allerdings als zwei Sterne. Ihre Katalogbezeichnungen lauten NGC 869 und NGC 884. Sie sind leicht zu finden, wenn man vom ersten Strich des Himmels-Ws ausgehend das Fernglas in Richtung Kopf des Perseus schwenkt. In einem Vierzöller gewinnt man bei geringer Vergrößerung (etwa 50-fach) einen fantastischen Eindruck. Wie Edelsteine auf schwarzem Samt funkeln die Sterne in allen Farben – rot, orange, gelb und blau. Darunter auch Sterne, die schlicht weiß leuchten.

Nicht weit von h und χ entfernt kann man den wenig bekannten Baby-Nebel in der Kassiopeia beobachten. Er trägt die Katalogbezeichnung IC 1848. Der Baby-Nebel beinhaltet einen offenen Sternhaufen und gehört zu den Emissionsnebeln. Seinen Namen trägt er, weil sein Aussehen einem Säugling ähnlich kommt. Manchmal wird er auch Soul Nebula (engl., Seelen-Nebel) genannt. Mit $6\overset{m}{.}5$ scheinbarer Gesamthelligkeit und einem scheinbaren Durchmesser von rund einem Grad – das Vierfache der Vollmondfläche! – ist er recht lichtschwach und erfordert mindestens ein Instrument mit 25 cm Öffnung. Etwa 7000 Lichtjahre trennen uns von diesem bizarren Gebilde. IC 1848 liegt im Südwesten der Kassiopeia an der Grenze zum Perseus, etwa $3\overset{\circ}{.}5$ nördlich von η Perseï.

Interessant ist es, einmal eine Dunkelwolke ins Visier zu nehmen, und zwar den Kegel-Nebel (lat.: Conus nebula) im Sternbild Einhorn (lat.: Monoceros). Er ist als etwa 5′ langer, schmaler dunkler Streifen südlich des Weihnachtsbaum-Sternhaufens zu finden. Der Weihnachtsbaum-Sternhaufen sieht wie ein spitzes Dreieck aus, das an einen Weihnachtsbaum erinnert. Er trägt die Katalogbezeichnung NGC 2264 und ist rund 2400 Lichtjahre entfernt.

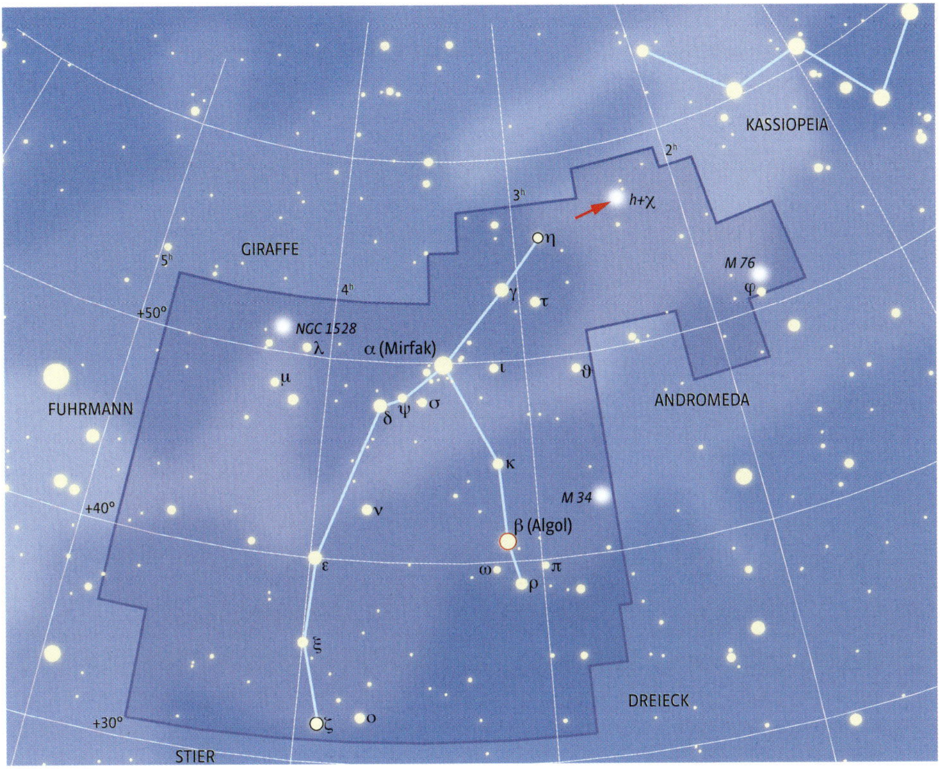

11.4 Das Sternbild Perseus: Aufsuchkarte für den doppelten offenen Sternhaufen h + χ im Perseus.

Er wurde 1784 von Wilhelm Herschel entdeckt. Der etwas südlich unmittelbar anschließende Kegel-Nebel bildet sich als Kontrast gegenüber hellen Emissions- und Reflexionswolken rund um den Monocerotis-Cluster ab, wie der Weihnachtsbaum-Sternhaufen auch genannt wird. Hellster Stern in dem Haufen ist 15 Monocerotis mit $4^{m}_{,}7$.

Im aufgehenden Orion sehe man sich einmal M 78 an. Dieser Gasnebel ist nicht so prominent wie der große Orionnebel (M 42). Man gehe vom östlichsten Gürtelstern (Alnitak oder ζ Orionis) aus in Richtung Nordost auf Beteigeuze zu. Etwa in gleicher Distanz wie M 42 südwestlich von ζ Ori liegt, stößt man nordöstlich auf M 78 (= NGC 2068). Der helle Reflexionsnebel mag im ersten Augenblick an einen Kometen erinnern. Die Gesamthelligkeit liegt bei 8^{m}. Dieser Reflexionsnebel, der auch Staubstrukturen in größeren Instrumenten erkennen lässt, ist ähnlich weit entfernt wie der Orionnebel, nämlich rund 1400 Lichtjahre.

Außer den prominenten Doppelsternen γ Andromedae (Alamak) und γ Arietis (Mesarthim) sei noch α in den Fischen empfohlen. Alrescha (α Piscium) ist 140 Lichtjahre entfernt. Beide $4^{m}_{,}2$ und $5^{m}_{,}2$ hellen Komponenten leuchten weiß und umkreisen einander in 900 Jahren. Zurzeit beträgt ihr Abstand $1''_{,}8$, weshalb ein Vierzöller (10-cm-Refraktor) oder ein 15-cm-Spiegelteleskop erforderlich ist, um α Psc zu trennen. Der Positionswinkel beträgt P = 260° (von Nord über Ost gezählt). Beide Komponenten sind spektroskopische Doppelsterne – Alrescha ist also ein Vierfachstern.

Mira Ceti – der rasende Schleierstern im Walfisch

11.5 Position von Mira im Walfisch (Foto: Stefan Seip/ www.astromeeting.de).

Sternfreunde und Amateurastronomen kennen ihn gut, den Stern Mira im Walfisch. Er ist der Prototyp einer Klasse von langperiodischen Veränderlichen. Mira ist auch für Gelegenheitsbeobachter ein beliebtes Beobachtungsobjekt. Etwa vier Monate im Jahr ist Mira mit bloßen Augen zu sehen, die übrige Zeit bleibt sie so lichtschwach, dass man sie ohne optische Hilfsmittel wie Fernglas oder Teleskop gar nicht erkennen kann. Im *Kosmos Himmelsjahr* sind die erwarteten Mira-Helligkeiten in der Monatsrubrik „Veränderliche Sterne" vermerkt. Im Laufe des November 2009 wird Mira mit bloßen Augen deutlich sichtbar, Ende Dezember nimmt ihre Helligkeit wieder langsam ab. Zwar ist der Lichtwechsel dieser roten Riesensonne schon über 400 Jahre lang bekannt, dennoch gibt es immer wieder Überraschungen. Vor einigen Monaten entdeckte ein Astronomenteam vom California Institute of Technology einen riesigen, ausgedehnten Schleier, der Mira begleitet wie der Schweif einen Kometenkopf. Diese Rauchfahne erstreckt sich über die enorme Distanz von dreizehn Lichtjahren, das Zwanzigtausendfache der mittleren Entfernung Sonne – Pluto. Woher kommt dieser Gas- und Staubschweif und wie wurde er entdeckt? Doch der Reihe nach, mancher Leserin und manchem Leser ist Mira selbst noch gar nicht so bekannt wie eingefleischten Astrofans.

Im Sternatlas von Johannes Bayer, der 1603 unter dem Namen *Uranometria* erschien, ist Mira als Stern 4. Größe unter der Bezeichnung o Ceti, also Omikron im Walfisch, eingetragen. Sieht man von Nova-Erscheinungen ab, so ist o Ceti der erste Stern, den man als veränderlich erkannt hat. Der ostfriesische Landpfarrer und Prediger zu Osteel, David Fabricius, Vater des Mitentdeckers der Sonnenflecken Johann Fabricius sowie ein Freund und Zeitgenosse Tycho Brahes, erblickte in der Nacht vom 12. auf 13.

August 1596 gegen 3^h morgens einen Stern im Walfisch, der ihm bislang noch nicht aufgefallen war. Er benutzte ihn fortan, um die Wanderung von Jupiter unter dem Muster der Fixsterne zu verfolgen. Merkwürdig kam ihm vor, dass der Stern von Woche zu Woche immer lichtschwächer wurde. Im Oktober des gleichen Jahres war er schließlich ganz verschwunden. In einem Brief an Kepler erwähnt Fabricius das Auftauchen eines scheinbar neuen Sterns im Walfisch eher beiläufig. Das Auftauchen eines „neuen" Sternes im Walfisch hätte wohl mehr Aufsehen hervorgerufen, wäre nicht wenige Jahre zuvor, nämlich 1572, ein viel hellerer Stern in der Kassiopeia, die Nova Tychos erschienen. Die Nova 1572 verschwand ebenfalls nach einigen Wochen wieder.

Zu seiner großen Überraschung sah Fabricius o Ceti aber am 15. Februar 1609 wieder. In der Zwischenzeit musste der Stern wohl auch sichtbar gewesen sein, denn Johannes Bayer hatte ihn 1603 in seinem Sternatlas eingetragen.

Der verwunderliche Stern

Johann Phocylides Holwarda (1618–1651) entdeckte am 10. Dezember 1638 in Franeker diesen seltsamen Stern im Walfisch erneut. Er hat als Erster seinen variablen Charakter erkannt. Im Jahre 1662 erschien eine Schrift von Johannes Hevelius (1611–1687) mit dem Titel *Historiola Mirae Stellae*. Seither heißt der Stern Omikron im Walfisch „Mira Stella Ceti" oder kurz „Mira Ceti", was häufig als „wunderbarer Stern im Walfisch" übersetzt wird. Dies ist nicht korrekt. „Mira" bedeutet nicht „wunderbar" in der Bedeutung von „herrlich, ausgezeichnet, hervorragend", sondern heißt „*ver*wunderlich, seltsam, eigenartig, erstaunlich". Mit dem Namen „Mira Ceti" ist somit der „seltsame Stern im Walfisch" gemeint.

Vor allem Hevelius begann, Mira Ceti regelmäßig zu beobachten. Bald fiel ihm auf, dass sie im Maximum nicht immer gleich hell ist. Manchmal leuchtet sie mit 2. Größe, andere Male wird sie im Maximum nur 4. oder gar 5. Größe hell, sodass sie leicht übersehen werden kann. Die erste Periodenbestimmung nahm Ismaël Bouillau (1605–1694) vor, der im Jahre 1667 die Mira-Periode zu 333 Tagen vermerkt. Dies entspricht fast dem modernen Wert von 331,9 Tagen. Allerdings ist dies ein Mittelwert. Manchmal folgt ein Maximum dem vorhergehenden schon nach 320 Tagen, dann dauert es gelegentlich 370 Tage, bis Mira wieder im Maximallicht leuchtet. Auch sind die Minima nicht gleich tief. Sie schwanken zwischen 8^m und 10^m. Dann benötigt man schon ein lichtstarkes Fernglas, um Mira zu sehen. Im Maximum ist Mira um die 3^m hell, selten 2^m. Der Katalogwert für die *mittlere* Maximalhelligkeit im V-Bereich lautet: $3\overset{m}{.}04$. Eine Ausnahme wurde im Jahre 1779 registriert, wo Mira zu einem auffälligen Objekt 1. Größe wurde. Hingegen blieb Mira im Jahre 1868 bei ihrem Maximum mit nur $5\overset{m}{.}6$ an der Grenze der Sichtbarkeit mit bloßen Augen. Für Veränderlichenbeobachter bleibt Mira Ceti somit ein spannendes Beobachtungsobjekt, denn Zeitpunkt und Helligkeit des Maximums lassen sich nur grob voraussagen.

Schwierig zu bestimmen war und ist die Entfernung von Mira. Sie ist immer noch nicht genau bekannt. Die beste Messung der trigonometrischen Parallaxe gelang dem Astrometrie-Satelliten Hipparcos. Er bestimmte sie zu 0,008 Bogensekunden, was einer Entfernung von 410 Lichtjahren entspricht. Leider ist die Messung nicht sehr genau, denn der Messfehler liegt bei ±0,001 Bogensekunden. Danach kann Mira auch 360 oder 465 Lichtjahre weit weg sein. Die frühere Distanzbestimmung von 220 Lichtjahren (Parallaxe: $0\overset{''}{.}015$) ist jedenfalls überholt. Geht man nun von einer Miraentfernung von 400 Lichtjahren aus, so ergibt sich aus der interferometrisch gemessenen Größe des Mirascheibchens von $0\overset{''}{.}05$ ein linearer Durchmesser des Sternglobus von 650 Sonnendurchmessern! Der Mira-Radius misst somit 450 Millionen Kilometer. Stünde Mira anstelle unserer Sonne, so hätte unser gesamtes inneres Sonnensystem bequem Platz in der Mirakugel, deren Oberfläche sich etwa im Planetoidengürtel zwischen der Mars- und der Jupiterbahn befände.

Mira ist ein tiefroter Riesenstern vom Spektraltyp M7. Er ist kühler und somit roter als Antares und Beteigeuze (beide M2). Wegen seines ungeheuren Volumens ist die mittlere Dichte der Mirakugel äußerst gering. Sie beträgt nur 0,0000002 der mittleren Dichte unserer Sonne von 1,4 Gramm pro Kubikzentimeter. Für irdische Laborverhältnisse bedeutet eine so geringe Dichte fast ein perfektes Vakuum. Die Astrophysiker sprechen auch von einem „roten Vakuum", wenn sie die Gashülle eines Roten Riesensterns beschreiben. Diese extrem niedrige Dichte gilt allerdings nicht für den innersten Bereich von Mira, in dem sich ein kompakter Sternkern versteckt.

Jahrhunderte lang rätselten die Astronomen, wie es zu den extremen Helligkeitsschwankungen von Mira kommt. Welcher Mechanismus bewirkt, dass ihre Leuchtkraft im Verhältnis 1 zu 250 variiert, bei einer mittleren Amplitude von 6^m, in Extremfällen aber um mehr als 1 zu 1000?

Namensgeber für eine Veränderlichengruppe

Im Laufe der Zeit wurden immer mehr Veränderliche entdeckt, die ähnlich große Amplituden und lange Perioden wie Mira besitzen und Rote Riesensterne sind. Mira wurde damit zum Prototyp der Klasse langperiodischer Variabler. Inzwischen sind rund fünftausend Mira-Sterne katalogisiert.

Lange herrschte die Ansicht vor, der mehr oder minder regelmäßige Lichtwechsel von Mira Ceti und den anderen Mira-Variablen werde durch die Rotation dieser Riesensterne bewirkt. Man dachte, die Oberfläche dieser relativ kühlen Roten Riesen weise gewaltige Flecken auf, ähnlich den bekannten Sonnenflecken. Durch Drehung des Sterns sind manchmal Gebiete mit wenigen Flecken, dann wieder welche mit vielen Flecken dem Beobachter zugekehrt.

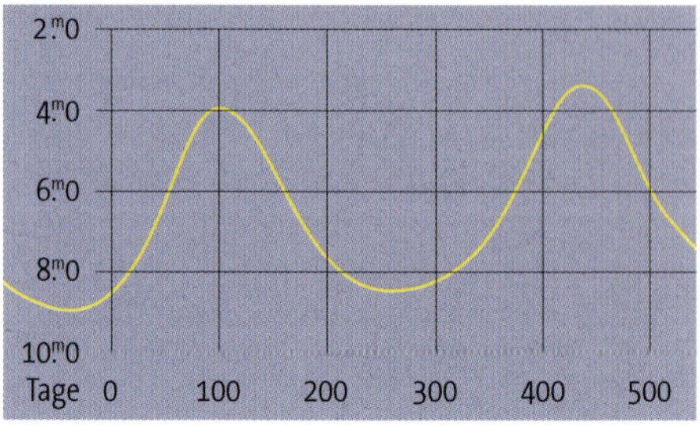

11.6 Lichtkurve des veränderlichen Sterns Mira Ceti. Im Maximum ist Mira leicht mit bloßen Augen zu erkennen, im Minimum nur mit einem lichtstarken Fernglas oder Teleskop.

Manche Fleckenfelder seien eine Art Schlacke und ziemlich dunkel, was die extremen Helligkeitsunterschiede bewirke. Die Fleckenhypothese hat sich aber als unzutreffend erwiesen.

Genaue Untersuchungen des Mira-Spektrums lassen erkennen, dass auch der Spektraltyp variabel ist. Er wechselt zwischen M5e und M9e. Das „e" weist auf vorhandene Emissionslinien im Spektrum hin. Aus der Variation des Spektrums folgt eine periodische Schwankung der Oberflächentemperatur zwischen 1900 und 2500 Kelvin. Auch die Radialgeschwindigkeit variiert um ±6 Kilometer pro Sekunde, wie das Spektrum weiter verrät. Die Mira-Sonne pulsiert. Sie bläht sich auf, anschließend schrumpft sie wieder. Der Mira-Radius oszilliert um rund 15 Prozent seines Wertes.

Im Unterschied zu unserer Sonne und anderen stabilen Sternen flackert im tiefen Inneren die Energiequelle von Mira. Die Kernfusionsprozesse laufen nicht gleichförmig ab. Bei geringfügigem Anstieg der Energieproduktion nimmt der Strahlungsdruck zu, der Stern bläht sich auf. Dabei werden die äußeren Schichten für Strahlung durchlässiger. Die freigesetzte Energie entweicht schneller, die inneren Bereiche werden ein wenig kühler. Da die Kernfusion empfindlich auf Temperaturänderungen reagiert, lässt die Energieproduktion schnell nach, der Strahlungsdruck vermindert sich. Die Schwerkraft gewinnt die Oberhand, der Stern beginnt zu schrumpfen. Die äußeren Sternschichten werden wieder weniger durchlässig für Strahlung, das Zentrum heizt sich erneut auf, was ein Anfachen des Kernfeuers bewirkt. Somit wächst wieder der Strahlungsdruck an, der Stern bläht sich abermals auf und das Spiel beginnt von Neuem. Die Sternschichten haben eine Art Ventilfunktion für die zentrale Energiequelle.

Der Mechanismus der Pulsationsvariablen lässt sich ganz grob mit einem Topf kochenden Wassers vergleichen. Hat der Dampfdruck eine bestimmte Stärke erreicht, so hebt er den Deckel. Der Dampf entweicht, der Deckel fällt zurück und schließt den Topf, bis im Inneren der Dampfdruck wieder so weit angestiegen ist, dass er den Deckel erneut anheben kann.

Die Leuchtkraft eines Sternes ist proportional dem Quadrat seines Durchmessers und der vierten Potenz seiner Oberflächentemperatur. Verdoppelt ein Stern seinen Durchmesser, strahlt er also viermal heller, verdoppelt er seine Temperatur, so nimmt seine Leuchtkraft um das Sechzehnfache zu. Weil Mira ihren Radius und ihre Oberflächentemperatur verändert schwankt ihre Helligkeit. Das Helligkeitsmaximum tritt daher nicht zum Zeitpunkt der größten Ausdehnung auf, sondern kurz nach dem Temperaturmaximum, wenn Mira gerade begonnen hat, sich wieder aufzublähen. Außerdem ändert sich auch die Wellenlänge der maximalen Ausstrahlung mit fallender Temperatur. In der kühleren Phase strahlt Mira den überwiegenden Anteil ihrer Energie im infraroten Licht aus, weshalb im sichtbaren Bereich des Spektrums die Helligkeit noch weiter zurückgeht. Mira strahlt erheblich mehr Energie im infraroten als im sichtbaren Bereich aus. Betrachtet man die Variation in absoluter Helligkeit über alle Wellenlängen (die sogenannte bolometrische Helligkeit), so beträgt sie lediglich zwei Größenklassen. Die Gesamtleuchtkraft von Mira inklusive der Infrarotstrahlung entspricht immerhin 7000 Sonnenleuchtkräften.

Hinzu kommt noch die Helligkeitsänderung infolge der variierenden Opazität (Durchlässigkeit) der zirkumstellaren Staubhülle, die Mira umgibt. Durch die geringe Schwerebeschleunigung an der riesengroßen Mira-Oberfläche weht ein heftiger Sternwind, der Mira pro Jahr einen Massenverlust von etwa einem Millionstel der Sonnenmasse beschert. Dies ist etwa eine Million Mal mehr als der Massenverlust unserer Sonne pro Jahr infolge des abgehenden Sonnenwindes. Die geringen Temperaturen im Sternwind von Roten Riesen führen aber zur Bildung komplexer Moleküle und Staubteilchen. Die Pulsationen von Mira treiben kraftvolle Stoßwellen durch die äußeren Atmosphärenschichten, sodass auch der Sternwind und die Staubbildung rhythmisch variieren. Bei stärkerer Staubbildung wird das sichtbare Licht auch stärker absorbiert. Staub- und Molekülproduktion erfolgen besser bei niedrigen Temperaturen. Deshalb fallen Lichtminimum von Mira und starke Absorption durch Staubbildung fast zusammen und vergrößern dadurch auch die Amplitude der Helligkeitsvariation, weshalb auch die Minima unterschiedlich tief ausfallen.

Gewaltige Hülle

Durch Radiobeobachtung der Kohlenmonoxid-(CO)-Moleküle konnte man die Ausdehnung der zirkumstellaren Hülle zu 200 Mira-Radien ab der Oberfläche bestimmen. Schon um 1918 hat man außer Titanoxidbanden auch Wasserstoffemissionslinien im Mira-Spektrum entdeckt, weshalb man vermutete, dass Mira einen nahen, heißen, blauen Begleiter haben müsse. Tatsächlich wurde Mira B von Robert G. Aitken 1923 mit dem 36-Zoll-Refraktor des Lick-Observatoriums gesehen. Die Distanz betrug damals $0\overset{\prime\prime}{,}9$ und ist inzwischen auf $0\overset{\prime\prime}{,}5$ geschrumpft. Der Begleiter ist ein heißer B-Stern, dessen Helligkeit ebenfalls im Bereich von $9\overset{m}{,}3$ bis 13^{m} schwankt. Der dichte, heiße Begleiter umrundet Mira in 260 Jahren und ist ein Unterzwerg (Leuchtkraftklasse VI). Die Veränderlichkeit von Mira B beruht auf Wechselwirkung mit der Sternhülle von Mira A. Mira bläst stoßweise

11.7 Der Schleier aus Gas- und Staub, den Mira Ceti auf einer Länge von dreizehn Lichtjahren hinterlässt.

Masse ab, die auf den Begleiter stürzt, wo die kinetische Energie der einfallenden Masse beim Aufprall augenblicklich in dissipative Energie, also Wärme, umgewandelt wird. Dabei entstehen solch enorme Temperaturen, dass kurzfristig Kernfusion auf der Oberfläche einsetzt und den Begleiter aufleuchten lässt. Man spricht von einem „sanften symbiotischen Stern". Der Begleiter bewirkt auch durch seine Schwerkraft, dass Mira A nicht kugelrund, sondern einigermaßen deformiert ist.

Rein zufällig wurde von Christopher Martin und seinem Team vom California Institute of Technology in Pasadena (USA) im Sommer 2007 entdeckt, dass Mira einen rund dreizehn Lichtjahre langen Schleier auf seinem Weg durch den interstellaren Raum hinterlässt. Dieser kometenartige Schweif wurde im Ultraviolettlicht mit dem Galex-Satellit (Galaxy Evolution Explorer) aufgenommen. Auch wurde vor Mira (in der Bewegungsrichtung gesehen) eine Bugwelle beobachtet, ähnlich einem Schnellboot, das durch ein Gewässer rast. Tatsächlich rast auch das Mira-System im Vergleich mit anderen Sternen ungewöhnlich schnell durch das All, nämlich mit 130 Kilometer pro Sekunde, das sind fast 470 000 Kilometer pro Stunde, also um ein Drittel mehr als die Distanz Erde – Mond. Mira verstreut ihr abgestoßenes Material entlang ihrer Bahn wie die Rauchfahne einer Dampflokomotive. Die Teilchen des Sternwindes prallen mit den Molekülen und Atomen des interstellaren Mediums zusammen und erzeugen eine Leuchtspur. Das UV-Licht wird hauptsächlich vom interstellaren Wasserstoff ausgesandt. Im sichtbaren Licht konnte Miras superlanger Schleier noch nicht gesichtet werden. Er konserviert gewissermaßen die Aktivität des Sternenwindes der letzten 30 000 Jahre. Man kann aus ihm die Massenverluste ablesen, die in den einzelnen Zeitabschnitten aufgetreten sind.

Mira ist ein weit entwickelter Stern. Sein Kohlenstoff-Sauerstoff-Kern schrumpft, über ihm liegt die Helium-Brennschale, in der Helium zu Kohlenstoff fusioniert. Darüber befindet sich die Wasserstoff-Brennschale, die weiter Helium produziert. In kosmisch gesehen kurzer Zeit wird Mira ihre äußere Hülle ganz abstoßen und den Sternkern freilegen, einen Weißen Zwerg. Die fliehenden Massen werden von der intensiven UV-Strahlung des Weißen Zwerges zum Leuchten angeregt – ein neuer Planetarischer Nebel erscheint am Firmament.

Nicht nur professionelle Astronomen untersuchen Mira mit allen Methoden der heutigen Beobachtungstechnik. Auch für den Gelegenheitsbeobachter oder angehende Amateurastronomen stellt Mira ein ideales Übungsobjekt dar, wenn man in die Veränderlichenbeobachtung einsteigen will. Eine Aufsuchkarte für Mira findet sich auf der hinteren Umschlagklappe innen.

Dezember 2009

- Mars im Grenzgebiet Krebs/Löwe wird zum dominierenden Gestirn der ganzen Nacht
- Jupiter kann am frühen Abendhimmel im Südwesten gesehen werden
- Saturn in der Jungfrau ist Planet der zweiten Nachthälfte
- Die Sonne erreicht am 21. um 18^h47^m den tiefsten Punkt ihrer Jahresbahn – die Wintersonnenwende tritt ein
- In den Abendstunden zu Silvester findet eine partielle Mondfinsternis statt

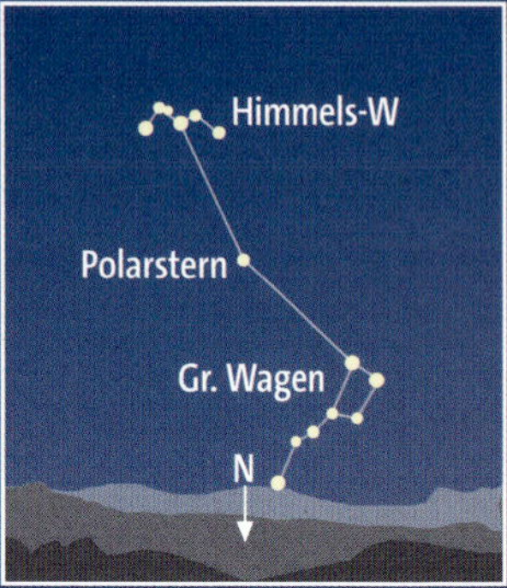

Großer Wagen und Himmels-W Anfang Dezember um 22 Uhr

12.1 Stelldichein von Jupiter und der schmalen Mondsichel am frühen Abend des 21. Dezember gegen 18^h über dem Südwesthorizont.

1 Di

2 Mi **Vollmond**
Uranus im Stillstand, dann rechtläufig

3 Do

4 Fr

5 Sa

6 So Nikolaus; 2. Advent
Mond bei Mars, Abstand 5,°5 um 23^h

7 Mo

8 Di

9 Mi **Mond im letzten Viertel**

10 Do Mond bei Saturn, Abstand 7,°9 um 12^h

11 Fr

12 Sa Sternschnuppen Geminiden

13 So 3. Advent

14 Mo

15 Di

16 Mi **Neumond**
Mond bei Venus, Abstand 3,°1 um 0^h

17 Do

18 Fr Mond bei Merkur, Abstand 3,°3 um 17^h
Merkur in größter östlicher Elongation (20°)

19 Sa Sternschnuppen Coma-Bereniciden

20 So 4. Advent
Jupiter bei Neptun, Abstand 0,°6 um 6^h

21 Mo Winteranfang, 18^h47^m
Mond bei Jupiter u. Neptun, Abst. 3,°6 um 17^h

22 Di

23 Mi

24 Do Heiliger Abend; **Mond im ersten Viertel**
Mond bei Uranus, Abstand 6,°0 um 3^h

25 Fr 1. Weihnachtstag

26 Sa 2. Weihnachtstag
Merkur im Stillstand, dann rückläufig

27 So

28 Mo

29 Di

30 Mi

31 Do Silvester; Merkur im Perihel
Vollmond – Partielle Mondfinsternis

Sonne – Sternbilder

18.12. 6h:
Sonne tritt in das Sternbild Schütze
21.12. 18h47m:
Sonne tritt in das Tierkreiszeichen Steinbock
Julianisches Datum am
1. Dezember, 1h MEZ: 2455166,5

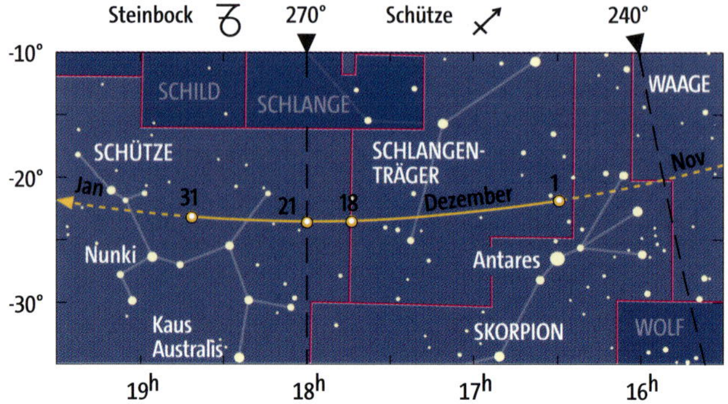

Tabelle Sonnenlauf

Tag	Dämmerg. Anfang	Aufgang MEZ	Kulmination	Untergang MEZ	Dämmerg. Ende	Mittagshöhe	Zeitgleichg.	Rektaszension	Deklination
	h m	h m	h m	h m	h m	°	m	h m	°
1.	6 38	7 57	12 09	16 21	17 39	18,1	+11	16 28	–21,8
5.	6 43	8 02	12 11	16 19	17 38	17,6	+ 9	16 45	–22,3
10.	6 48	8 07	12 13	16 18	17 37	17,1	+ 7	17 07	–22,9
15.	6 52	8 12	12 15	16 18	17 38	16,7	+ 5	17 29	–23,3
20.	6 55	8 15	12 17	16 20	17 40	16,6	+ 3	17 51	–23,4
25.	6 57	8 18	12 20	16 23	17 43	16,6	0	18 14	–23,4
31.	6 59	8 18	12 23	16 28	17 47	16,9	– 3	18 40	–23,1

Tages- und Nachtstunden

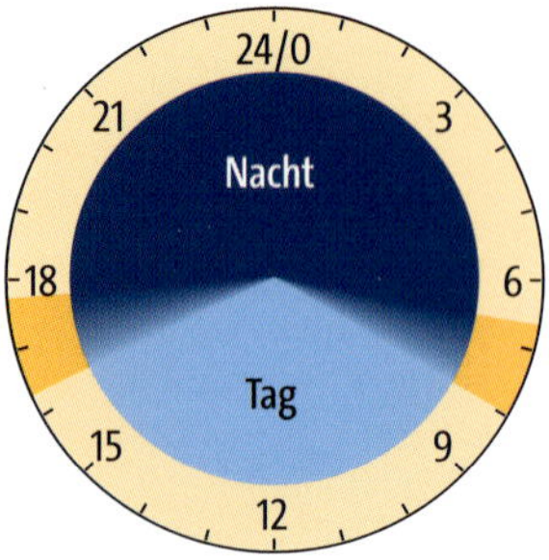

5. Dezember

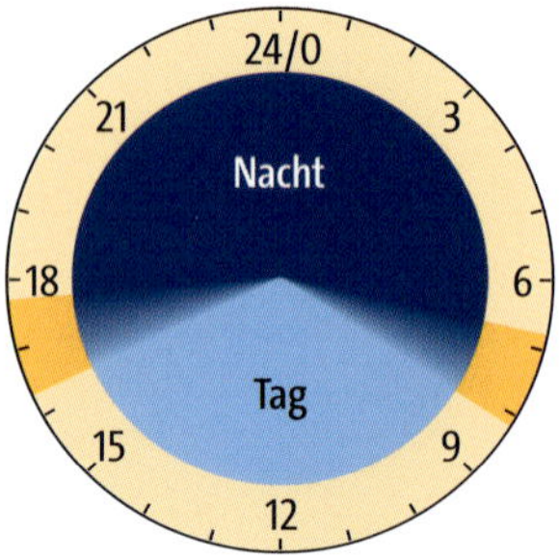

15. Dezember

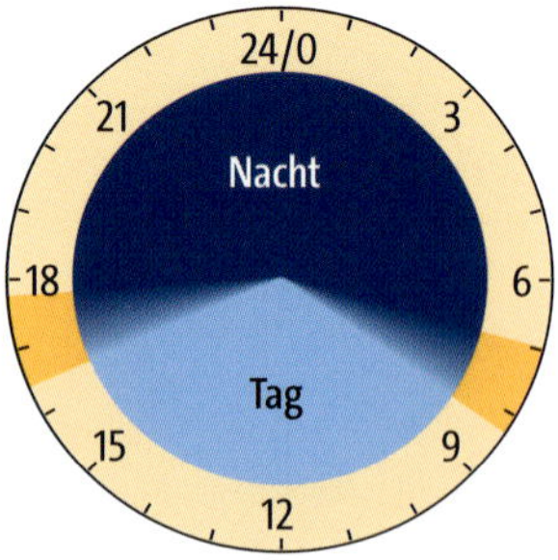

25. Dezember

Tabelle Mondlauf

Datum		Aufg. MEZ	Kulmination	Unterg. MEZ	Rektaszension	Deklination		Sterne und Sternbilder	Phase	MEZ
		h m	h m	h m	h m	°				
Di	1.	15 17	23 45	7 07	3 11	+22,4		Widder		
Mi	2.	16 08	–	8 23	4 12	+24,9		Stier, Plejaden	**Vollmond**	**8h 30m**
Do	3.	17 14	0 48	9 29	5 16	+25,8		Stier, Al Nath		
Fr	4.	18 33	1 52	10 20	6 21	+24,9	*	Zwillinge	Erdnähe 363/32,'9	15h
Sa	5.	19 58	2 54	10 58	7 24	+22,2		Pollux	Absteigender Knoten	
So	6.	21 23	3 52	11 27	8 24	+18,1		Krebs, Krippe		
Mo	7.	22 46	4 46	11 50	9 21	+13,0	*	Krebs		
Di	8.	–	5 36	12 09	10 14	+ 7,3		Löwe, Regulus		
Mi	9.	0 06	6 24	12 27	11 05	+ 1,3		Löwe	**Letztes Viertel**	**1h 13m**
Do	10.	1 24	7 11	12 44	11 54	– 4,7		Jungfrau		
Fr	11.	2 41	7 58	13 03	12 44	–10,3		Jungfrau	Größte Südbreite	
Sa	12.	3 58	8 46	13 25	13 34	–15,4		Spica	Libration West	
So	13.	5 13	9 36	13 52	14 26	–19,6		Waage		
Mo	14.	6 25	10 28	14 26	15 19	–22,9		Waage		
Di	15.	7 31	11 21	15 09	16 13	–25,0		Antares		
Mi	16.	8 27	12 14	16 01	17 08	–25,8		Schlangenträger	**Neumond**	**13h 02m**
Do	17.	9 12	13 05	17 02	18 03	–25,3		Schütze		
Fr	18.	9 47	13 54	18 08	18 55	–23,6		Schütze, Nunki	Aufsteigender Knoten	
Sa	19.	10 14	14 41	19 16	19 46	–20,9	*	Schütze		
So	20.	10 35	15 25	20 24	20 34	–17,3		Steinbock	Erdferne 406/29,'5	16h
Mo	21.	10 53	16 07	21 32	21 20	–13,1		Wassermann		
Di	22.	11 08	16 47	22 38	22 04	– 8,4		Wassermann		
Mi	23.	11 23	17 28	23 45	22 47	– 3,3		Wassermann		
Do	24.	11 38	18 09	–	23 30	+ 1,9		Fische	**Erstes Viertel**	**18h 36m**
Fr	25.	11 54	18 52	0 54	0 15	+ 7,1		Fische		
Sa	26.	12 13	19 39	2 06	1 01	+12,2		Fische	Größte Nordbreite Libration Ost	
So	27.	12 37	20 30	3 21	1 51	+17,0		Widder		
Mo	28.	13 08	21 26	4 39	2 45	+21,0	*	Widder		
Di	29.	13 51	22 26	5 56	3 44	+24,0	*	Stier, Plejaden		
Mi	30.	14 49	23 30	7 07	4 46	+25,6		Stier		
Do	31.	16 03	–	8 07	5 52	+25,5		Stier, Al Nath	**Vollmond**	**20h 13m**

Der Mond zieht an Mars vorbei

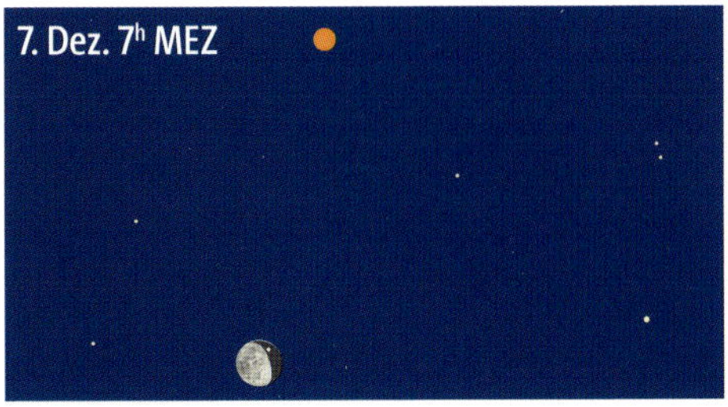

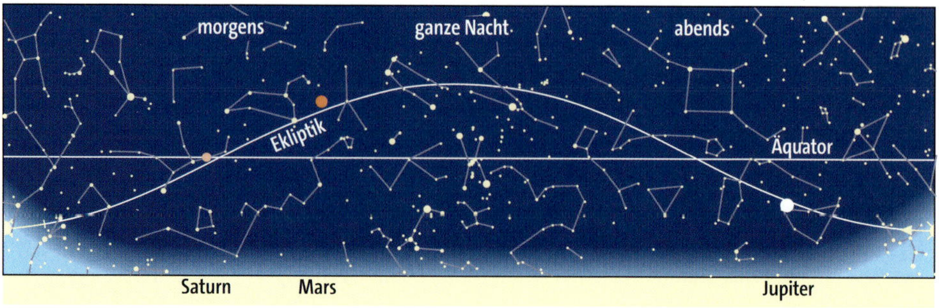

Merkur bietet zum Jahresausklang eine bescheidene Abendsichtbarkeitschance. Vom 18. bis 23. kann man bei günstigen Sichtbedingungen den schwierig zu beobachtenden Planeten tief am Südwesthimmel für rund eine Viertelstunde erspähen.

Am 18. erreicht Merkur mit 20°18′ Winkelabstand seine größte östliche Elongation von der Sonne. An diesem Tag geht der –0ᵐ,5 helle Merkur um 17^h41^m unter. Gegen 17^h sollte man Merkur in der Abenddämmerung erkennen können. Auch die zunehmende Mondsichel steht am Abend des 18. rund 3° nordöstlich von Merkur.

Bis 23. sinkt die Merkurhelligkeit auf 0ᵐ,1, die Merkuruntergänge verspäten sich lediglich um sechs Minuten auf 17^h47^m.

Die Dichotomie wird am 21. abends erreicht, das 7″,3 große Merkurscheibchen zeigt sich halb beleuchtet. Danach wächst der scheinbare Merkurdurchmesser, der beleuchtete Anteil nimmt ab; Merkur ist im Teleskop als Sichel zu erkennen.

Am 26. wird Merkur stationär und eilt anschließend rückläufig auf die Sonne zu. In unterer Konjunktion mit der Sonne steht der flinke Planet dann am 4. Januar 2010.

Am letzten Tag des Jahres rast Merkur mit 59 Kilometer pro Sekunde, das sind 212 400 Kilo-

12.2 Merkur am Morgenhimmel:
Stellung von Merkur über dem Südwesthorizont zu den angegebenen Daten jeweils eine Stunde nach Sonnenuntergang. Die Pfeile deuten die Bewegungen von Merkur und Sonne in der letzten halben Stunde an.

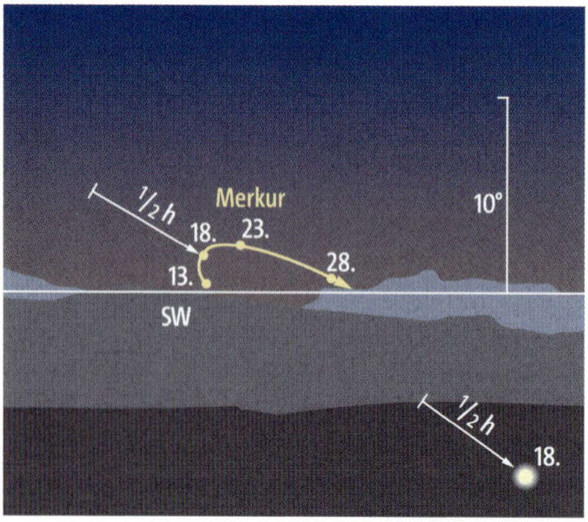

12.3 Sichtbarkeitsdiagramm für Merkur:
Es gilt genau für 50° nördlicher Breite und 10° östlicher Länge. Dunkelgelbe Fläche: Unter günstigen Sichtbedingungen kann man Merkur mit bloßen Augen erkennen.

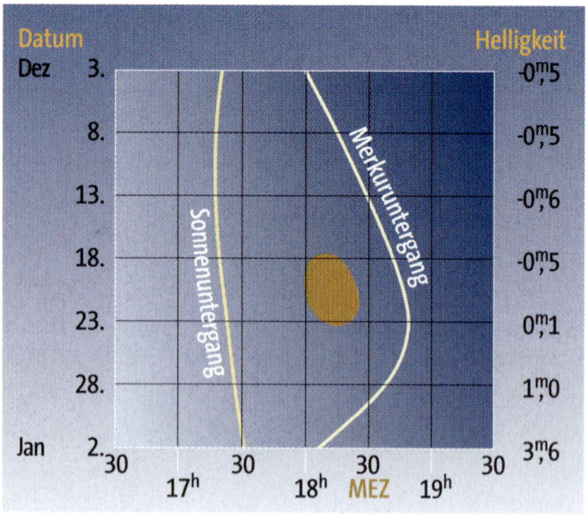

meter pro Stunde, durch das Perihel seiner stark elliptischen Bahn.

Venus hat sich vom Morgenhimmel zurückgezogen. Erfahrene Beobachter können sie gegebenenfalls noch zu Monatsbeginn mit einem Fernglas kurz vor Sonnenaufgang knapp über dem Südosthorizont ausmachen. Am 1. geht die $-3\overset{m}{,}9$ helle Venus um $7^{h}02^{m}$ auf und am 10. um $7^{h}28^{m}$. Zu Jahresende erfolgt der Venusaufgang fast gleichzeitig mit dem Sonnenaufgang – die obere Konjunktion ist nicht mehr fern. In oberer Konjunktion mit der Sonne kommt Venus bereits am 11. Januar 2010.

Mars verzögert seine rechtläufige Wanderung durch den Westteil des Löwen. Der erfahrene Sternfreund weiß: Die Marsopposition ist nicht mehr fern. Am 21. wird der rote Planet schließlich stationär und setzt zu seiner Oppositionsschleife an (siehe Abb. 9.3 auf Seite 179). Auch an der stark zunehmenden Helligkeit um $0\overset{m}{,}7$ auf $-0\overset{m}{,}8$ macht sich die nahende Opposition bemerkbar. Am 29. Januar 2010 wird es dann soweit sein: Mars steht in Opposition zur Sonne.

Mars wird zum dominierenden Gestirn der gesamten Nacht, wenn man von den frühen Abendstunden absieht. Am 1. geht der rote Planet um $21^{h}25^{m}$ auf und am 15. um $20^{h}39^{m}$. Am letzten Tag des Jahres erfolgt der Marsaufgang bereits um $19^{h}30^{m}$. Bis Jahresende wächst das Marsscheibchen auf $12\overset{''}{,}7$ an.

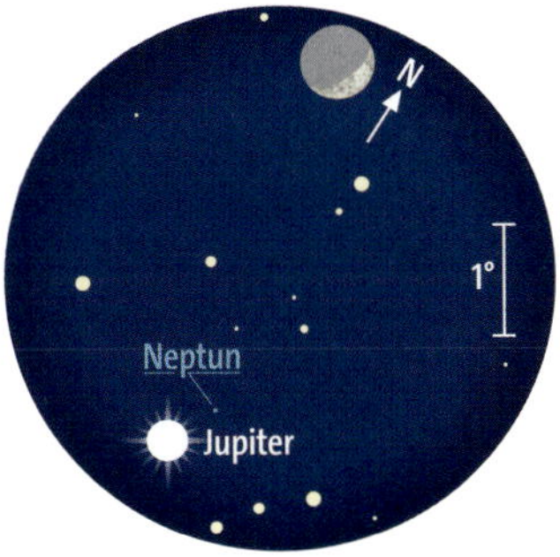

12.4 Jupiter, Neptun und Mond: **Zu Jupiter und Neptun gesellt sich am 21. Dezember die Sichel des zunehmenden Mondes. Fernglasanblick gegen 20^{h} MEZ bei 5° Gesichtsfelddurchmesser.**

Jupiter im Steinbock kann am frühen Abend im Südwesten gesehen werden. Der Riesenplanet ist kein spektakuläres Objekt mehr. Seine Helligkeit geht weiter leicht auf $-2\overset{m}{,}1$ zurück. Mit Einbruch der Dunkelheit steht er schon tief am Südwesthorizont.

Der Jupiteruntergang verfrüht sich von $21^{h}59^{m}$ zu Monatsbeginn auf $20^{h}31^{m}$ am Jahresende. Damit bleiben rund dreieinhalb Stunden Sichtbarkeit am Abendhimmel.

Am 20. wandert der Riesenplanet abermals nur 32′ südlich am sonnenfernen Neptun vorbei (siehe Abb. 12.4 oben). Die Sichel des zunehmenden Mondes gesellt sich am 21. zu Jupiter (siehe Abb. 12.1 auf Seite 230 und Abb. 12.4 oben).

Am 31. trennen uns 843 Millionen Kilometer vom Riesenplaneten, dies sind 5,64 AE oder knapp 47 Minuten Lichtlaufzeit.

Saturn kann in der zweiten Nachthälfte beobachtet werden. Seine Aufgänge verlagert der Ringplanet in die Zeit vor Mitternacht. Am 1. geht Saturn um $1^{h}47^{m}$ auf und am 15. um $0^{h}57^{m}$. Am letzten Tag des Jahres erfolgt der Aufgang des $0\overset{m}{,}9$ hellen Ringplaneten bereits um $23^{h}53^{m}$. Saturn wandert rechtläufig durch die Jungfrau, in der er auch am 22. März 2010 seine Opposition zur Sonne erreichen wird.

Der Mond zieht am 10. mittags weit südlich, nämlich fast 8° entfernt, an Saturn vorbei. Abends ist die Konjunktion schon aufgelöst.

Zum Jahresende trennen Saturn von der Erde 1395 Millionen Kilometer (= 9,32 AE). Dies entspricht einer Lichtlaufzeit von einer Stunde und 18 Minuten.

Uranus kommt am 2. im Sternbild Wassermann abermals zum Stillstand. Mit diesem zweiten Stillstand in diesem Jahr beendet der grünliche Planet seine Oppositionsperiode (siehe Abb. 9.5 auf Seite 180).

Uranus verlagert seine Untergänge in die Zeit vor Mitternacht. Geht er am 1. noch um $1^{h}01^{m}$ unter und am 15. um $0^{h}06^{m}$, so erfolgt der Untergang des lediglich $5\overset{m}{,}9$ hellen Planeten am letzten Tag des Jahres schon um $23^{h}01^{m}$. Seine Kulminationen verschiebt Uranus von $19^{h}11^{m}$ zu Monatsanfang auf $17^{h}15^{m}$ am Silvestertag.

Am Jahresende trennen uns 3047 Millionen Kilometer (= 20,37 AE) von Uranus.

Neptun, wieder rechtläufig im Steinbock, beginnt sich langsam vom Abendhimmel zurückzuziehen. Zum Jahresende wird es schwierig, den sonnenfernen Planeten noch zu erjagen. Nur durch die jetzt früh einsetzende Dämmerung bietet sich noch eine passable Sichtbarkeitschance. Um Neptun zu finden, kann der helle Jupiter gute Dienste leisten, denn er zieht nur 32′ südlich am 20. an Neptun vorbei (siehe Abb. 12.4 auf Seite 235 sowie Abb. 8.6 auf Seite 162).

Am Monatsanfang kulminiert Neptun um $17^{h}23^{m}$ und geht um $22^{h}17^{m}$ unter. Bis 15. verfrüht sich seine Meridianpassage auf $16^{h}29^{m}$ sowie sein Untergang auf $21^{h}23^{m}$. Am letzten Tag des Jahres passiert Neptun schon um $15^{h}27^{m}$ die Mittagslinie. Sein Untergang erfolgt am 31. um $20^{h}23^{m}$. Zu Silvester trennen 4596 Millionen Kilometer Neptun von der Erde, dies entspricht 30,72 AE und somit einer Lichtlaufzeit von vier Stunden und 15 Minuten.

Konstellationen und Ereignisse

Datum	MEZ	Ereignis
2.	6^{h}	Uranus im Stillstand, anschließend rechtläufig
7.	4	**Mond bei Mars**, Mond 5°,5 südlich, **Abstand 5°,5 um 23^{h} am 6.**
10.	12	Mond bei Saturn, Mond 7°,9 südlich
16.	0	Mond bei Venus, Mond 3°,1 südlich
18.	9	**Mond bei Merkur**, Mond 1°,4 nördlich, **Abstand 3°,3 um 17^{h}**
18.	18	**Merkur in größter östlicher Elongation (20°)**
20.	6	**Jupiter bei Neptun**, Jupiter 0°,6 südlich, **Abstand 0°,5 am 21.** (im Fernglas 32′)
21.	16	**Mond bei Jupiter**, Mond 4°,2 nördlich, **Abstand 3°,6 um 17^{h}**
21.	16	Mond bei Neptun, Mond 3°,6 nördlich
21.	17	Mars im Stillstand, anschließend rückläufig
21.	$18^{h}47^{m}$	**Sonne im Winterpunkt, Wintersonnenwende**
24.	3	Mond bei Uranus, Mond 6°,0 nördlich
24.	19	Pluto in Konjunktion mit der Sonne
26.	10	Merkur im Stillstand, anschließend rückläufig
31.	13	Merkur im Perihel
31.	20	**Partielle Mondfinsternis** – von Mitteleuropa aus beobachtbar (siehe Seite 19)

Pluto steht am 24. im Sternbild Schütze in Konjunktion mit der Sonne. Von der Erde ist der Zwergplanet an diesem Tag 4898 Millionen Kilometer (= 32,74 AE) entfernt. Von der Sonne trennen ihn 4751 Millionen Kilometer (= 31,76 AE).

Planetoiden

Vesta (4) bremst ihre rechtläufige Wanderung durch den Löwen stark ab und kommt zum Jahresende fast zum Stillstand. Der erfahrene Sternfreund und die versierte Sternfreundin wissen: Die Opposition ist nicht mehr fern. Die Vesta-Helligkeit steigt kräftig von $7^{m}{,}7$ auf $7^{m}{,}1$ während des Monats. Jetzt macht es kaum Mühe, den Planetoiden Nr. 4 mit einem guten Fernglas (plus Stativ!) in der zweiten Nachthälfte aufzuspüren. Dazu soll auch die Aufsuchkarte Abb. 3.2 auf Seite 67 dienlich sein.

Vesta kulminiert am 1. um $6^{h}03^{m}$, am 15. um $5^{h}19^{m}$ und am Monatsletzten schon um $4^{h}23^{m}$.

Periodische Sternschnuppenströme

Vom 7. bis 17. Dezember macht sich der ekliptikale Strom der **Geminiden** bemerkbar. Ihr Ausstrahlungspunkt liegt in den Zwillingen, rund 1° südwestlich von Kastor. Das Maximum tritt in den Morgenstunden des 13. Dezember ein, wo stündlich bis zu 120 Meteore,

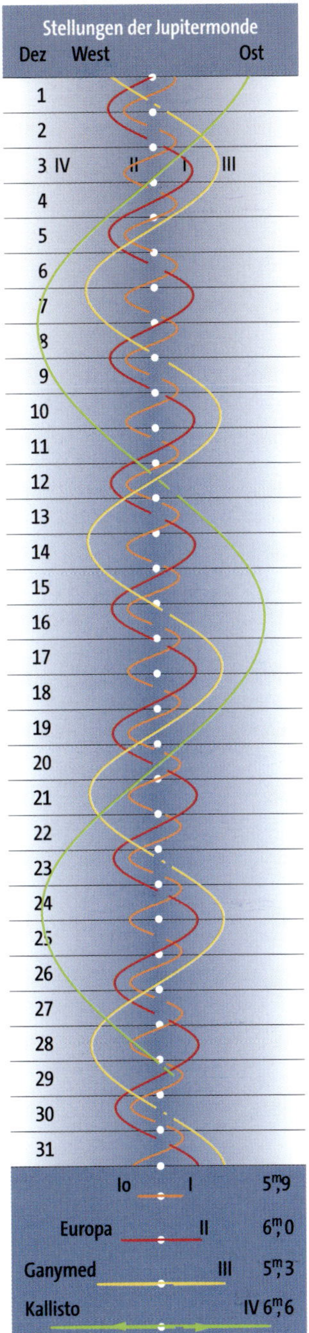

Jupitermonde

Tag	MEZ h m	Vorgang	
1.	16 48	III	BA
	16 50	I	SE
	20 27	III	BE
2.	19 02	II	BA
3.	20 07	IV	DA
4.	18 36	II	SE
6.	20 47	I	DA
7.	17 54	I	BA
	21 25	I	VE
8.	16 29	I	SA
	17 34	I	DE
	18 45	I	SE
	21 03	III	BA
11.	18 22	II	SA
	18 52	II	DE
	21 14	II	SE
12.	16 09	III	SA
	18 16	IV	VA
	19 43	III	SE
14.	19 54	I	BA
15.	17 16	I	DA
	18 25	I	SA
	19 33	I	DE
	20 41	I	SE
16.	17 50	I	VE
18.	18 45	II	DA
19.	19 18	III	DE
	20 10	III	SA
20.	19 01	II	VE
	20 37	IV	DE
22.	19 16	I	DA
	20 20	I	SA
23.	19 45	I	VE
24.	17 05	I	SE
26.	20 02	III	DA
27.	16 43	II	BA
29.	16 49	IV	VE
30.	17 39	III	VE
	18 25	I	BA
31.	16 44	I	SA
	18 04	I	DE
	19 01	I	SE

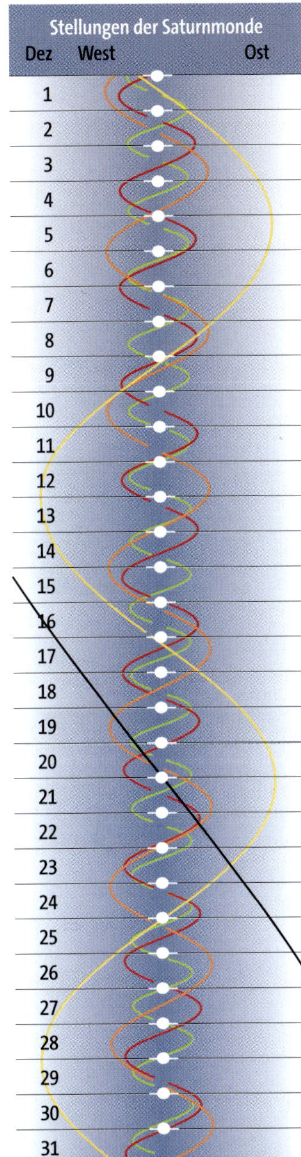

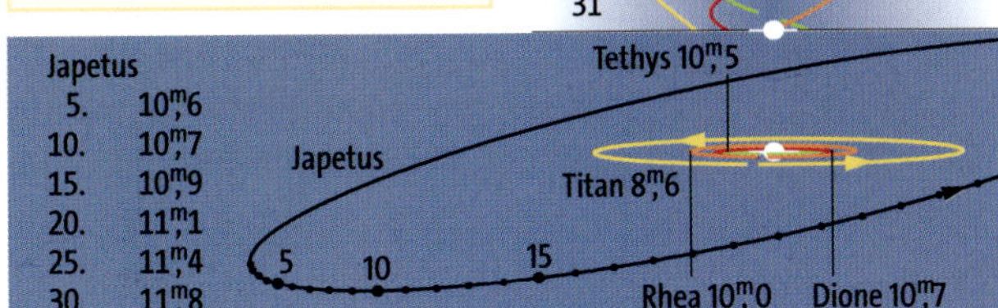

Der Mond während einer partiellen Mondfinsternis

DER FOTOTIPP

Die partielle Mondfinsternis an Silvester ist ein Motiv für lange Brennweiten (Teleobjektiv oder Fernrohr). Stellen Sie die Kamera auf manuelle Belichtung, variieren Sie die Belichtungszeit und lassen Sie sich von gelegentlichen Wolken nicht aufhalten.

mitunter auch sehr helle Objekte, über den Himmel huschen. Die Geschwindigkeiten liegen um 35 Kilometer pro Sekunde. Die günstigste Beobachtungszeit liegt zwischen 21^h und 6^h morgens.

Vom 17. bis 26. Dezember tauchen die **Ursiden** auf, deren Radiant im Sternbild Kleiner Bär zu finden ist. Ihr scharfes Maximum erreichen die Ursiden-Meteore in der Nacht vom 22. auf 23. Dezember gegen Mitternacht. Da der Radiant zirkumpolar ist, können die Ursiden die ganze Nacht beobachtet werden. Der Ursprung der Ursiden wird auf den Kometen 8P/Tuttle (früher: 1858 I) zurückgeführt. Die Sternschnuppen haben mittlere Geschwindigkeiten von 35 Kilometer pro Sekunde.

In den letzten Jahren wurden rund zehn bis zwanzig, manchmal auch mehr Objekte pro Stunde im Maximum registriert. Beim Maximum am 22. Dezember 2007 konnten 35 Meteore pro Stunde beobachtet werden.

Wenig ergiebig ist der Strom mit dem Namen **Coma Bereniciden**, dessen Radiant im Haar der Berenike liegt und die um die Jahreswende auftreten – etwa von Mitte Dezember bis Mitte Januar. Es handelt sich um sehr schnelle Objekte (um 65 Kilometer pro Sekunde). Das Maximum liegt um den 20. Dezember, wobei lediglich fünf bis zehn Meteore pro Stunde zu erwarten sind.

Veränderliche Sterne im Dezember

Algol-Minima	4.	4^h13^m	7.	1^h02^m	9.	21^h51^m	12.	18^h40^m	27.	2^h46^m	29.	23^h35^m
β-Lyrae-Minima	4.	3^hN	10.	14^hH	17.	2^hN	23.	13^hH	30.	0^hN		
δ-Cephei-Maxima	3.	9^h	8.	18^h	14.	3^h	19.	11^h	24.	20^h	30.	5^h
Mira-Helligkeit	1.	3^m	10.	3^m	20.	3^m	31.	4^m				

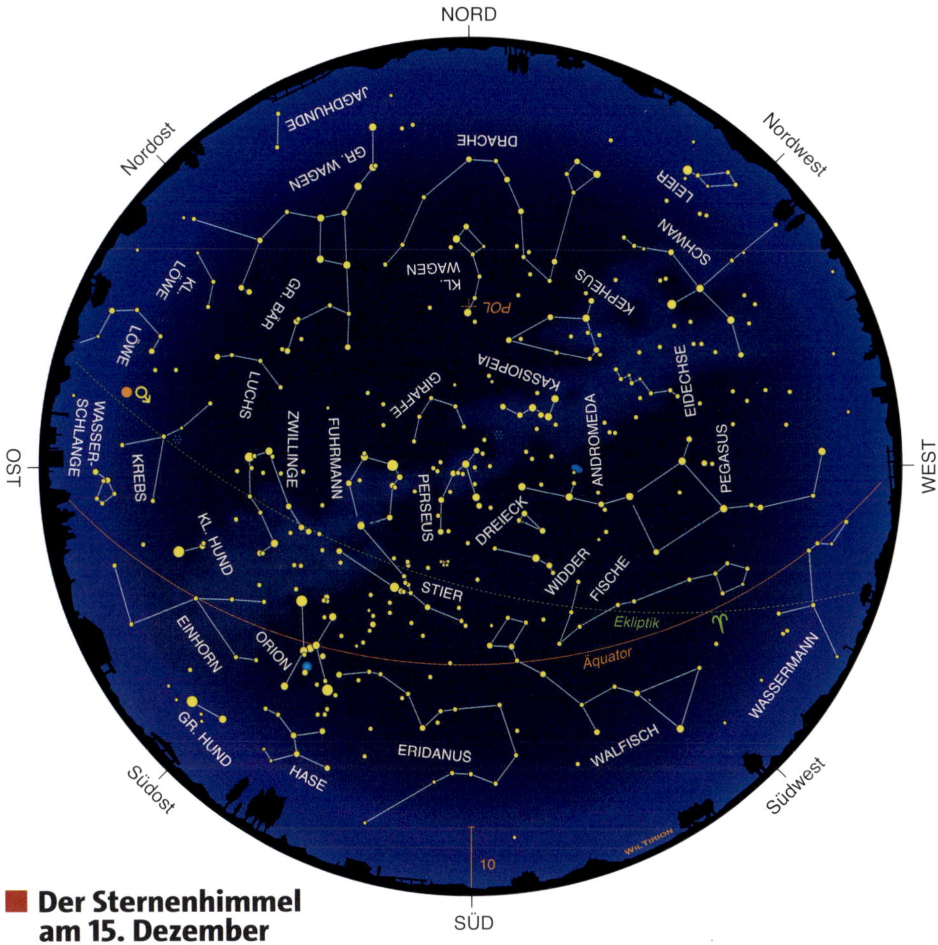

Der Sternenhimmel am 15. Dezember um 22^h MEZ

Die Sternkarte ist auch gültig für:

	MEZ	MESZ
15. 9.	4^h	5^h
1.10.	3	4
15.10.	2	3
1.11.	1	
15.11.	0	
1.12.	**23**	
15.12.	**22**	
31.12.	**21**	
15. 1.	20	
31. 1.	19	

Jetzt zeigt der abendliche Sternenhimmel eindeutig winterliche Züge. Mit Ausnahme des Perseus haben alle Herbstbilder die Mittagslinie, den Meridian, überschritten und befinden sich in der westlichen Hemisphäre des Firmaments. In der östlichen Himmelshälfte dagegen sind die Wintersternbilder bereits vollständig vertreten. Allmählich schließt sich somit der Jahresreigen der Sternbilderszenerie. Tief im Nordwesten ist noch das Sternenkreuz des fliegenden Schwans mit dem hellen Stern Deneb zu sehen. Der Schwan ist ein Relikt des Sommerhimmels. Tief am Nordhorizont flackert die Wega in der Leier, die bei uns nahezu zirkumpolar ist und daher fast das ganze Jahr über in klaren Nächten beobachtbar bleibt.

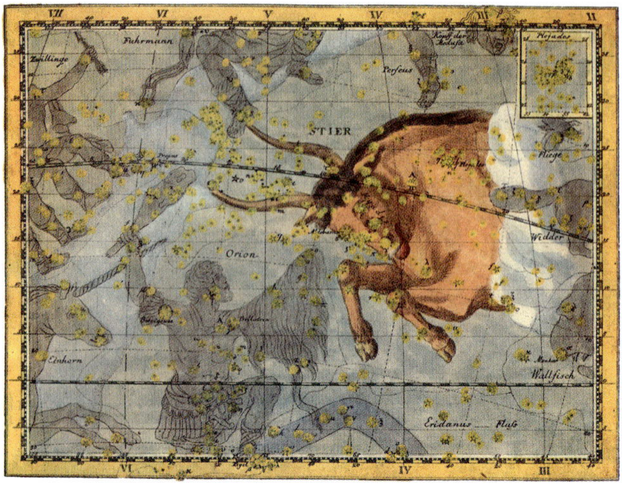

12.5 Das Sternbild Stier in dem Himmelsatlas von Johann Elert Bode aus dem Jahre 1782.

Noch hoch in westlicher Richtung erblickt man das Herbstviereck, das Pegasusquadrat, dessen Spitze zum Horizont deutet. Das Pegasusquadrat hängt mit der obersten Ecke an der Sternenkette der Andromeda, die sich vom Zenit aus nach Westen erstreckt. Den Platz im Zenit nimmt nun der Perseus ein, der strahlende Held aus der Andromedasage. Zwischen Kassiopeia und Perseus findet man fast senkrecht über unseren Köpfen die beiden prächtigen offenen Sternhaufen h und χ Perseï. Im Fernglas erscheinen sie allerdings nur als Lichtfleckchen, erst im Teleskop erkennt man Hunderte funkelnder Lichtpünktchen aller Farben. Für den Anfänger in der Beobachtung Veränderlicher Sterne sei auf Algol (β Perseï) hingewiesen. Er ist der Prototyp der Algol-Bedeckungsveränderlichen. Algol steht jetzt hoch über unseren Köpfen und ist leicht zu finden. Schon mit bloßen Augen kann man sich im Schätzen seiner Helligkeit üben. Die Helligkeitsminima von Algol sind in der monatlichen Rubrik „Veränderliche Sterne“ vermerkt.

Hoch im Süden hat gerade der Widder (lat.: Aries) den Meridian durchschritten. Sein Hauptstern Hamal (γ Arietis) leuchtet in einem orange-gelben Licht (Spektralklasse: K2 III).

Südlich des Widders macht der Sternenhimmel einen vergleichsweise düsteren Eindruck. Helle Sterne fehlen völlig in diesem Areal, das vom Walfisch und dem langgestreckten Fluß Eridanus eingenommen wird.

Funkelnder Wintersternhimmel

Umso eindrucksvoller zeigt sich nun der Ost- und Südosthimmel. Hoch im Osten, fast im Zenit, steht die helle, gelbliche Kapella im Fuhrmann, darunter die beiden Sternenketten der Zwillinge mit Kastor und Pollux.

Die meisten Völker sahen in diesen beiden Sternenketten zwei Menschengestalten. Die Inder nannten das Bild Mithuna und sahen darin einen Knaben und ein Mädchen. Bei den Persern hießen die Zwillinge Do Patkar, was lediglich „die beiden Figuren“ bedeutete. Im Mittelalter wurden hier zwei Engel gesehen.

Weit bekannter sind jedoch die lakedämonischen Zwillinge Kastor und Polydeukes oder römisch Pollux, ebenfalls Söhne des Zeus, auch als die Dioskuren bezeichnet. Während Pollux unsterblich ist, war Kastor sterblicher Natur. Nach dem Tod Kastors verbringt Pollux in unsterblicher Bruderliebe jeden zweiten Tag in der Unterwelt, im Hades. Die dritte, leicht gekrümmte Sternenkette, die man noch eventuell als Linie erkennen kann, soll den Bogen der Waffe von Pollux darstellen.

Kastor (α Geminorum) ist mit $1^{m},6$ scheinbarer Helligkeit etwas lichtschwächer als Pollux (β Geminorum). Kastor ist 52 Lichtjahre entfernt und setzt sich aus sechs Sonnen zusammen. Pollux ist ein orangefarbener, normaler Riesenstern (Spektraltyp K0 III) mit $1^{m},2$

scheinbarer Helligkeit. Seine Entfernung beträgt 34 Lichtjahre. Damit ist Pollux uns ein wenig näher als Arktur. Er ist somit der sonnennächste rote Riesenstern mit einer dreißigfachen Sonnenleuchtkraft.

Der Stier mit dem prächtigen Sternhaufen der Hyaden, in dessem Vordergrund der rotgelbe Aldebaran auffällig glänzt, und dem Siebengestirn, den Plejaden, schreitet zügig auf den Meridian zu. Die westlichen Teile des Stieres haben bereits die Mittagslinie erreicht.

Südöstlich des Stieres strahlt unübersehbar der Orion, das prominenteste der Wintersternbilder, mit den beiden hellen Sternen Beteigeuze und Rigel sowie den in einer geraden Linie stehenden drei Gürtelsternen. Tief im Südosten ist gerade Sirius im Großen Hund (α Canis Maioris), der hellste Fixstern am irdischen Himmel, über die Horizontlinie gestiegen. Auch Prokyon im Kleinen Hund (α Canis Minoris) ist bereits im Osten aufgetaucht. Damit ist das komplette Wintersechseck am Osthimmel vertreten. Es setzt sich aus den Sternen Sirius, Prokyon, Pollux, Kapella, Aldebaran und Rigel zusammen.

Das Sternbild Stier

Der Stier gehört zu den frühesten und am häufigsten erwähnten Sternbildern. Dies ist leicht zu verstehen, gehört er doch zum Tierkreis und setzt sich außerdem aus auffälligen Gestirnen zusammen: Der helle, rötlich funkelnde Aldebaran zieht die Aufmerksamkeit ebenso auf sich wie die beiden offenen Sternhaufen Hyaden und Plejaden, zwischen denen die Sonnenbahn, die Ekliptik, hindurchläuft. Hyaden und Plejaden bilden das sogenannte „Goldene Tor der Ekliptik“. Hinzu kommt, dass der Frühlingspunkt von rund 4000 bis 1700 v. Chr. im Stier lag und dieses Bild daher als Symbol der Fruchtbarkeit, des Lichtes, des aufstrebenden Lebens, der Stärke und Kraft angesehen wurde.

Fast alle Völker erkannten in diesem Sternenareal einen Stier. Schon die Babylonier erwähnen den „Stier des Lichtes“. In Ägypten, Kreta und Griechenland sah man im Stier ein göttliches Wesen, das Stärke, Mut, Überlegenheit und Ausdauer versinnbildlicht.

In der klassischen Mythologie taucht der Stier (ταῦρος) als Metamorphose des Göttervaters Zeus auf. Zeus hatte einst ein Auge auf Europa geworfen. Europa war die bildhübsche Tochter des Königs von Phönizien, Agenor. Als er Europa einmal belauert, wie sie mit ihren Gespielinnen am Meeresstrand Blumen pflückt, verwandelt er sich in einen prächtigen, weißen Stier. Als Europa den Stier erblickt, ist sie ganz ohne Furcht. Ihr gefällt das stattliche Tier, das offensichtlich zahm ist. Sie nähert sich dem Stier und beginnt ihn mit Blumen zu füttern. Der Stier wieder leckt ihr dankbar die Hände. Europa setzt einen frischen Kranz auf die prächtigen Hörner. Als sich der Stier im Gras lagert, besteigt sie den Stier und setzt sich auf seinen Rücken. Sachte erhebt sich dieser und schreitet majestätisch zum Gestade des Meeres. Zuerst watet er im seichten Wasser, dann geht er immer weiter hinein und entfernt sich vom Ufer. Als Europa schließlich angst und bange wird, schwimmt der Stier bereits im tiefen Wasser. Ihre Hilferufe verhallen ungehört. Europa klammert sich in Todesangst an die mächtigen Hörner, während der gewaltige Stierleib das Meer durchpflügt. Zwei Tage geht die Reise durch das Reich Poseidons, bis schließlich die Küste Kretas erreicht ist. Augenblicklich verwandelt sich der Stier in einen strahlenden, kräftigen Jüngling, der sich als Herrscher der Insel ausgibt. Heftig liebt er Europa, die im Gefühl trostloser Verlassenheit ihm keinen Widerstand entgegensetzt. Danach erhebt sich der Jüngling in den Sternenhimmel, wo er noch heute als Kretischer Stier zu erkennen ist – nur halb, wie er im Wasser schwimmt. Europa aber gebiert einen Sohn, den sie Minos nennt. Als König von Kreta wird er berühmt.

Bei den Arabern hieß dieses Sternbild El Taur, in Persien Tora, in Syrien Taura, in der Türkei Ughuz, im Jüdischen Shor, alles Bezeichnungen für „Stier“. Selbst die Indios am Amazonas sahen in der V-förmigen Gestalt der Hyaden einen Stierkopf.

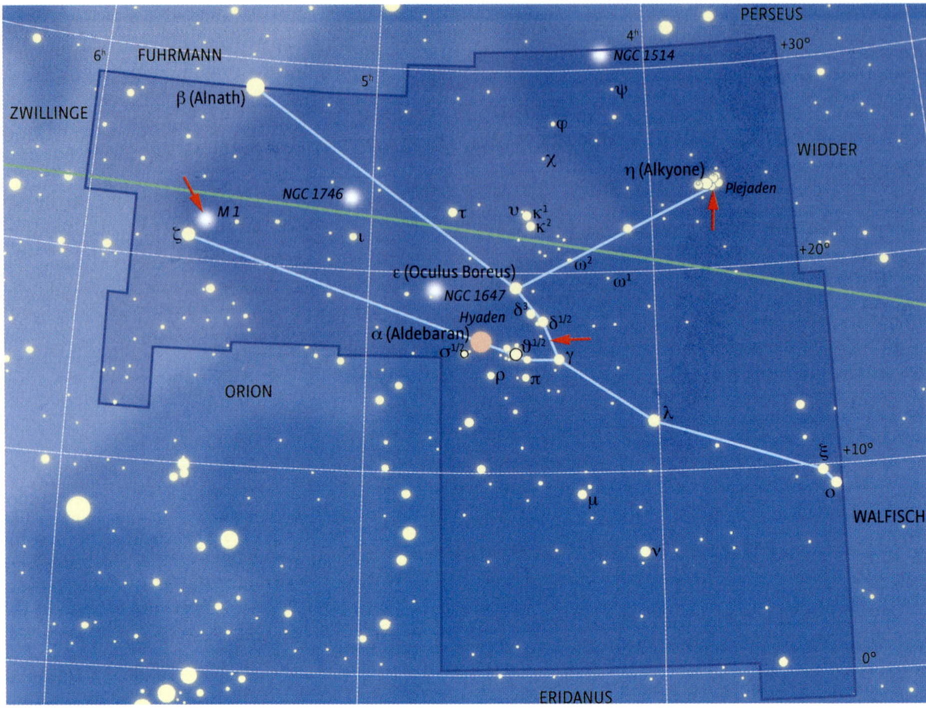

Nach ägyptischen Vorstellungen kam das Menschengeschlecht empor, als die Sonne im Stier stand (nämlich im Frühlingspunkt, lange vor der Zeitenwende).

Im hebräischen Tierkreis markiert der Stier den ersten Buchstaben dieses Alphabets, nämlich Aleph. Im christlichen Sternbilderreigen (apostolischer Zodiak) sieht man hier den heiligen Andreas.

Friedrich Wilhelm Argelander gibt 121 mit bloßen Augen sichtbare Sterne an, die zum Stier gehören. Der hellste Stern, α Tauri, heißt Aldebaran. Da er rötlich leuchtet, soll er das blutunterlaufene Auge des Stieres markieren. Bei Auf- oder Untergang leuchtet Aldebaran tiefrot infolge der selektiven Extinktion. Der Name stammt vom arabischen Al Dabaran, der Folgende, nämlich den Plejaden (ursprünglich: Nair al Dabaran, der eine Helle, der folgt). Aldebaran ist ein roter Riesenstern in 65 Lichtjahren Entfernung. Er gehört zu den veränderlichen Sternen ($0^m,75 - 0^m,95$).

Al Nath, β Tauri, stellt die Spitze des nördlichen Stierhorns dar. Seine Helligkeit beträgt $1^m,7$. Früher wurde dieser Stern noch zum Fuhrmann gerechnet (γ Aurigae).

Der Stier ist reich an interessanten Objekten. Allein um die beiden prominenten offenen Sternhaufen Hyaden und Plejaden ranken sich zahlreiche Sagen und Geschichten. Erwähnenswert ist auch der Krabbennebel (M 1), der Überrest einer Supernovaexplosion, die am 4. Juli 1054 am irdischen Himmel aufflammte. Im Zentrum von M 1 sitzt ein rasch rotierender Neutronenstern, ein sogenannter Pulsar. Der Stern T Tauri ist der Prototyp einer ganzen Klasse von unregelmäßigen veränderlichen Sternen, die sich noch in einem sehr frühen Stadium ihres Sternenlebens befinden.

12.6 Skelettkarte des Stiers mit den beiden offenen Sternhaufen Hyaden und Plejaden sowie dem Krabben-Nebel M 1.

Der mysteriöse Ursprung unseres Mondes

Ein stets dankbares Objekt für Himmelsbeobachter ist unser guter alter Mond. Schon in einem kleinen Teleskop oder selbst im Fernglas macht die pockennarbige Oberfläche des Erdtrabanten einen faszinierenden Eindruck. Ringwälle, Krater, Gebirgszüge und Tiefebenen zeigen sich dem Fernrohrbeobachter, wobei sie in der Nähe der Lichtgrenze, auch Terminator genannt, besonders plastisch wirken. Denn nahe dem Terminator werfen die Berge und Bodenerhebungen lange, tiefschwarze Schlagschatten, weil dort die Sonne über der Mondlandschaft recht tief steht, da sie gerade auf- oder untergeht. Die Schatten erscheinen scharf begrenzt und nicht diffus, da der Mond keine Lufthülle besitzt, die das Sonnenlicht streuen würde. Auf dem Mond gibt es somit auch kein Wetter.

Auch mit bloßen Augen sind auf dem Mond helle und dunkle Gebiete, die sogenannten Mondmeere, zu erkennen. Der Mond zeigt sein berühmtes Gesicht. Manche sehen einen Hasen oder eine Frau, andere einen Mann im Mond. Der Fantasie sind keine Grenzen gesetzt. Besonders beeindruckend kann ein Mondaufgang sein. Wenn der glutrote, riesige Ball des Vollmondes über dem Osthorizont langsam aufsteigt, dann mag man sich unwillkürlich fragen: Hatte die Erde schon immer einen Mond? Woher kommt und wie entstand unser Begleiter im Weltall? Der Mond ist mit 384400 Kilometer mittlerem Abstand der erdnächste Himmelskörper und der einzige natürliche Satellit unseres Globus.

Sicher scheint zu sein, dass die Erde schon sehr lange, nämlich über vier Milliarden Jahre, vom Mond umrundet wird. Im Vergleich zu anderen Monden in unserem Sonnensystem zeigt der Erdmond einige Besonderheiten. So ist er im Vergleich zu seinem Mutterplaneten relativ groß. Mit 3476 Kilometer Durchmesser ist er mehr als ein Viertel so groß wie die Erde. Das Mondvolumen beträgt somit ein Fünfzigstel des Erdvolumens. Die Mondmasse hingegen entspricht nur 1/81 der Erdmasse. Daraus folgt, dass die Monddichte geringer ist, nämlich nur sechzig Prozent der Erddichte. Während die Erde eine mittlere Dichte von 5,5 Gramm pro Kubikzentimeter aufweist, so ist die des Mondes lediglich 3,3 Gramm pro Kubikzentimeter.

12.7 Der Mond – unser Begleiter beim Lauf um die Sonne. Schon im Fernglas erkennt man die große Zahl von Kratern, Ringwällen und Gebirgen (Foto: Mario Weigand).

Damit ist die Monddichte ähnlich der Dichte der Erd*kruste*.

Während die großen Monde der anderen Planeten fast exakt in deren Äquatorebene auf kreisförmigen Bahnen ihre Mutterplaneten umrunden, liegt die Mondbahn eher in der Erdbahnebene. Sie ist lediglich um 5° zur Ekliptik geneigt. Die kleinen, irregulären Monde der anderen Planeten laufen dagegen meist auf stark geneigten, teilweise retrograden und langgestreckten Bahnen um ihre Mutterplaneten. Die Bahn des Erdmondes hingegen ist weder kreisförmig noch extrem elliptisch. Die numerische Exzentrizität der Mondbahn beträgt 0,055. Der Mond pendelt somit zwischen 356 400 Kilometer in Erdnähe und 406 700 Kilometer in Erdferne hin und her.

Darwins Theorie hat keinen Bestand

Lange war man der Meinung, unser Mond sei ein Abspaltungsprodukt der Erde. Diese Hypothese geht auf den großen Naturforscher und Schöpfer der Evolutionstheorie Charles Robert Darwin (1809–1882) zurück. Darwin war der Auffassung, dass Erde und Mond ursprünglich ein einziger Körper waren. Durch die rasche Rotation der Erde kam es zu einem Resonanzeffekt der durch die Sonne hervorgerufenen Gezeiten. Ähnlich wie eine Brücke im Wind durch Resonanzen ihre Schwingungen bis zum Einsturz verstärken kann – auch Soldaten dürfen deshalb nicht im Gleichschritt über Brücken marschieren – so hat sich ein Stück des Erdmantels von unserem Globus gelöst und ist ins All hinausgetriftet ähnlich wie ein Tropfen bei einem schnell rotierenden Ball. Die größere Dichte der Erde gegenüber der Monddichte ist nicht nur auf den höheren Druck durch die Schwerkraft zu erklären. Der Kompressionseffekt reicht dafür nicht aus. Dies erkannte schon Darwin. Vielmehr ist die Dichtedifferenz durch die unterschiedliche Zusammensetzung des Mond- und des Erdmaterials zu erklären. Vermutlich hat der Mond nur einen sehr kleinen Eisen-Nickel-Kern. Die Abspaltungshypothese erklärt sehr gut den Dichteunterschied. Der Mond setzt sich nach Darwin aus dem Material der Erdkruste zusammen. Auch die Narbe ist noch zu erkennen: Das Mondmaterial stammt aus dem Becken des Pazifik, des größten und tiefsten Meeres der Erde.

So plausibel Darwins Abspaltungshypothese auch erscheint, einige gravierende Einwände lassen an ihr zweifeln. Erstens ist das Volumen des Pazifiks viel kleiner als das des Mondes. Zum anderen sind die Fliehkräfte der rotierenden Erde am Äquator am größten. Demnach müsste der Mond die Erde in der Äquatorebene und nicht nahe der Ekliptikebene umrunden. Genauere Rechnungen zeigen, dass der Gesamtdrehimpuls, der bei der Abspaltung erhalten bleibt, etwa viermal größer gewesen sein müsste, um zur Abspaltung zu führen. Bei dieser hohen Rotationsgeschwindigkeit hätte es aber die Urerde völlig zerrissen, oder genauer: Die Erde hätte sich vor 4,6 Milliarden Jahren gar nicht durch Akkretion gebildet. Unter „Akkretion“ versteht man das Aufsammeln von Material eines Körpers, der dadurch an Masse und Volumen zunimmt. Die Planeten bildeten sich auf diese Weise, indem von kleinsten Staubteilchen durch Akkretion immer größere Brocken, sogenannte Planetesimale, gebildet wurden. Ab einer bestimmten Größe half die Gravitation entscheidend mit. Die sich bildende Urerde war vor vier Milliarden Jahren einem heftigen Bombardement von Meteoriten, Kometenkernen und Planetoiden aller Größen ausgesetzt. Bei diesen kosmischen Kollisionen verblieb das allermeiste Material auf der Erde, deren Schwerebeschleunigung an der Oberfläche nur noch wenige Meteorite ins All entfliehen ließ. So schön auch Darwins Abspaltungshypothese von 1879 klingt, unser Mond wurde so nicht geboren.

„Gebt mir einen Stein vom Mond, und ich sage euch, wie er entstanden ist“, sagte einst ein berühmter Planetenforscher. Nun, die Apollo-Astronauten brachten kiloweise Mondgestein zur Erde, das in zahlreichen Labors sorgfältig untersucht und analysiert wurde. Dabei wurde schnell klar: Die chemische Zusammensetzung des Erdmantels und des Mondes sind einander sehr ähnlich, ein Hinweis auf die enge Verwandtschaft von Erde und Mond. Beispielsweise ist das Mengenverhältnis der Sauerstoffisotope O_{16}, O_{17} und O_{18} im Erdmantel und im Mondgestein nahezu gleich. Auch der im Vergleich zu anderen Himmelskörpern niedrige Wolframgehalt sowohl in der Erdkruste als auch im Mondmaterial spricht für einen gemeinsamen Ursprung. Andererseits gibt es auch Unterschiede. So besteht im Mondmaterial ein Defizit an leichtflüchtigen Elementen wie Zink (Zn), Kalium (K), Phosphor (P), Blei (Pb), Wismut (Bi, auch Bismut), Iridium (Ir) und Gold (Au). Andererseits sind Verbindungen wie Siderit (Spateisenstein, $FeCO_3$) im Mondgestein in höherer Konzentration als im Krustenmaterial der Erde anzutreffen. Infolge der anfänglich hohen Temperaturen und der geringen Mondschwerkraft konnte ein höherer Anteil an leichtflüchtigen Elementen ins Weltall entschwinden, während andererseits eisenhaltige Verbindungen nicht in gleichem Maße wie bei der Erde zum Kern konzentriert wurden, da die geringere Gravitationswirkung ein Absinken verhinderte. Auch die Anteile an Aluminium (Al) und Uran (U) sind im Mondmaterial höher als in der Erdkruste.

Fazit: Erde und Mond sind gleichzeitig und in der gleichen Zone des Sonnensystems entstanden. Durch Akkretion haben sich eben zwei statt ein großer Körper gebildet. Erde und Mond wandern somit als Doppelplanet um die Sonne. Diese Hypothese erklärt auch plausibel die relativ große Masse des Mondes.

Allerdings bleiben bei dieser Hypothese einige Probleme ungelöst. Warum fehlt dem Mond ein adäquater Eisenkern? Wenn beide Himmelskörper aus dem gleichen Ursprungsmaterial gebildet wurden, müssten beide auch den gleichen Eisenanteil und damit auch die gleiche Dichte besitzen. Der kleine Merkur, der wie der Erdmond atmosphärelos ist und dessen Oberfläche eine mondähnliche Kraterlandschaft (allerdings ohne die großen Maria-Tiefebenen) bedeckt, hat eine mittlere Dichte von 5,4 Gramm pro Kubikzentimeter, also erdähnlich, und verfügt somit über einen stattlichen Eisenkern. Andererseits finden sich viele Elemente im Mondgestein wie im Erdmantel und zwar in gleicher Verteilung.

Ein weiteres Problem ist bei dieser Hypothese auch der hohe Drehimpuls des Erde-Mond-Systems. Wenn beide Körper durch Akkretion von Planetesimalen gleichzeitig entstanden sind, dann ist nicht erklärbar, woher der große Drehimpuls kommt. Denn wäre er schon im Stadium der Entstehung vorhanden gewesen, dann wäre es gar nicht zur Bildung der beiden Globen Erde und Mond gekommen.

Nächster Anlauf: Eingefangener Begleiter

Eine dritte Hypothese geht davon aus, dass der Mond irgendwo im Sonnensystem gleichzeitig mit der Erde und den anderen Planeten entstanden ist und die Erde sich ihn einst eingefangen hat ähnlich wie Jupiter seine äußeren Monde (die er aber wieder verlieren wird – die Sonne bleibt Sieger in diesem ungleichen Kampf). Auch hier stellt sich die Frage nach dem winzigen Eisenkern – wo ist das Eisen geblieben bei einem so großen Gebilde? Die Einfanghypothese würde allerdings die geringe Neigung der Mondbahn zur Ekliptik verständlich machen. Ein anderes Problem ist die relativ hohe Temperatur des Mondmaterials eine Milliarde Jahre nach seiner Bildung. Das Mare Imbrium (Regenmeer) bildete sich nach einem gewaltigen Treffer vor rund 3,5 Milliarden Jahren. Der Mond war damals heiß genug, sodass sich unter seiner dünnen Kruste noch feurig-flüssiges Magma befand, das austrat und das Einschlagbecken überflutete. Radioaktiver Zerfall der Elemente Uran und Thorium können die große Wärmemenge, die die Mondmaterie noch eine Milliarde Jahre nach ihrer Entstehung enthielt, nicht erklären. Der Mond hätte schneller auskühlen müssen.

Das größte Problem ist aber, den Einfang himmelsmechanisch zu verstehen. Alle anderen eingefangenen Monde sind im Verhältnis zu ihrem Mutterplaneten viel kleiner. Auch wäre zu erwarten, dass die Mondbahn eine wesentlich höhere numerische Exzentrizität aufweisen sollte, also viel langgestreckter sein sollte. Simulationsrechnungen mit Computern lassen erkennen, dass ein Einfang ein sehr unwahrscheinlicher Prozess ist, der, wenn er überhaupt stattfindet, einige hundert Millionen Jahre benötigt. Alle drei beschriebenen Hypothesen der Mondentstehung können nicht alle Fakten befriedigend erklären.

Eine völlig neue Überlegung brachte im Jahre 1975/76 der kanadische Astronom Alastair Graham Walter Cameron ins Spiel. Laut Cameron kam es nur hundert Millionen Jahre nach Bildung der Erde zu einer katastrophalen kosmischen Kollision. Ein riesiger Planetoid mit etwa einem Zehntel der Erdmasse und der Größe des Mars kollidierte mit der noch feurig-flüssigen Erde. Es war kein zentraler Treffer, sondern ein Streifschuss. Ein Teil des Erdmantels wurde ins All geschleudert, der Planetoid wurde fast völlig zerstört bis auf seinen Eisenkern, der sich innerhalb einer Stunde tief in unseren Erdglobus hineinbohrte und schließlich mit dem Erdkern verschmolz. Ein Teil des Materials aus dem Erdmantel regnete wieder auf die Erdoberfläche herab, ein wohl größerer Teil vereinigte sich mit dem Rest des Impaktkörpers, der Theia getauft wurde, zu einer gewaltigen Trümmerwolke, die schließlich durch Akkretion unseren Mond formte. Die Herkunft von Theia ist nicht schwer zu erklären. Aus der Kosmogonie des Sonnensystems ist zu entnehmen, dass in der Frühphase einige Dutzend Riesenplanetoiden innerhalb der Jupiterbahn die Sonne umschwirrten. Durch Kollisionen bildeten sie schließlich die terrestrischen Planeten Merkur, Venus, Erde und Mars. Die Kollision von Theia mit der noch jungen Erde war gewissermaßen der letzte große Hammerschlag. Es muss ein gewaltiger Vorgang gewesen sein, den man weithin hätte sehen können, wären damals Beobachter in sicherem Abstand zugegen gewesen. Die gewaltige kinetische Kollisionsenergie wurde fast augenblicklich in dissipative Energie verwandelt, kurz: in Hitze. Beide Körper flammten grell auf und strahlten minutenlang so hell wie die Sonne. Die Materialien wurden völlig aufgeschmolzen, was das Defizit der leichtflüchtigen Elemente erklärt. Da der Eisenkern von Theia mit der Erde verschmolz, erklärt dies den geringen Eisenanteil des Mondes. Auch die große Masse des Mondes wird plausibel. Schließlich war Theia ein nicht gerade kleines Objekt. Ein Teil des Kollisionsimpulses wurde in den Drehimpuls des Systems Erde – Mond gesteckt. Die Rotationsachse der Erde bekam ihren Schlag weg. Die Schiefe der Ekliptik von 23,°4 ist auf diesen wahrhaft kosmischen Impakt zurückzuführen. Seitdem steht die Erdachse nicht mehr senkrecht auf der Erdbahnebene, sondern weicht davon um 23,°4 ab. Ohne den Einschlag von Theia gäbe es auch keine Jahreszeiten und möglicherweise kein Leben auf unserem Planeten.

Impakt als schlüssigste Erklärung

Die Entstehung des Pazifischen Ozeans wird heute durch die Plattentektonik und Kontinentaldrift verständlich. Die Cameron-Hypothese einer primordialen Kollision mit der erst etwa hundert Millionen Jahre alten Erde lässt überzeugend verstehen, warum der Erdmond keinen Eisenkern hat, nicht in der Äquatorebene die Erde umkreist, weshalb er ein Defizit an leichtflüchtigen Elementen hat, wieso sein Bahndrehimpuls so groß ist und er im Vergleich zur Erde ein Riese ist. Auch war er durch den erneuten Aufschmelzungsprozess viel länger heiß als die übrigen planetaren Körper, sodass große Einschläge auf den noch jungen Mond die „Mondmeere" (Maria) aus flüssiger Lava entstehen ließen. Die Impakthypothese ist keine absolut sichere Erklärung für den Ursprung des Mondes, aber sie ist bei Weitem die

12.8 **Die Kollision eines primordialen Planeten mit der Erde führte zur Bildung unseres Mondes (Illustration: Shigemi Numazawa/Astrofoto Bildagentur).**

beste Hypothese, die die allermeisten Fakten und Beobachtungsgrößen recht zwanglos erklärt. Erde und Mond sind somit fast gleich alt. Schon die ersten sehenden Landbewohner konnten sich im milden Schein des Mondes nachts zurechtfinden. Ursprünglich war der Mond nur halb so weit entfernt wie heute. Infolge der Gezeiten wird permanent Drehimpuls auf unseren Nachbarn im All übertragen, weshalb er sich ständig von der Erde entfernt – pro Jahr um vier Zentimeter.

Noch sind nicht alle Rätsel um unseren Erdtrabanten gelöst. Um die Impakt-Hypothese zur Gewissheit werden zu lassen, plant die NASA die neue Mondmission Grail (**G**ravity **R**ecovery **A**nd **I**nterior **L**aboratory). Die Mission sieht vor, zwei Raumsonden in eine Mondumlaufbahn zu bringen, um das Gravitationsfeld des Mondes genau zu vermessen. Die Mission soll 2011 starten und Aufschluss über die Entstehung des Mondes und der terrestrischen Planeten geben. Auch Deutschland soll an dieser Mission beteiligt werden.

Schließlich plant die NASA für das Jahr 2020 die Rückkehr von Menschen zum Mond. Dafür wurde das neue Lunar Science Institute gegründet, das am 1. März 2008 am NASA Ames Research Center in Moffet Field (Kalifornien, USA) seine Arbeit aufnahm. Etwa fünfzig Wissenschaftler sollen sich ganz der Mondforschung widmen und die nächste bemannte Mondlandung vorbereiten. Möglicherweise wird erstmals eine Frau Mondboden betreten. Dann wird die „Frau im Mond" zur Realität.

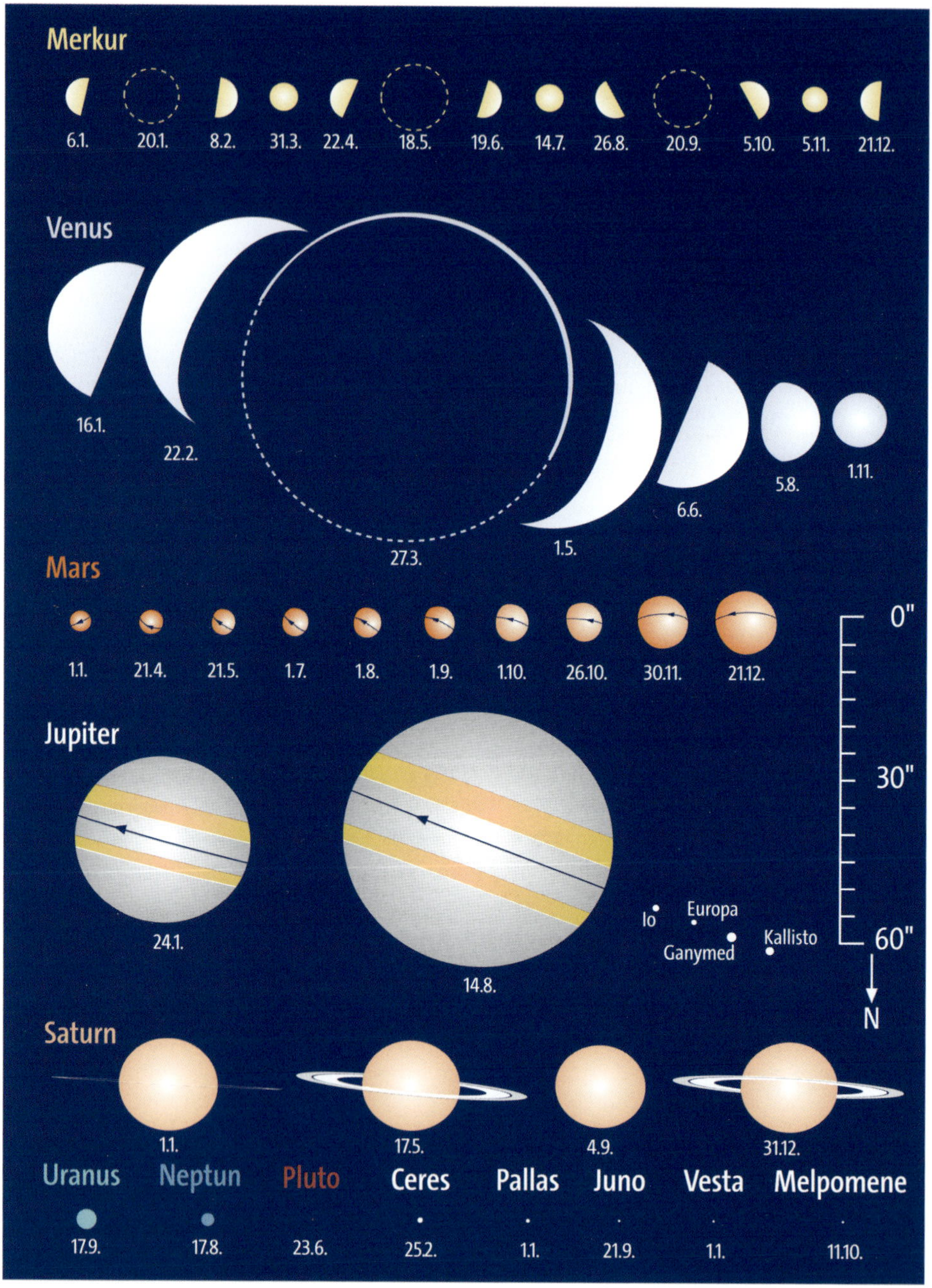

T.1 Die Größe der Planetenscheibchen im Jahre 2009. Man beachte den eingetragenen Maßstab in Bogensekunden. Anblick im umkehrenden Fernrohr (Norden unten, Osten rechts).

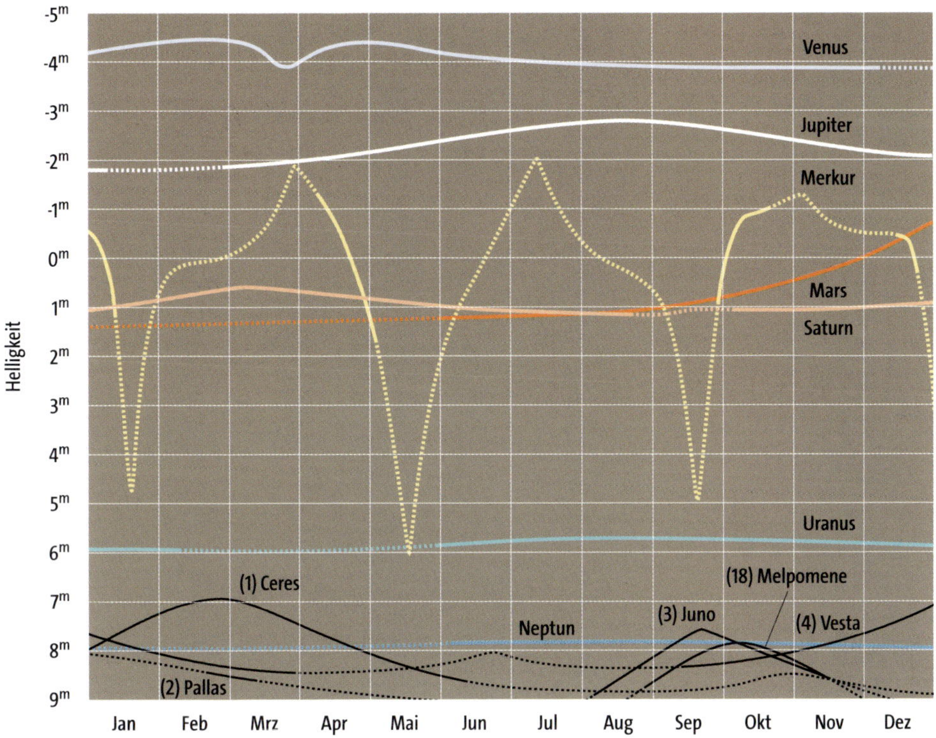

T.2 Die Helligkeiten der Planeten 2009.

T.3 Die Sichtbarkeiten der Planeten im Jahr 2009.

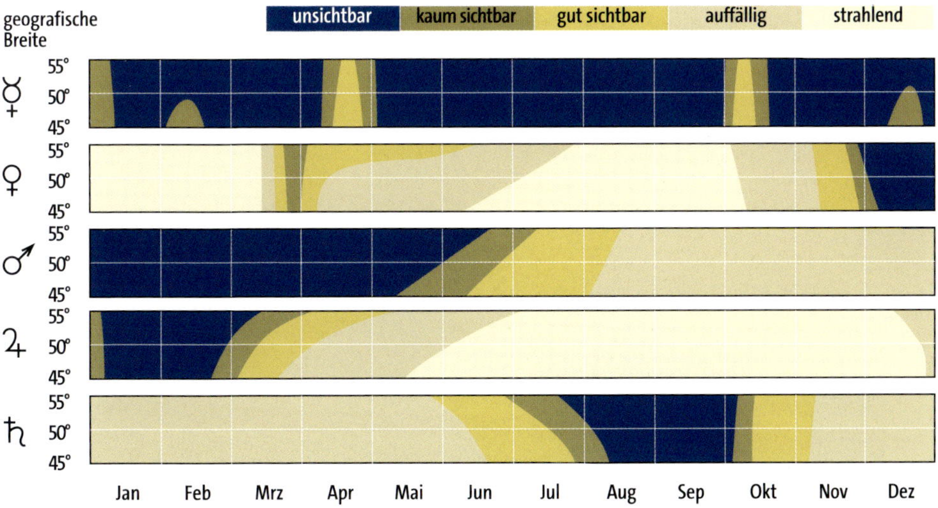

Ekliptikale Koordinaten des Mondes 2009

	JANUAR		FEBRUAR		MÄRZ		APRIL		MAI		JUNI	
Tag	Länge °	Breite °	Länge °	Breite °	Länge °	Breite °	Länge °	Breite °	Länge °	Breite °	Länge °	Breite °
2.	342,0	+2,8	30,9	+5,2	41,5	+5,2	94,3	+2,7	133,4	−0,8	184,7	−4,6
4.	7,6	+4,5	58,5	+5,0	69,2	+4,5	122,5	+0,4	160,9	−3,0	210,5	−5,1
6.	34,6	+5,2	87,4	+3,5	97,5	+2,7	150,4	−2,0	187,7	−4,5	235,6	−4,7
8.	63,4	+4,8	116,9	+1,1	126,2	+0,2	177,9	−3,9	213,7	−5,0	259,9	−3,4
10.	93,5	+3,1	146,4	−1,6	154,9	−2,3	204,7	−4,9	238,9	−4,5	283,7	−1,5
12.	123,8	+0,5	174,9	−3,8	182,9	−4,2	230,5	−4,9	263,3	−3,2	307,3	+0,6
14.	153,1	−2,1	201,9	−5,0	209,7	−5,1	255,2	−3,9	287,1	−1,3	331,1	+2,6
16.	180,7	−4,1	227,2	−5,2	235,1	−4,9	279,0	−2,2	310,7	+0,7	355,7	+4,3
18.	206,6	−5,2	251,4	−4,5	259,3	−3,9	302,7	−0,2	334,8	+2,7	21,7	+5,1
20.	231,1	−5,2	275,1	−2,9	283,0	−2,2	326,8	+1,9	0,1	+4,3	49,6	+4,9
22.	255,0	−4,3	298,8	−0,9	306,8	−0,1	352,1	+3,7	27,1	+5,1	79,1	+3,4
24.	278,6	−2,7	323,1	+1,3	331,4	+2,0	19,0	+4,8	55,8	+4,6	109,3	+1,0
26.	302,4	−0,6	348,3	+3,3	357,1	+3,9	47,2	+4,9	85,5	+3,0	139,1	−1,7
28.	326,7	+1,6	14,5	+4,7	24,0	+4,9	76,2	+3,7	115,2	+0,6	167,6	−3,9
30.	351,7	+3,6	–	–	51,9	+4,9	105,1	+1,6	143,9	−2,0	194,6	−5,1

	JULI		AUGUST		SEPTEMBER		OKTOBER		NOVEMBER		DEZEMBER	
Tag	Länge °	Breite °	Länge °	Breite °	Länge °	Breite °	Länge °	Breite °	Länge °	Breite °	Länge °	Breite °
2.	220,2	−5,2	265,8	−3,0	309,9	+0,9	342,4	+3,6	29,4	+5,0	65,6	+3,7
4.	244,8	−4,3	289,5	−1,0	333,9	+2,9	7,7	+4,7	57,0	+4,2	94,7	+1,5
6.	268,8	−2,7	313,1	+1,2	358,7	+4,4	34,0	+5,0	85,3	+2,4	124,0	−1,1
8.	292,5	−0,7	337,1	+3,2	24,3	+5,1	61,1	+4,1	113,7	0,0	152,8	−3,4
10.	316,1	+1,5	1,7	+4,6	50,7	+4,8	88,8	+2,3	142,0	−2,4	180,5	−4,9
12.	340,0	+3,4	27,2	+5,3	78,0	+3,4	116,9	0,0	169,9	−4,2	207,4	−5,2
14.	4,7	+4,8	53,9	+4,8	106,2	+1,1	145,3	−2,4	197,3	−5,0	233,3	−4,4
16.	30,7	+5,3	81,9	+3,2	135,2	−1,4	173,7	−4,2	224,0	−4,7	258,4	−2,8
18.	58,3	+4,7	111,2	+0,8	164,5	−3,7	201,7	−5,0	249,7	−3,5	282,7	−0,8
20.	87,5	+2,9	141,1	−1,9	193,2	−4,9	228,6	−4,6	274,4	−1,6	306,4	+1,4
22.	117,7	+0,2	170,7	−4,1	220,6	−5,0	254,2	−3,3	298,3	+0,6	330,0	+3,3
24.	147,8	−2,5	199,0	−5,1	246,3	−4,0	278,6	−1,4	321,9	+2,6	353,9	+4,7
26.	176,7	−4,4	225,5	−5,0	270,7	−2,3	302,2	+0,7	345,8	+4,2	18,8	+5,3
28.	203,9	−5,3	250,5	−3,9	294,4	−0,3	326,0	+2,6	10,9	+5,0	45,2	+4,8
30.	229,5	−5,0	274,4	−2,2	318,1	+1,8	350,4	+4,2	37,5	+5,0	73,5	+3,2

Koordinaten gelten für 1^h MEZ und sind geozentrische Werte.
Von Mitteleuropa aus steht der Mond etwa 0,7° südlicher.
Abstand der Mondbahn relativ zu helleren Sternen 2009:

Stern:	Hamal	Aldebaran	Al Nath	Pollux	Regulus	Spica	Antares	Nunki
Mond:	5° südl.	9° nördl.	3° südl.	7° südl.	4° südl.	4° südl.	1° südl.	1° nördl.

T.4 Lage der Mondbahn im Tierkreis relativ zur Ekliptik von 180° bis 360° ekl. Länge.

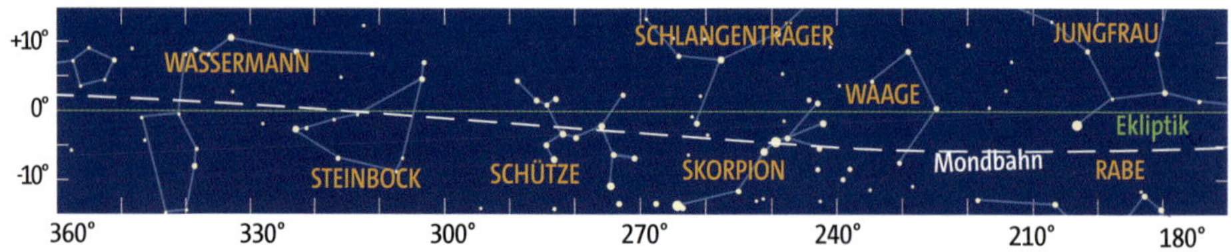

Ekliptikale Koordinaten der Sonne und der großen Planeten 2009

Datum		SONNE Länge °	MERKUR Länge °	MERKUR Breite °	VENUS Länge °	VENUS Breite °	MARS Länge °	MARS Breite °	JUPITER Länge °	JUPITER Breite °	SATURN Länge °	SATURN Breite °
Jan	1.	280,5	299,3	−1,6	327,1	−1,5	273,4	−0,7	298,8	−0,4	171,6	+2,0
	10.	289,7	307,3	+0,3	336,8	−0,8	280,2	−0,8	300,9	−0,4	171,6	+2,1
	20.	299,9	301,4	+3,1	346,9	+0,1	287,8	−0,9	303,2	−0,4	171,3	+2,1
	31.	311,1	291,7	+2,9	357,1	+1,5	296,3	−0,9	305,8	−0,5	170,8	+2,2
Feb	10.	321,2	295,5	+1,1	5,1	+2,9	304,0	−1,0	308,2	−0,5	170,3	+2,2
	20.	331,3	305,9	−0,6	11,3	+4,6	311,8	−1,1	310,5	−0,5	169,6	+2,2
	28.	339,4	316,6	−1,5	14,3	+5,9	318,0	−1,1	312,3	−0,5	169,0	+2,3
Mrz	10.	349,4	331,8	−2,2	14,9	+7,5	325,8	−1,1	314,5	−0,5	168,2	+2,3
	20.	359,4	348,9	−2,1	11,5	+8,4	333,7	−1,2	316,6	−0,5	167,4	+2,3
	31.	10,2	10,1	−1,1	4,9	+7,8	342,3	−1,2	318,8	−0,6	166,6	+2,3
Apr	10.	20,1	30,7	+0,6	0,1	+5,9	350,1	−1,2	320,6	−0,6	165,9	+2,3
	20.	29,9	48,5	+2,2	359,0	+3,7	357,9	−1,2	322,2	−0,6	165,4	+2,2
	30.	39,6	59,3	+2,7	1,6	+1,6	5,6	−1,1	323,7	−0,7	165,0	+2,2
Mai	10.	49,3	61,3	+1,4	7,0	0,0	13,3	−1,1	324,9	−0,7	164,8	+2,2
	20.	59,0	56,5	−1,4	14,3	−1,2	20,9	−1,0	325,8	−0,7	164,8	+2,2
	31.	69,5	52,7	−3,7	23,8	−2,1	29,2	−1,0	326,5	−0,8	165,0	+2,1
Jun	10.	79,1	56,3	−3,8	33,4	−2,5	36,6	−0,9	326,8	−0,8	165,3	+2,1
	20.	88,7	66,6	−2,7	43,5	−2,7	44,0	−0,8	326,9	−0,9	165,8	+2,1
	30.	98,2	82,5	−0,8	54,1	−2,7	51,2	−0,7	326,5	−0,9	166,4	+2,0
Jul	10.	107,7	102,8	+1,0	65,0	−2,5	58,4	−0,6	325,9	−1,0	167,1	+2,0
	20.	117,3	124,0	+1,8	76,1	−2,2	65,4	−0,5	325,0	−1,0	168,0	+2,0
	31.	127,8	144,8	+1,3	88,6	−1,7	72,9	−0,3	323,8	−1,0	169,1	+2,0
Aug	10.	137,3	160,8	+0,2	100,2	−1,2	79,6	−0,2	322,6	−1,1	170,2	+2,0
	20.	147,0	173,8	−1,4	111,9	−0,6	86,2	0,0	321,3	−1,1	171,3	+2,0
	31.	157,6	183,7	−3,2	125,0	0,0	93,2	+0,2	319,9	−1,1	172,7	+2,0
Sep	10.	167,3	185,6	−4,2	137,0	+0,5	99,4	+0,3	318,8	−1,1	173,9	+2,0
	20.	177,0	177,9	−3,1	149,2	+0,9	105,3	+0,5	317,9	−1,1	175,1	+2,0
	30.	186,8	171,4	0,0	161,4	+1,2	111,0	+0,7	317,3	−1,1	176,4	+2,0
Okt	10.	196,7	179,6	+1,8	173,7	+1,4	116,4	+1,0	317,1	−1,1	177,6	+2,0
	20.	206,6	195,6	+1,8	186,1	+1,5	121,5	+1,2	317,1	−1,0	178,8	+2,0
	31.	217,5	214,1	+0,8	199,8	+1,5	126,6	+1,5	317,6	−1,0	180,0	+2,0
Nov	10.	227,5	230,4	−0,3	212,3	+1,4	130,8	+1,8	318,3	−1,0	181,0	+2,1
	20.	237,6	246,0	−1,3	224,9	+1,1	134,3	+2,1	319,3	−1,0	182,0	+2,1
	30.	247,7	261,3	−2,1	237,5	+0,8	137,0	+2,4	320,6	−1,0	182,8	+2,1
Dez	10.	257,9	276,0	−2,3	250,0	+0,4	138,9	+2,8	322,2	−1,0	183,4	+2,2
	20.	268,0	288,2	−1,5	262,6	0,0	139,6	+3,2	323,9	−0,9	184,0	+2,2
	31.	279,3	289,7	+1,3	276,5	−0,4	138,9	+3,7	326,0	−0,9	184,3	+2,3

Länge	Jan 1.	Mrz 1.	Mai 1.	Jul 1.	Sep 1.	Nov 1.	Dez 31.	Breite
URANUS	349°,1	351°,8	355°,0	356°,5	355°,1	353°,0	352°,9	−0°,8 bis −0°,7
NEPTUN	322,3	324,4	326,1	326,1	324,6	323,6	324,4	−0,4
PLUTO	271,1	272,8	273,0	271,6	270,5	271,2	273,1	+5,1 bis +5,8

T.4 Lage der Mondbahn im Tierkreis relativ zur Ekliptik von 0° bis 180° ekl. Länge.

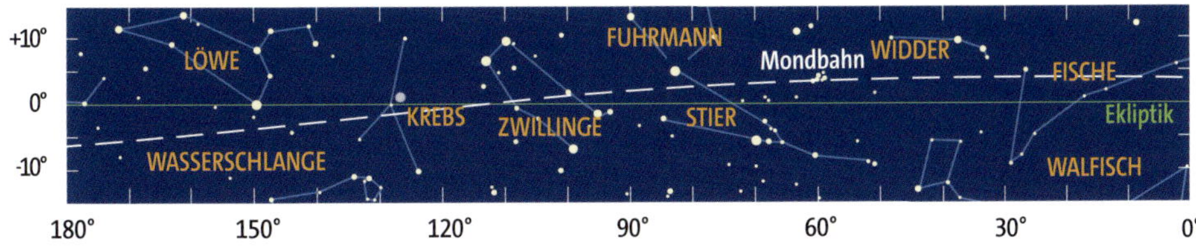

Ephemeriden der großen Planeten Januar – Juni 2009

Datum		Merkur Rektas. h m	Deklin. °	Kulmin. h m	Unterg. h m	Du. ″	bel. %	Venus Rektas. h m	Deklin. °	Kulmin. h m	Unterg. h m	Du. ″	bel. %
Jan	1.	20 07	−21,8	13 45	17 58	6,2	71	21 59	−13,9	15 37	20 34	21,4	58
	5.	20 26	−20,2	13 47	18 10	6,9	57	22 16	−12,1	15 37	20 44	22,2	56
	10.	20 39	−18,2	13 39	18 12	8,0	35	22 35	− 9,8	15 37	20 55	23,3	54
	15.	20 34	−16,9	13 12	17 51	9,2	12	22 54	− 7,4	15 36	21 06	24,6	51
	20.	20 12	−16,8	12 30	17 07	10,1	1	23 12	− 5,0	15 34	21 15	26,0	48
	25.	19 46	−17,6	11 46		10,0	7	23 28	− 2,6	15 31	21 24	27,6	45
	31.	19 32	−18,8	11 09	Aufg.	9,0	26	23 47	+ 0,2	15 26	21 32	29,8	42
Feb	5.	19 35	−19,6	10 54	6 31	8,1	41	0 01	+ 2,5	15 20	21 37	31,8	38
	10.	19 49	−20,0	10 49	6 27	7,3	53	0 14	+ 4,7	15 13	21 41	34,1	35
	15.	20 09	−19,9	10 50	6 27	6,7	62	0 25	+ 6,8	15 04	21 42	36,7	31
	20.	20 34	−19,3	10 55	6 29	6,3	70	0 34	+ 8,6	14 53	21 40	39,6	27
	25.	21 01	−18,2	11 02	6 30	5,9	75	0 41	+10,3	14 40	21 34	42,8	23
	28.	21 18	−17,3	11 08	6 30	5,7	78	0 43	+11,1	14 30	21 28	44,9	20
Mrz	5.	21 48	−15,3	11 18	6 29	5,5	83	0 45	+12,2	14 12	21 15	48,5	15
	10.	22 18	−12,9	11 29	6 27	5,3	87	0 43	+12,8	13 50	20 56	52,1	11
	15.	22 50	− 9,8	11 41	6 23	5,1	91	0 38	+12,8	13 24	20 30	55,5	6
	20.	23 23	− 6,3	11 54	6 19	5,0	95	0 29	+12,3	12 56	19 57	58,1	3
	25.	23 56	− 2,3	12 08		5,0	98	0 18	+11,1	12 26		59,6	1
	31.	0 39	+ 3,0	12 27	Unterg.	5,0	100	0 05	+ 9,1	11 49	Aufg.	59,4	1
Apr	5.	1 16	+ 7,6	12 44	19 30	5,2	98	23 57	+ 7,3	11 21	4 44	57,5	3
	10.	1 53	+12,2	13 02	20 11	5,5	90	23 51	+ 5,5	10 56	4 27	54,6	6
	15.	2 29	+16,3	13 18	20 48	6,0	76	23 49	+ 4,0	10 35	4 13	51,0	11
	20.	3 02	+19,5	13 30	21 18	6,7	59	23 51	+ 3,0	10 17	4 00	47,3	15
	25.	3 28	+21,6	13 36	21 35	7,6	42	23 56	+ 2,4	10 02	3 48	43,6	20
	30.	3 46	+22,6	13 33	21 37	8,7	27	0 03	+ 2,2	9 51	3 37	40,2	24
Mai	5.	3 55	+22,7	13 22	21 24	9,9	15	0 14	+ 2,3	9 42	3 27	37,1	28
	10.	3 55	+21,8	13 02	20 57	11,1	6	0 26	+ 2,8	9 34	3 17	34,3	32
	15.	3 48	+20,1	12 35	20 19	11,9	1	0 40	+ 3,6	9 28	3 08	31,8	36
	20.	3 38	+18,0	12 05		12,2	0	0 55	+ 4,6	9 24	2 58	29,6	39
	25.	3 29	+16,2	11 37	Aufg.	11,9	4	1 11	+ 5,8	9 20	2 49	27,7	43
	31.	3 25	+14,9	11 09	3 53	10,9	12	1 31	+ 7,3	9 17	2 38	25,7	46
Jun	5.	3 29	+14,8	10 54	3 37	9,9	21	1 49	+ 8,8	9 16	2 29	24,2	49
	10.	3 40	+15,6	10 46	3 24	8,9	30	2 08	+10,3	9 15	2 21	22,9	52
	15.	3 57	+17,0	10 44	3 14	7,9	40	2 27	+11,8	9 14	2 13	21,7	54
	20.	4 21	+18,8	10 49	3 08	7,1	51	2 48	+13,3	9 15	2 05	20,6	57
	25.	4 51	+20,7	11 00	3 07	6,4	64	3 08	+14,7	9 16	1 58	19,7	59
	30.	5 28	+22,5	11 17	3 13	5,8	77	3 30	+16,1	9 17	1 52	18,8	61

Datum		Saturn Rektas. h m	Deklin. °	Kulmin. h m	Aufg. h m	Äqu. ″	Pol. ″	Ring gr. A. ″	kl. A. ″	Öffn. °	hel. Ö. °	Leucht.
Jan.	1.	11 33	+ 5,2	5 09	22 38	18,5	16,5	41,9	0,6	−0,8	−3,4	0,07
	15.	11 32	+ 5,3	4 14	21 42	18,9	16,9	42,9	0,7	−1,0	−3,2	0,08
	31.	11 30	+ 5,6	3 09	20 35	19,3	17,2	43,9	1,0	−1,3	−3,0	0,10
Feb	15.	11 26	+ 6,0	2 06	19 31	19,6	17,5	44,5	1,4	−1,8	−2,7	0,12
	28.	11 23	+ 6,4	1 12	18 34	19,8	17,6	44,9	1,8	−2,3	−2,5	0,14
Mrz	15.	11 19	+ 6,9	0 08		19,8	17,7	44,9	2,2	−2,8	−2,3	0,15
	31.	11 14	+ 7,4	22 57	Unterg.	19,6	17,5	44,5	2,6	−3,4	−2,1	0,14
Apr	15.	11 11	+ 7,7	21 54	4 38	19,3	17,2	43,9	2,9	−3,8	−1,8	0,14
	30.	11 08	+ 7,9	20 53	3 38	18,9	16,9	42,9	3,1	−4,1	−1,6	0,12
Mai	15.	11 07	+ 8,0	19 53	2 38	18,5	16,5	41,9	3,0	−4,2	−1,4	0,11
	31.	11 08	+ 7,9	18 51	1 35	17,9	16,0	40,7	2,9	−4,0	−1,1	0,09
Jun	15.	11 10	+ 7,6	17 54	0 37	17,5	15,6	39,7	2,6	−3,7	−0,9	0,08
	30.	11 13	+ 7,3	16 58	23 36	17,0	15,2	38,7	2,2	−3,3	−0,6	0,06

Mars						Jupiter						Datum	
Rektas.	Deklin.	Kulmin.	Aufg.	Du.	bel.	Rektas.	Deklin.	Kulmin.	Unterg.	Äqu.	Pol.		
h m	o	h m	h m	″	%	h m	o	h m	h m	″	″		
18 15	−24,1	11 52	7 56	3,9	100	20 04	−20,8	13 40	17 56	32,7	30,5	1.	Jan.
18 28	−24,0	11 49	7 53	3,9	100	20 08	−20,6	13 28	17 46	32,6	30,4	5.	
18 45	−23,8	11 46	7 49	3,9	100	20 13	−20,4	13 13	17 32	32,5	30,4	10.	
19 01	−23,5	11 43	7 43	3,9	100	20 18	−20,1	12 58	17 19	32,4	30,3	15.	
19 18	−23,1	11 40	7 38	3,9	99	20 23	−19,9	12 44	17 06	32,4	30,3	20.	
19 34	−22,6	11 37	7 31	4,0	99	20 27	−19,6	12 29		32,4	30,3	25.	
19 54	−21,8	11 33	7 22	4,0	99	20 33	−19,2	12 11	Aufg.	32,4	30,3	31.	
20 10	−21,1	11 29	7 14	4,0	99	20 38	−19,0	11 56	7 29	32,5	30,4	5.	Feb
20 26	−20,2	11 26	7 05	4,0	99	20 43	−18,7	11 41	7 13	32,6	30,4	10.	
20 42	−19,3	11 22	6 56	4,1	99	20 48	−18,4	11 26	6 56	32,7	30,6	15.	
20 58	−18,3	11 18	6 46	4,1	99	20 52	−18,1	11 11	6 39	32,8	30,7	20.	
21 14	−17,2	11 14	6 36	4,1	98	20 57	−17,8	10 56	6 22	33,0	30,8	25.	
21 23	−16,5	11 12	6 30	4,1	98	21 00	−17,6	10 47	6 12	33,1	31,0	28.	
21 39	−15,3	11 07	6 19	4,1	98	21 04	−17,3	10 32	5 55	33,3	31,2	5.	Mrz
21 54	−14,0	11 03	6 08	4,2	98	21 09	−17,0	10 17	5 38	33,6	31,4	10.	
22 09	−12,6	10 58	5 56	4,2	98	21 13	−16,7	10 01	5 21	33,8	31,7	15.	
22 24	−11,2	10 54	5 44	4,2	98	21 17	−16,4	9 46	5 04	34,2	31,9	20.	
22 39	− 9,8	10 49	5 32	4,3	97	21 21	−16,1	9 30	4 47	34,5	32,3	25.	
22 56	− 8,0	10 43	5 17	4,3	97	21 26	−15,7	9 11	4 26	34,9	32,7	31.	
23 11	− 6,5	10 37	5 05	4,3	97	21 29	−15,5	8 55	4 09	35,3	33,0	5.	Apr
23 25	− 5,0	10 32	4 52	4,3	97	21 33	−15,2	8 39	3 51	35,8	33,4	10.	
23 40	− 3,5	10 27	4 39	4,4	96	21 36	−14,9	8 22	3 33	36,2	33,9	15.	
23 54	− 1,9	10 21	4 27	4,4	96	21 39	−14,7	8 06	3 15	36,7	34,3	20.	
0 08	− 0,4	10 16	4 14	4,4	96	21 42	−14,5	7 49	2 57	37,2	34,8	25.	
0 22	+ 1,2	10 10	4 01	4,5	96	21 45	−14,3	7 32	2 39	37,8	35,3	30.	
0 37	+ 2,7	10 05	3 48	4,5	95	21 47	−14,1	7 15	2 21	38,3	35,8	5.	Mai
0 51	+ 4,2	9 59	3 35	4,5	95	21 50	−13,9	6 58	2 03	38,9	36,4	10.	
1 05	+ 5,7	9 53	3 22	4,6	95	21 52	−13,8	6 40	1 44	39,5	37,0	15.	
1 19	+ 7,2	9 48	3 10	4,6	95	21 53	−13,6	6 22	1 26	40,2	37,6	20.	
1 33	+ 8,6	9 42	2 57	4,6	94	21 55	−13,5	6 04	1 07	40,8	38,2	25.	
1 50	+10,3	9 36	2 42	4,7	94	21 56	−13,4	5 41	0 44	41,6	38,9	31.	
2 04	+11,6	9 30	2 30	4,7	94	21 57	−13,4	5 23	0 25	42,3	39,6	5.	Jun
2 18	+12,9	9 25	2 18	4,8	94	21 57	−13,4	5 03	0 06	43,0	40,2	10.	
2 33	+14,1	9 19	2 06	4,8	93	21 58	−13,4	4 44	23 43	43,7	40,8	15.	
2 47	+15,3	9 14	1 54	4,8	93	21 58	−13,4	4 24	23 23	44,3	41,5	20.	
3 02	+16,4	9 09	1 43	4,9	93	21 57	−13,5	4 04	23 03	45,0	42,1	25.	
3 16	+17,4	9 03	1 32	4,9	93	21 56	−13,5	3 44	22 43	45,6	42,7	30.	

Uranus					Neptun					Pluto		Datum	
Rektas.	Deklin.	Kulmin.	Unterg.	Du.	Rektas.	Deklin.	Kulmin.	Unterg.	Du.	Rektas.	Deklin.		
h m	o	h m	h m	″	h m	o	h m	h m	″	h m	o		
23 21	−5,0	16 56	22 35	3,4	21 39	−14,5	15 14	20 06	2,2	18 04	−17,7	1.	Jan
23 23	−4,8	16 03	21 43	3,4	21 40	−14,3	14 21	19 14	2,2	18 06	−17,7	15.	
23 25	−4,5	15 02	20 44	3,4	21 43	−14,1	13 20	18 14	2,2	18 08	−17,7	31.	
23 28	−4,2	14 06	19 49	3,4	21 45	−13,9	12 24		2,2	18 10	−17,7	15.	Feb
23 31	−4,0	13 18	19 02	3,3	21 47	−13,8	11 34	Aufg.	2,2	18 11	−17,7	28.	
23 34	−3,6	12 22		3,3	21 49	−13,6	10 37	5 41	2,2	18 12	−17,7	15.	Mrz
23 37	−3,3	11 22	Aufg.	3,3	21 51	−13,4	9 36	4 39	2,2	18 13	−17,7	31.	
23 40	−2,9	10 26	4 37	3,4	21 52	−13,3	8 39	3 41	2,2	18 13	−17,6	15.	Apr
23 43	−2,7	9 30	3 40	3,4	21 53	−13,2	7 41	2 43	2,3	18 12	−17,6	30.	
23 45	−2,4	8 33	2 42	3,4	21 54	−13,2	6 43	1 44	2,3	18 11	−17,6	15.	Mai
23 47	−2,2	7 32	1 40	3,5	21 54	−13,1	5 40	0 41	2,3	18 10	−17,6	31.	
23 48	−2,1	6 34	0 41	3,5	21 54	−13,2	4 41	23 38	2,3	18 08	−17,6	15.	Jun
23 48	−2,1	5 35	23 39	3,5	21 53	−13,2	3 41	22 39	2,3	18 06	−17,7	30.	

Ephemeriden der großen Planeten Juli – Dezember 2009

Datum		Merkur Rektas. h m	Deklin. o	Kulmin. h m	Aufg. h m	Du. ″	bel. %	Venus Rektas. h m	Deklin. o	Kulmin. h m	Aufg. h m	Du. ″	bel. %
Jul	5.	6 10	+23,6	11 40	3 28	5,4	90	3 51	+17,5	9 20	1 47	18,0	63
	10.	6 56	+23,8	12 07	3 54	5,1	98	4 14	+18,6	9 23	1 43	17,3	66
	15.	7 43	+22,9	12 34		5,0	100	4 37	+19,7	9 26	1 41	16,7	67
	20.	8 27	+21,0	12 58	Unterg.	5,1	97	5 01	+20,5	9 30	1 39	16,1	69
	25.	9 08	+18,3	13 19	20 54	5,2	91	5 25	+21,2	9 34	1 39	15,5	71
	31.	9 50	+14,5	13 37	20 51	5,4	84	5 54	+21,8	9 40	1 42	15,0	73
Aug	5.	10 22	+11,1	13 48	20 44	5,7	78	6 19	+21,9	9 45	1 46	14,5	75
	10.	10 49	+ 7,7	13 56	20 34	6,0	72	6 44	+21,9	9 51	1 52	14,1	77
	15.	11 14	+ 4,3	14 01	20 22	6,3	66	7 09	+21,6	9 56	1 59	13,7	78
	20.	11 35	+ 1,2	14 02	20 08	6,8	59	7 34	+21,0	10 02	2 08	13,4	80
	25.	11 53	− 1,7	14 00	19 53	7,3	52	8 00	+20,3	10 07	2 18	13,1	81
	31.	12 09	− 4,4	13 51	19 31	8,1	42	8 29	+19,0	10 13	2 32	12,7	83
Sep	5.	12 15	− 5,8	13 37	19 11	8,9	31	8 54	+17,7	10 18	2 45	12,4	84
	10.	12 14	− 6,1	13 15	18 49	9,7	19	9 19	+16,2	10 23	2 58	12,2	85
	15.	12 04	− 4,8	12 45		10,3	7	9 43	+14,5	10 27	3 12	12,0	87
	20.	11 47	− 2,0	12 08	Aufg.	10,4	1	10 06	+12,6	10 31	3 26	11,7	88
	25.	11 32	+ 1,3	11 34	5 26	9,7	6	10 30	+10,6	10 35	3 40	11,5	89
	30.	11 29	+ 3,4	11 12	4 53	8,4	23	10 53	+ 8,4	10 39	3 55	11,4	90
Okt	5.	11 39	+ 3,6	11 05	4 45	7,2	47	11 16	+ 6,2	10 42	4 09	11,2	91
	10.	12 02	+ 1,8	11 08	4 56	6,3	69	11 39	+ 3,8	10 45	4 24	11,0	92
	15.	12 30	− 1,0	11 16	5 18	5,6	84	12 02	+ 1,4	10 48	4 38	10,9	93
	20.	13 00	− 4,5	11 27	5 45	5,2	93	12 25	− 1,0	10 51	4 53	10,8	94
	25.	13 31	− 8,0	11 39	6 14	5,0	97	12 48	− 3,5	10 55	5 08	10,7	95
	31.	14 09	−12,1	11 52	6 49	4,8	99	13 16	− 6,4	10 59	5 26	10,5	95
Nov	5.	14 40	−15,3	12 04	7 17	4,7	100	13 39	− 8,7	11 02	5 41	10,4	96
	10.	15 11	−18,1	12 16		4,7	100	14 03	−11,0	11 06	5 57	10,3	97
	15.	15 43	−20,6	12 28	Unterg.	4,7	99	14 27	−13,2	11 11	6 12	10,3	97
	20.	16 15	−22,6	12 41	16 45	4,7	97	14 51	−15,2	11 16	6 28	10,2	98
	25.	16 48	−24,2	12 54	16 48	4,9	95	15 16	−17,1	11 21	6 43	10,1	98
	30.	17 21	−25,3	13 07	16 55	5,0	93	15 41	−18,8	11 27	6 59	10,1	98
Dez	5.	17 55	−25,7	13 21	17 06	5,3	88	16 07	−20,3	11 33	7 14	10,0	99
	10.	18 27	−25,6	13 33	17 19	5,7	82	16 34	−21,5	11 40	7 28	10,0	99
	15.	18 56	−24,9	13 42	17 34	6,2	72	17 01	−22,5	11 47	7 41	9,9	99
	20.	19 20	−23,7	13 46	17 45	6,9	57	17 28	−23,2	11 54	7 53	9,9	100
	25.	19 33	−22,2	13 37	17 46	8,0	36	17 55	−23,6	12 02	8 03	9,9	100
	31.	19 25	−20,7	13 03	17 20	9,4	10	18 28	−23,7	12 11	8 13	9,9	100

Datum		Saturn Rektas. h m	Deklin. o	Kulmin. h m	Unterg. h m	Äqu. ″	Pol. ″	Ring gr. A. ″	kl. A. ″	Öffn. o	hel. Ö. o	Leucht.
Jul	15.	11 17	+ 6,8	16 04	22 38	16,7	14,9	37,8	1,8	−2,7	−0,4	0,04
	31.	11 23	+ 6,1	15 07	21 38	16,3	14,6	37,1	1,3	−2,0	−0,2	0,02
Aug	15.	11 29	+ 5,5	14 14	20 42	16,1	14,4	36,6	0,7	−1,2	0,1	0,00
	31.	11 36	+ 4,7	13 18		16,0	14,2	36,2	0,2	−0,3	0,3	0,00
Sep	15.	11 43	+ 4,0	12 25	Aufg.	15,9	14,2	36,1	0,4	0,6	0,5	0,04
	30.	11 50	+ 3,3	11 33	5 15	15,9	14,2	36,2	0,9	1,5	0,8	0,06
Okt	15.	11 57	+ 2,6	10 41	4 26	16,0	14,3	36,4	1,5	2,3	1,0	0,08
	31.	12 03	+ 1,9	9 45	3 33	16,3	14,5	36,9	2,0	3,1	1,2	0,10
Nov	15.	12 09	+ 1,3	8 51	2 43	16,5	14,8	37,5	2,5	3,7	1,5	0,12
	30.	12 14	+ 0,9	7 57	1 51	16,9	15,1	38,3	2,9	4,3	1,7	0,13
Dez	15.	12 17	+ 0,5	7 02	0 57	17,3	15,5	39,3	3,2	4,7	1,9	0,15
	31.	12 20	+ 0,4	6 01	23 53	17,8	15,9	40,4	3,4	4,9	2,2	0,16

Mars						Jupiter						Datum	
Rektas.	Deklin.	Kulmin.	Aufg.	Du.	bel.	Rektas.	Deklin.	Kulmin.	Aufg.	Äqu.	Pol.		
h m	o	h m	h m	″	%	h m	o	h m	h m	″	″		
3 30	+18,4	8 58	1 21	5,0	92	21 55	−13,6	3 23	22 23	46,2	43,2	5.	Jul
3 45	+19,2	8 53	1 11	5,0	92	21 54	−13,8	3 02	22 03	46,8	43,8	10.	
4 00	+20,0	8 48	1 01	5,1	92	21 53	−13,9	2 41	21 42	47,3	44,2	15.	
4 14	+20,8	8 43	0 51	5,2	92	21 51	−14,1	2 19	21 22	47,8	44,7	20.	
4 29	+21,4	8 38	0 42	5,2	91	21 49	−14,3	1 58	21 01	48,2	45,0	25.	
4 46	+22,0	8 31	0 32	5,3	91	21 46	−14,6	1 31	20 36	48,5	45,4	31.	
5 01	+22,5	8 26	0 24	5,4	91	21 44	−14,8	1 09	20 15	48,8	45,6	5.	Aug
5 15	+22,9	8 21	0 16	5,4	90	21 41	−15,0	0 47	19 54	48,9	45,7	10.	
5 29	+23,2	8 15	0 09	5,5	90	21 39	−15,2	0 25		49,0	45,8	15.	
5 43	+23,4	8 10	0 02	5,6	90	21 36	−15,4	0 03	Unterg.	48,9	45,7	20.	
5 57	+23,5	8 04	23 54	5,7	90	21 34	−15,7	23 36	4 26	48,8	45,6	25.	
6 14	+23,6	7 57	23 46	5,8	90	21 31	−15,9	23 10	3 58	48,5	45,4	31.	
6 28	+23,6	7 51	23 40	5,9	89	21 28	−16,1	22 48	3 35	48,2	45,1	5.	Sep
6 41	+23,5	7 44	23 35	6,0	89	21 26	−16,2	22 26	3 13	47,8	44,7	10.	
6 54	+23,3	7 38	23 29	6,2	89	21 24	−16,4	22 05	2 50	47,3	44,3	15.	
7 07	+23,1	7 31	23 24	6,3	89	21 23	−16,5	21 44	2 28	46,8	43,8	20.	
7 19	+22,8	7 24	23 18	6,4	89	21 22	−16,6	21 23	2 07	46,3	43,3	25.	
7 31	+22,5	7 16	23 13	6,6	89	21 20	−16,7	21 02	1 46	45,7	42,7	30.	
7 43	+22,2	7 08	23 07	6,8	88	21 20	−16,7	20 42	1 25	45,0	42,1	5.	Okt
7 55	+21,8	7 00	23 01	6,9	88	21 19	−16,7	20 22	1 05	44,4	41,5	10.	
8 06	+21,4	6 51	22 55	7,1	88	21 19	−16,7	20 02	0 45	43,7	40,9	15.	
8 16	+21,0	6 42	22 48	7,3	88	21 20	−16,7	19 43	0 26	43,0	40,2	20.	
8 26	+20,6	6 32	22 41	7,6	88	21 20	−16,6	19 24	0 07	42,3	39,6	25.	
8 38	+20,0	6 20	22 32	7,9	89	21 21	−16,5	19 01	23 42	41,5	38,8	31.	
8 47	+19,6	6 09	22 24	8,1	89	21 23	−16,4	18 43	23 24	40,8	38,2	5.	Nov
8 55	+19,2	5 58	22 14	8,4	89	21 24	−16,3	18 25	23 07	40,2	37,6	10.	
9 03	+18,9	5 46	22 04	8,7	89	21 26	−16,1	18 07	22 50	39,6	37,0	15.	
9 10	+18,5	5 33	21 53	9,1	90	21 28	−16,0	17 50	22 34	39,0	36,4	20.	
9 16	+18,3	5 20	21 41	9,4	90	21 31	−15,8	17 33	22 18	38,4	35,9	25.	
9 21	+18,1	5 05	21 28	9,8	91	21 33	−15,5	17 16	22 02	37,8	35,4	30.	
9 26	+17,9	4 50	21 13	10,2	91	21 36	−15,3	16 59	21 47	37,3	34,9	5.	Dez
9 29	+17,9	4 34	20 57	10,7	92	21 39	−15,0	16 42	21 31	36,8	34,4	10.	
9 31	+17,9	4 16	20 39	11,1	93	21 43	−14,7	16 26	21 17	36,3	34,0	15.	
9 32	+18,0	3 58	20 20	11,6	94	21 46	−14,4	16 10	21 02	35,9	33,6	20.	
9 32	+18,3	3 38	19 58	12,0	95	21 50	−14,1	15 54	20 48	35,5	33,2	25.	
9 30	+18,7	3 12	19 30	12,6	96	21 54	−13,7	15 35	20 31	35,0	32,8	31.	

Uranus					Neptun					Pluto		Datum	
Rektas.	Deklin.	Kulmin.	Aufg.	Du.	Rektas.	Deklin.	Kulmin.	Aufg.	Du.	Rektas.	Deklin.		
h m	o	h m	h m	″	h m	o	h m	h m	″	h m	o		
23 48	−2,1	4 36	22 40	3,6	21 52	−13,4	2 41	21 39	2,3	18 05	−17,7	15.	Jul
23 47	−2,3	3 32	21 36	3,6	21 51	−13,5	1 37	20 36	2,3	18 03	−17,8	31.	
23 46	−2,4	2 32	20 36	3,7	21 49	−13,6	0 36		2,4	18 02	−17,8	15.	Aug
23 44	−2,6	1 27	19 33	3,7	21 48	−13,8	23 28	Unterg.	2,3	18 02	−17,9	31.	
23 41	−2,9	0 26		3,7	21 46	−13,9	22 27	3 26	2,3	18 02	−18,0	15.	Sep
23 39	−3,1	23 20	Unterg.	3,7	21 45	−14,0	21 27	2 25	2,3	18 02	−18,0	30.	
23 37	−3,3	22 19	4 10	3,7	21 44	−14,1	20 27	1 25	2,3	18 03	−18,1	15.	Okt
23 35	−3,5	21 15	3 05	3,6	21 44	−14,1	19 24	0 22	2,3	18 04	−18,2	31.	
23 34	−3,6	20 15	2 04	3,6	21 44	−14,1	18 25	23 19	2,3	18 06	−18,2	15.	Nov
23 34	−3,7	19 15	1 05	3,6	21 44	−14,0	17 27	22 21	2,3	18 08	−18,3	30.	
23 34	−3,6	18 17	0 06	3,5	21 45	−14,0	16 29	21 23	2,2	18 10	−18,3	15.	Dez
23 35	−3,5	17 15	23 01	3,5	21 47	−13,8	15 27	20 23	2,2	18 12	−18,3	31.	

Ephemeriden hellerer Kleinplaneten 2009

Ceres (1)

Datum		Rektas. h m	Deklin. °	Kulmin. h m
Jan	**1.**	11 17	+18,0	4 54
	5.	11 19	+18,3	4 40
	10.	11 20	+18,7	4 22
	15.	11 21	+19,2	4 03
	20.	11 21	+19,8	3 43
	25.	11 20	+20,4	3 23
	31.	11 18	+21,1	2 58
Feb	**5.**	11 16	+21,8	2 36
	10.	11 13	+22,5	2 13
	15.	11 10	+23,2	1 50
	20.	11 06	+23,8	1 27
	25.	11 02	+24,4	1 03
	28.	10 59	+24,7	0 48
Mrz	**5.**	10 55	+25,1	0 24
	10.	10 50	+25,5	0 00
	15.	10 46	+25,8	23 32
	20.	10 42	+25,9	23 09
	25.	10 39	+26,0	22 46
	31.	10 36	+25,9	22 19
Apr	5.	10 34	+25,7	21 57
	10.	10 32	+25,4	21 36
	15.	10 32	+25,1	21 16
	20.	10 32	+24,6	20 57
	25.	10 32	+24,1	20 38
	30.	10 34	+23,6	20 19
Mai	5.	10 35	+23,0	20 02
	10.	10 38	+22,3	19 45
	15.	10 41	+21,6	19 28
	20.	10 44	+20,9	19 12
	25.	10 48	+20,1	18 56
	31.	10 53	+19,2	18 37
Jun	5.	10 58	+18,4	18 22
	10.	11 03	+17,5	18 08
	15.	11 08	+16,7	17 53
	20.	11 14	+15,8	17 39
	25.	11 19	+14,9	17 25
	30.	11 25	+13,9	17 12

Vesta (4)

Datum		Rektas. h m	Deklin. °	Kulmin. h m
Jan	**1.**	2 02	+ 4,9	19 37
	5.	2 04	+ 5,3	19 23
	10.	2 06	+ 5,9	19 06
	15.	2 09	+ 6,4	18 49
	20.	2 12	+ 7,1	18 33
	25.	2 16	+ 7,7	18 17
	31.	2 21	+ 8,5	17 59
Feb	5.	2 26	+ 9,1	17 44
	10.	2 31	+ 9,8	17 29
	15.	2 37	+10,5	17 15
	20.	2 42	+11,1	17 01
	25.	2 49	+11,8	16 48
	28.	2 52	+12,2	16 40
Mrz	5.	2 59	+12,9	16 27
	10.	3 06	+13,6	16 14
	15.	3 13	+14,2	16 01
	20.	3 20	+14,9	15 49
	25.	3 28	+15,5	15 37
	31.	3 37	+16,2	15 22
Okt	5.	9 10	+17,6	8 35
	10.	9 18	+17,2	8 23
	15.	9 25	+16,8	8 11
	20.	9 33	+16,4	7 59
	25.	9 40	+16,0	7 46
	31.	9 48	+15,5	7 30
Nov	5.	9 54	+15,2	7 17
	10.	10 00	+14,9	7 04
	15.	10 06	+14,6	6 50
	20.	10 12	+14,3	6 36
	25.	10 17	+14,1	6 21
	30.	10 22	+13,9	6 06
Dez	5.	10 26	+13,8	5 51
	10.	10 30	+13,7	5 35
	15.	10 34	+13,7	5 19
	20.	10 36	+13,8	5 02
	25.	10 39	+13,9	4 45
	31.	10 40	+14,2	4 23

Juno (3)

Datum		Rektas. h m	Deklin. °	Kulmin. h m
Aug	1.	0 11	+ 3,6	3 53
	5.	0 12	+ 3,4	3 38
	10.	0 14	+ 3,1	3 20
	15.	0 14	+ 2,6	3 00
	20.	0 14	+ 2,0	2 41
	25.	0 13	+ 1,3	2 20
	31.	0 11	+ 0,4	1 55
Sep	5.	0 09	− 0,6	1 33
	10.	0 06	− 1,5	1 11
	15.	0 03	− 2,6	0 48
	20.	0 00	− 3,7	0 25
	25.	23 56	− 4,8	0 02
	30.	23 53	− 5,8	23 34
Okt	5.	23 50	− 6,8	23 11
	10.	23 47	− 7,8	22 49
	15.	23 44	− 8,6	22 27
	20.	23 42	− 9,4	22 05
	25.	23 41	−10,0	21 44
	31.	23 40	−10,6	21 20
Nov	5.	23 41	−10,9	21 01
	10.	23 42	−11,1	20 43
	15.	23 44	−11,2	20 25

Melpomene (18)

Datum		Rektas. h m	Deklin. °	Kulmin. h m
Aug	10.	1 20	+ 2,4	4 26
	15.	1 25	+ 2,0	4 11
	20.	1 29	+ 1,5	3 56
	25.	1 33	+ 0,9	3 40
	31.	1 37	+ 0,1	3 20
Sep	5.	1 39	− 0,8	3 03
	10.	1 40	− 1,8	2 44
	15.	1 40	− 2,8	2 25
	20.	1 40	− 3,9	2 04
	25.	1 38	− 5,1	1 43
	30.	1 36	− 6,2	1 22
Okt	5.	1 34	− 7,3	0 59
	10.	1 30	− 8,3	0 37
	15.	1 27	− 9,2	0 14
	20.	1 24	−10,0	23 46
	25.	1 21	−10,6	23 23
	31.	1 17	−11,0	22 57
Nov	5.	1 15	−11,2	22 35
	10.	1 14	−11,2	22 14
	15.	1 13	−11,0	21 54

Pallas (2)

Datum		Rektas. h m	Deklin. °	Kulmin. h m	Datum		Rektas. h m	Deklin. °	Kulmin. h m
Feb	5.	4 48	−23,2	20 05	Mrz	5.	5 12	−14,4	18 39
	10.	4 51	−21,7	19 48		10.	5 18	−12,8	18 25
	15.	4 54	−20,1	19 32		15.	5 24	−11,3	18 13
	20.	4 58	−18,5	19 16		20.	5 32	− 9,8	18 00
	25.	5 03	−16,9	19 02		25.	5 39	− 8,4	17 48
	28.	5 06	−16,0	18 53		31.	5 49	− 6,8	17 34

In den **halbfett** gedruckten Tagesintervallen sind die Kleinplaneten einfacher aufzufinden.
Spaltenüberschriften: Rektaszension und Deklination für 1^h MEZ.
Aufgang oder Untergang: MEZ für 10° östliche Länge und 50° nördliche Breite.

Scheinbarer Durchmesser für 1^h MEZ, Äqu.: Äquatordurchmesser, Pol: Poldurchmesser.
Beleuchteter Teil des Planetenscheibchens für 1^h MEZ.
Saturnring: große und kleine Ringachse, Öffnung, heliozentrische Öffnung,
Leuchtkraft relativ zur Leuchtkraft der Saturnkugel.

Zentralmeridiane Mars und Jupiter 2009 (1^h MEZ = 2^h MESZ)

	Mars			Jupiter System I									Jupiter System II								
Dat.	Okt	Nov	Dez	Apr	Mai	Jun	Jul	Aug	Sep	Okt	Nov	Dez	Apr	Mai	Jun	Jul	Aug	Sep	Okt	Nov	Dez
1.	78°	141°	217°	46°	100°	315°	14°	233°	92°	150°	2°	54°	172°	357°	335°	166°	148°	130°	319°	295°	118°
2.	68	131	208	203	258	113	172	31	250	308	160	211	322	147	126	316	298	281	110	85	268
3.	58	122	199	1	56	270	330	189	48	105	318	9	112	298	276	106	89	71	260	236	58
4.	49	112	190	159	214	68	128	347	205	263	115	167	262	88	66	257	239	221	50	26	208
5.	39	103	180	317	11	226	286	145	3	61	273	324	52	238	217	47	30	12	200	176	358
6.	30	93	171	115	169	24	84	303	161	219	71	122	203	28	7	197	180	162	351	326	148
7.	20	84	162	272	327	182	242	101	319	17	229	280	353	179	157	348	330	312	141	116	298
8.	10	74	152	70	125	340	40	259	117	175	26	77	143	329	307	138	121	103	291	266	88
9.	1	65	143	228	283	138	198	57	275	333	184	235	293	119	98	289	271	253	81	56	238
10.	351	55	134	26	81	296	356	215	73	130	342	33	83	269	248	79	62	43	232	206	28
11.	342	46	125	184	239	94	154	13	231	288	139	190	233	60	38	229	212	194	22	356	178
12.	332	36	115	341	36	252	312	171	29	86	297	348	24	210	189	20	2	344	172	147	328
13.	322	27	196	139	194	50	110	329	187	244	95	146	174	0	339	170	153	134	322	297	118
14.	313	17	97	297	352	208	268	127	345	42	253	303	324	150	129	321	303	285	112	87	268
15.	303	8	88	95	150	6	66	285	143	200	50	101	114	301	280	111	94	75	263	237	58
16.	294	358	79	253	308	164	224	83	301	357	208	259	264	91	70	261	244	225	53	27	209
17.	284	349	70	50	106	322	22	241	99	155	6	56	54	241	220	52	34	16	203	177	359
18.	274	339	60	208	264	120	180	39	257	313	164	214	205	31	11	202	185	166	353	327	149
19.	265	330	51	6	62	278	338	197	55	111	321	12	355	182	161	353	335	316	143	117	299
20.	255	321	42	164	220	76	136	355	213	269	119	169	145	332	311	143	126	106	293	267	89
21.	246	311	33	322	18	234	294	153	11	66	277	327	295	122	102	293	276	257	84	57	239
22.	236	302	24	119	175	32	92	311	169	224	74	124	85	272	252	84	66	47	234	207	29
23.	227	292	15	277	333	190	250	109	327	22	232	282	236	63	43	234	217	197	24	357	179
24.	217	283	6	75	131	348	48	268	124	180	30	80	26	213	193	25	7	348	174	148	329
25.	208	274	357	233	289	146	206	66	282	338	187	237	176	3	343	175	158	138	324	298	119
26.	198	264	348	31	87	304	5	224	80	135	345	35	326	154	134	325	308	288	114	88	269
27.	188	255	339	189	245	102	163	22	238	293	143	193	116	304	284	116	98	78	265	238	59
28.	179	246	330	346	43	260	321	180	36	91	300	350	267	94	74	266	249	229	55	28	209
29.	169	236	321	144	201	58	119	338	194	249	98	148	57	244	225	57	39	19	205	178	359
30.	160	227	312	302	359	216	277	136	352	47	256	306	207	35	15	207	189	169	355	328	149
31.	150		303		157		75	294		204		103		185		358	340		145		299
D	15	18	19	0.0	0.3	0.4	0.5	0.5	0.4	0.3	0.3	0.4	D = Neigung der Planetenachse zur Erde								

Korrektur für MEZ	0^h	1^h	2^h	3^h	4^h	5^h	6^h	7^h	17^h	18^h	19^h	20^h	21^h	22^h	23^h	24^h	Änderung
Mars	−15°	0°	+15°	+29°	+ 44°	+ 58°	+ 73°	+ 88°	−126°	−111°	−97°	−82°	−68°	−53°	−38°	− 24°	+14,°6/Stunde
Jupiter System I	−37	0	+37	+73	+110	+146	+183	+219	−135	− 98	−62	−25	+12	+48	+85	+121	+36,°6/Stunde
Jupiter System II	−36	0	+36	+73	+109	+145	+181	+218	−140	−104	−67	−31	+ 5	+41	+78	+114	+36,°3/Stunde

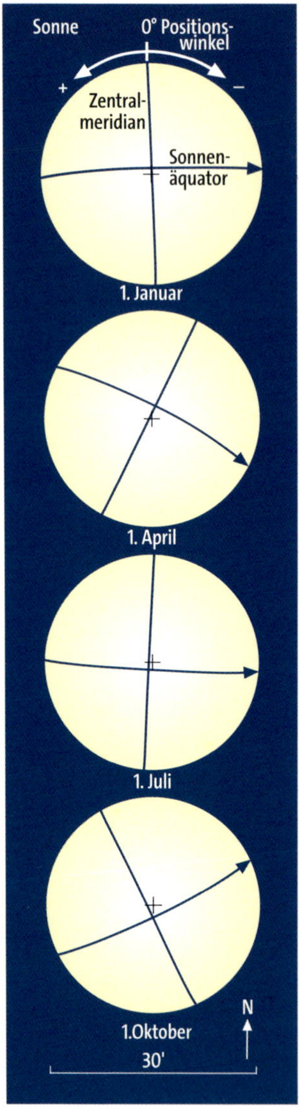

T.5 Lage des Zentralmeridians und des Äquators der Sonne im Verlauf des Jahres relativ zum Beobachter auf der Erde.

Ephemeride der Sonnenscheibe 2009 (1h MEZ)

Datum		Entferng. AE	Du. ′	Z.M. °	B_0 °	P °	Sternzeit h m
Jan	1	0,983	32,5	170,4	−3,0	+ 2,1	6 43
	10.	0,983	32,5	51,9	−4,0	− 2,3	7 19
	20.	0,984	32,5	280,2	−5,0	− 6,9	7 58
	31.	0,985	32,5	135,4	−5,9	−11,7	8 41
Feb	10.	0,987	32,4	3,7	−6,6	−15,6	9 21
	20.	0,989	32,4	232,0	−7,0	−19,0	10 00
	28.	0,991	32,3	126,7	−7,2	−21,3	10 32
Mrz	10.	0,993	32,2	354,9	−7,2	−23,5	11 11
	20.	0,996	32,1	223,1	−7,0	−25,1	11 51
	31.	0,999	32,0	78,1	−6,6	−26,1	12 34
Apr	10.	1,002	31,9	306,1	−6,0	−26,3	13 13
	20.	1,005	31,8	174,1	−5,2	−25,7	13 53
	30.	1,007	31,8	41,9	−4,3	−24,3	14 32
Mai	10.	1,010	31,7	269,8	−3,2	−22,2	15 12
	20.	1,012	31,6	137,5	−2,1	−19,6	15 51
	31.	1,014	31,6	352,0	−0,8	−15,9	16 34
Jun	10.	1,015	31,5	219,6	+0,4	−12,0	17 14
	20.	1,016	31,5	87,3	+1,6	− 7,7	17 53
	30.	1,017	31,5	314,9	+2,8	− 3,2	18 33
Jul	10.	1,017	31,5	182,5	+3,8	+ 1,3	19 12
	20.	1,016	31,5	50,2	+4,8	+ 5,8	19 52
	31.	1,015	31,5	264,7	+5,7	+10,4	20 35
Aug	10.	1,014	31,6	132,4	+6,4	+14,2	21 14
	20.	1,012	31,6	0,3	+6,8	+17,6	21 54
	31.	1,009	31,7	214,9	+7,2	+20,8	22 37
Sep	10.	1,007	31,8	82,9	+7,2	+23,1	23 17
	20.	1,004	31,9	310,8	+7,1	+24,8	23 56
	30.	1,002	31,9	178,8	+6,8	+25,9	0 35
Okt	10.	0,999	32,0	46,9	+6,2	+26,3	1 15
	20.	0,996	32,1	275,0	+5,5	+26,0	1 54
	31.	0,993	32,2	129,9	+4,5	+24,7	2 38
Nov	10.	0,990	32,3	158,1	+3,4	+22,7	3 17
	20.	0,988	32,4	226,2	+2,3	+20,0	3 57
	30.	0,986	32,4	94,4	+1,0	+16,5	4 36
Dez	10.	0,985	32,5	322,7	−0,3	+12,5	5 15
	20.	0,984	32,5	190,9	−1,5	+ 8,0	5 55
	31.	0,983	32,5	46,0	−2,9	+ 2,7	6 38

Z.M. Zentralmeridian (Abnahme 13°,2/Tag), B_0 Neigung der Sonnenachse zur Erde, P Positionswinkel des Sonnen-Nordpols, Sternzeit Greenwich

Beginn der synodischen Sonnenrotation nach Carrington 2009

Rot. Nr	Datum		MEZ h m	Rot. Nr	Datum		MEZ h m
2079	Jan	13.	23 34	2086	Jul	23.	20 04
2080	Feb	10.	7 45	2087	Aug	20.	1 29
2081	Mar	9.	15 45	2088	Sep	16.	7 35
2082	Apr	5.	22 59	2089	Okt	13.	14 19
2083	Mai	3.	5 10	2090	Nov	9.	21 28
2084	Mai	30.	10 25	2091	Dez	7.	4 59
2085	Jun	26.	15 12				

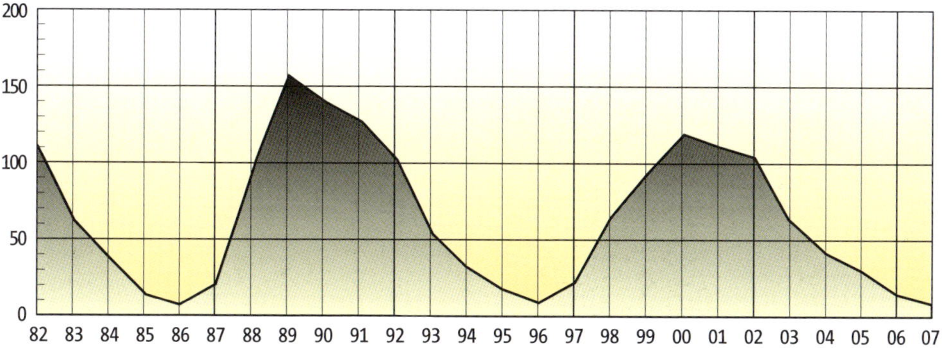

T.6 Jahresmittel der Sonnenfleckenrelativzahlen von 1982 bis 2007.

T.7 Monatsmittel der Sonnenfleckenrelativzahlen von Januar 2002 bis März 2008.

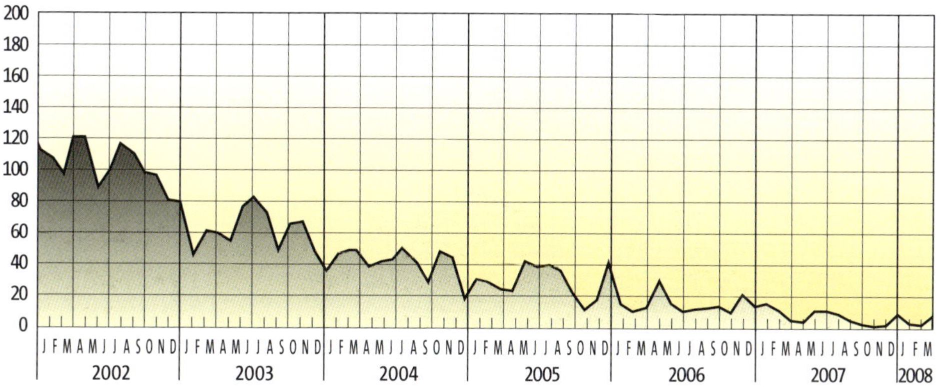

T.8 Stellung und relative Lage der zunehmenden Mondsichel zum Westhorizont jeweils am ersten Sichtbarkeitsabend nach Neumond eine halbe Stunde nach Sonnenuntergang im Jahre 2009.

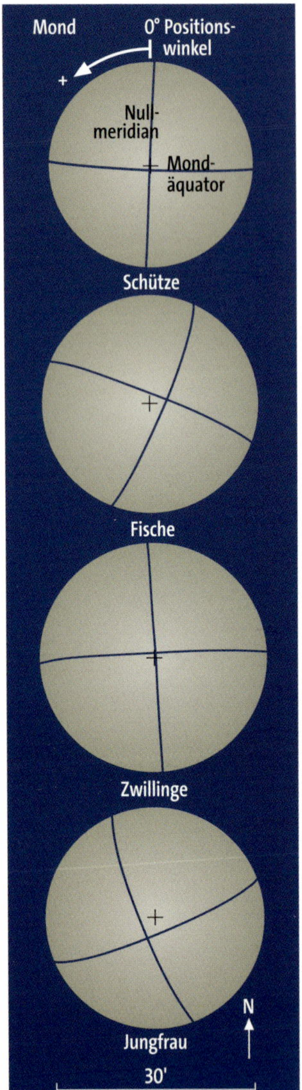

T.9 Lage des Nullmeridians und des Mondäquators relativ zum Beobachter auf der Erde in Abhängigkeit von der Position des Mondes im Tierkreis (siehe auch monatliche Rubrik „Der Mondlauf").

Sternbedeckungen durch den Mond 2009

Datum		MEZ h m	Stern	Hell. m	bel. %	E/A	P °
Jan	7.	17 25	16 Tau	5,5	83	E	70
	7.	17 25	**Electra**	3,7:	83	E	105
	7.	17 50	Taygeta	4,3:	83	E	35
	7.	17 55	**Maia**	3,8	83	E	70
	7.	18 10	Asterope	5,8	83	E	30
	9.	17 25	139 Tau	4,8	97	E	145
	31.	17 35	HD 3861	6,5	27	E	360
Feb	2.	20 25	26 Ari	6,1	48	E	105
	5.	20 45	HR 1902	5,8:	81	E	20
	6.	5 00	139 Tau	4,8	83	E	90
	6.	20 45	**ε Gem**	3,0	89	E	125
	7.	4 55	ω Gem	5,2	91	E	60
	17.	3 45	1 Sco	4,6	48	A	315
	17.	6 45	4 Sco	5,6	47	A	265
Mrz	3.	23 55	χ Tau	5,4:	46	E	65
	29.	20 05	HD 18484	7,5	12	E	80
	29.	20 25	**ε Ari**	4,7:	12	E	155
	30.	14 15	Alcyone	2,9:	18	E	110
	30.	19 30	HR 1222	6,2	20	E	135
Apr	13.	0 05	π Sco	2,9:	88	A	210
	29.	21 15	HD 50554	6,9	27	E	40
Mai	1.	23 30	63 Cnc	5,7	51	E	105
	1.	23 45	**62 Cnc**	5,2	51	E	170
	4.	22 35	HD 99651	6,3:	81	E	145
	31.	21 05	69 Leo	5,4	58	E	120
Jun	16.	2 45	λ Psc	4,5	48	A	230
	30.	22 10	**69 Vir**	4,8	65	E	155
Jul	3.	20 20	**π Sco**	2,9:	88	E	160
	3.	21 05	π Sco	2,9:	89	A	230
	3.	23 05	HD 143787	5,0	89	E	30
	17.	0 45	μ Ari	5,7:	33	A	205
	18.	2 50	Alcyone	2,9:	22	E	25
	18.	3 00	**Merope**	4,2	22	A	280
	18.	3 25	**Alcyone**	2,9:	22	A	300
Aug	30.	20 25	HR 7195	5,7:	80	E	60
Sep	9.	20 40	**ε Ari**	4,7:	74	A	310
	10.	23 30	36 Tau	5,5:	63	A	195
	15.	5 20	20 Cnc	5,8	17	A	255
Okt	7.	3 55	ε Ari	4,7:	90	A	235
	12.	0 10	85 Gem	5,4	43	A	215
	13.	2 20	62 Cnc	5,2	31	A	290
	13.	2 00	63 Cnc	5,7	31	A	355
	21.	16 15	**Antares**	1,0:	13	E	120
	21.	17 20	**Antares**	1,0:	13	A	245
	26.	22 20	25 Gem	6,4	58	E	30
	28.	0 10	λ Cap	5,6	68	E	110
	28.	18 50	HD 212320	5,9	75	E	25
Nov	26.	20 15	16 Psc	5,7:	68	E	355
	30.	19 20	ε Ari	4,7:	97	E	20
Dez	4.	22 55	δ Gem	3,5:	91	A	285
	7.	6 45	ξ Leo	5,0:	70	A	335
	19.	18 05	**σ Cap**	5,3	9	E	75
	28.	17 35	66 Ari	6,0:	87	E	60
	29.	3 30	HR 1172	5,5:	90	E	125

Hell. = Helligkeit („:" = Doppelstern), E/A = Eintritt/Austritt, bel. = beleuchteter Teil der Mondscheibe, P = Positionswinkel
halbfett: Ereignis bereits im Fernglas sichtbar

Sternbedeckungen

Datum		MEZ h	Hamburg m	Hannover m	Berlin m	Dresden m	Leipzig m	Düsseldorf m	Frankfurt m	Nürnberg m	Stuttgart m	München m	Zürich m	Wien m
Jan	7.	17	31,7	29,4	31,6	29,3	29,0	25,9	24,8	24,9	22,7	23,1	20,0	26,9
	7.	17	29,4	27,8	31,5	30,5	29,3	23,9	24,3	26,2	23,5	25,8	21,6	32,6
	7.	17	56,7	53,5	54,7	51,2	51,5	50,2	47,5	46,5	44,4	43,7	40,9	46,2
	7.	17/18	59,7	57,4	00,2	58,0	57,4	53,6	52,7	53,3	50,8	51,7	48,1	56,2
	7.	18	22,2	18,3	19,3	15,3	15,7	14,8	11,5	10,1	07,8	06,9	04,0	09,5
	9.	17	27,7	27,2	29,9	30,8	29,2	25,0	26,1	28,8	27,1	31,5	27,7	–
	31.	17	–	–	45,3	38,3	39,6	–	–	–	–	–	–	31,3
Feb	2.	20	21,2	22,4	26,5	29,2	27,1	20,1	24,4	28,8	27,7	32,3	29,9	37,8
	5.	20	–	–	–	–	–	–	–	55,1	45,3	45,7	37,3	55,2
	6.	5	00,3	01,7	–	–	–	04,3	–	–	–	–	–	–
	6.	20	41,7	41,7	46,5	47,8	45,8	38,2	41,4	45,4	43,3	47,6	44,0	54,5
	7.	4	52,5	53,6	53,7	55,0	54,7	54,5	55,7	56,4	57,0	57,6	58,4	57,2
	17.	3	–	–	46,2	46,1	45,4	–	42,8	44,1	42,7	44,1	41,6	47,5
	17.	6	48,6	48,4	54,6	55,7	53,4	43,3	46,7	51,2	47,9	52,5	46,7	–
Mrz	3.	23/24	55,7	56,5	57,4	58,6	58,0	56,6	58,1	59,2	59,4	00,4	00,6	01,1
	29.	20	01,7	03,0	03,9	05,7	05,0	03,4	05,4	07,0	07,4	08,8	09,2	09,5
	29.	20	25,5	–	27,4	–	–	–	–	–	–	–	–	–
	30.	14	12,9	12,2	17,9	18,7	16,3	07,3	10,1	14,5	11,2	16,3	10,6	26,5
	30.	19	21,9	24,7	25,7	29,5	28,3	26,4	30,5	33,4	35,3	37,9	41,1	38,1
Apr	13.	0	–	–	–	07,4	–	–	–	–	–	–	–	–
	29.	21	–	16,0	–	–	–	08,7	11,5	15,3	12,3	15,7	11,7	27,3
Mai	1.	23	26,3	28,2	28,9	31,4	30,6	29,3	31,7	33,4	34,1	35,7	36,3	36,3
	1.	23	39,1	41,8	40,4	43,5	43,3	45,6	47,4	48,0	50,5	50,9	54,3	48,7
	4.	22	28,5	30,1	32,9	35,7	34,0	29,6	33,0	36,2	35,8	38,9	37,9	42,9
	31.	21	58,7	00,2	03,8	06,4	04,5	58,6	02,3	06,0	05,0	08,6	06,5	13,6
Jun	16.	2	55,1	52,7	55,3	52,7	52,4	48,8	47,7	47,8	45,3	45,5	42,1	48,8
	30.	22	02,3	04,3	07,3	10,5	08,7	03,7	07,6	11,3	10,8	14,6	13,2	19,0
Jul	3.	20	16,3	16,5	19,1	20,0	18,8	15,8	17,3	19,1	18,8	20,5	20,4	24,2
	3.	20/21	06,8	05,4	12,9	12,8	10,2	57,5	00,6	05,6	00,2	05,5	56,1	16,8
	3.	22/23	05,6	04,4	08,7	08,5	07,1	59,2	01,3	04,5	01,3	04,6	59,4	10,9
	17.	0	53,5	51,4	49,9	46,8	48,1	–	–	–	–	–	–	39,4
	18.	2	57,7	54,9	53,3	49,7	51,0	54,0	50,1	47,3	46,7	44,2	44,0	42,6
	18.	2/3	06,3	04,7	06,3	04,5	04,3	02,3	01,5	01,5	00,1	00,0	58,2	01,6
	18.	3	29,8	28,8	32,0	31,0	30,2	25,5	26,2	27,5	25,6	26,7	24,0	30,3
Aug	30.	20	23,4	22,4	27,8	27,8	25,8	17,1	19,3	22,8	19,3	23,0	17,2	31,0
Sep	9.	20	44,3	–	43,9	42,8	43,0	–	–	–	–	–	–	40,5
	10.	23	43,0	40,2	38,8	34,6	36,2	38,9	35,3	32,0	31,5	27,9	28,3	22,4
	15.	5	–	–	–	–	–	25,5	24,9	25,2	22,4	22,7	18,7	–
Okt	7.	3/4	56,8	56,4	01,1	01,3	59,6	52,1	54,1	57,1	54,0	56,8	51,7	03,5
	12.	0	18,8	–	13,4	07,0	–	–	–	–	–	–	–	–
	13.	2	23,8	22,8	24,1	23,0	22,8	21,2	20,7	20,7	19,6	19,5	18,1	21,1
	13.	2	–	–	–	–	–	–	–	–	–	00,7	00,2	04,6
	21.	16	09,1	09,8	15,1	17,3	14,9	06,1	10,1	14,8	12,4	17,2	12,7	25,3
	21.	17	–	–	–	–	–	18,6	21,6	24,7	23,2	26,2	23,5	–
	26.	22	22,9	22,2	22,5	22,2	22,0	21,3	20,9	21,3	20,6	21,2	20,0	22,6
	28.	0	–	–	–	–	–	06,2	10,6	–	15,0	–	19,5	–
	28.	18	55,8	53,5	56,4	54,2	53,6	49,4	48,5	49,1	46,3	47,1	43,0	51,9
Nov	26.	20	–	–	22,4	16,6	18,1	–	15,8	11,9	10,1	08,0	05,5	09,7
	30.	19	30,5	26,7	26,5	22,3	23,1	24,0	20,0	17,8	16,0	14,3	12,2	15,4
Dez	4.	22/23	00,4	59,4	02,5	01,7	00,7	56,2	56,6	57,9	55,8	57,0	53,8	01,4
	7.	6	37,1	39,7	40,6	44,1	43,0	40,7	44,1	46,8	47,2	49,9	49,8	52,1
	19.	18	02,3	03,3	–	–	06,3	02,0	04,6	07,4	06,5	09,4	07,4	–
	28.	17	42,7	40,2	42,1	39,6	39,4	36,9	35,4	35,2	33,1	33,1	30,2	36,3
	29.	3	24,6	27,1	26,0	28,8	28,6	30,2	32,2	32,9	35,1	35,6	38,8	33,5

Unter jeder Stadt sind die Minuten und Zehntelminuten der Sternbedeckungszeit angegeben.

Sternzeit um 20^h MEZ = 21^h MESZ auf 10° östlicher Länge

Tag	Jan	Feb	Mrz	Apr	Mai	Jun	Jul	Aug	Sep	Okt	Nov	Dez
	h m	h m	h m	h m	h m	h m	h m	h m	h m	h m	h m	h m
1.	2 26	4 28	6 19	8 21	10 19	12 22	14 20	16 22	18 24	20 23	22 25	0 23
2.	2 30	4 32	6 23	8 25	10 23	12 25	14 24	16 26	18 28	20 26	22 19	0 27
3.	2 34	4 36	6 27	8 29	10 27	12 29	14 28	16 30	18 32	20 30	22 33	0 31
4.	2 38	4 40	6 31	8 33	10 31	12 33	14 32	16 34	18 36	20 34	22 37	0 35
5.	2 42	4 44	6 35	8 37	10 35	12 37	14 36	16 38	18 40	20 38	22 41	0 39
6.	2 46	4 48	6 39	8 41	10 39	12 41	14 40	16 42	18 44	20 42	22 44	0 43
7.	2 50	4 52	6 42	8 45	10 43	12 45	14 43	16 46	18 48	20 46	22 48	0 47
8.	2 54	4 56	6 46	8 49	10 47	12 49	14 47	16 50	18 52	20 50	22 52	0 51
9.	2 58	5 00	6 50	8 53	10 51	12 53	14 51	16 54	18 56	20 54	22 56	0 55
10.	3 02	5 04	6 54	8 57	10 55	12 57	14 55	16 58	19 00	20 58	23 00	0 59
11.	3 06	5 08	6 58	9 00	10 59	13 01	14 59	17 01	19 04	21 02	23 04	1 02
12.	3 10	5 12	7 02	9 04	11 03	13 05	15 03	17 05	19 08	21 06	23 08	1 06
13.	3 14	5 16	7 06	9 08	11 07	13 09	15 07	17 09	19 12	21 10	23 12	1 10
14.	3 17	5 20	7 10	9 12	11 11	13 13	15 11	17 13	19 16	21 14	23 16	1 14
15.	3 21	5 24	7 14	9 16	11 15	13 17	15 15	17 17	19 19	21 18	23 20	1 18
16.	3 25	5 28	7 18	9 20	11 18	13 21	15 19	17 21	19 23	21 22	23 24	1 22
17.	3 29	5 32	7 22	9 24	11 22	13 25	15 23	17 25	19 27	21 26	23 28	1 26
18.	3 33	5 35	7 26	9 28	11 26	13 29	15 27	17 29	19 31	21 30	23 32	1 30
19.	3 37	5 39	7 30	9 32	11 30	13 33	15 31	17 33	19 35	21 34	23 36	1 34
20.	3 41	5 43	7 34	9 36	11 34	13 36	15 35	17 37	19 39	21 37	23 40	1 38
21.	3 45	5 47	7 38	9 40	11 38	13 40	15 39	17 41	19 43	21 41	23 44	1 42
22.	3 49	5 51	7 42	9 44	11 42	13 44	15 43	17 45	19 47	21 45	23 48	1 46
23.	3 53	5 55	7 46	9 48	11 46	13 48	15 47	17 49	19 51	21 49	23 52	1 50
24.	3 57	5 59	7 50	9 52	11 50	13 52	15 51	17 53	19 55	21 53	23 55	1 54
25.	4 01	6 03	7 53	9 56	11 54	13 56	15 54	17 57	19 59	21 57	23 59	1 58
26.	4 05	6 07	7 57	10 00	11 58	14 00	15 58	18 01	20 03	22 01	0 03	2 02
27.	4 09	6 11	8 01	10 04	12 02	14 04	16 02	18 05	20 07	22 05	0 07	2 06
28.	4 13	6 15	8 05	10 08	12 06	14 08	16 06	18 09	20 11	22 09	0 11	2 09
29.	4 17	–	8 09	10 11	12 10	14 12	16 10	18 12	20 15	22 13	0 15	2 13
30.	4 21	–	8 13	10 15	12 14	14 16	16 14	18 16	20 19	22 17	0 19	2 17
31.	4 25	–	8 17	–	12 18	–	16 18	18 20	–	22 21	–	2 21

Korrektur für andere östliche geografische Längen

Länge	4°	5°	6°	7°	8°	9°	11°	12°	13°	14°	15°	16°
Korr.	-24^m	-20^m	-16^m	-12^m	-8^m	-4^m	$+4^m$	$+8^m$	$+12^m$	$+16^m$	$+20^m$	$+24^m$

Korrektur für andere Uhrzeiten derselben Nacht (Datumswechsel um Mitternacht)

MEZ	18^h	19^h	21^h	22^h	23^h	0^h	1^h	2^h	3^h	4^h	5^h	6^h
MESZ	19^h	20^h	22^h	23^h	0^h	1^h	2^h	3^h	4^h	5^h	6^h	7^h
Korr.	-2^h00^m	-1^h00^m	$+1^h00^m$	$+2^h00^m$	$+3^h00^m$	$+4^h01^m$	$+5^h01^m$	$+6^h01^m$	$+7^h01^m$	$+8^h01^m$	$+9^h01^m$	$+10^h02^m$

Erläuterungen siehe auch Seite 290 unter „Sternzeit“.
Die obige Tabelle gibt für jeden Tag des Jahres die Sternzeit um 20^h MEZ (= 21^h Sommerzeit) am Meridian 10° östlicher Länge an. Für den Ortsmeridian des Beobachters ist eine Korrektur entsprechend der geografischen Längendifferenz zu 10° östlicher Länge anzubringen. Pro Längengrad beträgt diese Korrektur vier Minuten. Für Orte westlich des Meridians ist die Korrektur abzuziehen, für Orte östlich hingegen zu addieren. Auf der rechten Seite findet man in der Tabelle „Geografische Koordinaten größerer Städte“ in der letzten Spalte die Zeitkorrektur vermerkt. Wer zu einer anderen Zeit als 20^h beobachtet, muss noch die Zeitkorrektur gemäß der obigen Tabelle anbringen. Beispiel: Wieviel Uhr Sternzeit ist es am 25. März um 23^h in München? Aus der Tabelle entnimmt man: Sternzeit am 25. März um 20^h = 7^h53^m. Dies gilt für 10° östlicher Länge. Die Zeitkorrektur für München beträgt laut Tabelle rechts sechs Minuten. Da München östlich vom 10°-Meridian liegt, sind diese sechs Minuten zu addieren, und man erhält 7^h59^m (Achtung: Das Vorzeichen in der Spalte Zeitkorrektur der rechten Tabelle gilt für die Korrektur der Kulminationszeiten! Für die Sternzeitberechnung kehren sich die Vorzeichen um!). Am 25. März ist es also um 20^h MEZ 7^h59^m Sternzeit. Für 23^h MEZ ist gemäß obiger Tabelle die Korrektur von 3^h00^m anzubringen; um 23^h MEZ ist es also am 25. März in München 10^h59^m Sternzeit.

Geografische Koordinaten größerer Städte mit Zeitkorrektur

Stadt	östl. Länge	nördl. Breite	Zeitkorrektur gegen 10° östl. Länge
Aachen	6°,1	50°,8	+16^{m}
Amsterdam	4,9	52,4	+20
Antwerpen	4,4	51,2	+22
Augsburg	10,9	48,4	− 4
Baden-Baden	8,2	48,8	+ 7
Basel	7,6	47,6	+ 9
Berlin	13,4	52,5	−14
Bern	7,4	46,9	+10
Bielefeld	8,5	52,0	+ 6
Bochum	7,2	51,5	+11
Bonn	7,1	50,7	+12
Bozen	11,3	46,5	− 5
Braunschweig	10,5	52,3	− 2
Bregenz	9,8	47,5	+ 1
Bremen	8,8	53,1	+ 5
Brünn	16,6	49,2	−26
Brüssel	4,3	50,8	+23
Chemnitz	12,9	50,8	−12
Coburg	11,0	50,3	− 4
Darmstadt	8,7	49,9	+ 5
Dortmund	7,5	51,5	+10
Dresden	13,7	51,1	−15
Düsseldorf	6,8	51,2	+13
Duisburg	6,8	51,4	+13
Eisenach	10,3	51,0	− 1
Emden	7,2	53,4	+11
Erfurt	11,0	51,0	− 4
Essen	7,0	51,5	+12
Frankfurt (Main)	8,7	50,1	+ 5
Frankfurt (Oder)	14,6	52,3	−18
Freiburg (Breisgau)	7,9	48,0	+ 9
Genf	6,2	46,2	+15
Görlitz	15,0	51,2	−20
Graz	15,5	47,1	−22
Halle	12,0	51,5	− 8
Hamburg	10,0	53,6	0
Hannover	9,7	52,4	+ 1
Heidelberg	8,7	49,4	+ 5
Heilbronn	9,2	49,1	+ 3
Innsbruck	11,4	47,3	− 6
Kaiserslautern	7,8	49,4	+ 9
Karlsruhe	8,4	49,0	+ 6
Kassel	9,5	51,3	+ 2
Kiel	10°,1	54°,3	− 1^{m}
Klagenfurt	14,3	46,6	−17
Koblenz	7,6	50,4	+10
Köln	7,0	50,9	+12
Konstanz	9,2	47,7	+ 3
Krefeld	6,6	51,3	+14
Leipzig	12,4	51,3	−10
Linz (Donau)	14,3	48,3	−17
Ludwigshafen (Rh.)	8,4	49,5	+ 6
Lübeck	10,7	53,9	− 3
Lüttich	5,5	50,6	+18
Luxemburg	6,1	49,6	+15
Magdeburg	11,6	52,1	− 7
Mailand	9,2	45,5	+ 3
Mainz	8,3	50,0	+ 7
Mannheim	8,5	49,5	+ 6
Mönchengladbach	6,4	51,2	+14
München	11,6	48,1	− 6
Münster	7,6	52,0	+10
Nürnberg	11,1	49,5	− 4
Osnabrück	8,0	52,3	+ 8
Potsdam	13,1	52,4	−12
Prag	14,4	50,1	−18
Regensburg	12,1	49,0	− 8
Reutlingen	9,2	48,5	+ 3
Rostock	12,1	54,1	− 8
Rotterdam	4,5	51,9	+22
Saarbrücken	7,0	49,2	+12
Salzburg	13,1	47,8	−12
Schwerin	11,4	53,6	− 6
Stralsund	13,1	54,3	−12
Straßburg	7,7	48,6	+ 9
Stuttgart	9,2	48,8	+ 3
Trier	6,6	49,8	+13
Tübingen	9,1	48,5	+ 4
Ulm	10,0	48,4	0
Wien	16,4	48,2	−25
Wiesbaden	8,2	50,1	+ 7
Wilhelmshaven	8,1	53,5	+ 8
Worms	8,4	49,6	+ 7
Würzburg	9,9	49,8	0
Wuppertal	7,1	51,3	+11
Zürich	8,6	47,4	+ 6

Erläuterungen siehe auch Seite 289.
Die Tabelle enthält die geografischen Koordinaten einiger größerer Städte in Mitteleuropa. In der vierten Spalte ist der Zeitunterschied der Ortszeit zum Meridian 10° östlicher Länge in Minuten angegeben. Um diesen Betrag kulminieren die Gestirne in der jeweiligen Stadt früher (negativer Wert) oder später (positiver Wert). Beispiel: Für Stuttgart findet man +3^{m}, für München −6^{m}.
In Stuttgart gehen die Gestirne jeweils drei Minuten später durch den Meridian als im Himmelsjahr angegeben, in München dagegen um sechs Minuten früher.
Die Auf- und Untergangszeiten sind außer von der geografischen Länge auch noch von der geografischen Breite abhängig. Um sie für einen bestimmten Ort zu korrigieren, benutze man das Nomogramm auf Seite 264.

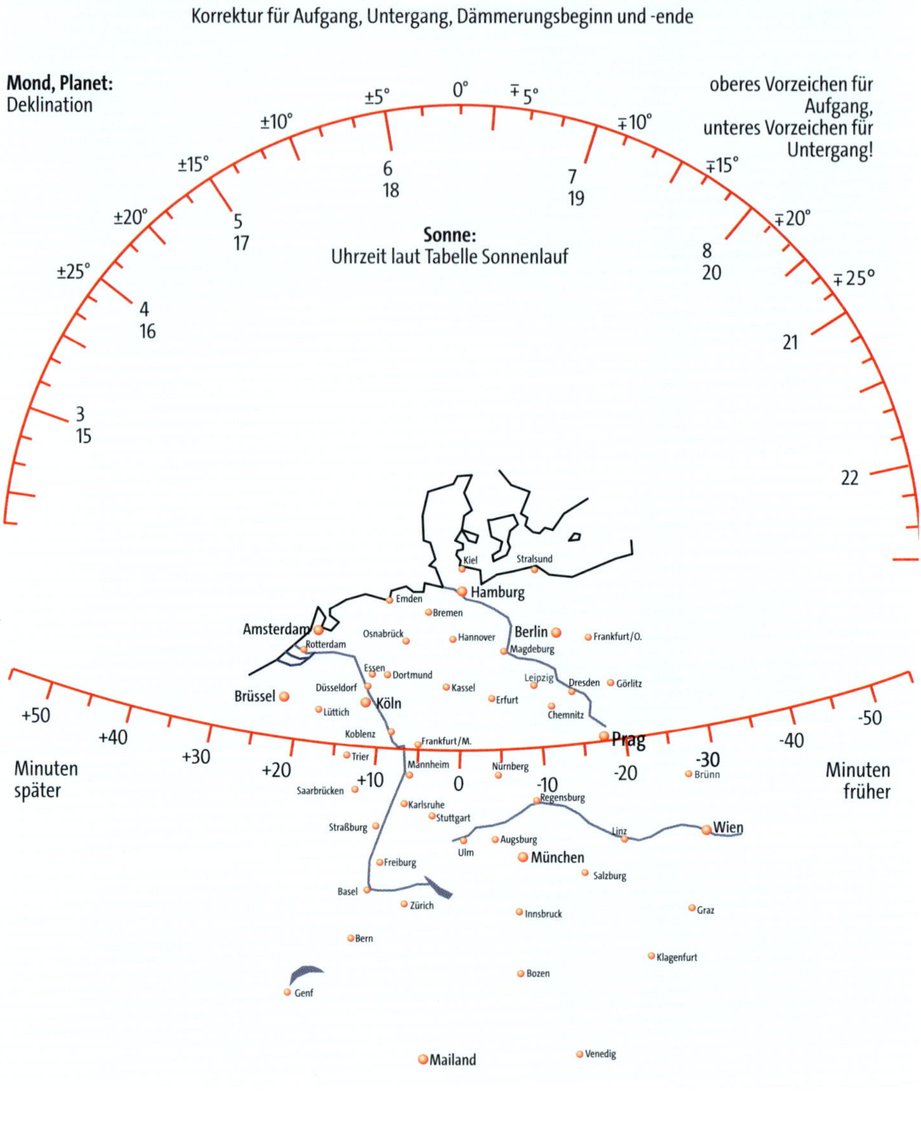

T.10 Nomogramm zur Bestimmung der Auf- und Untergangszeiten (Erläuterungen siehe Seite 289).

Korrektur für Auf- und Untergangszeiten

Sonne: Datum:			Jan. 21.	Febr. 8.	Febr. 23.	März 8.	März 20.	April 2.	April 16.	Mai 1.	Mai 20.	Juni 21.
		Dez. 22.	Nov. 22.	Nov. 3.	Okt. 19.	Okt. 6.	Sept. 23.	Sept. 10.	Aug. 27.	Aug. 12.	Juli 24.	
Mond, Planet:												
Deklination		−25°	−20°	−15°	−10°	− 5°	0°	+ 5°	+10°	+15°	+20°	+25°
Hamburg	Aufgang	+21^m	+15^m	+10^m	+ 6^m	+ 3^m	+ 1^m	− 4^m	− 7^m	−11^m	−16^m	−22^m
	Unterg.	−21	−15	−10	− 6	− 3	+ 1	+ 4	+ 7	+11	+16	+22
Hannover	Aufgang	+14	+11	+ 8	+ 5	+ 3	+ 1	− 1	− 4	− 6	− 9	−13
	Unterg.	−12	− 9	− 6	− 3	− 1	+ 1	+ 3	+ 6	+ 8	+11	+15
Berlin	Aufgang	+ 1	− 3	− 6	− 9	−12	−14	−16	−19	−21	−25	−29
	Unterg.	−28	−24	−21	−18	−16	−14	−11	− 9	− 6	− 3	+ 1
Dresden	Aufgang	− 9	−11	−12	−13	−14	−15	−16	−17	−18	−19	−21
	Unterg.	−20	−19	−18	−17	−16	−15	−14	−13	−12	−11	− 9
Leipzig	Aufgang	− 2	− 4	− 6	− 7	− 8	−10	−11	−12	−13	−15	−17
	Unterg.	−17	−15	−13	−12	−11	−10	− 8	− 7	− 6	− 4	− 2
Düsseldorf	Aufgang	+19	+18	+16	+15	+14	+13	+12	+11	+10	+ 8	+ 6
	Unterg.	+ 7	+ 8	+10	+11	+12	+13	+14	+15	+16	+18	+20
Frankfurt	Aufgang	+ 6	+ 6	+ 6	+ 5	+ 5	+ 5	+ 5	+ 5	+ 5	+ 5	+ 4
	Unterg.	+ 4	+ 5	+ 5	+ 5	+ 5	+ 5	+ 5	+ 5	+ 6	+ 6	+ 6
Nürnberg	Aufgang	− 6	− 6	− 5	− 5	− 4	− 4	− 3	− 3	− 2	− 2	− 1
	Unterg.	− 1	− 2	− 2	− 3	− 3	− 4	− 4	− 5	− 5	− 6	− 6
Stuttgart	Aufgang	− 3	− 1	0	+ 1	+ 2	+ 3	+ 4	+ 5	+ 6	+ 7	+ 9
	Unterg.	+ 9	+ 7	+ 6	+ 5	+ 4	+ 3	+ 2	+ 1	0	− 1	− 3
München	Aufgang	−15	−13	−11	− 9	− 8	− 6	− 5	− 3	− 1	+ 1	+ 3
	Unterg.	+ 3	0	− 2	− 3	− 5	− 6	− 8	− 9	−11	−13	−16
Zürich	Aufgang	− 7	− 3	0	+ 2	+ 4	+ 6	+ 8	+11	+13	+16	+20
	Unterg.	+19	+15	+12	+10	+ 8	+ 6	+ 4	+ 1	− 1	−4	− 8
Wien	Aufgang	−34	−32	−30	−28	−27	−25	−24	−22	−21	−19	−16
	Unterg.	−17	−19	−21	−22	−24	−25	−27	−28	−30	−32	−35
Halber Tagbogen												
53° nördl. Breite		3^{h}32^m	4^{h}09^m	4^{h}41^m	5^{h}10^m	5^{h}37^m	6^{h}04^m	6^{h}31^m	6^{h}58^m	7^{h}28^m	8^{h}00^m	8^{h}38^m
50° nördl. Breite		3 50	4 21	4 50	5 15	5 40	6 04	6 28	6 52	7 19	7 47	8 20
47° nördl. Breite		4 04	4 32	4 57	5 20	5 42	6 03	6 25	6 47	7 11	7 36	8 04

\+ positiv: Korrektur addieren, Auf- oder Untergang findet später statt
− negativ: Korrektur subtrahieren, Auf- oder Untergang findet früher statt

Beispiel: Auf- und Untergang der Sonne am 20. März in Stuttgart.
Laut Tabelle „Sonnenlauf“ auf Seite 64 lauten die Werte 6^{h}23^m und 18^{h}33^m für 50° Nord und 10° Ost.
Korrektur +3 und +3. Also geht die Sonne in Stuttgart um 6^{h}26^m auf und um 18^{h}36^m unter.
Für Daten und Deklinationen, die nicht in obiger Tabelle aufgeführt sind, nimmt man den nächstliegenden Wert, ohne einen großen Fehler zu begehen.

2010

Januar

Mo		4	11	18	25
Di		5	12	19	26
Mi		**6**	13	20	27
Do		7☾	14	21	28
Fr	**1**	8	15●	22	29
Sa	2	9	16	23☽	30○
So	3	10	17	24	31

Februar

Mo	1	8	15	22☽
Di	2	9	16	23
Mi	3	10	17	24
Do	4	11	18	25
Fr	5	12	19	26
Sa	6☾	13	20	27
So	7	14●	21	28○

März

Mo	1	8	15●	22	29
Di	2	9	16	23☽	30○
Mi	3	10	17	24	31
Do	4	11	18	25	
Fr	5	12	19	26	
Sa	6	13	20	27	
So	7☾	14	21	28	

April

Mo		5	12	19	26
Di		6☾	13	20	27
Mi		7	14●	21☽	28○
Do	1	8	15	22	29
Fr	2	9	16	23	30
Sa	3	10	17	24	
So	4	11	18	25	

Mai

Mo		3	10	17	24	31
Di		4	11	18	**25**	
Mi		5	12	19	26	
Do		6☾	13	20	27	
Fr		7	14●	21☽	28○	
Sa	**1**	8	15	22	29	
So	2	9	16	23	30	

Juni

Mo		7	14	21	28
Di	1	8	**15**	22	29
Mi	2	9	16	23	30
Do	3	10	17	24	
Fr	4☾	11	18	25	
Sa	5	12●	19☽	26○	
So	6	13	20	27	

Juli

Mo		5	12	19	26○
Di		6	13	20	27
Mi		7	14	21	28
Do	1	8	15	22	29
Fr	2	9	16	23	30
Sa	3	10	17	24	31
So	4☾	11●	18☽	25	

August

Mo		2	9	16☽	23	30
Di		3☾	10●	17	24○	31
Mi		4	11	18	25	
Do		5	12	19	26	
Fr		6	13	20	27	
Sa		7	14	21	28	
So	1	8	15	22	29	

September

Mo		6	13	20	27
Di		7	14	21	28
Mi	1☾	8●	15☽	22	29
Do	2	9	16	23○	30
Fr	3	10	17	24	
Sa	4	11	18	25	
So	5	12	19	26	

Oktober

Mo		4	11	18	25
Di		5	12	19	26
Mi		6	13	20	27
Do		7●	14☽	21	28
Fr	1☾	8	15	22	29
Sa	2	9	16	23○	30☾
So	**3**	10	17	24	31

November

Mo	**1**	8	15	22	29
Di	2	9	16	23	30
Mi	3	10	17	24	
Do	4	11	18	25	
Fr	5	12	19	26	
Sa	6●	13☽	20	27	
So	7	14	21○	28☾	

Dezember

Mo		6	13☽	20	27
Di		7	14	21○	28☾
Mi	1	8	15	22	29
Do	2	9	16	23	30
Fr	3	10	17	24	31
Sa	4	11	18	**25**	
So	5●	12	19	**26**	

Feiertage:

Aschermittwoch:	17. Februar	Pfingstsonntag:	23. Mai	Totensonntag:	21. Nov.
Ostersonntag:	4. April	Fronleichnam:	3. Juni	1. Advent:	28. Nov.
Chr. Himmelfahrt:	13. Mai	Buß- und Bettag	17. Nov.		

Das Jahr 2010 ist ein Gemeinjahr zu 365 Tagen.

Beginn der Jahreszeiten:

Frühling: 20. März 18^h32^m
Sommer: 21. Juni 12^h28^m

Herbst: 23. Sept. 4^h09^m
Winter: 22. Dez. 0^h38^m

Erde in Sonnennähe: 3. Jan. 1^h
Erde in Sonnenferne: 6. Juli 12^h

Finsternisse:

15. Januar: Ringförmige Sonnenfinsternis
11. Juli: Totale Sonnenfinsternis
26. Juni: Partielle Mondfinsternis
21. Dezember: Totale Mondfinsternis

Planeten:

Innere Planeten

Merkur:	Größte östliche Elongation:	**8. April** (19°)	7. Aug. (27°)	1. Dez. (21°)
	Größte westliche Elongation:	*27. Jan.* (25°)	26. Mai (25°)	**19. Sept.** (18°)
Venus:	Obere Konjunktion:	11. Jan.	Untere Konjunktion: 29. Okt.	
	Größte östliche Elongation:	20. Aug. (46°)		

Äußere Planeten	Opposition	(Mio. km)	im Sternbild	Konjunktion
Mars:	29. Januar	99,3	Krebs	–
Jupiter:	21. September	591	Fische	28. Februar
Saturn:	22. März	1272	Jungfrau	1. Oktober
Uranus:	21. September	2856	Fische	17. März
Neptun:	20. August	4339	Steinbock	14. Februar
Pluto:	25. Juni	4614	Schütze	27. Dezember

2011

Januar

Mo		3	10	17	24	31
Di		4●	11	18	25	
Mi		5	12☽	19○	26☾	
Do		6	13	20	27	
Fr		7	14	21	28	
Sa	**1**	8	15	22	29	
So	2	9	16	23	30	

Februar

Mo		7	14	21	28
Di	1	8	15	22	
Mi	2	9	16	23	
Do	3●	10	17	24	
Fr	4	11☽	18○	25☾	
Sa	5	12	19	26	
So	6	13	20	27	

März

Mo		7	14	21	28
Di	1	8	15	22	29
Mi	2	9	16	23	30
Do	3	10	17	24	31
Fr	4●	11	18	25	
Sa	5	12	19○	26☾	
So	6	13☽	20	27	

April

Mo		4	11☽	18○	25☾
Di		5	12	19	26
Mi		6	13	20	27
Do		7	14	21	28
Fr	1	8	15	22	29
Sa	2	9	16	23	30
So	3●	10	17	24	

Mai

Mo		2	9	16	23	30
Di		3●	10☽	17○	24☾	31
Mi		4	11	18	25	
Do		5	12	19	26	
Fr		6	13	20	27	
Sa		7	14	21	28	
So	**1**	8	15	22	29	

Juni

Mo		6	13	20	27
Di		7	14	21	28
Mi	1●	8	15○	22	29
Do	2	9☽	16	23☾	30
Fr	3	10	17	24	
Sa	4	11	18	25	
So	5	12	19	26	

Juli

Mo		4	11	18	25
Di		5	12	19	26
Mi		6	13	20	27
Do		7	14	21	28
Fr	1●	8☽	15○	22	29
Sa	2	9	16	23☾	30●
So	3	10	17	24	31

August

Mo	1	8	15	22	29●
Di	2	9	16	23	30
Mi	3	10	17	24	31
Do	4	11	18	25	
Fr	5	12	19	26	
Sa	6☽	13○	20	27	
So	7	14	21☾	28	

September

Mo		5	12○	19	26
Di		6	13	20☾	27●
Mi		7	14	21	28
Do	1	8	15	22	29
Fr	2	9	16	23	30
Sa	3	10	17	24	
So	4☽	11	18	25	

Oktober

Mo		3	10	17	24	31
Di		4☽	11	18	25	
Mi		5	12○	19	26●	
Do		6	13	20☾	27	
Fr		7	14	21	28	
Sa	1	8	15	22	29	
So	2	9	16	23	30	

November

Mo		7	14	21	28
Di	1	8	15	22	29
Mi	2☽	9	16	23	30
Do	3	10○	17	24	
Fr	4	11	18☾	25●	
Sa	5	12	19	26	
So	6	13	20	27	

Dezember

Mo		5	12	19	26
Di		6	13	20	27
Mi		7	14	21	28
Do	1	8	15	22	29
Fr	2☽	9	16	23	30
Sa	3	10○	17	24●	31
So	4	11	18☾	25	

Feiertage:

Aschermittwoch:	9. März	Pfingstsonntag:	12. Juni	Totensonntag:	25. Nov.
Ostersonntag:	24. April	Fronleichnam:	23. Juni	1. Advent:	2. Dez.
Chr. Himmelfahrt:	2. Juni	Buß- und Bettag:	21. Nov.		

Das Jahr 2011 ist ein Gemeinjahr zu 365 Tagen.

Beginn der Jahreszeiten:

Frühling: 21. März 0^h21^m
Sommer: 21. Juni 18^h16^m

Herbst: 23. Sept. 10^h04^m
Winter: 22. Dez. 6^h32^m

Erde in Sonnennähe: 3. Jan. 20^h
Erde in Sonnenferne: 4. Juli 16^h

Finsternisse:

4. Jan.: Partielle Sonnenfinsternis
1. Juli: Partielle Sonnenfinsternis

1. Juni: Partielle Sonnenfinsternis
25. Nov.: Partielle Sonnenfinsternis

15. Juni: Totale Mondfinsternis,
10. Dez.: Totale Mondfinsternis

Planeten:

Innere Planeten

Merkur:	Größte östliche Elongation:	23. März	(19°)	20. Juli	(27°)	14. Nov.	(23°)		
	Größte westliche Elongation:	9. Jan.	(23°)	7. Mai	(27°)	**3. Sept.**	(18°)	23. Dez.	(22°)
Venus:	Größte westliche Elongation:	8. Jan.	(47°)	Obere Konjunktion:	16. Aug.				

Äußere Planeten	Opposition	(Mio. km)	im Sternbild	Konjunktion
Mars:	–	–	–	4. Februar
Jupiter:	29. Oktober	594	Widder	6. April
Saturn:	3. April	1289	Jungfrau	13. Oktober
Uranus:	26. September	2854	Fische	21. März
Neptun:	22. August	4338	Wassermann	17. Februar
Pluto:	28. Juni	4643	Schütze	29. Dezember

Astronomische Institute, Planetarien und Sternwarten

Aschersleben
Planetarium Aschersleben
Im Tierpark
Auf der Alten Burg 40
06449 Aschersleben
Tel.: (03473) 2592
www.sternfreunde-aschersleben.de
E-Mail: tierpark@aschersleben.de

Augsburg
ṡ-Planetarium
Im Thäle 3
86152 Augsburg
Tel.: (08 21) 3 24 67 62

Bamberg
Dr.-Remeis-Sternwarte Bamberg
Astronomisches Institut der Universität Erlangen-Nürnberg
Sternwartstraße 7
96049 Bamberg
Tel.: (09 51) 9 52 22 0
Fax: (09 51) 9 52 22 22
E-Mail: postmaster@sternwarte.uni-erlangen.de

Basel
Astronomisches Institut der Universität Basel
Venusstraße 7
CH 4102 Binningen
Tel.: (0 61) 20 55 4 54
Fax: (0 61) 20 55 4 55
www.astro.unibas.ch

Berlin
Zentrum für Astronomie und Astrophysik
Technische Universität Berlin
Hardenbergstraße 36
10623 Berlin
Tel.: (0 30) 31 42 37 34
www-astro.physik.TU-Berlin.de
E-Mail: kontakt@astro.physik.TU-Berlin.de

Archenhold-Sternwarte
Alt-Treptow 1
12435 Berlin-Treptow
Tel.: (0 30) 5 34 80 80
E-Mail: info@astw.de
www.astw.de

Wilhelm-Foerster-Sternwarte und Planetarium
Munsterdamm 90
12169 Berlin
Tel.: (0 30) 7 90 09 30
www.wfs-be-schule.de
E-Mail: buero@wfs.be.schule.de

Zeiss-Großplanetarium Berlin
Prenzlauer Allee 80
10405 Berlin
Tel.: (0 30) 4 21 84 50
E-Mail: zgp@astw.de
www.astw.de

Bern
Astrodrom
Universität Bern
Muesmattstr. 29
CH 3012 Bern
Tel.: (00 41) 3 16 31 86 52
Fax: (00 41) 3 16 31 42 10
E-Mail: schweng@sis.unibe.ch

Bochum
Astronomisches Institut der Ruhr-Universität
Universitätsstr. 150/NA7
44780 Bochum
Tel.: (02 34) 32 2 34 54
Fax: (02 34) 32 1 41 69
E-Mail: chini@astro.ruhr-uni-bochum.de
www.astro.ruhr-uni-bochum.de

Planetarium und Sternwarte
Castroper Straße 67
44777 Bochum
Tel.: (02 34) 5 16 06 0
Fax: (02 34) 5 16 06 51
E-Mail: planetarium@bochum.de

Bonn
Astronomische Institute der Universität Bonn
Sternwarte mit Observatorium Hoher List
Institut für Astrophysik und Extraterrestrische Forschung

Auf dem Hügel 71
53121 Bonn
Tel. Sternwarte:
(02 28) 73 36 55, 56
Tel. Radioastronomie:
(02 28) 73 36 57, 58
Tel. Astrophysik:
(02 28) 73 36 71, 76
Gemeinsames Fax:
(02 28) 73 36 72
E-Mail: user@astro.uni-bonn.de

Radioobservatorium Effelsberg
53902 Bad Münstereifel
Tel.: (0 22 57) 30 11 01
Fax: (0 22 57) 30 11 05

Observatorium Hoher List
54550 Daun/Eifel
Tel.: (0 65 92) 21 50
Fax: (0 65 92) 98 51 40

Max-Planck-Institut für Radioastronomie
Auf dem Hügel 69
53121 Bonn
Tel.: (02 28) 52 51
Fax: (02 28) 52 52 29
E-Mail: username@mpifr-bonn.mpg.de
www.mpifr-bonn.mpg.de

Bremen
Sternwarte der Olbers-Gesellschaft
Olbers-Planetarium der Hochschule Bremen, FB Nautik
Werderstr. 73
28199 Bremen
Tel.: (04 21) 70 68 82
E-Mail: Dieter.Vornholz@t-online.de

Cottbus
Raumflugplanetarium Juri Gagarin
Lindenplatz 21
03044 Cottbus
Tel.: (03 55) 71 31 09
Fax: (03 55) 7 29 58 22
E-Mail: info@planetarium-cottbus.de

Dresden
Technische Universität Dresden
Lohrmann-Observatorium und Professur für Astronomie im Institut für Planetare Geodäsie

Mommsenstraße 13
01069 Dresden
Tel.: (03 51) 4 63 3 40 97
Fax: (03 51) 4 63 3 70 19
E-Mail: lohrmobs@
rcs.urz.tu-dresden.de
http://astro.geo.tu-dresden.de

Frankfurt
Institut für Theoretische Physik
(Astrophysik)
Robert-Mayer-Straße 10
60054 Frankfurt/Main
Tel.: (0 69) 7 98 28 238
Fax: (0 69) 7 98 28 283
E-Mail: stoecker@astro.uni-frankfurt.de
www.astro.uni-frankfurt.de

Freiburg im Breisgau
Kiepenheuer-Institut für
Sonnenphysik
Schöneckstraße 6
79104 Freiburg
Tel.: (07 61) 31 98 0
Fax: (07 61) 3 19 81 11
E-Mail: secr@kis.uni-freiburg.de
www.kis.uni-freiburg.de

Planetarium Freiburg
Bismarckallee 7g
79098 Freiburg
Tel.: (07 61) 3 89 06 30
Fax: (07 61) 3 89 06 590
E-Mail: zschetzsche@
planetarium-freiburg.de

Göttingen
Institut für Astrophysik
Georg-August-Universität
Göttingen
Friedrich-Hund-Platz 1
37077 Göttingen
Tel.: (05 51) 39 50 42/39 50 53
Fax: (05 51) 39 50 43
E-Mail: sekr@astro.physik.
uni-goettingen.de
www.astro.physik.
uni-goettingen.de

Außenstelle am Observatorio
del Teide/Teneriffa
Tel.: (00 34) 9 22 32 91 41/42/43
Fax: (00 34) 9 22 32 91 40

Graz
Sektion Astrophysik des Instituts
für Geophysik, Astrophysik und
Meteorologie der Universität Graz
Universitätsplatz 5
A 8010 Graz
Tel.: ++316 380 52 70
Fax: ++316 380 9825
E-Mail: arnold.hanslmeier@
uni-graz.at
www.kfunigraz.ac.at/igam

Observatorium Lustbühel Graz
Lustbühelstraße 46
A 8042 Graz
Tel.: ++316 46 73 67
Fax: ++316 46 73 65

Sonnenobservatorium
Kanzelhöhe
A 9521 Treffen/Kärnten
Tel.: ++4248 27 17 0
Fax: ++4248 27 17 15

Halle
Raumflugplanetarium
Peißnitzinsel 4 a
06108 Halle
Tel.: (03 45) 8 06 03 17

Hamburg
Hamburger Sternwarte
Gojenbergsweg 112
21029 Hamburg
Tel.: (0 40) 4 28 86 52 52
E-Mail: sternwarte@
hs.uni-hamburg.de

Planetarium
Hindenburgstraße 1b
22303 Hamburg
Tel.: (0 40) 428 86 52 10

Hannover
Astronomische Station am
Institut für Erdmessung der
Universität
Schneiderberg 50
30167 Hannover
Tel.: (05 11) 7 62 24 75

Heidelberg
Astronomisches Recheninstitut
Mönchhofstraße 12–14
69120 Heidelberg
Tel.: (0 62 21) 40 50
Fax: (0 62 21) 40 52 97
www.ari.uni-heidelberg.de

Institut für Theoretische
Astrophysik
Albert-Überle-Str. 2
69120 Heidelberg
Tel.: (0 62 21) 54 48 37
Fax: (0 62 21) 54 42 21
E-Mail: ita@ita.uni-heidelberg.de
www.ita.uni-heidelberg.de

Max-Planck-Institut für
Astronomie
Königstuhl 17
69117 Heidelberg
Tel.: (0 62 21) 52 80
Fax: (0 62 21) 52 82 46
E-Mail: sekretariat@mpia.de
www.mpia.de

Außenstelle Deutsch-Spanisches
Astronomisches Zentrum
Calar Alto/Almeria
Apartados Correos 511
Almeria/Spanien
Tel.: ++34/9 50 23 09 88,
++34/9 50 63 25 00
Fax: ++34/9 50 63 25 04
www.caha.es

Landessternwarte Königstuhl 12
69117 Heidelberg
Tel.: (0 62 21) 50 90
Fax: (0 62 21) 5 09 2 02
E-Mail: Postmaster@
lsw.uni-heidelberg.de
www.lsw.uni-heidelberg.de

Innsbruck
Institut für Astronomie der
Universität Innsbruck
Technikerstraße 25
A 6020 Innsbruck
Tel.: (05 12) 5 07 60 31
Fax: (05 12) 5 07 29 23
E-Mail: Astro@uibk.ac.at

Astronomische Institute, Planetarien und Sternwarten

Jena
Universitäts-Sternwarte
Schillergäßchen 2
07745 Jena
Tel.: (0 36 41) 94 75 01
Fax: (0 36 41) 94 75 02
E-Mail: moni@astro.uni.jena.de
www.astro.uni-jena.de

Planetarium
Am Planetarium 5
07743 Jena
Tel.: (0 36 41) 88 54 88
Fax: (0 36 41) 88 54 20

Kassel
Planetarium im Museum für Astronomie und Technikgeschichte
Orangerie
An der Karlsaue 20 c
34121 Kassel

Kiel
Institut für Theoretische Physik und Astrophysik
Leibnizstr. 15
24118 Kiel
Tel.: (04 31) 8 80 41 10
Fax: (04 31) 8 80 41 00
E-Mail: postmaster@astrophysik.uni-kiel.de
www.astrophysik.uni-kiel.de

Kieler Planetarium e. V.
Fachhochschule Kiel
Sokratesplatz 6
24149 Kiel
Tel.: (04 31) 2 10 17 41
Fax: (04 31) 2 10 17 51
E-Mail: service@
www.Kieler-planetarium.de

Klagenfurt
Raumflugplanetarium
Villacher Straße 239
A 9020 Klagenfurt
Sternwarte Kreuzbergl
Tel.: (04 63) 2 17 00

Köln
Physikalisches Institut der Universität zu Köln
Zülpicher Straße 77
50937 Köln
Tel.: (02 21) 4 70 35 67
Fax: (02 21) 4 70 51 62
www.phi.uni-koeln.de

Laupheim
Volkssternwarte und Planetarium
Milchstraße 1
88471 Laupheim
Tel.: (0 73 92) 9 10 59
Fax: (0 73 92) 9 10 58
E-Mail: contact@planetarium-laupheim.de
www.planetarium-laupheim.de

Locarno
Istituto Ricerche Solari Locarno (IRSOL)
via Patocchi
CH 6605 Locarno-Monti
Tel.: 00 41 9 17 43 42 26
Fax: 00 41 9 17 30 13 20
E-Mail: mbianda@irsol.ch
www.irsol.ch

Luzern
Planetarium im Verkehrshaus der Schweiz
Lidostraße 5
CH 6006 Luzern
Tel.: (0 41) 3 70 44 44

Mannheim
Planetarium
Wilhelm-Varnholt-Allee 1
68165 Mannheim
Tel.: (06 21) 41 56 92
Fax: (06 21) 41 24 11
www.planetarium-mannheim.de

München
Europäische Südsternwarte (ESO)
Karl-Schwarzschild-Straße 2
85748 Garching
Tel.: (0 89) 32 00 62 76
Fax: (0 89) 3 20 23 62
www.eso.org

Institut für Astronomie und Astrophysik der Universität München
Universitäts-Sternwarte
Scheinerstraße 1
81679 München
Tel.: (0 89) 21 80 60 01
Fax: (0 89) 21 80 60 03
E-Mail: adis@usm.uni-muenchen.de
www.usm.uni-muenchen.de

Max-Planck-Institut für Astrophysik
Karl-Schwarzschild-Str. 1
85741 Garching
Tel.: (0 89) 3 00 00 0
Fax: (0 89) 3 00 00 22 35
www.mpa-garching.mpg.de

Max-Planck-Institut für extraterrestrische Physik
Giessenbachstraße 1
85748 Garching
Tel.: +49 89 3 00 00 0
Fax: +49 89 3 00 00 35 69
E-Mail: hrs@mpe.mpg.de
www.mpe.mpg.de

Planetarium und Bayerische Volkssternwarte
Rosenheimer Str. 145h
81671 München
Tel.: (0 89) 40 62 39
Fax: (0 89) 49 49 87
E-Mail: volkssternwarte@lrz.tum.de

Münster
Planetarium im Naturkundemuseum
Sentruper Straße 285
48161 Münster
Tel.: (02 51) 5 91 05
Fax: (02 51) 5 91 60 98
E-Mail: planetarium@lwl.org
www.planetarium-muenster.de

Nürnberg
Nicolaus-Copernicus-Planetarium
Am Plärrer 41
90429 Nürnberg
Tel.: (09 11) 9 29 65 53
E-Mail: planetarium@osn.de
www.planetarium-nuernberg.de

Osnabrück
Museum am Schölerberg/
Planetarium
Am Schölerberg 8
49082 Osnabrück
Tel.: (05 41) 56 00 30

Potsdam
Astrophysikalisches Institut
Potsdam
Sternwarte Babelsberg
An der Sternwarte 16
14482 Potsdam
Tel.: (03 31) 7 49 90
Fax: (03 31) 7 49 92 67
E-Mail: director@aip.de
www.aip.de

Astrophysikalisches
Observatorium Potsdam
mit Sonnenobservatorium
Einsteinturm
Telegrafenberg
14473 Potsdam
Tel.: (03 31) 2 88 23 31
Fax: (03 31) 2 88 23 10

Observatorium für Solare Radio-
astronomie Tremsdorf
14552 Tremsdorf
Tel.: (03 31) 7 49 92 92
Fax: (03 31) 7 49 93 52

URANIA-Planetarium
und „Bruno H. Bürgel-Gedenk-
stätte"
Gutenbergstr. 71/72
14467 Potsdam
Tel.: (03 31) 2 70 27 21/24
Fax: (03 31) 29 24 47
E-Mail: Planetarium.Potsdam@
t-online.de
www.urania-potsdam.de

Recklinghausen
Westf. Volkssternwarte/
Planetarium
Stadtgarten 6
45657 Recklinghausen
Tel.: (0 23 61) 2 31 34
E-Mail: info@sternwarte-
recklinghausen.de
www.sternwarte-reckling
hausen.de

Schneeberg
Sternwarte und Planetarium
Heinrich-Heine-Straße
08289 Schneeberg
Tel.: (0 37 72) 2 24 39

Schwaz
Zeiss-Planetarium Schwaz
Alte Landstr. 15
A 6130 Schwaz/Tirol
Tel.: +43 ((0) 52 42) 7 21 29
Fax: +43 ((0) 52 42) 7 21 29 4
E-Mail: info@planetarium-
schwaz.at

Siegen
Sternwarte der Universität
Adolf-Reichwein-Straße
57068 Siegen
Tel.: (02 71) 7 40 46 13
Fax: (02 71) 7 40 23 30

Sonneberg
Sternwarte Sonneberg
Sternwartestraße 32
96515 Sonneberg
Tel.: (0 36 75) 8 12 10
Fax: (0 36 75) 8 12 19
E-Mail: office@stw.tu-ilmenau.de
www.stw.tu-ilmenau.de

Stuttgart
Carl-Zeiss-Planetarium mit
Sternwarte Welzheim
Mittlerer Schlossgarten
70173 Stuttgart
Tel.: (07 11) 1 62 92 15
Fax: (07 11) 216 39 12
E-Mail: info@planetarium-
stuttgart.de
www.planetarium-stuttgart.de
www.sternwarte-welzheim.de

Sternwarte Welzheim
Tel.: (0 71 82) 42 84
www.sternwarte-welzheim.de

Tautenburg
Thüringer Landessternwarte
Tautenburg
Karl-Schwarzschild-
Observatorium
Sternwarte 5
07778 Tautenburg
Tel.: (03 64 27) 86 30
Fax: (03 64 27) 8 63 29
www.tls-tautenburg.de

Tübingen
Institut für Astronomie und
Astrophysik
Abteilung Astronomie
Sand 1
72076 Tübingen
Tel.: (0 70 71) 29 7 24 86
Fax: (0 70 71) 29 34 58
www.astro.uni-tuebingen.de

Abt. Theoretische Astrophysik
Auf der Morgenstelle 10
72076 Tübingen
Tel.: (0 70 71) 29 7 40 07
Fax: (0 70 71) 29 50 94
www.tat.physik.uni-tuebingen.de

Welzheim
Siehe Planetarium **Stuttgart**

Wernigerode
Harzplanetarium
Sekundarschule „Maxim Gorki"
Walther-Rathenau-Straße 11
38855 Wernigerode
Tel.: (0 39 43) 3 22 77

Wien
Astronomisches Büro
Hasenwartgasse 32
A 1230 Wien
Tel./Fax: 00 43 1 889 35 41
E-Mail: astbuero@astrono
misches-buero-wien.or.at
http://members.ping.at/
astbuero
Sterngarten Georgenberg
Freiluftplanetarium

Astronomische Institute, Planetarien und Sternwarten

Institut für Astronomie der Universität Wien, Universitäts-Sternwarte
Türkenschanzstraße 17
A 1180 Wien
Tel.: (0 04 31) 4 27 75 18 01
Fax: (0 04 31) 42 77 95 18
E-Mail: user@astro.univie.ac.at
www.astro.univie.ac.at

Kuffner-Sternwarte
Johann-Staud-Straße 10
A 1160 Wien
Tel.: (02 22) 9 14 81 30
Fax: (02 22) 9 14 81 30 31
E-Mail: admin@kuffner.ac.at

URANIA-Sternwarte
Uraniastraße 1
A 1010 Wien
Tel.: (02 22) 7 12 61 91

Planetarium
Oswald-Thomas-Platz 1
A 1020 Wien
Tel.: +43 (0) 1 7 29 54 94
Fax: +43 (0) 1 7 29 54 94 77
E-Mail: admin@planetarium-wien.at
www.planetarium-wien.at

Wolfsburg
Planetarium
Uhlandweg 2
38440 Wolfsburg
Tel.: (0 53 61) 2 19 39

Würzburg
Lehrstuhl für Astronomie
Institut für Theoretische Physik und Astrophysik
Am Hubland
97074 Würzburg
Tel.: (09 31) 8 88 50 31
Fax: (09 31) 8 88 46 03
E-Mail: mannheim@astro.uni-wuerzburg.de

Zürich
Institut für Astronomie
ETH-Zentrum
CH 8092 Zürich
Tel.: +41 44 6 32 38 13
Fax: +41 1 6 32 12 05
www.astro.phys.ethz.ch

URANIA-Sternwarte
Uraniastraße 9
CH 8000 Zürich
Tel.: (01) 211 65 23
E-Mail: urania@astronomie.ch
http://urania.astronomie.ch

Das Verzeichnis erhebt keinen Anspruch auf Vollständigkeit. Weitere Institute, Planetarien und Sternwarten nimmt der Herausgeber gerne auf. Entsprechende Hinweise sende man bitte an:

PLANETARIUM STUTTGART
Mittlerer Schlossgarten
70173 Stuttgart

Amateurastronomische Vereinigungen, Beobachtungsstationen und Privatsternwarten

Aachen
Sternwarte am Hangeweiher
VHS Aachen
Peterstr. 21–25
52062 Aachen
E-Mail: juergen.balk@mail.aachen.de
www.sternwarte-aachen.de

Aalen
Astronomische Arbeitsgemeinschaft Aalen e. V.
Sonnenbergstr. 23
73447 Aalen
E-Mail: wichard@01019freenet.de
www.sternwarte-aalen.de

Aichwald
Schurwaldsternwarte e.V.
Im Lutzen 21
73773 Aichwald
E-Mail: info@schurwald sternwarte.de
www.schurwaldsternwarte.de

Albstadt
Sternwarte und Planetarium
Hartmannstraße 140
72458 Albstadt-Ebingen

Alzey
Interessengemeinschaft der Hobbyastronomen Alzey u. Umland e.V.
Oppenheimer Weg 25
55291 Saulheim
E-Mail: emilpallos@aol.com

Amberg
Volkssternwarte Amberg
Kirchensteig 19 b
92224 Amberg

Arnstadt-Espenfeld
Privatsternwarte Arnstadt-Espenfeld
Espenfeld Nr. 39 a
99338 Arnstadt-Espenfeld

Augsburg
siehe **Diedorf**

Bad Driburg
Sternwarte der
F.-W.-Weber-Realschule
Elsterweg 13
33014 Bad Driburg
E-Mail: sternwarte-
bad-driburg@gmx.de

Bad Dürkheim
Astronomischer Arbeitskreis
Pfalzmuseum für Naturkunde
Hermann-Schäfer-Str. 17
67098 Bad Dürkheim

Bad Homburg
Astronomische Gesellschaft
Orion e. V.
Valkenierstr. 10
61350 Bad Homburg
www.agorion.de
E-Mail: Oliver.Debus@agorion.de

Bad Mergentheim
Astronomische Vereinigung
Weikersheim e. V.
Bregenzer Str. 9
97980 Bad Mergentheim

Bad Salzuflen
Walter-Baade-Sternwarte
Wasserfuhr 25e
32108 Bad Salzuflen
E-Mail: info@sternfreunde-bs.de
www.lohfeld.de
www.sternfreunde-bs.de

Bad Salzschlirf
Sternwarte – Freundeskreis der
Himmelskunde
Dr.-Martiny-Straße 1
36364 Bad Salzschlirf

Bad Sauerbrunn
Burgenländische
Amateurastronomen
Postgasse 2
A 7202 Bad Sauerbrunn

Bad Zwesten
Sternwarte der Hardtwaldklinik I
Hardtstr. 31
34596 Bad Zwesten

Baindt
s. **Waldburg-Weingarten**

Basel
Astronomischer Verein
Venusstraße 7
CH 4102 Binningen

Bautzen
Sternwarte Bautzen
Schulsternwarte und Planetarium
Czornebohstraße 82 (Naturpark)
02625 Bautzen

Beelitz
Sternfreunde Beelitz e. V.
Jahnstr. 9
14547 Beelitz
E-Mail: info@sternwarte-
beelitz.de
www.sternwarte-beelitz.de

Bentheim
Astronomischer Verein der
Grafschaft Bentheim e. V.
Jahnstr. 3,
49828 Neuenhaus

Bielefeld
Schulsternwarte
Brackweder Gymnasium
Beckumer Straße 10
33647 Bielefeld
E-Mail: astro@bwg.bi.nw.
schule.de
http://free.pages.at/stbi/
index.htm

Arbeitsgemeinschaft
Astronomie, Physik, Umwelt
Naturwissenschaftlicher Verein
Kreuzstraße 38
33602 Bielefeld

Volkssternwarte Ubbedissen
Wietkamp 5
33699 Bielefeld

Bochum
Institut für Umwelt- und
Zukunftsforschung e. V.
vorm. Sternwarte Bochum
Blankensteiner Str. 200 a
44797 Bochum
Tel.: (0234) 47711
Fax: (0234) 5798958
E-Mail: office@iuz-bochum.de
office@sternwarte-bochum.de
www.sternwarte-bochum.de

Bonn
Volkssternwarte Bonn e. V.
Poppelsdorfer Allee 47
53115 Bonn

Bozen
Amateurastronomen
„Max Valier“
Verein zur Förderung der
Astronomie in Südtirol
Neustifterweg 5
I 39100 Bozen
E-Mail: info@maxvalier.org
www.maxvalier.org

Braunschweig
Sternfreunde Braunschweig-
Hondelage e. V.
Ackerweg 1 B
38108 Braunschweig
www.sternwarte-
braunschweig.de
E-Mail: Hans-W.Zimmermann
@t.online

Buchloe
Astronomische Gesellschaft
Buchloe e. V.
Alois-Reiner-Str. 15b
86807 Buchloe
www.astronomie-buchloe.de

Bülach
Schul- und Volkssternwarte
Bülach
Rotzibüch bei Eschenmosen
CH 8180 Bülach

Buxtehude
Astronomie-AG der
VHS Buxtehude
Braunschweiger Str. 4
21614 Buxtehude
www.buxastro.de
E-Mail: uffrecht.u@t-online.de

Amateurastronomische Vereinigungen, Beobachtungsstationen und Privatsternwarten

Casablanca
Sahara Sky
Dunes de Tinfou
45900 Zagora Marokko
Tel.: (00 21 2) 44 84 85 62
www. saharasky.com
E-Mail: hotelsahara@menara.ma

Diedorf
Astronomische Vereinigung Augsburg e. V.
Sternwarte und Planetarium Diedorf
Pestalozzistr. 17a
86420 Diedorf/Augsburg
Tel.: (0 82 38) 73 44
Fax: (0 12 12) 5 13 01 04 17
www.sternwarte-diedorf.de
E-Mail: info@sternwarte-diedorf.de

Donzdorf
Sternfreunde Donzdorf
Messelberg-Sternwarte beim Schulzentrum
73072 Donzdorf
www.sternwarte-donzdorf.de
E-Mail: info@sternwarte-donzdorf.de

Dornbirn
Vorarlberger Amateur-Astronomen
Kreuzgasse 8
A 6850 Dornbirn
E-Mail: gebhard.koeb@cable.vol.at

Dortmund
Sternwarte im Westfalenpark
Astronomischer Verein Dortmund e. V.
Hörder Bahnhofstr. 9
44263 Dortmund

Drebach
Volkssternwarte und Zeiss-Planetarium
Straße der Jugend 14
09430 Drebach
www.sternwarte-drebach.de
www.planetarium-drebach.de
E-Mail: kontakt@sternwarte-drebach.de

Duisburg
Rudolf-Römer-Sternwarte Rheinhausen e. V.
Schwarzenberger Str. 147 (im KFR)
47226 Duisburg

Durmersheim
Sternfreunde Durmersheim und Umgebung e. V.
Im Eck 1/19
76448 Durmersheim

Egloffstein
Sternwarte Feuerstein e. V.
Sternwarte 1
91320 Ebermannstadt
Tel.: +49 (0) 174 2 43 60 32
www.sfeu.ebermannstadt.de
E-Mail: info@sfeu.ebermannstadt.de

Eisenstadt
Burgenländische Landessternwarte
Dr.-Karl-Renner-Straße 1
A 7000 Eisenstadt
www.alrukaba.at
www.astronomie.at/burgenland

Erkrath
Sternwarte Neanderhöhe Hochdahl und Planetarium
Sedentaler Str. 105
40699 Erkrath

Ersigen
Privatsternwarte Lohberg
Gsteigweg 7
CH 3423 Ersigen
e-Mal: fluekiger@fluekiger.ch
www.ursusmajor.ch

Eschwege
Vereinigte Amateur-Astronomen Eschwege VAAE 1975 e. V.
Hauptstraße 36
36205 Sontra-Ulfen
http://home.arcor.de/vaae/wellcome.html

Essen
Walter-Hohmann-Sternwarte Essen e. V.
Wallneyer Str. 159
45133 Essen
www.sternwarte-essen.de

Frankfurt/Main
Volkssternwarte des Phys. Vereins
Robert-Mayer-Straße 2–4
60054 Frankfurt am Main
www.physikalischer-verein.de
E-Mail: info@physikalischer-verein-de

Freiburg
Sternfreunde Freiburg e. V.
Rosenstr. 1a
79108 Freiburg
www.sternfreunde-breisgau.de
E-Mail: clearskies@sternfreunde-breisgau.de

Freigericht
Sternwarte der Kopernikusschule Freigericht
Konrad Adenauer Ring 1
63579 Freigericht
www.astro-freigericht.de

Fürstenfeldbruck
Astrogilde Fürstenfeldbruck und Gilching
Landsbergerstr. 17
82205 Gilching
Tel.: (0 81 05) 77 95 0
www.astrogilde.de
E-Mail: info@astrogilde.de

Fulda
Hans-Nüchter-Sternwarte
Freiherr-von-Stein-Schule
Domänenweg 2
36037 Fulda
Tel. (06 61) 9 69 40 0
www.hans-nuechter-sternwarte.de
E-Mail: hns@hans-nuechter-sternwarte.de

Planetarium im Vonderau Museum
Jesuitenplatz 2
36037 Fulda
Tel.: (06 61) 9 28 35 0
Fax: (06 61) 9 28 35 13
www.museum-fulda.de
E-Mail: planetarium@museum-fulda.de

Fuldatal
Volkssternwarte Rothwesten
Brüder-Grimm-Str. 24
34233 Fuldatal

Germering
Sternwarte des Max-Born-Gymnasiums
Johann-Sebastian-Bach-Str. 8
82110 Germering

Gilching
Volkssternwarte Gilching in der VHS Gilching
Landsberger Str. 17a
Tel.: (08 10 5) 77 95 0
82205 Gilching
E-Mail: info@astrogilde.de

Glücksburg
Menke Planetarium und Sternwarte der FH Flensburg
Fördestr. 35,
24960 Glücksburg

Gmunden
Eisner-Sternwarte
Kalvarienberg
A 4810 Gmunden
E-Mail: karl.silber@aon.at

Görlitz
Scultetus-Sternwarte
Sternwarte und Planetarium
An der Sternwarte 1
02827 Görlitz
Tel./Fax: (0 35 81) 7 82 22
E-Mail: sternwarte@goerlitz.de

Gondelsheim
Kraichgau-Sternwarte Gondelsheim e. V.
Lilienstraße 25
76669 Bad Schönborn
www.mhm-ka.de/gondelsheim.html
www.gondelsheim.de/v117.htm

Göttingen
Amateurastronomische Vereinigung Göttingen e. V.
Schlesierring 8
37085 Göttingen
www.avgoe.de
E-Mail: Blechte@t-online.de

Förderkreis Planetarium Göttingen e. V.
Nordhäuser Weg 18
37085 Göttingen
E-Mail: vorstand@planetarium-goettingen.de

Gröbenzell
Astronomische Vereinigung West-München (AVWM)
Grasslfinger Straße 43
82194 Gröbenzell

Gudensberg
Förderverein Schulsternwarte Gudensberg e. V.
Mönchweg 8
34225 Baunatal

Hagen
Volkssternwarte Eugen-Richter-Turm
58135 Hagen
www.sternwarte-hagen.de
E-Mail: info@sternwarte-hagen.de

Halberstadt
Verein für astronom. Bildung im LK Halberstadt e. V.
Wilhelm-Trautewein-Str. 19
38820 Halberstadt
E-Mail: kdhuch@gmx.de

Hamburg
Gesellschaft für volkstümliche Astronomie e. V.
Eiffestraße 426
20537 Hamburg
www.gva-hamburg.de
E-Mail: info@gva-hamburg.de

Hannover
Planetarium der Bismarckschule
An der Bismarckschule 5
30173 Hannover
www.planetarium-bismarckschule.de

Volkssternwarte
Am Lindener Berg 27
30449 Hannover
www.sternwarte-hannover.de
E-Mail: info@sternwarte-hannover.de

Hardheim
Astronomie-Arbeitskreis Walter-Hohmann-Sternwarte
Alte Würzburger Straße 5
74736 Hardheim

Hattingen
Volkssternwarte Hattingen e. V.
Schonnefeldstr. 23
45326 Essen

Helmstedt
Astro AG der VHS Helmstedt
Hoiersdorfer Str. 5
38388 Twieflingen
E-Mail: astridgallus@gmx.de

Heilbronn
Robert-Mayer-Volks- und Schulsternwarte
Bismarckstraße 10
74072 Heilbronn
www.sternwarte.org
E-Mail: info@sternwarte.org

Heppenheim
Starkenburg-Sternwarte
Kl. Bach 3
64646 Heppenheim

Herford
Sternwarte des Friedrichs-Gymnasiums Herford
Werrestr. 9
32049 Herford
Tel.: (05221) 289358
E-Mail: sekretariat@fgh-online.de

Amateurastronomische Vereinigungen, Beobachtungsstationen und Privatsternwarten

Heringsdorf
Volkssternwarte
„Manfred von Ardenne"
Strandpromenade
17424 Heringsdorf
www.sternwarte-usedom.de
E-Mail: info@sternwarte-usedom.de

Herne
Sternwarte Herne
Am Böckenbusch 2
44652 Herne
Tel.: (02 32 5) 77 20 2
E-Mail: info@sternwarte-herne.de

Herzberg
Planetarium und Volkssternwarte Herzberg
Lugstr. 3
04916 Herzberg/E.
Tel./Fax: (0 35 35) 7 00 57
www.herzberger-sternfreunde-eV.de
E-Mail: Planetarium.Herzberg@lausitz.net

Hof
Volkssternwarte Hof
Egerländer Weg 25
95032 Hof

Hückelhoven
Astronomische Arbeitsgemeinschaft
Städt. Gymnasium
Hartlpooler Platz
41836 Hückelhoven

Ilsede
Privatsternwarte
Alter Weg 4 B
31241 Ilsede
http://Astro-Stammtisch.Korn-Deele.de
E-Mail: greenmoon@t-online.de

Ingolstadt
Sternwarte Ingolstadt AAI e. V.
Lilienthalstr. 137
85077 Manching
Tel. (0 84 59) 65 87
www.Astronomiepark.de
www.aai-Ingolstadt.de
E-Mail: stewa.in@gmx.de

Jena
Urania-Sternwarte
Schillergäßchen 2
07745 Jena

Karlsruhe
Sternwarte des Max-Planck-Gymnasiums
Krokusweg
76199 Karlsruhe

Kassel
Astronomischer Arbeitskreis Kassel e. V.
Wilhelmshöher Allee 300 A
34131 Kassel
www.astronomie-kassel.de
E-Mail: info@astronomie-kassel.de

Kelheim
Sternfreunde Kelheim e. V.
Eschenstr. 5
93326 Abensberg
www.sternfreunde-kelheim.de
E-Mail: webmaster@sternfreunde-kelheim.de

Kempten
Volkssternwarte Kempten e. V.
Saarlandstr. 1
87437 Kempten
E-Mail: info@sternwarte-kempten.de

Kiel
Gesellschaft für volkstümliche Astronomie (GvA) e. V. – Gruppe Kiel
Hofbrook 64
24119 Kronshagen
www.gva-kiel.de
E-Mail: service@gva-kiel.de

Volkssternwarte Kronshagen
Suchsdorfer Weg 33
24119 Kronshagen

Köln
Planetarium
Blücherstr. 15 17
50733 Köln
www.koelner-planetarium.de
E-Mail: info@koelner-planetarium.de

Volkssternwarte Köln
Nikolausstr. 55
50937 Köln
Tel.: (02 21) 41 54 67
Fax: (02 21) 9 41 54 08
www.volkssternwarte-koeln.de
E-Mail: info@volkssternwarte-koeln.de

Kleve
Volkssternwarte Goch/Kleve e. V.
Berlinerstr. 69
47574 Goch-Nierswalde

Königsleiten
Sternwarte und Planetarium Königsleiten
Königsleiten 29
A 5742 Wald i. Pinzgau
Tel.: +43 65 64 2 00 14
Fax: +43 65 64 2 00 15
www.sternwarte-koenigsleiten.com
E-Mail: sternwarte.kgl@aon.at

Krauschwitz
Lausitzer Sterngucker e. V.
Görlitzer Str. 30 A
02957 Krauschwitz
Tel.: (035771) 69658
www.lausitzer-sterngucker.de
E-Mail: sternwarte_moench@web.de

Krefeld
Vereinigung Krefelder Sternfreunde e. V.
Yorckstr. 42
47800 Krefeld
www.vks-krefeld.de
E-Mail: Krefelder_sternfreunde@gmx.de

Kreuzlingen
Sternwarte Kreuzlingen
Breitenrainstraße 21
CH 8280 Kreuzlingen

Laufen
Astronomische Arbeitsgruppe
Laufen e. V.
Weinbergstraße 2a
83373 Tengling
www.sternwarte-laufen.de

Lemgo
Sternwarte Lemgo
Astronomische Arbeits-
gemeinschaft an der
FH Lippe und Höxter e. V.
Liebigstr. 87
32657 Lemgo

Leonberg
Sternwarte Höfingen
Theodor-Heuss-Str. 6/1
71229 Leonberg
www.sternwarte.tk.
E-Mail: willy.mahl@t-online.de

Lilienthal
Astronomische Vereinigung
Lilienthal e. V.
Chemnitzer Str. 35
28832 Achim
www.avl-lilienthal.de
E-Mail: vorstand@avl.lilienthal.de

Linz
Johannes Kepler
Sternwarte Linz
Sternwarteweg 5
A 4020 Linz

Lohr
Sternwarte Luana
Zum Rötelbrunnen 2
97816 Lohr/Main

Lübeck
Sternwarte Lübeck
Am Ährenfeld 2
23564 Lübeck

Lustenau
siehe **Dornbirn**

Luxembourg
Astronomes Amateurs du
Luxembourg
16 B, Rue Emile Mayrisch
L 3522 Dudelange
www.aal.lu
E-Mail: aal@aal.lu

Luzern
Astronomische Gesellschaft
Luzern
Sternwarte Hubelmatt
Schulhaus Hubelmatt West
CH 6005 Luzern
Tel. +41(0)41 317 00 69
www.agl.astronomie.ch
E-Mail: sternwarte.agl
@astronomie.ch

Mainz
Volkssternwarte Mainz
Karmeliterplatz 1
55116 Mainz
www.astro-mainz.de
E-Mail: aagmainz@gmx.de

Marburg
Volkssternwarte Marburg e. V.
Dresdener Str. 18
(Schulzentrum)
35274 Kirchhain
www.volkssternwarte-
marburg.de
www.volkssternwarte.com

Mönchengladbach
Astronomischer Arbeitskreis
Mönchengladbach e. V.
Engelsholt 143
41069 Mönchengladbach
http://astro-mg.de
E-Mail: info@astro-mg.de

Moers
Moerser Astronomische
Organisation e. V.
Drinhausstr. 2
47447 Moers
www.sternwarte-moers.de
E-Mail: info@sternwarte-
moers.de

Monschau
Eifelastronomen e. V.
Verein zur Förderung und Pflege
der volksbildenden Astronomie
Görgesstr. 42
52156 Monschau
E-Mail: eifelastro@gmx.de
www.eifelastronomen.de

Münster
Sternfreunde Münster e. V.
Sentruper Straße 285
48161 Münster
www.sternfreunde-muenster.de
E-Mail: info@sternfreunde-
muenster.de

Neumarkt i.d.OPf.
Fritz-Weithas-Sternwarte
Bayerische Volkssternwarte Neu-
markt i.d.OPf.
Am Höhenberg 31
92318 Neumarkt i.d.OPf.
Tel. (0 91 81) 46 34 60
www.sternwarte-neumarkt.de

Neumünster
Volkshochschule Neumünster
Arbeitsgemeinschaft Sternwarte
Gartenstr. 32
24534 Neumünster

Neustadt/Weinstraße
siehe **Bad Dürkheim**

Nordenham
Planetarium
Bahnhofstraße 52
26954 Nordenham
www.sternfreunde.
nordenham.de
E-Mail: info@sternfreunde.
nordenham.de

Norderney
Astronomischer Arbeitskreis
Norderney
„Wilhelm Dorenbusch
Sternwarte“
Birkenweg 22
26548 Norderney
Tel.: (01 76) 24 92 82 09 und
Tel.: (04 93 2) 86 02 65
Observatorium
Tel.: (0 49 32) 92 76 39 – Büro
www.sternwarte-norderney.de
E-Mail: SternwarteNey@aol.com

Amateurastronomische Vereinigungen, Beobachtungsstationen und Privatsternwarten

Norderstedt
Volkssternwarte Norderstedt e. V.
Am Wittmoor 52
24558 Henstedt-Ulzburg

Nürnberg
Regiomontanus-Sternwarte
Nürnberger Astronomische Arbeitsgemeinschaft e. V.
Regiomontanusweg 1
90491 Nürnberg
www.naa.net
E-Mail: info@naa.net

Nürtingen
Neckar-Alb-Sternwarte
Am Lerchenberg
Astronomische Vereinigung Nürtingen e. V.
Birkenweg 7
72622 Nürtingen
www.sternwarte-nuertingen.de
E-Mail: avn-ev@t-online.de

Oberwallis
Astronomische Gesellschaft Oberwallis
Sternwarte Simplon-Adler
Ebnetstr. 12
CH 3982 Bitsch
E-Mail: elektro@hkalbermatten.ch

Oldenburg
Oldenburger Sternfreunde e.V.
Herbartstr. 15
26122 Oldenburg

Osnabrück
Astronomiche Arbeitsgemeinschaft / Naturwissenschaftlicher Verein
Museum am Schölerberg
Am Schölerberg 8
49082 Osnabrück
Tel.: (05 41) 56 00 30
www.naturwissenschaftlicher-verein-os.de

Ottobeuren
Allgäuer Volkssternwarte Ottobeuren e. V.
Bgm.-Hasel-Str. 17
87724 Ottobeuren
Tel.: (0 83 32) 9 36 60 58
Fax: (0 83 32) 93 68 90
www.avso.de
E-Mail: info@avso.de

Paderborn
Volkssternwarte Paderborn e. V.
Im Schloßpark,
Schloß Neuhaus
Marstallstraße 13
33104 Paderborn
www.sternwarte-paderborn.de
E-Mail: Mail@Sternwarte-Paderborn.de

Papenburg
Astronomischer Verein der Volkssternwarte Papenburg e. V.
Wilhelm-Leuschner-Str. 48
26871 Papenburg

Passau
Volkssternwarte
Veste Oberhaus 125
94034 Passau
www.Sternwarte-Passau.de

Pforzheim
Astronomischer Arbeitskreis Pforzheim 1982 e. V.
Jahnstr. 3
75365 Calw
Tel.: (07 23 1) 41 84 62
E-Mail: weisheit@pro-bw.de

Regensburg
Verein der Freunde der Volkssternwarte Regensburg
Ägidienplatz 2
93047 Regensburg
www.sternwarte-regensburg.de

Remscheid
Astronomischer Verein Remscheid
Dr.-Hans-Schäfer-Sternwarte
Bismarckturm Am Stadtpark
42801 Remscheid
www.sternwarte-remscheid.de

Reutlingen
Planetarium und Sternwarte
Karlstraße 40
72764 Reutlingen
www.sternwarte-reutlingen.de
E-Mail: info@sternwarte-reutlingen.de

Riesa
Sternwarte Riesa e.V.
Ring der Einheit 5
01619 Zeithain
E-Mail: SternwarteRiesa@web.de

Rodewisch
Schulsternwarte und Planetarium „Sigmund Jähn"
Rützengrüner Str. 41 a
08228 Rodewisch (Vogtland)
Tel.: (0 37 44) 3 23 13
Fax: (0 37 44) 3 28 15
www.sternwarte-rodewisch.de
E-Mail: info@sternwarte-rodewisch.de

Rüsselsheim
Rüsselsheimer Sternfreunde e. V.
Staudenweg 3
65428 Rüsselsheim

Rostock
Astronomiche Station „Tycho Brahe"
Astronomischer Verein Rostock e. V.
Nelkenweg 6
18057 Rostock
E-Mail: kontakt@sternwarte-rostock.de
www.sternwarte-rostock.de

Saar
Verein der Amateurastronomen des Saarlandes e. V. (VAS)
Sternwarte Peterberg
66625 Nohfelden-Eiweiler
Tel.: (06 87 3) 91 55 6
E-Mail: info@sternwarte-peterberg.de

Saarlouis
Verein der Astronomiefreunde
Cassiopeia Saarlouis e. V.
Großstr. 37
66740 Saarlouis
www.cassiopeia-saarlouis.de
E-Mail: info@cassiopeia-saarlouis.de

Salzburg
Arbeitsgruppe für Astronomie am Museum Haus der Natur
Tischlerstr. 8
A 5101 Bergheim/Salzburg
E-Mail: gerhard.grau@gmx.at

Salzburger Volkssternwarte auf dem Voggenberg
Auer von Welsbach-Str. 22
84489 Burghausen
www.hausdernatur.at/astronomie
E-Mail: be.wa-galactic-dwarf@t-online.de

Schaffhausen
Dr. h. c. Hans-Rohr-Sternwarte
Astro-AG der Naturforschenden Gesellschaft
Etzelstr. 11
CH 8200 Schaffhausen

Schkeuditz
Astronomisches Zentrum
An der Bergbreite
04435 Schkeuditz

Schriesheim
Arbeitsgemeinschaft Volkssternwarte Schriesheim e. V.
Entengasse 3
69198 Schriesheim

Schwanden ob Sigriswil
Sternwarte Planetarium SIRIUS
CH 3657 Schwanden/Sigriswil
www.sternwarte-planetarium.ch
E-Mail: info@sternwarte-planetarium.ch

Seewalchen
Astronomischer Arbeitskreis Salzkammergut + Sternwarte Gahberg bei Weyregg am Attersee
Sachsenstraße 2
A 4863 Seewalchen
www.astronomie.at
E-Mail: info@astronomie.at

Senftenberg
Planetarium
An der Ingenieurschule
01968 Senftenberg
Tel. (0 35 73) 21 12
www.planetarium-senftenberg.de
E-Mail: planetarium-senftenberg@freenet.de

Singen
Volkssternwarte Singen e. V.
Zeppelin-Realschule
Rielasingerstr. 37
78224 Singen

Soest
Volkssternwarte
Steinkuhlenweg 6
59494 Soest

Sohland
Volks- und Schulsternwarte „Bruno H. Bürgel" Sohland e.V.
Zöllnerweg 12
02689 Sohland
www.sternwarte-sohland.de

Solingen
Walter-Horn-Ges. e. V.
Sternwarte
Sternstraße 5
42719 Solingen
www.sternwarte-solingen.de
E-Mail: info@sternwarte-solingen.de

Steißlingen
Sternwarte Steißlingen
Im Städtle 19
78256 Steißlingen

St. Pölten
ANTARES Niederöstereichische Amateurastronomen
Schuhmeierstr. 1
A 3100 St. Pölten
www.noe-sternwarte.at
E-Mail: antares-info@aon.at

Stuttgart
Schwäbische Sternwarte
Zur Uhlandshöhe 41
70188 Stuttgart
mail@sternwarte.de

Suhl
Volks- und Schulsternwarte
Auf dem Hoheloh 1
98527 Suhl
www.suhler-sternfreunde.de
E-Mail: sternfreund27@web.de

Sursee
Sternwarte Sursee
Berufsschule Kotten
Kyburgerstr. 3
CH 6210 Sursee

Tirschenreuth
Gerhard Franz Volkssternwarte
Marienstraße 49
95643 Tirschenreuth
www.sternwarte-tischenreuth.de

Traiskirchen
Franz-Kroller-Sternwarte
Bräuhausgasse
A 2514 Traiskirchen

Trebur
Michael Adrian Observatorium
Fichtenstr. 7
65468 Trebur
www.tlt-trebur.de
www.fh-friedberg.de/users/jomo/tlt.htm
E-Mail: tlt@gmx.de

Trier
Verein Sternwarte Trier e. V.
Hofberg 40
54296 Trier
www.uni-trier.de/sternwarte
E-Mail: gruner@uni-trier.de

Amateurastronomische Vereinigungen, Beobachtungsstationen und Privatsternwarten

Tübingen
Astronomische Vereinigung Tübingen e. V.
Sternwarte der Universität
Waldhäuser Straße 64
72076 Tübingen
www.sternwarte-tuebingen.de
E-Mail: info@sternwarte-tuebingen.de

Überlingen
Sternwarte Überlingen e.V.
Ob. St. Leonhardstraße 45
88662 Überlingen
www.sternwarte-ueberlingen.de

Villingen
Werner Antritter Stiftung
Hoptbühl-Gymnasium
Stationenweg 2
78048 VS-Villingen

Violau
Sternwarte
Bruder-Klaus-Heim
86450 Violau

Waghäusel
Astronomiefreunde 2000 Waghäusel e. V.
Kettelerstr. 19
68753 Waghäusel
www.afw2000.de.vu
E-Mail: wstegmueller@web.de

Waldburg
Astronomischer Arbeitskreis Waldburg-Weingarten e. V.
Gartenstraße 31
88255 Baindt
www.sternwarte-waldburg.de

Weikersheim
siehe **Bad Mergentheim**

Weil der Stadt
Johannes-Kepler-Sternwarte
Max-Caspar-Str. 47
71263 Weil der Stadt
Tel.: (0 70 33) 69 06 29
www.kepler-sternwarte.de
E-Mail: info@kepler-sternwarte.de

Wetterau
siehe **Bad Nauheim**

Wetzlar
Astronomischer Arbeitskreis Wetzlar e. V.
Sternwarte Burgsolms
Lindenstr. 11
35606 Solms

Wien
Astronomischer Jugendclub
Richard-Wagner-Platz 2/8
A 1160 Wien

Wiesbaden
Astronomische Gesellschaft Urania e. V. /
Volkssternwarte
Bierstadter Str. 47
65189 Wiesbaden

Winterthur
Sternwarte Eschenberg der AG Winterthur
Breitenstraße 2
CH 8542 Wiesendangen

Winzer
Volkssternwarte Bayerischer Wald e. V.
Am Vogelsang 1
94577 Winzer

Zeilarn
Sternfreunde Pfarrkirchen-Zeilarn
Oberhaus (Sternwarte)
84367 Zeilarn
www.cosmopan.de
E-Mail: info@cosmopan.de

Zweibrücken
Sternwarte des Naturwissenschaftlichen Vereins
FH Campus
Amerikastr. 1
66482 Zweibrücken
www.nawi-zw.de
E-Mail: info@nawi-zw.de

Überregionale astronomische Amateur-Vereinigungen

Arbeitskreis Meteore e. V.
Mehlbeerenweg 5
14469 Potsdam

Bundesdeutsche Arbeitsgemeinschaft für Veränderliche Sterne e. V. (BAV)
Munsterdamm 90
12169 Berlin
www.bav-astro.de
E-Mail: zentrale@bav-astro.de

Österreichischer Astronomischer Verein
Baumgartenstraße 23/4
A 1140 Wien

Schweizerische Astronomische Gesellschaft (SAG)
Zentralsekretariat:
Gristenbühl 13
CH 9315 Neukirch (Egnach)
www.astroinfo.ch

Vereinigung der Sternfreunde e. V. (VdS)
Geschäftsstelle
Lehrstr. 4
64646 Heppenheim
www.vds-astro.de
E-Mail: service@vds-astro.de

Das Verzeichnis erhebt keinen Anspruch auf Vollständigkeit. Weitere Vereinigungen nimmt der Herausgeber gerne auf. Entsprechende Hinweise sende man bitte an:

PLANETARIUM STUTTGART
Mittlerer Schlossgarten
70173 Stuttgart

Erläuterungen zum Gebrauch

Inhalt

Wer zum ersten Mal dieses Jahrbuch in Händen hält und noch keine Erfahrungen im Beobachten des gestirnten Himmels hat, sollte nachstehende Erläuterungen aufmerksam lesen. Sie geben eine kurze aber profunde Einführung in die Grundlagen der praktischen Himmelskunde. Wer sich jedoch schon am Sternenhimmel auskennt, kann sofort die „Kurzhinweise zum Gebrauch" dieses Jahrbuches auf der vorderen Umschlagklappe aufschlagen.

Nur noch selten bietet sich uns modernen Zivilisationsmenschen die Gelegenheit, ungestört von irdischen Lichtquellen die Pracht eines klaren, sternenübersäten Nachthimmels zu erleben. Schier endlos scheint die Zahl der flimmernden Lichtpünktchen am samtschwarzen Firmament zu sein. Schnell kommt der Wunsch auf, sich am Sternenzelt zurechtzufinden und mehr über die Wunder des Weltalls zu erfahren.

Die vielen Sterne, die man in einer mondlosen Nacht zu sehen bekommt, sind fast ausnahmslos Sonnen, also heiße, selbst leuchtende Gasbälle, gewissermaßen Geschwister unserer eigenen Sonne. Sie prägen dem Himmel ein scheinbar unveränderliches Muster auf, das heißt, ihre gegenseitigen Positionen bleiben unverändert; man nennt sie daher Fixsterne. Die Fantasie der Menschen erkannte schon in alter Zeit in der zufälligen Anordnung der Sterne die Gestalten von Menschen, Tieren oder Gegenständen, eben die Sternbilder. Das Beispiel des Großen Wagens ist wohl jedem bekannt. Seine Form ändert sich nicht, jahraus, jahrein erkennen wir ihn in gleicher Gestalt.

E.1 Das Milchstraßensystem NGC 253 im Sternbild Sculptor (Bildhauer) ist zehn Millionen Lichtjahre entfernt (Foto: Bernd Flach-Wilken und Volker Wendel/www.spiegelteam.de).

E.2 Das Wintersternbild Orion in der sternreichen Milchstraßengegend (Foto: Martin Gertz, Beobachtergruppe Planetarium Stuttgart).

Das Aussehen des Sternenhimmels ändert sich jedoch von Stunde zu Stunde. Da die Erde sich dreht, gehen die Sterne ebenso wie Sonne und Mond auf und unter. Am Morgenhimmel sind andere Sternbilder zu sehen als am Abendhimmel. Da die Sonne im Laufe eines Jahres durch die Tierkreissternbilder wandert, ist der Himmelsanblick auch jahreszeitlich immer wieder verschieden. Schließlich hängt es noch vom Beobachtungsort auf der Erde ab, welche Sterne zu sehen sind. In anderen geografischen Breiten sieht der Himmel entsprechend verschieden aus. Das berühmte Kreuz des Südens beispielsweise ist bei uns in Mitteleuropa nicht zu sehen.

Im *Kosmos Himmelsjahr* ist das Bild des abendlichen Fixsternhimmels für jeden Monat beschrieben. Eine Sternkarte erleichtert die Übersicht. Außerdem ist die Stellung des Großen Wagens und des Himmels-Ws um 22^h MEZ für jeden Monat aus einer Grafik ersichtlich. Der Große Wagen und das Himmels-W sind in jeder klaren Nacht zu beobachten, da sie bei uns zirkumpolar sind, also niemals untergehen.

Während die Fixsterne ihre Stellungen zueinander nicht ändern, sondern nur gemeinsam infolge der Erdrotation über das Firmament ziehen, gibt es Gestirne, die ihre Position im Laufe von Wochen und Monaten ändern. Man nennt sie Wandelsterne oder Planeten (griech.: πλανά ωμαι = umherirren). Sie sind die Geschwister unserer Erde, die ebenfalls ein Planet ist. Mit freiem Auge sind fünf Planeten zu sehen: Merkur, Venus, Mars, Jupiter und Saturn. Nach Erfindung des Fernrohres wurden noch drei weitere entdeckt: Uranus, Neptun und Pluto. Seit August 2006 zählt Pluto offiziell aber nicht mehr zu den Planeten, und somit sind heute acht große Planeten bekannt, die die Sonne, das Zentralgestirn, umkreisen. Inzwischen wurden jenseits der Plutobahn weitere Planetoiden aufgespürt, die Pluto zum Teil an Größe übertreffen und zusammen mit ihm und dem ehemaligen Kleinplaneten Ceres die Gruppe der Zwergplaneten bilden.

Wer die Sternbilder kennt, dem fällt ein Planet sofort als nicht dazugehöriges, gewissermaßen fremdes Gestirn auf. Außerdem flimmern Planeten im Unterschied zu den punkt-

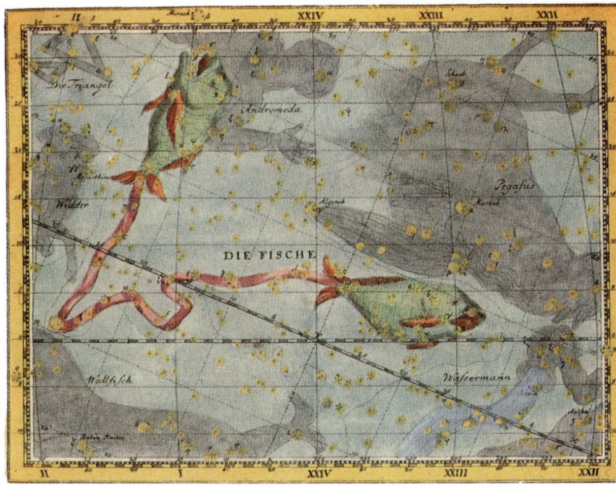

E.3 Das Sternbild Fische (Pisces) in der fantasievoll ausgeschmückten Sternkarte von Johann Elert Bode aus dem Jahre 1782.

förmigen Fixsternen nicht oder kaum, sie glänzen ruhig im erborgten Sonnenlicht. Die Planeten laufen ziemlich genau in derselben Ebene um die Sonne, die von der Erdbahn aufgespannt wird. Die Erdbahnebene entsteht durch den Umlauf der Erde um die Sonne. Sie heißt auch Ekliptikebene.

Von der Erde aus gesehen wandert somit die Sonne in einem Jahr durch die bekannten Sternbilder des Tierkreises. Der Wanderweg der Sonne heißt Ekliptik. Mond und Planeten bewegen sich ebenfalls in der Nähe der Ekliptik. Sie sind daher stets in den Tierkreissternbildern zu finden. Niemals kann beispielsweise die Venus im Sternbild Großer Bär gesehen werden!

Ein Wort zu den Dimensionen im Weltall: Gibt man sie in Kilometer an, so erhält man die berühmten „astronomischen" Zahlen, Ungetüme mit vielen Nullen, die kaum aussprechbar sind und unter denen man sich gar nichts mehr vorstellen kann. Anschaulicher werden die Entfernungen im Kosmos, nimmt man die Reisegeschwindigkeit des Lichtes zu Hilfe: Pro Sekunde legt ein Lichtstrahl im Vakuum rund 300 000 Kilometer zurück, das ist fast die Strecke von der Erde zum Mond. Von der Sonne zur Erde sind es 8 1/3 Lichtminuten; dies entspricht 150 Millionen Kilometer. Die mittlere Entfernung Erde–Sonne wird auch Astronomische Einheit (AE) genannt. Sie ist die Basis für astronomische Entfernungsmessungen. Bis zum fernen Pluto ist ein Lichtquant von der Sonne immerhin sechs Stunden unterwegs. Danach beginnt der Abgrund der Fixsternräume. Schon die nächsten Sterne, also Nachbarsonnen unserer eigenen, sind so weit weg, dass ihr Licht Jahre braucht, um die gewaltigen Distanzen zu überbrücken. In einem Jahr legt das Licht 9 460 000 000 000 Kilometer zurück, also fast zehn Billionen Kilometer. Sirius im Sternbild Großer Hund, ein sehr naher Stern, ist beispielsweise „nur" neun Lichtjahre entfernt. Die meisten Sterne sind aber Dutzende, Hunderte oder Tausende von Lichtjahren weit weg.

Alle Sterne am Himmel gehören zu einem riesigen System, zur Milchstraße. Als Sternenschwarm von weit über 100 Milliarden Sonnen bildet sie einen gewaltigen Diskus mit 100 000 Lichtjahren Längsdurchmesser und 15 000 Lichtjahren Querdurchmesser. Zwischen den Sternen schweben Staub- und Gaswolken, sogenannte interstellare Materie. Von den Milliarden Sternen der Milchstraße sehen wir in einer klaren Nacht aber nur etwa 3000 bis 4000 Sterne.

Doch die Milchstraße ist nicht das einzige Sternensystem im Universum. Es gibt Milliarden solcher Milchstraßen oder Galaxien, wie sie auch genannt werden. Schon mit bloßen Augen kann man im Sternbild Andromeda ein schwaches Lichtfleckchen erkennen: unsere Nachbarmilchstraße, den berühmten Andromedanebel. Fast drei Millionen Jahre ist das Licht dieser Sterne zu uns unterwegs. Andere Galaxien oder Spiralnebel stehen viele Millionen, ja Milliarden Lichtjahre tief im Raum.

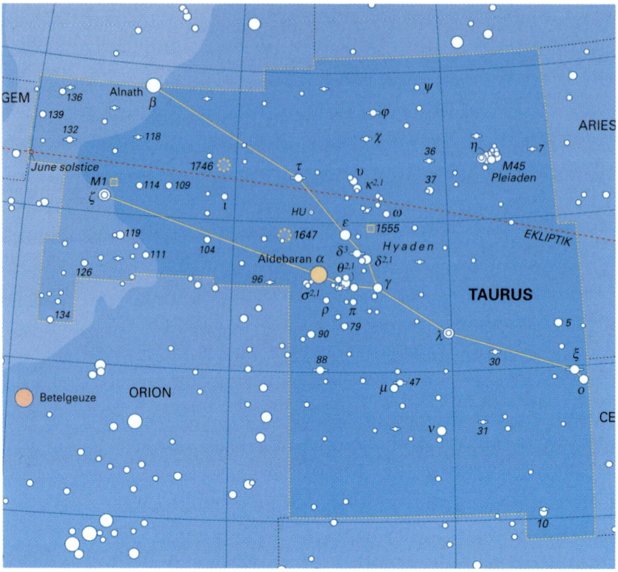

E.4 Das Sternbild Stier im *Kosmos Himmelsführer* von Ian Ridpath und Wil Tirion.

Sterne, Sternbilder und Sternkarten

Je nach Fantasie und Kultur haben die einzelnen Völker Sterne und Sternbilder unterschiedlich benannt. Die alten Chinesen kannten einen anderen Tierkreis, als wir ihn heute benutzen. Der Große Wagen wiederum heißt bei den Amerikanern „big dipper", große Schöpfkelle. Die meisten Sternbilder, die wir in den Sternkarten finden, stammen aus der griechisch-römischen Mythologie, viele haben ihre Wurzel im babylonischen Kulturkreis, einige kamen im Mittelalter hinzu. Die Sternbilder des Südhimmels wurden erst in der Neuzeit von den Entdeckern benannt. Damit keine Verwirrung aufkommt, hat die Internationale Astronomische Union (IAU) für die gesamte Himmelskugel 88 Sternbilder festgelegt, die für alle Astronomen und Sternfreunde verbindlich sind. Diese 88 Sternbilder haben lateinische Namen und jeweils eine Abkürzung von drei Buchstaben; Beispiel: der Krebs, lat.: Cancer, Abkürzung: Cnc. Waren früher die Grenzen zwischen den einzelnen Sternbildern unklar oder fließend, so sind die durch IAU-Beschluss festgelegten Sternbilder durch die rechtwinkligen, äquatorialen Himmelskoordinaten (Rektaszension und Deklination) eindeutig abgegrenzt.

In alten Himmelsatlanten findet man hübsch und fantasiereich ausgeschmückte Darstellungen der einzelnen Himmelsfiguren (Abb. E.3). Moderne Sternkarten zeigen nur noch Namen und Koordinatengrenzen eines Sternbildes, aber keine figürliche Darstellung mehr (Abb. E.4, links).

Speziell für die Benutzer des Himmelsjahres empfehlen sich zur ersten Orientierung die Sternkarten in dem *Atlas für Himmelsbeobachter* von Erich Karkoschka, 4. Auflage (2004), Kosmos-Verlag, Stuttgart.

Für Sternfreunde mit Fernrohren seien folgende Sternatlanten genannt:

Millennium Star Atlas, von Roger W. Sinnott und Michael A. C. Perryman (Grenzgröße 11^{m}), *Sky Atlas 2000.0*, Second Edition von Wil Tirion und Roger W. Sinnott (bis $8^{m}{,}0$), *Uranometria 2000.0* von W. Tirion/B. Rappaport/G. Lovi (Grenzgröße $9^{m}{,}5$).

Neben den klassischen Sternatlanten gibt es heute auch gute Computerprogramme, die einen gewünschten Himmelsausschnitt am Monitor erscheinen lassen. Drei empfehlenswerte Programme seien hier genannt: *BESSEL 5* von Antonius Schrode, Frankfurt/Main (www.planetarium-bessel.de.ki) und *Sternschnuppe – das kleine Planetarium für Einsteiger* sowie *Redshift 7* von United Soft Media (www.usm.de).

Nur die hellsten oder auffälligen Sterne, die beispielsweise periodisch ihre Helligkeit ändern, haben Eigennamen erhalten. Diese stammen häufig von den Arabern, die in klaren Wüstennächten eifrig den Himmel beobachteten. So heißen die beiden hellsten Sterne im Wintersternbild Orion Beteigeuze und Rigel, der berühmte veränderliche Stern im Perseus hingegen Algol.

Etwas systematischer hat Johannes Bayer im Jahre 1603 die Sterne bezeichnet, nämlich mit griechischen Buchstaben und dem Genitiv des lateinischen Sternbildnamens. So bekam der hellste Stern in der Leier die Bezeichnung α Lyrae (oder kurz α Lyr), der zweithellste β Lyrae, der dritthellste γ Lyrae, usw. Die Helligkeitsfolge wurde aber nicht immer streng eingehalten, manchmal hatte die Mythologie Vorrang. Von den beiden hellen Zwillingssternen trägt der hellere Pollux die Bezeichnung β Geminorum, der etwas schwächere Kastor α Geminorum. Bei Doppelsternen wird gelegentlich noch ein Index an den griechischen Buchstaben angehängt. Beispiel: ε_1 und ε_2 Lyrae, der berühmte Vierfachstern in der Leier (jede Komponente ist ihrerseits ebenfalls ein Doppelstern). Die 24 griechischen Buchstaben (siehe Seite 298) pro Sternbild reichen natürlich nicht aus, um alle Sterne zu benennen.

Den ersten umfangreichen Sternkatalog nach Erfindung des Fernrohrs hat John Flamsteed (1646–1719) im Jahre 1712 herausgegeben. Flamsteed war Gründer und erster Direktor der traditionsreichen Sternwarte in Greenwich bei London und damit auch der erste Astronomer Royal. In seinem Sternkatalog *Historia Coelestis Britannica*, der rund 2700 Sterne enthält, hat Flamsteed die Sterne in einem Sternbild durchnummeriert. So hat ω Aurigae beispielsweise bei Flamsteed die Bezeichnung 4 Aurigae. Viele Sterne, die keine Bayer-Bezeichnung haben, sind jedoch mit Flamsteed-Nummern gekennzeichnet. Posthum erschien im Jahre 1729 sein *Atlas Coelestis*.

Bei schwächeren Sternen gibt man die Katalognummer an, unter der sie verzeichnet sind, oder einfach die genauen Koordinaten. Beispiele für Katalognummern: BD +52°1312 bedeutet Stern Nummer 1312 in der Deklinationszone von +52° bis +53° der sogenannten Bonner Durchmusterung. HD 128974 ist ein Stern aus dem Henry-Draper-Katalog, SAO 146912 ein Stern aus dem Smithsonian Astrophysical Observatory Star Catalogue, FK5: 1051 ist ein

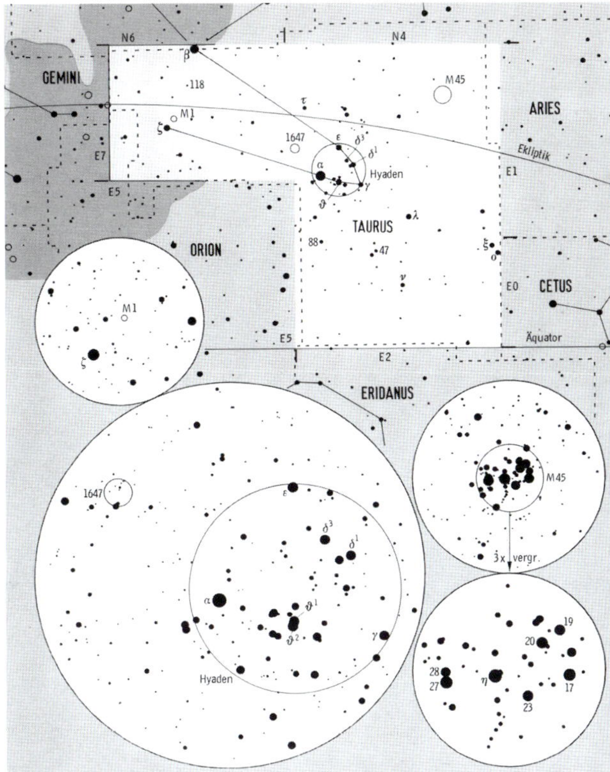

E.5 Ausschnitt aus dem *Atlas für Himmelsbeobachter* von Erich Karkoschka. Die Übersichtskarten enthalten alle Sterne bis Grenzgröße 6^m, die Aufsuchkarten für Sternhaufen und Nebel bis zur Grenzgröße 9^m. Der Ausschnitt zeigt das Sternbild Stier.

E.6 Der kugelförmige Sternhaufen M 13 im Sternbild Herkules aufgenommen von Jörg Nikolaizig auf der Sternwarte Welzheim (Beobachtergruppe Planetarium Stuttgart).

Stern aus dem 5. Fundamental-Katalog.

Sterne, deren Helligkeit variiert, werden häufig mit großen lateinischen Buchstaben + Sternbildnamen versehen: RR Lyrae, T Coronae Borealis. Man kann somit aus der Bezeichnung auf die Eigenart dieser Sterne schließen.

Sterngruppen und Nebel

Schon mit bloßem Auge entdeckt man im Sternbild Stier ein Grüppchen von sechs bis neun Sternen, bekannt unter dem Namen Siebengestirn oder Plejaden. Sucht man den Himmel mit Feldstecher oder Fernrohr ab, so findet man zahlreiche derartige Gruppen. Sie werden schlicht Sternhaufen genannt. Man unterscheidet offene und kugelförmige Sternhaufen: Offene Sternhaufen enthalten dutzende bis einige hundert Sterne, die alle einzeln als Lichtpunkte erkennbar sind; Kugelhaufen haben hunderttausende bis Millionen Mitgliedssterne und sind als verwaschene, kreisrunde Lichtfleckchen zu sehen. Nur die Randpartien sind in Einzelsterne auflösbar, im Zentrum stehen die Sterne zu dicht, um als einzelne Lichtpunkte erkannt zu werden.

Zwischen den punktförmigen Sternen zeigen sich auch nebelhafte Gebilde. Da diese „Nebel" ihre Positionen unter den Sternen beibehalten, sind sie keine Erscheinung in der Erdatmosphäre, sondern astronomische Objekte. Bei den Nebeln gilt es zwei Kategorien auseinander zu halten. Einmal beobachten wir tatsächlich Staub- und Gasmassen zwischen den Sternen unserer Milchstraße, zum Beispiel im Sternbild Orion den berühmten Orionnebel. Andere nebelhafte Lichtfleckchen lassen sich jedoch mit sehr großen Teleskopen in einzelne Sterne auflösen. Hier sieht man fremde, ferne Milchstraßensysteme; das Licht von Milliarden Sternen wird von uns nur als schwaches Nebelfleckchen registriert, wie beispielsweise beim Andromedanebel. Wegen ihrer häufig spiraligen Gestalt spricht man auch von Spiralnebeln oder Galaxien (griech.: γαλάξις = Milchstraße).

Der französische Astronom Charles Messier (1730–1817) hat einen Katalog mit über hundert Sternhaufen und Nebeln zusammengestellt. Sternfreunde benutzen noch heute seine Katalognummern. Der Orionnebel wird z. B. mit M 42, der Andromedanebel mit M 31, der Kugelhaufen im Herkules mit M 13 bezeichnet. Wesentlich umfangreicher ist der Katalog von John L. E. Dreyer mit dem Namen *New General Catalogue of Nebulae and Clusters of Stars*, abgekürzt mit NGC. Später erschienen noch zwei Ergänzungen (*Index-Catalogue I and II*, kurz IC I und IC II) und schließlich der überarbeitete *Revised New General Catalogue* (RNGC). Daher trägt zum Beispiel der Andromeda-Nebel M 31 auch die Bezeichnung NGC 224.

E.7 **Die beiden offenen Sternhaufen M 35 und NGC 2158 (rechts unten) in den Zwillingen. Aufnahme von Bernhard Hubl.**

Die Helligkeit der Sterne

Von alters her teilt man die Sterne in sogenannte Größenklassen ein. Man sagt zum Beispiel, der Polarstern sei ein Stern zweiter Größe. Diese Größenklassen geben nicht den Durchmesser oder die wahre Leuchtkraft der Sterne an, sondern ihre scheinbare Helligkeit am Himmel. Sterne erster Größe sind dabei heller als solche zweiter Größe. Ein schwaches Sternpünktchen sechster Größe ist eben noch vom unbewaffneten Auge zu erkennen. Ein Stern erster Größe ist dabei hundertmal heller als ein Stern sechster Größe. Daraus folgt, dass ein Stern zweiter Größe 2,512-mal lichtschwächer ist als ein Stern erster Größe. Ein Stern dritter Größe wiederum ist 2,512-mal lichtschwächer als ein Stern zweiter Größe, denn $2{,}512^5 = 100$. Die Größenklassenskala ist somit ein logarithmisches Maß.

Als Abkürzung verwendet man ein kleines hochgestelltes ^{m} für magnitudo (lat.) = Größe. Sterne, die heller als 1^m sind, bezeichnet man mit 0^m, -1^m, -2^m, usw. Die Venus kann -4^m hell sein, was bedeutet, dass sie dann hundertmal heller strahlt als ein Stern erster Größe, also mit 1^m!

Mit Teleskopen lassen sich auch Sterne beobachten, die schwächer sind als 6^m.

In einem guten Fernglas sind Sterne bis 10^m erkennbar. In großen Teleskopen werden Sterne bis 26^m beobachtet, also Objekte, die 100 Millionen Mal lichtschwächer sind als die schwächsten, dem menschlichen Auge zugänglichen Sterne mit 6^m. Die Helligkeiten der Sterne zu schätzen, sollte man üben. Abb. E.8 zeigt den Kleinen Wagen, wobei die Helligkeiten der einzelnen Sterne vermerkt sind. Da das Sternbild Kleiner Wagen zirkumpolar ist, kann es in jeder klaren Nacht zu jeder Uhrzeit gesehen werden.

Stünden alle Sterne gleich weit entfernt, sozusagen in einer

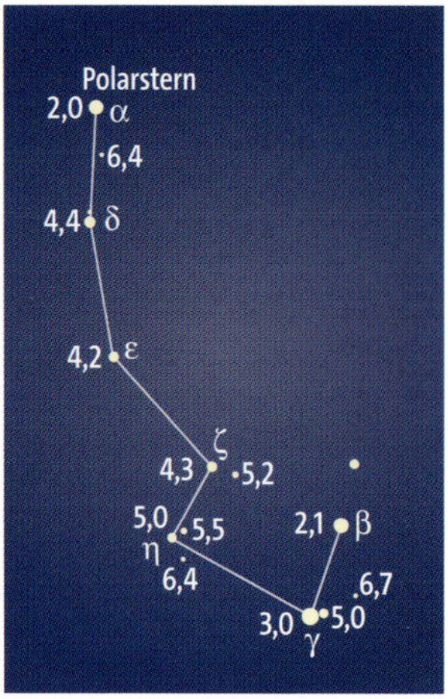

E.8 Sternbild Kleiner Wagen mit Helligkeitsangaben in Größenklassen für die einzelnen Sterne.

Normentfernung, dann entspräche die beobachtete scheinbare Helligkeit auch ihrer wirklichen Leuchtkraft. Eine solche Normentfernung wurde mit 10 Parsec (knapp 33 Lichtjahre) festgelegt. Man rechnet nun die Helligkeit aus, die ein Stern in 10 Parsec Entfernung hätte, und bezeichnet diese Größe als „absolute Helligkeit" oder „wahre Leuchtkraft" eines Sternes.

Um die absolute nicht mit der scheinbaren Helligkeit zu verwechseln, wird sie mit einem großen M (Magnitudo) abgekürzt. Beispiel: Unsere Sonne hat die enorme scheinbare Helligkeit von -27^m am Firmament und eine absolute Helligkeit von $+4{,}8^M$. Das heißt, in 33 Lichtjahren Entfernung erschiene uns die Sonne nur noch als Sternchen 5. Größe. Anmerkung: Da ^{m} auch für Minute steht, ist aus dem Textzusammenhang zu entnehmen, ob Helligkeiten oder Zeiten bzw. Koordinaten gemeint sind.

Entfernungsangaben

Unser Mond ist von der Erde im Mittel 384 400 Kilometer entfernt. Die Planeten unseres Sonnensystems sind viele Millionen Kilometer, die Sterne viele Billionen Kilometer von uns entfernt. In der Astronomie verwendet man, um große Zahlenungetüme zu vermeiden, für die Distanzen im Sonnensystem als Längenmaß die Astronomische Einheit (AE). Eine Astronomische Einheit entspricht der mittleren Entfernung der Erde von der Sonne, das sind rund 150 Millionen Kilometer.

Es gilt: 1 AE = 149 597 870 km.

Diese Strecke legt das Licht in 8^m20^s zurück. Man spricht von der Lichtlaufzeit der Astronomischen Einheit. Jupiter ist beispielsweise 5,2 AE von der Sonne und Neptun rund 30 AE von ihr entfernt. Die Lichtlaufzeiten der Planetendistanzen betragen Minuten bis wenige Stunden. Die Sterne sind jedoch so weit entfernt, dass ihr Licht Jahre, Jahrhunderte und Jahrmillionen zur Erde unterwegs ist. Man gibt daher ihre Distanzen gerne in Lichtlaufzeiten an, wobei man ein Lichtjahr (LJ) als Einheit nimmt. In einem Jahr legt ein Lichtstrahl im Vakuum rund zehn Billionen Kilometer zurück.

Es gilt: 1 LJ = $9{,}46 \times 10^{12}$ km = 63 240 AE

Ein Lichtjahr ist somit keine Zeit-, sondern eine Entfernungsangabe. In der Stellarastronomie wird ferner das Parsec (Parallaxensekunde) verwendet. Ein Parsec entspricht 3,26 Lichtjahren. Die Definition des Parsecs findet man im Begleitbuch zum *Kosmos Himmelsjahr*, dem *Kompendium der Astronomie*, im Abschnitt „Entfernungseinheiten in der Astronomie".

Im *Kosmos Himmelsjahr* werden die Entfernungen im Sonnensystem in AE und die Fixsterndistanzen in Lichtjahren angegeben. Parsec werden nicht verwendet.

Zeitangaben

Alle Uhrzeiten im *Kosmos Himmelsjahr* sind grundsätzlich in **Mitteleuropäischer Zeit (MEZ)** angegeben. Die Mitteleuropäische Zeit ist die mittlere Sonnenzeit des Meridians 15° östlich von Greenwich (Nullmeridian der Erde). Sie geht gegenüber der Weltzeit (UT = Universal Time) um eine Stunde vor. Es gilt: Weltzeit plus eine Stunde = MEZ.

Wenn es in Greenwich Mitternacht (0^h) ist, dann haben wir schon 1^h (MEZ) morgens. Für ortsabhängige Angaben (z. B. Auf- und Untergänge) gelten alle Zeiten genau für einen Ort 10° östlich von Greenwich und 50° nördlicher Breite. Dieser Punkt liegt für Mitteleuropa ziemlich zentral.

Die Sommerzeit ist eine willkürliche Verschiebung der Zonenzeit um eine Stunde, um die Tageshelligkeit besser auszunutzen und (angeblich) Energie einzusparen. Sie beruht nicht auf astronomischen Grundlagen und ist außerdem von Staat zu Staat verschieden. Um die Benutzer des Himmelsjahres nicht zu verwirren und die Daten konsistent zu halten, sind alle Angaben das ganze Jahr durchgehend in MEZ vermerkt. Es gilt: MEZ plus eine Stunde = MESZ (Mitteleuropäische Sommerzeit). Gilt in einem Land die Sommerzeit, so ist zu den Zeitangaben im Himmelsjahr einfach eine Stunde zu addieren. Beispiel: Der Mondaufgang am 18. April 2009 findet laut Tabelle „Mondlauf im April" um 18^h08^m MEZ statt und somit um 19^h08^m MESZ.

Achtung: Fällt ein Ereignis in die letzte Stunde vor Mitternacht, so ändert sich auch das Datum um einen Tag. Beispiel: Der Mondaufgang erfolgt am 12. Mai 2009 um 23^h39^m MEZ; zählt man eine Stunde hinzu, erhält man 0^h39^m MESZ am 13. Mai.

Die **Mitteleuropäische Sommerzeit** (MESZ) beginnt am Sonntag, 29. März 2009 um 2^h MEZ und endet am Sonntag, 25. Oktober 2009 um 3^h MESZ. Während der Dauer der Sommerzeit sind alle Zeitangaben in den Tabellen in einem dunkleren Farbton unterlegt. Wer häufig beobachtet, sollte das ganze Jahr über eine Uhr in MEZ laufen lassen. Dies ist recht bequem und hilft, Irrtümer zu vermeiden.

Wichtiger Hinweis: Da Beginn und Ende der Sommerzeit von den Regierungen bestimmt werden und nicht aus astronomischen Gegebenheiten abzuleiten sind, also keine natürlichen Grundlagen haben, sind die Angaben in diesem Jahrbuch unverbindlich. Vermerkt sind die bei Drucklegung bekannt gewordenen Absichten über die Einführung der Sommerzeit. Änderungen der vermerkten Daten sind aufgrund kurzfristiger politischer Entscheidungen möglich. Der Herausgeber übernimmt dafür keine Verantwortung.

Alle Auf- und Untergangszeiten (MEZ) gelten exakt für 10° östlicher Länge und 50° nördlicher Breite.

Für andere Orte in Mitteleuropa können diese Zeiten erheblich differieren (bis etwa eine halbe Stunde). Um schnell auch für andere Orte die Auf- und Untergänge ermitteln zu können, ist das Nomogramm auf Seite 264 gedacht. Im Nomogramm sind die wichtigsten Städte in Mitteleuropa eingetragen. Man wähle eine Stadt, die dem eigenen Standpunkt am nächsten kommt. Dann lege man ein Lineal so auf das Nomogramm, dass es mit der Deklination des Gestirns bzw. der

Sommerzeit (MESZ) in der Bundesrepublik Deutschland

	Beginn Sonntag	Ende Sonntag		Beginn Sonntag	Ende Sonntag
1980	06. April	28. September	1995	26. März	24. September
1981	29. März	27. September	1996	24. März	27. Oktober
1982	28. März	26. September	1997	30. März	26. Oktober
1983	27. März	25. September	1998	29. März	25. Oktober
1984	25. März	30. September	1999	28. März	31. Oktober
1985	31. März	29. September	2000	26. März	29. Oktober
1986	30. März	28. September	2001	25. März	28. Oktober
1987	29. März	27. September	2002	31. März	27. Oktober
1988	27. März	25. September	2003	30. März	26. Oktober
1989	26. März	24. September	2004	28. März	31. Oktober
1990	25. März	30. September	2005	27. März	30. Oktober
1991	31. März	29. September	2006	26. März	29. Oktober
1992	29. März	27. September	2007	25. März	28. Oktober
1993	28. März	26. September	2008	30. März	26. Oktober
1994	27. März	25. September	2009	29. März	25. Oktober

Uhrzeit laut Tabelle „Sonnenlauf" am oberen Bogen übereinstimmt. Dabei gilt das obere Vorzeichen für den Aufgang, das untere für den Untergang. Die Verbindungslinie (Lineal) gibt dann am unteren Bogen die Korrektur für die Auf- bzw. Untergangszeit an. Positive Werte bedeuten eine Verspätung, ein negativer Wert deutet an: Der Auf- oder Untergang erfolgt entsprechend früher. Die Zahlen geben die Minuten an. Beispiel: Wann geht in Wien am 31. März die Sonne auf? Man verbinde mit einem Lineal den Punkt „Wien" mit der 6 Uhr-Marke am oberen Bogen. Denn laut Tabelle „Sonnenlauf" auf Seite 64 erfolgt der Sonnenaufgang am 31. März um 5^h59^m. Die Verbindungslinie schneidet den unteren Bogen bei -24^m. Der Sonnenaufgang erfolgt in Wien somit 24 Minuten früher, also um 5^h35^m MEZ bzw. 6^h35^m Sommerzeit.

Wem die Verwendung des Nomogramms zu kompliziert erscheint, der kann auch die Tabelle zur Auf- und Untergangskorrektur auf Seite 263 benutzen. Man suche die seinem Wohnort nächstliegende Stadt und lese einfach die Korrekturzeit in Minuten ab, wobei für Mond, Planeten oder Sterne noch vorher die Deklination zu ermitteln ist. Bei der Sonne beachte man das Datum. Noch wesentlich bequemer lassen sich Auf- und Untergangszeiten für den persönlichen Standort mit der Software-Version des *Kosmos Himmelsjahres* ermitteln. Dort stellt man nur einmalig die Koordinaten für seinen Standort ein und ermittelt dann mit dem „Tabellator" schnell und sicher die Auf- und Untergangszeiten von Sonne, Mond und Planeten.

Da durch den natürlichen Horizont (Häuser, Bäume, Berge etc.) die Auf- und Untergangszeiten ohnedies mit einem gewissen Spielraum zu versehen sind, kann man auf die Korrektur auch ganz verzichten, wenn man keine große Genauigkeit benötigt.

Die Sternzeit: Unser tägliches Leben richtet sich nach der Sonne, ebenso unsere bürgerliche Zeitrechnung. Auf unserer Armbanduhr lesen wir somit „Sonnenzeit" ab. Steht die Sonne im Süden, dann haben wir zwölf Uhr Mittag. Eine Stunde später ist es ein Uhr nachmittags, wieder eine Stunde später zwei Uhr nachmittags, usw. Die Sonnenzeit wird also am Stundenwinkel der Sonne gemessen.

Die Sonne steht jedoch nicht fest, sondern wandert im Laufe eines Jahres durch die Tierkreissternbilder. Um aber mit dem Fernrohr ein bestimmtes Gestirn zu finden, muss man die Stellung des Beobachters auf der Erde zu einer bestimmten Uhrzeit des Tages relativ zur Fixsternwelt kennen. Man braucht also einen „ruhenden" Punkt unter den Sternen. Dafür hat man den Frühlingspunkt ausgewählt. Er ist der Schnittpunkt der aufsteigenden Sonnenbahn mit dem Himmelsäquator. Im Frühlingspunkt steht die Sonne zu Frühlingsbeginn. Er ist auch der Nullpunkt der äquatorialen Himmelskoordinaten. Nimmt man statt der Sonne den unter den Fixsternen feststehenden Frühlingspunkt, so erhält man statt der Sonnen- die Sternzeit. Steht der Frühlingspunkt im Süden (Meridian), spricht man von 0^h Sternzeit, eine Stunde später von 1^h Sternzeit usw.

Es gilt: **Sternzeit = Stundenwinkel des Frühlingspunktes**.

Im Himmelsjahr ist die Sternzeit jeweils für 1^h MEZ (= 0^h Weltzeit) von zehn zu zehn Tagen für den Meridian von Greenwich (Nullmeridian) angegeben (siehe Tabelle auf Seite 258).

Die Tabelle auf Seite 262 erlaubt eine schnelle Bestimmung der Sternzeit zur abendlichen Beobachtungsstunde. Die Tabelle „Sternzeit" gibt die Sternzeit um 20^h MEZ (= 21^h MESZ) am Ortsmeridian 10° östlicher Länge für jeden Tag des Jahres an. Wozu dient die Sternzeit? Zunächst gibt sie an, wie der Fixsternhimmel relativ zum Beobachter steht. Um 0^h Sternzeit (SZ) sind beispielsweise Pegasus und Kassiopeia im Meridian zu finden, das Sommerdreieck hingegen im Westen, um 6^h SZ sind im Süden Orion und Sirius zu sehen, um 11^h SZ kulminiert der Löwe. Mit Hilfe der Sternzeit kann man sein Teleskop „nach Koordinaten" einstellen. Die Deklination wird direkt an einem Teilkreis eines parallaktisch montierten

Fernrohres abgelesen. Der andere Teilkreis ist der Stundenkreis. Um den Stundenwinkel eines Gestirns zu ermitteln, bilde man die Differenz Sternzeit minus Rektaszension des Gestirns, dann hat man den Stundenwinkel zum Beobachtungszeitpunkt und kann das Teleskop entsprechend einstellen.

Für die Bestimmung des Stundenwinkels eines Planeten kann man auch seine Kulminationszeit (Zeit des Meridiandurchganges) benutzen, wenn man keine Sternzeituhr zur Verfügung hat und sich die Berechnung der Sternzeit zum Beobachtungszeitpunkt ersparen will. Die Kulminationszeiten der Planeten und Kleinplaneten sind auf den Seiten 252 bis 256 angegeben. Die Kulminationszeit gilt für 10° östlicher Länge. Zunächst ist die Korrektur für die Längendifferenz des Beobachtungsortes anzubringen (siehe Seite 263, Spalte Zeitkorrektur gegen 10° östlicher Länge). Um diese so erhaltene Zeit geht der Planet durch den Meridian des Beobachters und hat somit den Stundenwinkel Null. Man bilde nun die Zeitdifferenz zwischen der Beobachtungszeit und der Zeit des Meridiandurchganges. Sie entspricht direkt dem Stundenwinkel (im Zeitmaß).

Geht beispielsweise der Planet Neptun am 31. Juli 2009 um 1^h37^m durch den Meridian, beobachtet man aber erst um 2^h36^m, dann beträgt der Stundenwinkel $t = 0^h59^m$. Erhält man einen negativen Wert, so bedeutet dies, dass das Objekt noch vor dem Meridiandurchgang steht, der Stundenwinkel also in Richtung Ost einzustellen ist.

Die Dynamische Zeit: In der Astronomie wird seit 1984 eine Dynamische Zeit verwendet, die die früher übliche Ephemeridenzeit abgelöst hat. Nähere Erläuterungen zu den Dynamischen Zeitskalen finden sich in dem Buch *Kompendium der Astronomie* von H.-U. Keller. Die genaue Differenz der Dynamischen Zeit (TT) zur Weltzeit (UT = Universal Time) kann erst im Nachhinein aus Beobachtungen der Gestirnspositionen bestimmt werden. Der extrapolierte Wert für das Jahr 2009 lautet: $\Delta T = +66$ Sekunden, wobei $\Delta T = TT - UT$ gilt. Die Weltzeit (UT) hinkt somit der Dynamischen Zeit (TT) um eine Minute nach.

Der beobachtende Sternfreund kann die TT unberücksichtigt lassen, wenn er nicht hohe Genauigkeitsansprüche hat. Wer jedoch die Angaben im *Kosmos Himmelsjahr* mit anderen Jahrbüchern vergleicht, muss beachten, dass alle Zeitangaben hier in MEZ = UT + 1^h und nicht in TT vermerkt sind.

Der Sonnenlauf

Die Bewegung der Sonne durch den Tierkreis ist zu Beginn jeder Monatsübersicht aus einer kleinen Grafik zu entnehmen. Die Grenzen der Sternbilder sind eingetragen sowie die wichtigsten Bahnpunkte der Sonne.

Die Tages- und Nachtstunden sowie Dämmerungslängen werden durch eine dreiteilige Zeichnung (Uhrensymbole) veranschaulicht. Diese soll einen groben und schnellen Überblick über die Länge der Tages- und Nachtzeit geben. Für die Dämmerungszeiten wurde die nautische Dämmerung (Sonne 12° unter dem Horizont) eingesetzt.

Die Tabelle „Sonnenlauf" gibt die Auf- und Untergangszeiten, Meridiandurchgang (Kulmination), Zeitgleichung und die Mittagshöhe der Sonne an sowie die äquatorialen Koordinaten Rektaszension und Deklination für 1^h MEZ jeweils von fünf zu fünf Tagen. Die Zeiten gelten exakt für einen zentralen Ort mit 10° östlicher Länge und 50° nördlicher Breite. Für diesen Ort gelten auch die Dämmerungszeiten. Angegeben ist jeweils der Beginn und das Ende der nautischen Dämmerung (Sonne 12° unter dem Horizont).

Die Sonnenhöhe zu Mittag ist in der Tabelle „Sonnenlauf" für 50° nördliche Breite angegeben. Für andere Breiten ist sie einfach zu ermitteln: 90° minus geografische Breite des Beobachters plus Sonnendeklination.

Beispiel: Wie hoch steht die Sonne am 10. Juni zu Mittag (Kulmination) in Düsseldorf (geografische Breite: +51°)? $90° - 51° + 23° = 62°$ (Im Winterhalbjahr die negativen Deklinationen der Sonne beachten!).

In der Grafik „Sonnenlauf" jeweils zu Monatsbeginn ist die scheinbare Sonnenbahn (Ekliptik) durch die Sternbilder des Tierkreises für den jeweiligen Monat eingezeichnet. Ferner sind die Eintritte der Sonne sowohl in die einzelnen Tierkreissternbilder als auch in die Tierkreiszeichen vermerkt sowie die Äquinoktien (Tagundnachtgleichen) und Solstitien (Sommer- und Winterbeginn).

Die Zeitgleichung: Die Sonnenzeit wird nach einer fiktiven „mittleren Sonne" gerechnet. Die wahre Sonne läuft nämlich ungleichförmig. So geht sie einmal vor, dann wieder nach. Die Differenz kann bis zu einer Viertelstunde plus oder minus betragen. Diese Differenz wird Zeitgleichung (ZGL) genannt. Sie ist definiert zu:

ZGL = Wahre Sonnenzeit minus Mittlere Sonnenzeit

Die Zeitgleichung und die Kulmination der wahren Sonne sind tabellarisch aufgeführt. Wer den Wert der Zeitgleichung berechnen will, ziehe von 12^h20^m die Kulminationszeit (angegeben in MEZ) ab. 12^h20^m ist nämlich die wahre Sonnenzeit der Kulmination für 10° östlicher Länge, bezogen auf den Zeitmeridian 15° östlicher Länge.

Beispiel: Wie groß ist die Zeitgleichung am 25. April? Kulminationszeit der wahren Sonne am 25. April: 12^h18^m MEZ. Also $12^h20^m - 12^h18^m = +2^m$. Das heißt, die wahre Sonne geht 2^m früher durch den Meridian (Kulmination) als die mittlere. Ein negativer Wert der Zeitgleichung bedeutet, die wahre Sonne geht nach der mittleren durch den Meridian.

Der Mondlauf

Auf- und Untergangszeiten (MEZ) gelten genau für **10° östlicher Länge und 50° nördlicher Breite** (siehe Zeitangaben). Ferner sind die Kulminationszeiten (Meridiandurchgänge) für 10° östliche Länge tabelliert.

Der Mond bewegt sich recht schnell durch den Tierkreis. Deshalb sind für jeden Tag des Jahres seine Koordinaten angegeben. Sie gelten jeweils für 1^h MEZ (= 0^h Weltzeit). Wem diese Zahlen nichts sagen, der findet in der Spalte „Sterne und Sternbilder" die Position des Mondes im Tierkreis vermerkt. Ein Sternchen (*) deutet auf eine **Sternbedeckung** hin.

Die Position des Mondes gilt wie erwähnt für 1^h MEZ. Wer also abends beobachtet, sollte die Stellung des Mondes im Tierkreis aus der Zeile des folgenden Tages entnehmen, denn der Mond läuft recht rasch. Nähere Angaben zu den **Sternbedeckungen** finden sich in der Tabelle „Sternbedeckungen durch den Mond" auf Seite 260. Die letzte Spalte enthält die Mondphasen sowie wichtige Punkte in der Bahn. Die Mondbahn ist rund 5° gegen die Ekliptik (scheinbare Sonnenbahn) geneigt. Aufsteigender Knoten bedeutet: Der Mond überschreitet die Ekliptik nach Norden; absteigender Knoten: Er wechselt wieder nach Süden. Größte Nordbreite: Der Mond steht am weitesten in nördlicher Richtung von der Ekliptik entfernt; analog dazu heißt größte Südbreite: Der Mond hat maximalen südlichen Abstand von der Ekliptik.

Im Tabellenteil findet man auf Seite 250 die Mondbahn relativ zur Ekliptik eingetragen. Wegen der Rückläufigkeit der Mondbahnknoten verläuft die Mondbahn unter den Sternen in jedem Jahr anders.

Die Libration: Bei größter Südbreite ist die Nordhalbkugel des Mondes uns ein wenig mehr zugekehrt, man spricht von maximaler Libration Nord; entsprechend sieht man bei größter Nordbreite mehr vom Südpolgebiet des Mondes.

Libration West: Westrand des Mondes, Libration Ost: Ostrand des Mondes ist uns zugekehrt (Astronomische Definition West–Ost, siehe auch *Kompendium der Astronomie*, Kapitel „Der Mond der Erde").

„Libration West" bedeutet, das Mare Crisium zeigt sich randfern, das Mare Smythii wird sichtbar. „Libration Ost" heißt, das Mare Crisium rückt an den Westrand, im Osten zeigt sich der Ringwall Grimaldi randfern und das Mare Orientale wird gut sichtbar.

Bei Erdnähe und Erdferne ist die Distanz des Mondes jeweils in tausend Kilometer vermerkt. Außerdem ist der scheinbare Monddurchmesser in Bogenminuten angegeben. Beispiel:

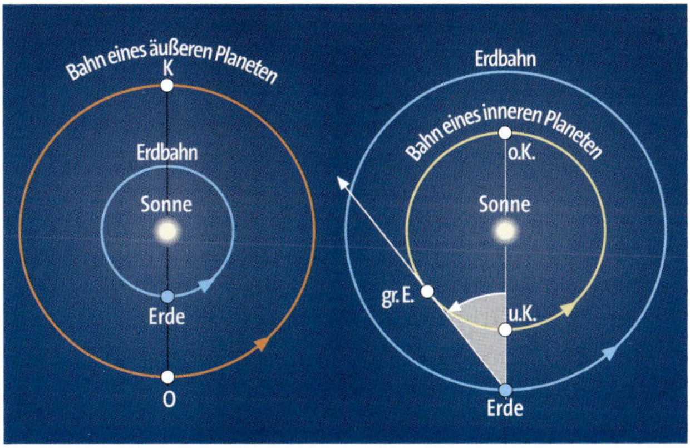

E.9 Die linke Zeichnung zeigt die Erdbahn und die Bahn eines äußeren Planeten. Bei O steht der Planet in Opposition, bei K in Konjunktion. Auf der rechten Seite der Abbildung sind die Erdbahn und die Bahn eines inneren Planeten dargestellt. Bei u.K. steht der Planet in unterer, bei o.K. in oberer Konjunktion mit der Sonne. Bei gr. E. steht er in größter Elongation (Winkel grau gerastert).

7. März 2009 – Erdnähe 367/32,6 bedeutet: Der Mond ist 367 000 Kilometer von der Erde entfernt und erscheint 32,6 Bogenminuten groß.

Der Planetenlauf

Planeten sind Geschwister der Erde. Sie laufen gemeinsam mit ihr um die Sonne. Je näher ein Planet der Sonne steht, desto schneller wandert er um sie. Wir beobachten die Planeten nicht von einem ruhenden Punkt aus, sondern vom Raumschiff Erde, das ständig in Bewegung ist. Deshalb erscheinen uns von der Erde aus (geozentrisch) die Bewegungen der Planeten vor dem Hintergrund der fernen Fixsterne – dem Muster der Sternbilder also – recht kompliziert. Überholt die Erde einen weiter außen laufenden Planeten, so scheint er einige Wochen lang zurückzubleiben, er ist „rückläufig", wie die Astronomen zu sagen pflegen. Anschließend bewegt er sich wieder in der ursprünglichen Richtung wie die Sonne, nämlich von West nach Ost, er ist wieder „rechtläufig". Durch diesen Bewegungswechsel bildet die Bahn des Planeten eine Schleife.

Ob ein Planet am Himmel zu sehen ist, hängt von der gegenseitigen Stellung von Sonne und Planet ab. Steht ein äußerer Planet von der Erde aus gesehen hinter der Sonne, Planet – Sonne – Erde bilden also eine Linie, so ist er nicht beobachtbar (Abb. E.9). Da er in Sonnenrichtung steht, geht er mit der Sonne auf und unter, bleibt somit nachts unter dem Horizont verborgen. Diese Konstellation heißt Konjunktion.

Steht der Planet von der Erde aus gesehen der Sonne gegenüber, also in der Reihenfolge Sonne – Erde – Planet (Abb. E.9), so spricht man von Opposition oder Gegenschein. Der Planet ist die ganze Nacht über zu sehen, da er mit Sonnenuntergang aufgeht und morgens mit Sonnenaufgang unter dem Westhorizont verschwindet. Bilden Sonne – Erde – Planet ein rechtwinkliges Dreieck, so spricht man von einer Quadratur.

Die inneren Planeten Merkur und Venus können, wie leicht zu sehen, niemals in Oppositionsstellung kommen. Dafür unterscheidet man bei ihnen zwischen oberer und unterer Konjunktion (Abb. E.9, oben). In diesen beiden Stellungen bleibt der Planet unsichtbar. Nur wenn der Planet westlich oder östlich der Sonne „in Elongation" steht, kann er gesehen werden. Steht Venus in östlicher Elongation, so geht sie erst nach Sonnenuntergang unter, sie ist dann Abendstern. Steht sie in westlicher Elongation, so geht sie vor der Sonne auf und ist am Morgenhimmel zu sehen.

Ähnliches gilt für Merkur. Die größte Elongation (Winkelabstand von der Sonne) kann für die Venus 48° betragen, für den sonnennäheren Merkur aber nur 28°. Merkur ist daher schwierig zu beobachten – entweder abends kurz nach Sonnenuntergang tief im Westen oder kurz vor Sonnenaufgang tief am Osthimmel. Die Sichtbarkeiten der Planeten hängen

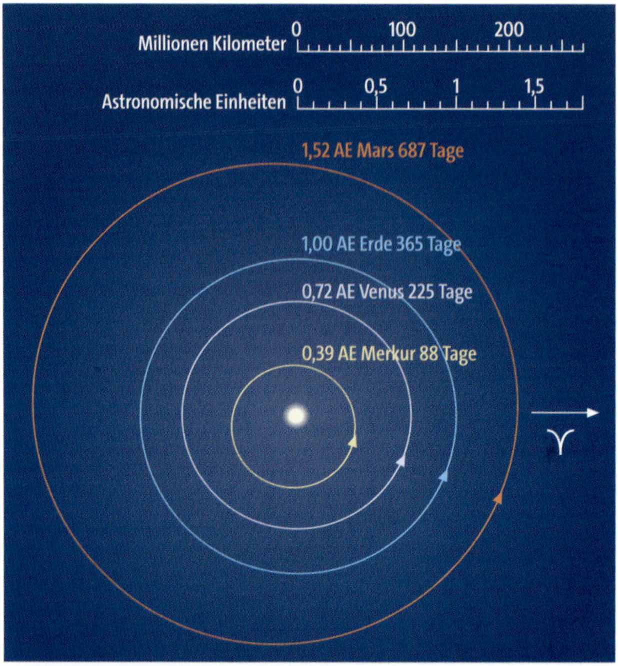

E.10 **Die Bahnen der inneren Planeten um die Sonne (1 AE = 1 Astronomische Einheit = 149,6 Millionen Kilometer). Der Pfeil deutet die Richtung zum Frühlingspunkt an (Symbol: ♈).**

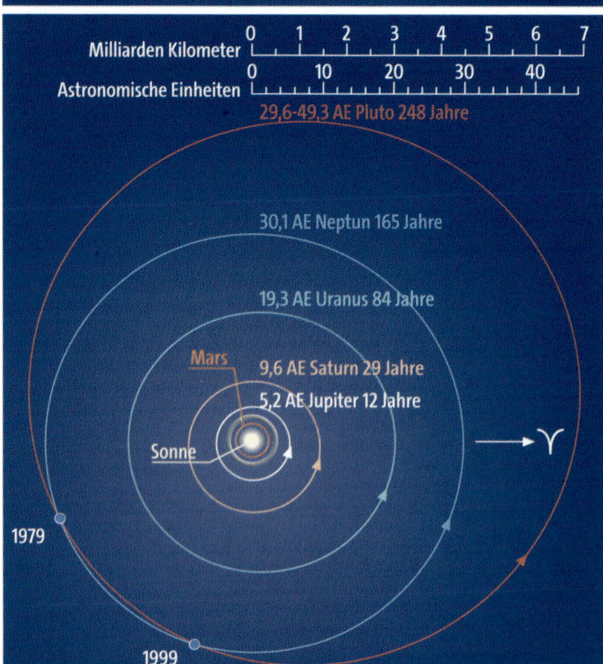

nicht nur von den geometrischen Verhältnissen (Stellung des Planeten und der Sonne), sondern auch von meteorologischen Gegebenheiten ab. Eine starke Dunstglocke, hohe Luftfeuchtigkeit (Nebel) oder irdisches Streulicht (Neonreklame, Autoscheinwerfer, Lichtdom eines Stadions) beeinträchtigen die Beobachtung.

Aufgrund langjähriger Erfahrungen sind die Sichtbarkeitszeiten im *Kosmos Himmelsjahr* vermerkt. Je nach Beobachtungsort (stadtnah oder stadtfern) und Witterung sind die angegebenen Termine um wenige Tage zu verschieben. Jeder Beobachter wird hier seine eigenen, ganz persönlichen Erfahrungen machen. Eine Grafik vor der Rubrik „Planetenlauf" ermöglicht einen schnellen Überblick, welche Planeten am Abend, die ganze Nacht über, am Morgen oder gar nicht zu sehen sind. Eine grafische Jahresübersicht

E.11 **Die Bahnen der äußeren Planeten. Zwischen der Marsbahn und der Jupiterbahn laufen Abertausende Kleinplaneten (Planetoiden) um die Sonne. Wegen seiner stark exzentrischen Bahn war Pluto von 1979 bis Anfang Februar 1999 der Sonne näher als Neptun.**

E.12 Größenverhältnisse der Planeten und der Mondbahn im Vergleich zur Sonne. Darunter sind die astronomischen Symbole der Planeten vermerkt, die auch in den monatlichen Sternkarten des Himmelsjahres die Orte der betreffenden Planeten markieren.

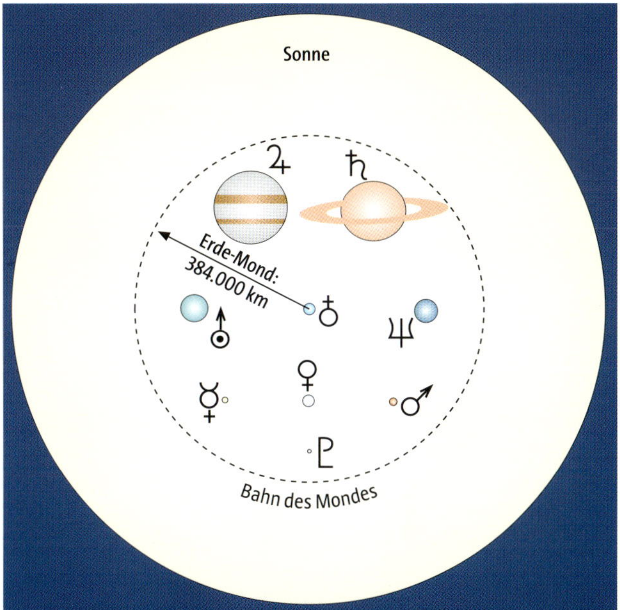

☉	Sonne	ø	1.392.000 km	♃	Jupiter	ø	142.796 km
☿	Merkur	ø	4.878 km	♄	Saturn	ø	120.536 km
♀	Venus	ø	12.104 km	⛢	Uranus	ø	51.118 km
♁	Erde	ø	12.756 km	♆	Neptun	ø	49.424 km
♂	Mars	ø	6.794 km	♇	Pluto	ø	2.300 km

der Stellung, Größe, Helligkeit und Sichtbarkeit der Planeten findet sich auf der Seite 248.

Die großen Planeten

Merkur: Sonnennächster Planet, zwischen $+3^{m}$ und $-1^{m}{,}5$ hell; schwer zu beobachten, da nur kurze Sichtbarkeitsperioden und stets horizontnahe Stellung; chromgelbes Licht.
Venus: Nach Sonne und Mond hellstes Gestirn, oft als Abend- bzw. Morgenstern bezeichnet. Helligkeiten von $-3^{m}{,}9$ bis $-4^{m}{,}7$; strahlend weißes Licht; entweder abends am Westhimmel oder morgens in der östlichen Himmelshemisphäre zu sehen.
Mars: Äußerer Nachbarplanet der Erde, auffallend seine rötliche Farbe (der rote Planet); sehr unterschiedliche Helligkeiten, nämlich von $+1^{m}{,}8$ bis $-2^{m}{,}9$.
Jupiter: Der größte aller Planeten, ein auffallend heller Planet, daher kaum zu übersehen; Helligkeit von $-1^{m}{,}7$ bis $-2^{m}{,}9$, weißlichgelbes Licht.
Saturn: Der sonnenfernste mit freiem Auge noch sichtbare Planet strahlt in einem fahlen Licht zwischen $+1^{m}{,}3$ und 0^{m}, in Ausnahmefällen bis $-0^{m}{,}5$. Den berühmten Ring kann man mit einem Fernrohr ab etwa 30-facher Vergrößerung erkennen.
Uranus: Ist theoretisch mit bloßem Auge gerade noch erkennbar (Oppositionshelligkeit $5^{m}{,}5$). Wohlgemerkt „theoretisch", es empfiehlt sich auf alle Fälle ein gutes Fernglas, um Uranus zu finden! Farbe: grünlich.

Die im März 1977 entdeckten Ringe sind jedoch selbst in großen Fernrohren nicht zu sehen.
Neptun: Sonnenfernster Planet, Helligkeit um $7^{m}{,}9$; zeigt im Fernrohr ein winziges, grünblaues Scheibchen.
Pluto: Seit IAU-Beschluss vom August 2006 als Zwergplanet eingestuft, ist recht lichtschwach, Helligkeit: 14^{m}. Nur gut ausgerüstete Amateurastronomen können ihn mit großen Teleskopen beobachten.

Die Angaben der scheinbaren Helligkeiten der Planeten sind – wie international üblich – V-Helligkeiten (nach dem UBV-System von Johnson). Die früher gebräuchlichen „visuellen" (m_{vis}) Helligkeiten sind um durchschnittlich $0^{m}{,}2$ geringer. Man beachte, dass manche Quellen noch die veralteten Werte bringen.

Kleinplaneten

Außer den acht großen Planeten schwirren noch Tausende kleiner und kleinster Planeten (Planetoiden oder Asteroiden) um die Sonne. Der Erste wurde in der Neujahrsnacht des Jahres 1801 von Giuseppe Piazzi in Palermo entdeckt und auf den Namen Ceres getauft.

Heute sind über Hunderttausend Planetoiden katalogisiert. Die meisten bewegen sich zwischen Mars und Jupiter um die Sonne. Einige haben jedoch sehr lang gestreckte Bahnen, die die Bahnen anderer Planeten kreuzen. Sie können auch der Erde recht nahekommen.

Einige Planetoiden, die im Jahre 2009 heller als 9^m werden, sind in der Rubrik „Planetenlauf" verzeichnet, und zwar: Ceres (1), Pallas (2), Juno (3), Vesta (4) und Melporpene (18).

Im Abschnitt „Ephemeriden hellerer Kleinplaneten 2009" (Seite 256) sind ihre Koordinaten und Kulminationszeiten angegeben.

Die Monde der Planeten

Die beiden winzigen Marsmonde, die zahlreichen Uranusmonde, die Neptunmonde und der Plutomond sind so lichtschwach, dass sie nicht mit den bescheidenen optischen Hilfsmitteln der Sternfreunde zu beobachten sind. Deshalb sind sie hier nicht aufgeführt.

Jupiter: Die vier hellsten Monde sind schon in kleinen Teleskopen leicht zu sehen: I Io, II Europa, III Ganymed, IV Kallisto. In den Monaten, in denen Jupiter zu beobachten ist, findet man eine Grafik, aus der die Positionen der Jupitermonde im umkehrenden Fernrohr ersichtlich sind. Sie soll den Benutzer die gegenseitigen Stellungen und die Bewegungsabläufe der Jupitermonde erkennen lassen. Die waagerechten Linien in der Grafik beziehen sich auf 1^h MEZ des jeweiligen Datums, das links angegeben ist. Die Schnittpunkte der waagerechten Linien mit den Kurven der Jupitermonde geben somit deren Positionen jeweils um 1^h MEZ an.

Am unteren Rand jeder Grafik findet man eine Darstellung der Jupitermondbahnen relativ zum Beobachter.

Erscheinungen der Jupitermonde sind für den Fernrohrbesitzer überaus reizvoll zu beobachten. Man sieht Bedeckungen, Verfinsterungen, Durchgänge und Schattenwürfe der Monde des Riesenplaneten auf Jupiter selbst. Sofern diese Ereignisse von Mitteleuropa aus beobachtbar sind, findet man sie in der Rubrik „Jupitermonderscheinungen" verzeichnet. Es gelten folgende Abkürzungen:

B = Bedeckung, Mond verschwindet hinter der Jupiterscheibe
D = Durchgang, Mond geht vor der Planetenscheibe vorbei
S = Schattendurchgang, Mond wirft seinen Schatten auf Jupiter
V = Verfinsterung, Mond wird vom Jupiterschatten getroffen
A = Anfang der Erscheinung
E = Ende der Erscheinung
I: Io, II: Europa, III: Ganymed, IV: Kallisto.

Beispiel: Juni: 17. 1 36 SA bedeutet: Am 17. Juni um 1^h36^m MEZ beginnt der Schatten von Mond II (Europa) über die Jupiterkugel zu wandern.

Saturn: Schon mit einem guten Fernglas ist der Riesenmond Titan zu erkennen. Mit Fernrohren sind auch die Monde Rhea, Dione und Tethys sowie Japetus in westlicher Elongation (er ist dann rund 2^m heller) zugänglich. Für die Monate, in denen Saturn einigermaßen zu beobachten ist, findet man jeweils eine Grafik, aus der die Stellungen und die Bewegungsabläufe der Saturnmonde Tethys, Dione, Rhea, Titan und Japetus zu entnehmen sind. Die Bahnlagen der Saturnmonde relativ zum Beobachter sind unter jeder Grafik abgebildet.

Sternschnuppen

Sternschnuppen, die in Strömen periodisch auftreten, sind in den Monatsübersichten angegeben. Bei den verzeichneten Daten, vor allem, was die Häufigkeit betrifft, ist mit erheblichen Abweichungen zu rechnen.

Die in vorliegendem Jahrbuch verwendeten Daten stammen von der International Meteor Organization (IMO) und werden jährlich aktualisiert.

Die Meteorrate bezieht sich auf den Idealfall, dass der Radiant im Zenit steht. Vor allem bei horizontnahen Radianten ist die pro Stunde zu beobachtende Sternschnuppenzahl erheblich geringer. Die systematische Beobachtung heller Meteore ist auch heute noch ein dankbares Aufgabengebiet für den Amateurastronomen.

Konstellationen und Ereignisse

Diese monatliche Tabelle weist auf Konjunktionen (Begegnungen) zwischen den großen Planeten mit Sonne und Mond sowie auf alle Oppositionen zur Sonne und die größten Elongationen der inneren Planeten hin. Auch Perihel- (Sonnennähe) und Aphelstellungen (Sonnenferne) der Planeten sind angegeben.

Sind Begegnungen des Mondes mit Planeten prinzipiell beobachtbar, so sind die Winkeldistanzen topozentrisch (für +50° Breite) angegeben und durch **Fettdruck** hervorgehoben.

Für die übrigen Konjunktionen sind die Abstandsangaben geozentrische Werte (Normaldruck). Denn durch die relative Erdnähe des Mondes ergibt sich eine große Parallaxe, das heißt, der Winkelabstand des Mondes von einem Planeten kann bis etwa 1° differieren zwischen einem (fiktiven) Beobachter im Erdmittelpunkt (geozentrisch) und einem Beobachter auf der Erdoberfläche (topozentrisch). Ferner sind wichtige Ereignisse durch **Fettdruck** hervorgehoben.

Fixsternhimmel

Da die Sonne täglich um rund 1° unter den Sternen nach Osten vorrückt, ändert sich der Anblick des Himmels im Laufe eines Jahres. Genauer: Täglich durchschreiten die Fixsterne den Meridian vier Minuten früher als am Vortag. In 30 Tagen, also einem Monat, macht das schon zwei Stunden! Mitte Dezember steht das Sternbild Orion gegen Mitternacht im Süden, Mitte Januar schon um 22 Uhr, und Mitte Februar geht Orion um 20 Uhr durch den Meridian. Dadurch ändert sich zur gleichen Beobachtungsstunde die Himmelsszene mit dem Datum. Nach einem Monat ist der Anblick noch nicht allzu verschieden vom Vormonat, aber nach einem Vierteljahr (sechs Stunden!) hat sich die Szenerie völlig umgestellt. Man spricht daher von einem Frühlings-, Sommer-, Herbst- und Wintersternhimmel. Gemeint ist der Anblick des Fixsternhimmels in den Abendstunden der jeweiligen Jahreszeit.

Alle drei Monate, nämlich im Januar, April, Juli und Oktober ist daher im *Kosmos Himmelsjahr* der abendliche Fixsternhimmel ausführlich beschrieben. In den dazwischen liegenden Monaten wird jeweils ein Sternbild vorgestellt beziehungsweise werden lohnende Objekte für Feldstecher und Fernrohrbeobachter empfohlen. Im Laufe der Jahre kommt auf diese Weise eine umfangreiche Beschreibung der Sternbilder in Sage und Wissenschaft zusammen.

Die Monatssternkarte dient der schnellen Orientierung. Sie zeigt den beobachtbaren Himmelsausschnitt für 50° nördlicher Breite zur Standardbeobachtungszeit (am Monatsersten um 23^h MEZ, am 15. um 22^h MEZ). Ebenfalls in die Monatssternkarten eingetragen sind die fünf hellen Planeten (Merkur bis Saturn), sofern sie zur Monatsmitte um 22^h MEZ über dem Horizont stehen. Zum Rand hin erscheint die Sternkarte aufgehellt, es werden damit die Extinktion und die durch künstliche Lichtquellen fast immer aufgehellten Horizonte nachempfunden.

Die monatlichen Sternkarten können auch zur Beobachtung am Morgenhimmel herangezogen werden. Unter jeder Sternkarte finden sich die entsprechenden Datums- und Uhrzeitangaben. Man beachte noch, dass für andere Monate der Planetenstand nicht aktuell ist. Diese entnehme man dann der monatlichen Grafik „Planetenlauf".

Monatsthemen

Hier wird monatlich ein Kapitel aus der Himmelskunde kurz und bündig dargestellt, zum leichteren und allmählichen

Eindringen in die Wissenschaft von den Sternen.

Auch über neue Forschungsergebnisse aus der Astronomie wird berichtet.

Wer ältere Jahrgänge des *Kosmos Himmelsjahres* besitzt, möchte gelegentlich in einem Monatsthema der letzten Jahre nachsehen. Deshalb ist im *Kosmos Himmelsjahr 2001* auf Seite 249 ein Verzeichnis der Monatsthemen 1990–2000 und im *Kosmos Himmelsjahr 1989* auf Seite 193 ein Verzeichnis der Monatsthemen 1982–1989 abgedruckt.

Tabellen und Ephemeriden

Für den fortgeschrittenen Amateurastronomen sind im Anhang wichtige Beobachtungsgrundlagen vermerkt:

Auf Seite 250 findet man die **ekliptikalen Koordinaten** des Mondes, der Sonne und der großen Planeten von Merkur bis Saturn.

Die **äquatorialen Koordinaten** der Planeten und Kleinplaneten sind für das Äquinoktium J2000.0 angegeben, damit man sie leichter in vorhandene Sternkarten einzeichnen kann. Die Aufsuchkärtchen gelten ebenfalls für J2000.0.

Ferner sind Kulminationszeiten sowie die Auf- bzw. Untergangszeiten, Scheibchendurchmesser in Bogensekunden und beleuchteter Teil der Planetenscheibchen vermerkt. Bei Saturn ist noch die Ringöffnung zur Erde und zur Sonne sowie die scheinbare Ausdehnung der großen und der kleinen Ringachse angegeben.

Für Sonne, Mars und Jupiter (System I und II) sind die **Zentralmeridiane** (Meridiane durch den Scheibenmittelpunkt) jeweils für 1^h MEZ vermerkt. Ferner gibt die Sonnenephemeride die Entfernung der Sonne von der Erde in AE an sowie ihren scheinbaren Durchmesser, die Achsenlage und die Sternzeit.

Sternbedeckungen durch den Mond sind für Berlin, Dresden, Hamburg, Hannover, Düsseldorf, Frankfurt (Main), Leipzig, München, Nürnberg, Stuttgart, Wien und Zürich angegeben. Aus Platzersparnisgründen ist jeweils nur ein Positionswinkel angegeben, der lediglich dem leichteren Aufsuchen des zu bedeckenden Sternes dienen soll. In den Monatsübersichten wird unter der Rubrik „Mondlauf" in der Spalte „Sterne und Sternbilder" durch ein Sternchen (*) auf eine Sternbedeckung hingewiesen.

Veränderliche Sterne sind im Anschluss an die Fixsternmonatsübersichten aufgeführt. Für Algol (β Persei) und β Lyrae findet der Sternfreund jeweils die Minima-Zeiten, für δ Cephei die Lichtmaxima und für den langperiodischen Veränderlichen Mira (o Ceti) den jeweiligen Helligkeitszustand. Die Aufsuchkärtchen findet man auf der hinteren Umschlagklappe. Bei den Minima-Angaben für Algol ist die Lichtzeitkorrektur (heliozentrisch auf geozentrisch) berücksichtigt.

Eine **Sternzeittafel** soll die rasche Bestimmung der Sternzeit zur abendlichen Beobachtungsstunde ermöglichen. Die Sternzeit für 1^h MEZ, bezogen auf den Meridian von Greenwich (Nullmeridian), findet man in der Tabelle „Ephemeride der Sonnenscheibe" (letzte Spalte).

Das **Julianische Datum** ist jeweils für den Monatsersten in

Das griechische Alphabet

Α	α	Alpha	a	Η	η	Eta	e	Ν	ν	Nü	n	Τ	τ	Tau	t
Β	β	Beta	b	Θ	ϑ	Theta	th	Ξ	ξ	Xi	x	Υ	υ	Ypsilon	y
Γ	γ	Gamma	g	Ι	ι	Jota	i, j	Ο	ο	Omikron	o	Φ	φ	Phi	ph
Δ	δ	Delta	d	Κ	κ	Kappa	k	Π	π	Pi	p	Χ	χ	Chi	ch
Ε	ε	Epsilon	e	Λ	λ	Lambda	l	Ρ	ϱ	Rho	r	Ψ	ψ	Psi	ps
Ζ	ζ	Zeta	z	Μ	μ	Mü	m	Σ	σ ς	Sigma	s	Ω	ω	Omega	o

der Rubrik „Sonnenlauf" angegeben. Das Julianische Datum stellt eine fortlaufende Tageszählung dar, die mit dem 1. Januar des Jahres −4712 (= 4713 v. Chr.) beginnt.

Im Anhang finden sich zwei **Verzeichnisse astronomischer Institutionen**. Im Verzeichnis „Astronomische Institute, Planetarien und Sternwarten" findet man die professionellen Einrichtungen im deutschen Sprachraum.

Das Verzeichnis „Amateurastronomische Vereinigungen, Beobachtungsstationen und Privatsternwarten" enthält astronomische Vereine, Schulsternwarten sowie ehrenamtlich betriebene Sternwarten mit Publikumsverkehr. Dieses Verzeichnis soll dem Leser den Kontakt zu Gleichgesinnten erleichtern und die eigene Beobachtungstätigkeit fördern. Das Verzeichnis erhebt keinen Anspruch auf Vollständigkeit. Weitere Adressen nimmt der Herausgeber gerne auf (Anschrift siehe Seite 300).

Abbildungen

Zahlreiche Abbildungen sollen der Anschaulichkeit, dem besseren Verständnis und für die Beobachtung dienen. Viele Abbildungen sind irgendwo im Text eingestreut, werden jedoch nicht nur in einem bestimmten Monat, sondern häufiger benötigt – z. B. Sternkarten mit eingezeichnetem Planetenlauf oder Aufsuchkärtchen. Um eine gewünschte Abbildung schneller zu finden, sind die Abbildungen nicht fortlaufend durchnumeriert, sondern kapitelweise. E. steht dabei für diesen Erläuterungsteil, F. – Finsternisse, 1. für die Monatsübersicht Januar, 2. für Februar usw., T. für den Tabellenteil. Beispiele: E.3 ist die dritte Abbildung im Erläuterungsteil, 1.1 die erste im Monatskapitel Januar, 5.3 die dritte im Mai, T.5 die fünfte im Tabellenteil. Auf Seite 4 findet sich ferner ein Verzeichnis wichtiger Abbildungen und Tabellen für ein schnelles Auffinden gewünschter Grafiken und Zahlenwerte.

Kalenderzyklen

Sonnenzirkel: Ordnungszahl (1 bis 28) im Zeitintervall von 28 Jahren, nach dem die Wochentage wieder auf dieselben Daten (dieselben Monatstage) fallen. Da es sieben Wochentage gibt, aber jedes 4. Jahr ein Schaltjahr ist, so fallen nach $7 \times 4 = 28$ Jahren die Wochentage wieder auf dieselben Monatstage. Der Sonnenzirkel gibt an, welcher Sonntagsbuchstabe im betreffenden Jahr gilt.

Sonntagsbuchstabe: Gibt im ewigen Kalender den Tag des ersten Sonntags im Jahr an. In Schaltjahren gelten zwei Sonntagsbuchstaben (der zweite ist ab dem 1. März zu benutzen).

1. Januar A	5. Januar E
2. Januar B	6. Januar F
3. Januar C	7. Januar G
4. Januar D	

Epakte: Gibt das Mondalter vermindert um 1 zu Beginn des Kalenderjahres an, also die Zahl der Tage, die am 31. Dezember des Vorjahres seit dem letzten Neumondtermin verflossen sind (1–29). Für Neumond am 31. Dezember steht meist ein * statt 0. Die Epakte spielt eine Rolle bei der Festlegung des Ostertermins.

Goldene Zahl: Lateinisch Numerus Aureus oder auch Mondzirkel genannt, ist die Ordnungszahl (I bis XIX) der Jahre im Metonschen Mondzyklus. Da 235 Lunationen (synodische Monate) ziemlich genau 19 Jahren entsprechen, fallen nach 19 Jahren die Mondphasen (nahezu) auf dieselben Tage im Sonnenjahr. Die Goldene Zahl diente im Julianischen Kalender zur Bestimmung des Ostertermins. Im Gregorianischen Kalender ist sie durch die Epakte ersetzt. Die Goldene Zahl wird in römischen Ziffern geschrieben, um eine Verwechslung mit dem Sonnenzirkel auszuschließen.

Indiktion (Römerzinszahl): Zyklus von 15 Jahren im Besteuerungssystem des Römischen Reiches, das von Kaiser Augustus eingeführt wurde. Der Start (Epoche) des Zyklus erfolgte im Jahr 3 v. Chr. Heute dient die Indiktion (von lat.: indictio = Ankündigung) nur noch als chronologische Prüfzahl für das laufende Jahr. Die Indiktion läuft von 1 bis 15.

Jahresregent: Gehört traditionsgemäß ebenfalls zu den Kalenderzyklen, hat aber keine chronologische Bedeutung mehr.

Aus kulturhistorischen Gründen und da er in der Numismatik eine gewisse Rolle spielt sowie schlicht der Vollständigkeit halber ist er in der Rubrik Kalenderzyklen mit aufgeführt. Jahresregent können sein: Sonne, Mond, Merkur, Venus, Mars, Jupiter und Saturn, also die klassischen sieben „Planeten" des Ptolemäischen Weltsystems.

Weiterführende Literatur:

Erklärung astronomischer Fachbegriffe:
H.-U. Keller, *Wörterbuch der Astronomie* (2005)

Einführung in die Astronomie:
H.-U. Keller, *Kompendium der Astronomie*, 1. Auflage (2008)

Sternkarten für eigene Beobachtungen:
E. Karkoschka, *Atlas für Himmelsbeobachter*, 4. Auflage (2004)

Alle drei Bücher sind im KOSMOS-Verlag erschienen.

Astronomie im Internet:
www.astronomie.de
www.kosmos-himmelsjahr.de
www.sternwarte.de
mit zahlreichen Links zu astronomischen Themen.

Impressum

Umschlaggestaltung von eStudio Calamar unter Verwendung einer Fotografie von Mario Weigand. Die Fotomontage zeigt die totale Mondfinsternis vom 3./4. März 2007 zu mehreren Zeitpunkten.

Mit 37 Farb- und Schwarzweißfotos, 193 farbigen Illustrationen von Gerhard Weiland, 5 historischen Sternkarten (Archiv Kosmos Verlag) sowie 12 Monatssternkarten von Wil Tirion.

Unser gesamtes lieferbares Programm und viele weitere Informationen zu unseren Büchern, Spielen, Experimentierkästen, DVDs, Autoren und Aktivitäten finden Sie unter **www.kosmos.de**

Gedruckt auf chlorfrei gebleichtem Papier

ISSN: 1438-3306
ISBN: 978-3-440-11350-9
Redaktion: Sven Melchert
Produktion: Siegfried Fischer
Printed in Germany/Imprimé en Allemagne

Anschrift des Herausgebers:
Prof. Dr. Hans-Ulrich Keller
Planetarium Stuttgart
Mittlerer Schlossgarten
D-70173 Stuttgart

Das Universum entdecken

€ 29,90

Hans-Ulrich Keller
Kompendium der Astronomie
288 Seiten
ISBN 978-3-440-11289-2
€/D 29,90
€/A 30,80; sFr 53,–

Planeten um fremde Sterne, dunkle Materie im All und eine mysteriöse Energie, die das Universum immer schneller auseinander treibt: Vollständig überarbeitet, aktualisiert und erweitert wird hier alles präsentiert, was Sternfreunde wissen möchten.

€ 14,95

Bernhard Mackowiak
Der Kosmos Reiseführer Universum
160 Seiten
ISBN 978-3-440-11345-5
€/D 14,95
€/A 15,40; sFr 27,90

Wie bei einem Reiseführer für ferne Länder stellt der „Kosmos Reiseführer Universum" die interessantesten Ausflugsziele im All vor. Wandern auf dem Mars, ein Flug über die Saturnringe, Fernreisen zu den Galaxien – die schönsten Attraktionen für Weltraumtouristen werden präsentiert.

Spektakuläre Aussichten

€ 34,90

Dirk H. Lorenzen
Raumlabor Columbus
224 Seiten
ISBN 978-3-440-11711-8
€/D 34,90
€/A 35,90; sFr 62,–

Woran arbeiten die Astronauten da oben eigentlich? Wie werden die Experimente durchgeführt? Dirk Lorenzen berichtet in diesem spannenden Report exklusiv und mit einzigartigem Bildmaterial über die spektakulären Missionen im All.

€ 29,90

May/Moore/Lintott
Bang!
200 Seiten
ISBN 978-3-440-11527-5
€/D 29,90
€/A 30,80; sFr 53,–

Von Queen-Gitarrist Brian May: Auf dem neuesten Stand der Wissenschaft, in brillanter Klarheit geschrieben und in außergewöhnlicher Qualität illustriert, erzählt BANG! die ganze Geschichte des Universums – vom Urknall über die Entstehung der Sterne bis zum finalen Ende in ewiger Finsternis.

€ 14,95

Heinz-Joachim Klötzler

Das Astro-Teleskop für Einsteiger

128 Seiten
ISBN 978-3-440-10997-7
€/D 14,95
€/A 15,40; sFr 27,90

Dieser Praxis-Ratgeber führt neue Teleskopbesitzer ganz einfach zu erfolgreichen Beobachtungsnächten. Er bietet eine sichere Hilfe schon beim Einkauf, geleitet durch den Aufbau, zeigt die schönsten Beobachtungsziele am Himmel und gibt Tipps für die ersten Astrofotos.

€ 14,90

Celnik/Hahn

Astronomie für Einsteiger

192 Seiten
ISBN 978-3-440-11287-8
€/D 14,90
€/A 15,40; sFr 27,60

Vom ersten Blick zum Sternenhimmel über Auswahl und Benutzung eines Teleskops bis hin zu eigenen Himmelsfotos enthält dieses Buch alle Infos für die Beobachtung von Mond, Planeten und Sternen.
Neu: Jetzt mit Sternkarten des gesamten Himmels.

Bewährte Praxisbücher

€ 17,50

Erich Karkoschka

Atlas für Himmelsbeobachter

160 Seiten
ISBN 978-3-440-08826-5
€/D 17,50
€/A 18,–; sFr 32,20

Das praktische Handbuch für die Beobachtung von Sternen, Nebeln und Galaxien. Besonders konzipiert für die Benutzung in der Nacht. Mit Fotos aller Himmelsobjekte!

€ 26,90

Hans Roth

Der Sternenhimmel 2009

352 Seiten
ISBN 978-3-440-11347-9
€/D 26,90
€/A 27,70; sFr 48,10

Das umfangreiche Jahrbuch mit mehr als 3000 Himmelsereignissen, die kein Sternfreund verpassen darf.

„Ein unverzichtbares Werkzeug für alle Fortgeschrittenen – und solche, die es werden wollen!"
Wissenschaft Online

KOSMOS

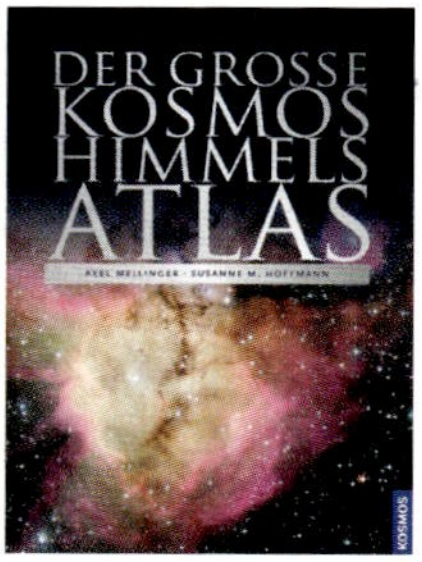

€ 15,–

Mellinger/Hoffmann

Der große Kosmos Himmelsatlas

96 Seiten
ISBN 978-3-440-11286-1
€/D 15,–
€/A 15,50; sFr 27,90

Dieser fotografische Himmelsatlas zeigt in sensationellen Panoramaaufnahmen alle Sternbilder des Nord- und Südhimmels. Ausführliche Informationen zu Sternbildern und Himmelsobjekten liefern zudem umfangreiche Tipps für die eigene Himmelsbeobachtung.

€ 9,95

Klaus M. Schittenhelm

Sterne finden – ganz einfach

94 Seiten
ISBN 978-3-440-10220-6
€/D 9,95
€/A 10,30; sFr 19,10

Ideal für Einsteiger – die 25 schönsten Sternbilder des Himmels schnell finden und immer wieder erkennen. Das gesuchte Sternbild ist in der Karte hervorgehoben und als Maßstab ist die Größe einer ausgestreckten Hand eingezeichnet.

Sterne und Sternbilder auf einen Blick

Hahn/Weiland

Nachtleuchtende Sternkarte für Einsteiger

29,5 x 34 cm
ISBN 978-3-440-11288-5
€/D 14,95; €/A 15,40; sFr 27,90

Die beliebte Sternkarte für erste Himmelsspaziergänge! Mit übersichtlichem, nachtleuchtendem Kartenbild, das alle wichtigen Sternbilder zeigt, und ganz einfach zu handhaben ist. Auch für Kinder und Jugendliche!

€ 14,95